U0457027

2024年版

配电网工程典型造价

国网安徽省电力有限公司经济技术研究院　组编

中国电力出版社
CHINA ELECTRIC POWER PRESS

内容提要

为科学开展配电网工程项目造价管理工作，国网安徽省电力有限公司数智配网部组织国网安徽省电力有限公司经济技术研究院和中国能源建设集团安徽省电力设计院有限公司等单位，编制完成了《配电网工程典型造价（2024年版）》。

本书共分为总论、架空线路工程、电缆线路工程、配电工程和典型造价应用案例5部分。涉及架空线路工程、电缆线路工程、配电工程113个典型方案，每个典型方案均包含主要内容、技术条件、概算书。典型造价应用案例包括4个10kV架空线路工程案例和4个10kV电缆线路工程案例。

本书可供配电网工程建设管理、设计、施工、监理、造价咨询等单位造价管理人员及其他相关人员使用。

图书在版编目（CIP）数据

配电网工程典型造价：2024年版 / 国网安徽省电力有限公司经济技术研究院组编 . -- 北京 ：中国电力出版社，2025. 3. -- ISBN 978-7-5198-9426-9

Ⅰ .TM727

中国国家版本馆 CIP 数据核字第 20248BS482 号

出版发行：中国电力出版社
地　　址：北京市东城区北京站西街19号（邮政编码100005）
网　　址：http：//www.cepp.sgcc.com.cn
责任编辑：张　瑶（010-63412503）
责任校对：黄　蓓　王海南　常燕昆
装帧设计：赵丽媛
责任印制：石　雷

印　　刷：三河市万龙印装有限公司
版　　次：2025年3月第一版
印　　次：2025年3月北京第一次印刷
开　　本：787毫米 ×1092毫米　16开本
印　　张：36.25
字　　数：725千字
定　　价：180.00元

编写单位

组长单位 国网安徽省电力有限公司经济技术研究院

成员单位 中国能源建设集团安徽省电力设计院有限公司

编委会

主　编 张允林　葛　健

副主编 李　涛　田　宇　刘士李　戚振彪

编　写 施晓敏　高　象　周远科　陈付雷　范　申　徐　飞　汪辰晨
杨　莹　李建青　张云云　马仕洲　陈正鹏　王　琼　许　毅
刘　莉　江　琼　余日水　王祥文　夏雅利　陆欣欣　杨　帆
赵迎迎　方天睿　沈　思　李　荣　唐　越　付安媛　朱　金
谢娟娟　徐少华　王　龙　赵　晨　夏慧聪　沈晨姝　张清颖
霍　浩　夏　凡　苏宜州　范　超　张　景　汪　辉　王智广
章海峰　华传程　王雪峰　崔　宏　叶　蓁　张冬冬　郑永涛
刘宏辉　杨　磊　刘竹君　张俊炜　龚凌燕　刘　想　潘正中
陈　娟　毕昌伟

前言

◆
◇

随着电力需求的不断增长及供电可靠性要求的不断提升，配电网工程的投入规模越来越大，造价管理作为配电网工程项目建设管理的重要环节直接影响企业的经济效益和社会效益。

配电网工程典型造价是国家电网有限公司（简称国家电网公司）规范项目管理，提高投资效益，实现精准投资的重要基础。为科学开展配电网工程项目造价管理工作，国网安徽省电力有限公司（简称国网安徽电力）数智配网部组织国网安徽省电力有限公司经济技术研究院等单位，依据国家最新定额标准，结合安徽地区配电网工程建设实际，在充分调研、精心比选、反复论证的基础上，历时23个月，编制完成了《配电网工程典型造价（2024年版）》（简称《2024年版典型造价》）。《2024年版典型造价》旨在完善配电网工程造价标准，提高前期投资的精准度，合理评价配电网工程的技术经济指标水平。同时便于设备材料招标，加快设计、评审的进度，提高配电网工程建设效率。

《2024年版典型造价》共分为总论、架空线路工程、电缆线路工程、配电工程和典型造价应用案例5部分。

《2024年版典型造价》编制过程中广泛征求和综合了各方面的意见和建议，对各部分内容进行了认真调研和反复推敲、测算，在内容组织编排上进行了改进和创新，体现了配电网工程典型造价编制的适应性、时效性、规范性，便于完善配电网工程造价标准，提高前期投资的精准度，合理评价配电网工程的技术经济指标水平。

因时间和编者水平关系，书中难免存在疏漏之处，敬请各位读者批评指正。

编　者

2025年2月

目录

第一部分

总　论

第1章 概述

配电网工程项目立项阶段和可行性研究阶段需要做经济合理性和财务合规性分析，而目前配电网工程暂无与2022年版定额的对应的典型设计和通用造价，导致目前配电网项目前期经济合理性无统一参考标准。

本研究依据《国家电网公司配电网工程典型设计（2016年版） 10kV架空分册》《国家电网公司配电网工程典型设计（2016年版） 10kV电缆分册》《国家电网公司配电网工程典型设计（2016年版） 10kV配电变台分册》与《国家电网公司配电网工程典型设计（2016年版） 10kV配电站房分册》，结合国网安徽电力运检部关于印发《国网安徽省电力公司配电网典型设计甄选方案》（运检工作〔2016〕119号），进一步遴选出符合安徽省实际运用的典型设计方案，使用《20kV及以下配电网工程建设预算编制与计算规定（2022年版）》及配套概预算定额，提出编制常规模块化方案对应的模块化造价，明确实际工程模块化组价的方法和原则，旨在完善配电网工程造价标准，提高前期投资的精准度，合理评价配电网工程的技术经济指标水平。同时便于设备材料招标，加快设计、评审的进度，提高配电网工程建设效率。

第 2 章　典型造价编制依据与相关说明

2.1　典型造价编制依据

（1）项目划分及取费执行国家能源局发布的《20kV 及以下配电网工程建设预算编制与计算规定（2022 年版）》

（2）定额采用《20kV 及以下配电网工程预算定额（2022 年版）　第一册　建筑工程》《20kV 及以下配电网工程预算定额（2022 年版）　第二册　电气设备安装》《20kV 及以下配电网工程预算定额（2022 年版）　第三册　架空线路工程》《20kV 及以下配电网工程预算定额（2022 年版）　第四册　电缆线路工程》《20kV 及以下配电网工程预算定额（2022 年版）　第五册　通信及自动化工程》。

（3）人材机价格。

建筑地方材料价格按合肥市 2024 年 7 月信息价计列。

安装工程主要材料参照安徽省公司招标工程设备材料最新中标信息价及电力工程造价与定额管理总站发布的最新《20kV 及以下配电网工程设备材料价格信息（2024 年上半年）》（定额〔2024〕30 号）。

调整文件：定额人材机调整系数和建筑工程施工机械调整执行电力工程造价与定额管理总站《关于发布 2022 版 20kV 及以下配电网工程概预算定额 2024 年上半年价格水平调整系数的通知》（定额〔2024〕25 号）。

设备材料价格：采用国网安徽电力 2024 年第一次物资协议库存公开招标采购中标结果清单，不全的部分由近期其他批次招标采购中标结果及国网安徽电力 2024 年省公司协议库存物资采购标准补充。

（4）住房公积金和社会保险费按安徽省标准执行，分别按 12% 和 26%（含基本养老保险、失业保险、基本医疗保险、生育保险、工伤保险）计取。

（5）取费基数及费率见附录 A，其他费用取费基数及费率见附录 B，主要电气设备与材料价格见附录 C。

（6）工程量。工程量计算基于《国家电网公司配电网工程典型设计（2016 年版）　10kV 架空线路分册》《国家电网公司配电网工程典型设计（2016 年版）　10kV 电缆分册》《国家电网公司配电网工程典型设计（2016 年版） 10kV 配电变台分册》与《国家电网公司配电网工程典型设计（2016 年版） 10kV 配电站房分册》施工图设计图纸，以及预算定额中的工程量计算规则。无图纸工程采用界定工作内容和范围的设定工程。

2.2　典型造价编制相关说明

为了本次安徽省配电网工程典型造价在本省内具有广泛的代表性，对典型方案的设计条件和取费标准进行了必要的、适当的设定，具体如下：

（1）各典型造价技术方案中的环境条件按安徽省地区大多数典型条件考虑，各参数设定条件为地形：100% 平地；地质：100% 普通土；气象：覆冰 10mm，最大风速 25m/s。

（2）架空线路及电缆线路工程建设场地征用及清理费取值 8000 元 /km，架空线路计列在架空绝缘导线模块，电缆线路计列在铜芯电缆模块。

（3）电缆工程典型造价未包含电缆标识桩制作与安装，其费用按实际工程考虑。

（4）排管顶部和底部考虑架设钢筋网片，实际工程需按实调整。

（5）其他费用中监理费按施工阶段监理费计列，按预规取值乘以 0.85 系数确定。

（6）按照 Q/GDW 1738—2012《配电网规划设计技术导则》的要求，出线走廊拥挤、树线矛盾突出、人口密集的 A+、A、B、C 类供电区域宜采用 JKLYJ 系列铝芯交联聚乙烯绝缘架空电缆（简称绝缘导线）10kV 架空配电线路根据不同的供电负荷需求，本次结合省公司标准物料选取 70、150、240mm^2 三种截面积的绝缘导线。

第 3 章　安徽省配电网典型方案、模块划分说明及指标

3.1　典型方案划分

国网安徽电力运检部依据《国家电网公司 10kV 及以下配电网标准化建设改造创建活动工作方案》(国网运检〔2016〕319 号)，结合国网安徽电力实际，甄选出安徽省典型设计方案。安徽省配电网工程实施中应用较少的典型方案、模块，本书未进行测算，如有应用需求，请自行测算。

3.2　基本模块划分

3.2.1　架空线路部分

（1）杆头：《国家电网公司配电网工程典型设计（2016 年版） 10kV 架空线路分册》共列杆头模块 15 个、杆头型式 31 种，根据国网安徽电力实际情况，杆头单回采用三角排列、双回采用双三角或双垂直排列、四回采用上双三角或下双三角排列，本次选用 10 个杆头模块 10 种杆头型式，并增设了带避雷器的 2 个杆头模块 2 种杆头型式。

（2）杆型：《国家电网公司配电网工程典型设计（2016 年版） 10kV 架空线路分册》共列杆型模块 36 个、杆型 72 种。根据实际情况共选用杆型模块 16 个、杆型 22 种，并增设了带避雷线的杆型模块 2 个、杆型 2 种。

（3）导线：国网无相应导线通用设计模块，考虑到造价完整性，根据应用情况，选取 3 种截面，共 10 个导线模块。

（4）避雷线：因雷击导致的电网跳闸率居高不下，部分地区，采用架空地线作为避雷方式较多，选取 1 种避雷线模块。

（5）架空线路设备：选取 10kV 柱上开关、10kV 高压熔断器 2 个模块。

架空线路杆塔、架空线路导线、避雷线、架空线路设备典型造价划分模块见表 3-1 ~ 表 3-4。

表 3-1　　架空线路杆塔典型造价划分模块

序号	模块编号	杆塔类型	对应典设模块	杆塔描述	基础类型	排列方式
1	A1-1	直线水泥单杆	Z-M-12	12m 梢径 190 单回路 直线	卡盘、底盘	三角
2	A1-2		Z-M-15	15m 梢径 190 单回路 直线	卡盘、底盘	三角
3	A1-3		Z-N-18	18m 梢径 230 单回路 直线	卡盘、底盘	三角
4	A1-4		2Z-M-15	15m 梢径 190 双回路 直线	卡盘、底盘	垂直
5	A1-5		2Z-N-15	15m 梢径 230 双回路 直线	卡盘、底盘	垂直
6	A1-6		2Z-M-18	18m 梢径 190 双回路 直线	卡盘、底盘	垂直
7	A1-7		2Z-T-15	15m 梢径 350 双回路 直线	卡盘、底盘	垂直
8	A1-8		3Z-N-18	18m 梢径 230 三回路 直线	卡盘、底盘	垂直 / 水平
9	A1-9		4Z-N-18	18m 梢径 230 四回路 直线	卡盘、底盘	三角
10	A1-10		4Z-T-18	18m 梢径 350 四回路 直线	卡盘、底盘	三角
11	A2-1	无拉线转角水泥单杆	J19-M-15	15m 梢径 190 单回路 转角	卡盘、底盘	水平
12	A2-2		J35-T-15	15m 梢径 350 单回路 转角	杯型基础（5m 深）	水平
13	A2-3		J35-T-18	18m 梢径 350 单回路 转角	杯型基础（5m 深）	水平
14	A3-1	拉线直线转角水泥单杆	ZJ-M-15	15m 梢径 190 单回路 转角带拉线	卡盘、底盘	三角
15	A3-2		ZJ-M-12	12m 梢径 190 单回路 转角带拉线	卡盘、底盘	三角
16	A3-3		ZJ-M-D-15	15m 梢径 190 单回路 + 低压 转角带拉线	卡盘、底盘	三角

续表

序号	模块编号	杆塔类型	对应典设模块	杆塔描述	基础类型	排列方式
17	A3-4	拉线直线转角水泥单杆	ZJ-M-D-12	12m 梢径 190 单回路 + 低压 转角带拉线	卡盘、底盘	三角
18	A3-7		2ZJ-M-15	15m 梢径 190 双回路 直线转角带拉线	卡盘、底盘	垂直
19	A3-8	双回拉线耐张转角水泥单杆	2NJ1-M-15	15m 梢径 190 双回 8°～45° 拉线耐张	卡盘、底盘	垂直
20	A3-9		2ZN-M-15	15m 梢径 190 双回拉线直线耐张	卡盘、底盘	垂直
21	A3-10		2D-M-15	15m 梢径 190 双回拉线终端水泥单杆	卡盘、底盘	垂直
22	A4-1	耐张钢管杆	GN27-10	10m 梢径 270 单回路	灌注桩	三角
23	A4-2		GN27-13	13m 梢径 270 单回路	灌注桩	三角
24	A4-3		GN31-13	13m 梢径 310 双回路	灌注桩	三角
25	A4-4		GN31-16	16m 梢径 310 三回路	灌注桩	三角
26	A4-5		GN39-13	13m 梢径 390 双回路	灌注桩	三角
27	A4-6		GN45-16	16m 梢径 450 四回路	灌注桩	三角
28	A5-1-1	窄基塔	ZJT-Z	单回直线窄基塔 13m	墩式基础	三角
29	A5-1-2		ZJT-Z	单回直线窄基塔 15m	墩式基础	三角
30	A5-1-3		ZJT-Z	单回直线窄基塔 18m	墩式基础	三角
31	A5-2-1		ZJT-SZ	双回直线窄基塔 13m	墩式基础	垂直

续表

序号	模块编号	杆塔类型	对应典设模块	杆塔描述	基础类型	排列方式
32	A5-2-2	窄基塔	ZJT-SZ	双回直线窄基塔 15m	墩式基础	垂直
33	A5-2-3		ZJT-SZ	双回直线窄基塔 18m	墩式基础	垂直
34	A6-1	直线水泥电杆（带避雷线）	Z-M-15A	15m 梢径 190 单回路 直线	卡盘、底盘	水平
35	A6-2	拉线耐张转角水泥单杆（带避雷线）	J19-M-15A	15m 梢径 190 单回路 转角	卡盘、底盘	水平

表 3-2　架空线路导线典型造价划分模块

序号	模块编号	导线类型	对应典设模块	导线描述	回路数
1	B1-1	架空绝缘导线		AC10kV，JKLYJ，240	单回
2	B1-2	架空绝缘导线		AC10kV，JKLYJ，240	双回
3	B1-3	架空绝缘导线		AC10kV，JKLYJ，240	三回
4	B1-4	架空绝缘导线		AC10kV，JKLYJ，240	四回
5	B2-1	架空绝缘导线		AC10kV，JKLYJ，150	单回
6	B2-2	架空绝缘导线		AC10kV，JKLYJ，150	双回
7	B2-3	架空绝缘导线		AC10kV，JKLYJ，150	三回
8	B2-4	架空绝缘导线		AC10kV，JKLYJ，150	四回
9	B3-1	架空绝缘导线		AC10kV，JKLYJ，70	单回
10	B3-2	架空绝缘导线		AC10kV，JKLYJ，70	双回

表 3-3　避雷线典型造价划分模块

序号	模块编号	导线类型	对应典设模块	导线描述	回路数
1	C1-1	避雷线		钢绞线，1×7-9.0-1270-B，50，镀锌，双根	单回

表 3-4　　架空线路设备典型造价划分模块

序号	模块编号	名称	对应典设模块	描述
1	D1-1	10kV 柱上开关		含 10kV 断路器 1 台、避雷器 1 台
2	D1-2	10kV 高压熔断器		高压熔断器，AC10kV，跌落式，100A

3.2.2　电缆部分

电缆按敷设方案共分为直埋、电缆沟、排管、电缆隧道及电缆井五种方案，结合安徽省内实际，本次只对直埋、电缆沟、排管及电缆井四种方案选用形式进行统一。

（1）直埋：选用 A-1 预制盖板模块，预制盖板模块适用郊区变电站出线。

（2）排管：选用 B-1 模块，管外采用混凝土浇筑的模块；非开挖方案选用 B-2-1 非开挖拉管模块和 B-2-2 顶管模块。

B-1 模块适用于新改道路上管位较紧张，与其他管线冲突多的地段。保留原土回填模块方案和采用混凝土包封模块。

B-2 模块适用于少量无法进行明挖施工的地段，其中拉管方案为省内常使用的方式，顶管敷设方案相对少，实施起来外部协调难度较大，但考虑到过路主干道或过河、跨路等地段，由于土质或线路回数原因，拉管可能无法满足需求，需顶管通过，本模块保留排管和顶管模块。

（3）电缆沟：电缆沟方案全部保留。

（4）电缆井：直线井砖砌结构选用 E-1-1（人孔），E-1-2（全开启），钢筋混凝土结构选用 E-1-9（人孔）、E-1-10（全开启）、E-1-17（全开启）、转角井砖砌结构选用 E-2-1（人孔），钢筋混凝土选用 E-2-4（全开启），三通井砖砌结构选用 E-3-1（全开启）、钢筋混凝土结构选用 E-3-4（全开启）、E-3-5（人孔）、E-3-7（全开启），四通井砖砌结构选用 E-4-1（全开启）、E-4-4（全开启）、E-4-11（全开启），沉井选用 B-2-T。

电缆工程土建方案、电缆工程电气方案典型造价划分模块见表 3-5和表 3-6。

表 3-5　　电缆工程土建方案典型造价划分模块

序号	模块编号	方案	对应典设模块	描述
1	E1-1	直埋	A-1-1	1 根电缆
2	E1-2		A-1-2	2 根电缆
3	E1-3		A-1-3	3 根电缆
4	E1-4		A-1-4	4 根电缆

续表

序号	模块编号	方案	对应典设模块	描述
5	E2-1	排管	B-1-1-2	排管 2×2 混凝土包封
6	E2-2		B-1-2-2	排管 2×3 混凝土包封
7	E2-3		B-1-3-2	排管 3×3 混凝土包封
8	E2-4		B-1-4-2	排管 3×4 混凝土包封
9	E2-5		B-1-5	排管 3×6 混凝土包封
10	E2-6		B-1-6-2	排管 4×4 混凝土包封
11	E2-7		B-1-7	排管 4×5 混凝土包封
12	E2-8		B-1-1-1	排管 2×2 砂土回填
13	E2-9		B-1-2-1	排管 2×3 砂土回填
14	E2-10		B-1-3-1	排管 3×3 砂土回填
15	E2-11		B-1-4-1	排管 3×4 砂土回填
16	E2-12		B-1-6-1	排管 4×4 砂土回填
17	E3-1	拉管	B-2-1	非开挖拉管（2孔）
18	E3-2			非开挖拉管（3孔）
19	E3-3			非开挖拉管（4孔）
20	E3-4			非开挖拉管（5孔）
21	E3-5			非开挖拉管（6孔）
22	E3-6			非开挖拉管（7孔）
23	E3-7			非开挖拉管（8孔）
24	E3-8			非开挖拉管（9孔）
25	E3-9			非开挖拉管（10孔）
26	E3-10			非开挖拉管（11孔）
27	E3-11			非开挖拉管（12孔）
28	E3-12	顶管	B-2-2	内径 1200mm
29	E3-13		B-2-3	内径 1500mm
30	E3-14		B-2-4	内径 2200mm
31	E3-15		B-2-5	内径 2400mm
32	E4-1	电缆沟	C-1-1	3×350 单侧支架砖砌电缆沟

续表

序号	模块编号	方案	对应典设模块	描述
33	E4–2	电缆沟	C–1–2	3 × 500 单侧支架砖砌电缆沟
34	E4–3		C–1–3	4 × 350 单侧支架砖砌电缆沟
35	E4–4		C–1–4	4 × 500 单侧支架砖砌电缆沟
36	E4–5		C–1–5	3 × 350 双侧支架砖砌电缆沟
37	E4–6		C–1–6	3 × 500 双侧支架砖砌电缆沟
38	E4–7		C–1–7	4 × 350 双侧支架砖砌电缆沟
39	E4–8		C–1–8	4 × 500 双侧支架砖砌电缆沟
40	E4–9		C–2–1	3 × 500 单侧支架现浇电缆沟
41	E4–10		C–2–2	4 × 500 单侧支架现浇电缆沟
42	E4–11		C–2–3	5 × 500 单侧支架现浇电缆沟
43	E4–12		C–2–4	3 × 500 双侧支架现浇电缆沟
44	E4–13		C–2–5	4 × 500 双侧支架现浇电缆沟
45	E4–14		C–2–6	5 × 500 双侧支架现浇电缆沟
46	E5–1	电缆井	E–1–1	3 × 1.6 × 1.9（人孔）砖砌，直线井
47	E5–2		E–1–2	3 × 1.2 × 1.5（全开启）砖砌，直线井
48	E5–3		E–1–9	3 × 1.6 × 1.9（人孔）钢混，直线井
49	E5–4		E–1–10	3 × 1.3 × 1.5（全开启）钢混，直线井，非过路
50	E5–5		E–1–10	3 × 1.3 × 1.5（全开启）钢混，直线井，过路
51	E5–6		E–1–17	3 × 1.3 × 1.8（全开启）钢混，直线井，非过路
52	E5–7		E–1–17	3 × 1.3 × 1.8（全开启）钢混，直线井，过路
53	E5–8		E–2–1	（6 ~ 10）× 1.2 × 1.5（全开启）砖砌，转角井
54	E5–9		E–2–4	（6 ~ 10）× 1.3 × 1.5（全开启）钢混，转角井，非过路
55	E5–10		E–2–4	（6 ~ 10）× 1.3 × 1.5（全开启）钢混，转角井，过路
56	E5–11		E–3–1	6 × 1.2 × 1.5（全开启）砖砌，三通井

续表

序号	模块编号	方案	对应典设模块	描述
57	E5-12	电缆井	E-3-4	6×1.3×1.5（全开启）钢混，三通井，非过路
58	E5-13	电缆井	E-3-4	6×1.3×1.5（全开启）钢混，三通井，过路
59	E5-14	电缆井	E-3-5	5×2.0×1.9（人孔）钢混，三通井
60	E5-15	电缆井	E-3-7	6×1.3×1.8（全开启）钢混，三通井，非过路
61	E5-16	电缆井	E-3-7	6×1.3×1.8（全开启）钢混，三通井，过路
62	E5-17	电缆井	E-4-1	6×（1.2/1.2）×1.5（全开启）砖砌，四通井
63	E5-18	电缆井	E-4-4	6×（1.3/1.3）×1.5（全开启）钢混，四通井，非过路
64	E5-19	电缆井	E-4-4	6×（1.3/1.3）×1.5（全开启）钢混，四通井，过路
65	E5-20	电缆井	E-4-11	6×（1.9/1.9）×1.8（全开启）钢混，四通井，非过路
66	E5-21	电缆井	E-4-11	6×（1.9/1.9）×1.8（全开启）钢混，四通井，过路
67	E5-22	电缆井	B-2-T	7×5.57×10 钢混，沉井
68	E5-23	电缆井	B-2-T	7×5.57×12 钢混，沉井

表 3-6　**电缆工程电气方案典型造价划分模块**

序号	模块编号	方案	截面	描述
1	F1-1	铜芯电缆	单回三芯 400	电力电缆，AC10kV，YJV，400，3，22，ZC，无阻水
2	F1-2	铜芯电缆	单回三芯 300	电力电缆，AC10kV，YJV，300，3，22，ZC，无阻水
3	F1-3	铜芯电缆	单回三芯 240	电力电缆，AC10kV，YJV，240，3，22，ZC，无阻水
4	F1-4	铜芯电缆	单回三芯 150	电力电缆，AC10kV，YJV，150，3，22，ZC，无阻水
5	F1-5	铜芯电缆	单回三芯 70	电力电缆，AC10kV，YJV，70，3，22，ZC，无阻水

3.2.3　配电站房部分

（1）开关站：选用 KB–1 方案。

（2）环网箱：选用 HA–2 方案，即接线方式为单母线，有电压互感器有电动操动机构。

《国家电网公司配电网工程典型设计（2016 年版）》共有 2 种方案（HA–1 和 HA–2），HA–1 方案中环网柜没有电动操动机构，没有预留 DTU，不满足今后配电网自动化建设要求，因此，本次选用时删除该方案。

（3）配电室典型方案与现有实施差异较大，本典型造价暂未考虑。

（4）箱式变电站：选用 XA–1 和 XA–2 方案。

3.2.4　配电变台部分

柱上配电自动化终端：选用 ZA–1 方案，采用 ZA–1–ZX 子方案。配电方案典型造价划分模块见表 3–7。

表 3–7　　配电方案典型造价划分模块

模块编号	配电类型	对应典设方案	描述	指标单位
G1–1	开关站	KB–1–A	单母线分段，2 回进线，12 回馈线，采用金属铠装移开式开关柜	万元 / 座
G1–2	开关站	KB–1–B	两个独立的单母线，4 回进线，12 回馈线，采用金属铠装移开式开关柜	万元 / 座
G2–1	环网箱安装	HA–2	10kV 进线 2 回，馈线 4 回，全部采用电缆进出线	万元 / 套
G2–2	环网箱基础	HA–2	混凝土	万元 / 座
G2–3	环网箱基础	HA–2	砖砌	万元 / 座
G3–1	箱式变电站安装	XA–1	美式箱式变电站，500kVA	万元 / 套
G3–2	箱式变电站安装	XA–2	欧式箱式变电站，630kVA	万元 / 套
G3–3	箱式变电站基础	XA–1	美式箱式变电站，500kVA，混凝土	万元 / 座
G3–4	箱式变电站基础	XA–1	美式箱式变电站，500kVA，砖砌	万元 / 座
G3–5	箱式变电站基础	XA–2	欧式箱式变电站，630kVA，混凝土	万元 / 座
G3–6	箱式变电站基础	XA–2	欧式箱式变电站，630kVA，砖砌	万元 / 座

续表

模块编号	配电类型	对应典设方案	描述	指标单位
G5-1	配电变台部分	ZA-1-ZX	200kVA，15m	万元/台
G5-2		ZA-1-ZX	400kVA，15m	万元/台

3.3 典型造价指标一览表

典型造价指标一览表为典型方案造价指标，包括方案编码、方案名称、对应典型方案编号、方案描述、指标单位及单位投资，见表 3-8。

表 3-8 典型造价指标一览表

方案编码	方案名称	对应典型方案编号	方案描述	指标单位	单位投资
A1-1	直线水泥单杆	Z-M-12	12m 梢径 190 单回路 直线卡盘、底盘三角	万元/基	0.77
A1-2		Z-M-15	15m 梢径 190 单回路 直线卡盘、底盘三角	万元/基	0.96
A1-3		Z-N-18	18m 梢径 230 单回路 直线 卡盘、底盘三角	万元/基	1.39
A1-4		2Z-M-15	15m 梢径 190 双回路 直线卡盘、底盘垂直	万元/基	1.02
A1-5		2Z-N-15	15m 梢径 230 双回路 直线卡盘、底盘垂直	万元/基	1.09
A1-6		2Z-M-18	18m 梢径 190 双回路 直线卡盘、底盘垂直	万元/基	1.38
A1-7		2Z-T-15	15m 梢径 350 双回路 直线卡盘、底盘垂直	万元/基	2.06
A1-8		3Z-N-18	18m 梢径 230 三回路 直线卡盘、底盘垂直/水平	万元/基	1.54
A1-9		4Z-N-18	18m 梢径 230 四回路 直线卡盘、底盘三角	万元/基	1.64
A1-10		4Z-T-18	18m 梢径 350 四回路 直线卡盘、底盘三角	万元/基	2.59
A2-1	无拉线转角水泥单杆	J19-M-15	15m 梢径 190 单回路 转角卡盘、底盘水平	万元/基	3.55

续表

方案编码	方案名称	对应典型方案编号	方案描述	指标单位	单位投资
A2-2	无拉线转角水泥单杆	J35-T-15	15m 梢径 350 单回路 转角杯型基础（5m 深）水平	万元 / 基	3.95
A2-3		J35-T-18	18m 梢径 350 单回路 转角杯型基础（5m 深）水平	万元 / 基	4.11
A3-1	拉线直线转角水泥单杆	ZJ-M-15	15m 梢径 190 单回路 转角带拉线卡盘、底盘三角	万元 / 基	1.18
A3-2		ZJ-M-12	12m 梢径 190 单回路 转角带拉线卡盘、底盘三角	万元 / 基	0.99
A3-3		ZJ-M-D-15	15m 梢径 190 单回路 + 低压 转角带拉线卡盘、底盘三角	万元 / 基	1.38
A3-4		ZJ-M-D-12	12m 梢径 190 单回路 + 低压 转角带拉线卡盘、底盘三角	万元 / 基	1.22
A3-5		2ZJ-M-15	15m 梢径 190 双回路 直线转角带拉线卡盘、底盘垂直	万元 / 基	1.41
A3-6	拉线耐张转角水泥单杆	2NJ1-M-15	15m 梢径 190 双回 8° ~45° 拉线耐张 卡盘、底盘垂直	万元 / 基	2.29
A3-7		2ZN-M-15	15m 梢径 190 双回拉线直线耐张卡盘、底盘垂直	万元 / 基	2.55
A3-8		2D-M-15	15m 梢径 190 双回拉线终端水泥单杆卡盘、底盘垂直	万元 / 基	1.65
A4-1	耐张钢管杆	GN27-10	10m 梢径 270 单回路灌注桩三角	万元 / 基	3.31
A4-2		GN27-13	13m 梢径 270 单回路灌注桩三角	万元 / 基	4.32
A4-3		GN31-13	13m 梢径 310 双回路灌注桩三角	万元 / 基	5.89
A4-4		GN31-16	16m 梢径 310 三回路灌注桩三角	万元 / 基	7.71
A4-5		GN39-13	13m 梢径 390 双回路灌注桩三角	万元 / 基	9.90
A4-6		GN45-16	16m 梢径 450 四回路灌注桩三角	万元 / 基	13.90
A5-1-1	窄基塔	ZJT-Z	单回直线窄基塔 13m 墩式基础三角	万元 / 基	2.82
A5-1-1		ZJT-Z	单回直线窄基塔 15m 墩式基础三角	万元 / 基	2.97

续表

方案编码	方案名称	对应典型方案编号	方案描述	指标单位	单位投资
A5-1-1	窄基塔	ZJT-Z	单回直线窄基塔 18m 墩式基础三角	万元 / 基	3.32
A5-2-1		ZJT-SZ	双回直线窄基塔 13m 墩式基础垂直	万元 / 基	3.65
A5-2-1		ZJT-SZ	双回直线窄基塔 15m 墩式基础垂直	万元 / 基	3.91
A5-2-1		ZJT-SZ	双回直线窄基塔 18m 墩式基础垂直	万元 / 基	4.62
A6-1	直线水泥电杆（带避雷线）	Z-M-15A	15m 梢径 190 单回路 直线卡盘、底盘三角	万元 / 基	1.20
A6-2	拉线耐张转角水泥单杆（带避雷线）	J19-M-15A	15m 梢径 190 单回路 转角卡盘、底盘水平	万元 / 基	2.02
B1-1	架空绝缘导线		AC10kV，JKLYJ，240 单回	万元 /km	10.57
B1-2			AC10kV，JKLYJ，240 双回	万元 /km	20.92
B1-3			AC10kV，JKLYJ，240 三回	万元 /km	31.42
B1-4			AC10kV，JKLYJ，240 四回	万元 /km	41.76
B2-1			AC10kV，JKLYJ，150 单回	万元 /km	7.66
B2-2			AC10kV，JKLYJ，150 双回	万元 /km	15.14
B2-3			AC10kV，JKLYJ，150 三回	万元 /km	22.77
B2-4			AC10kV，JKLYJ，150 四回	万元 /km	30.29
B3-1			AC10kV，JKLYJ，70 单回	万元 /km	5.10
B3-2			AC10kV，JKLYJ，70 双回	万元 /km	10.02
D1-1	10kV 柱上开关		含 10kV 断路器 1 台、避雷器 1 台	万元 / 套	4.49
D1-2	10kV 高压熔断器		高压熔断器，AC10kV，跌落式，100A	万元 / 台	0.64
E1-1	直埋	A-1-1	1 根电缆	元 /m	1143
E1-2		A-1-2	2 根电缆	元 /m	1326

续表

方案编码	方案名称	对应典型方案编号	方案描述	指标单位	单位投资
E1–3	直埋	A–1–3	3 根电缆	元 /m	1569
E1–4		A–1–4	4 根电缆	元 /m	1741
E2–1	排管	B–1–1–2	排管 2×2 混凝土包封	元 /m	2541
E2–2		B–1–2–2	排管 2×3 混凝土包封	元 /m	3192
E2–3		B–1–3–2	排管 3×3 混凝土包封	元 /m	4152
E2–4		B–1–4–2	排管 3×4 混凝土包封	元 /m	4996
E2–5		B–1–5	排管 3×6 混凝土包封	元 /m	6937
E2–6		B–1–6–2	排管 4×4 混凝土包封	元 /m	6363
E2–7		B–1–7	排管 4×5 混凝土包封	元 /m	7581
E3–1	拉管	B–2–1	非开挖拉管（2 孔）	元 /m	1980
E3–2		B–2–1	非开挖拉管（3 孔）	元 /m	2321
E3–3		B–2–1	非开挖拉管（4 孔）	元 /m	2496
E3–4		B–2–1	非开挖拉管（5 孔）	元 /m	2991
E3–5		B–2–1	非开挖拉管（6 孔）	元 /m	3310
E3–6		B–2–1	非开挖拉管（7 孔）	元 /m	3485
E4–1	电缆沟	C–1–1	3×350 单侧支架砖砌电缆沟	元 /m	3509
E4–2		C–1–2	3×500 单侧支架砖砌电缆沟	元 /m	3658
E4–3		C–1–3	4×350 单侧支架砖砌电缆沟	元 /m	3725
E4–4		C–1–4	4×500 单侧支架砖砌电缆沟	元 /m	3881
E4–5		C–1–5	3×350 双侧支架砖砌电缆沟	元 /m	4419
E4–6		C–1–6	3×500 双侧支架砖砌电缆沟	元 /m	4811
E4–7		C–1–7	4×350 双侧支架砖砌电缆沟	元 /m	4631
E4–8		C–1–8	4×500 双侧支架砖砌电缆沟	元 /m	5072
E4–9		C–2–1	3×500 单侧支架现浇电缆沟	元 /m	4275
E4–10		C–2–2	4×500 单侧支架现浇电缆沟	元 /m	4597
E4–11		C–2–3	5×500 单侧支架现浇电缆沟	元 /m	4921

续表

方案编码	方案名称	对应典型方案编号	方案描述	指标单位	单位投资
E4-12	电缆沟	C-2-4	3×500 双侧支架现浇电缆沟	元 /m	5580
E4-13		C-2-5	4×500 双侧支架现浇电缆沟	元 /m	6023
E4-14		C-2-6	5×500 双侧支架现浇电缆沟	元 /m	6463
E5-1	电缆井	E-1-1	3×1.6×1.9（人孔）砖砌，直线井	万元 / 个	3.14
E5-2		E-1-2	3×1.2×1.5（全开启）砖砌，直线井	万元 / 个	1.89
E5-3		E-1-9	3×1.6×1.9（人孔）钢混，直线井	万元 / 个	4.53
E5-4		E-1-10	3×1.3×1.5（全开启）钢混，直线井，非过路	万元 / 个	1.69
E5-5		E-1-10	3×1.3×1.5（全开启）钢混，直线井，过路	万元 / 个	2.03
E5-6		E-1-17	3×1.3×1.8（全开启）钢混，直线井，非过路	万元 / 个	1.84
E5-7		E-1-17	3×1.3×1.8（全开启）钢混，直线井，过路	万元 / 个	2.18
E5-8		E-2-1	（6~10）×1.2×1.5（全开启）砖砌，转角井	万元 / 个	4.72
E5-9		E-2-4	（6~10）×1.3×1.5（全开启）钢混，转角井，非过路	万元 / 个	3.91
E5-10		E-2-4	（6~10）×1.3×1.5（全开启）钢混，转角井，过路	万元 / 个	4.89
E5-11		E-3-1	6×1.2×1.5（全开启）砖砌，三通井	万元 / 个	3.66
E5-12		E-3-4	6×1.3×1.5（全开启）钢混，三通井，非过路	万元 / 个	6.24
E5-13		E-3-4	6×1.3×1.5（全开启）钢混，三通井，过路	万元 / 个	4.20
E5-14		E-3-5	5×2.0×1.9（人孔）钢混，三通井	万元 / 个	4.81

续表

方案编码	方案名称	对应典型方案编号	方案描述	指标单位	单位投资
E5-15	电缆井	E-3-7	6×1.3×1.8（全开启）钢混，三通井，非过路	万元/个	3.70
E5-16		E-3-7	6×1.3×1.8（全开启）钢混，三通井，过路	万元/个	4.46
E5-17		E-4-1	6×（1.2/1.2）×1.5（全开启）砖砌，四通井	万元/个	4.23
E5-18		E-4-4	6×（1.3/1.3）×1.5（全开启）钢混，四通井，非过路	万元/个	3.98
E5-19		E-4-4	6×（1.3/1.3）×1.5（全开启）钢混，四通井，过路	万元/个	4.88
E5-20		E-4-11	6×（1.9/1.9）×1.8（全开启）钢混，四通井，非过路	万元/个	5.17
E5-21		E-4-11	6×（1.9/1.9）×1.8（全开启）钢混，四通井，过路	万元/个	6.35
E5-22		B-2-T	7×5.57×10 钢混，沉井	万元/个	48.58
E5-23		B-2-T	7×5.57×12 钢混，沉井	万元/个	57.00
F1-1	铜芯电缆		电力电缆，AC10kV，YJV，400，3，22，ZC，无阻水	万元/km	113.95
F1-2			电力电缆，AC10kV，YJV，300，3，22，ZC，无阻水	万元/km	91.94
F1-3			电力电缆，AC10kV，YJV，240，3，22，ZC，无阻水	万元/km	75.61
F1-4			电力电缆，AC10kV，YJV，150，3，22，ZC，无阻水	万元/km	51.94
F1-5			电力电缆，AC10kV，YJV，70，3，22，ZC，无阻水	万元/km	28.40
G1-1	开关站	KB-1-A	单母线分段，2 回进线，12 回馈线，采用金属铠装移开式开关柜	万元/座	229.3
G1-2		KB-1-B	两个独立的单母线，4 回进线，12 回馈线，采用金属铠装移开式开关柜	万元/座	232.65

续表

方案编码	方案名称	对应典型方案编号	方案描述	指标单位	单位投资
G2-1	环网箱	HA-2	环网箱安装，10kV 进线 2 回，馈线 4 回，全部采用电缆进出线	万元 / 套	40.2
G3-1	箱式变电站	XA-1	箱式变电站，美式箱式变电站，500kVA	万元 / 套	27.48
G3-2		XA-2	箱式变电站，欧式箱式变电站，630kVA	万元 / 套	36.29
G4-1	配电变台	ZA-1-ZX	ZA-1-ZX，200kVA，15m	万元 / 台	15.94
G4-2		ZA-1-ZX	ZA-1-ZX，400kVA，15m	万元 / 台	19.14

第二部分

架空线路工程

第 4 章　架空线路工程典型方案典型造价

架空杆塔典型方案共 35 个，按照杆型分为水泥单杆、钢管杆与窄基塔，按照杆塔回路数分为单回、双回、三回与四回。架空导线典型方案共 10 个，均为架空绝缘导线，按照导线截面积分为 240、150 及 70mm^2，按照线路回数分为单回、双回、三回与四回。避雷线方案共 1 个。架空杆上设备分为 10kV 柱上开关与 10kV 高压熔断器两个典型方案。所有典型方案工作范围只包含新建杆塔主体工程，不包含旧杆塔拆除。

4.1　A1-1 直线水泥单杆（12m 梢径 190 单回路 直线 卡盘、底盘三角排列）

4.1.1　典型方案主要内容

本典型方案为新建 1 基 10kV 单回直线水泥单杆 Z-M-12。内容包括：材料运输；新建杆测量及分坑；基础开挖及回填；底盘、卡盘吊装；杆塔组立；横担及绝缘子安装；标志牌安装。

4.1.2　典型方案技术条件

典型方案 A1-1 主要技术条件表和主要工程量表见表 4-1 和表 4-2。

表 4-1　　典型方案 A1-1 主要技术条件表

方案名称	工程主要技术条件	
10kV 单回 12m 直线水泥单杆	电压等级	10kV
	工作范围	新建 1 基杆塔
	杆塔类似	单回直线水泥杆
	规格型号	Z-M-12
	地形	100% 平地
	气象条件	覆冰 10mm，最大风速 25m/s
	地质条件	100% 普通土
	基础	底盘 1 块、卡盘 2 块
	运距	人力 0.3km，汽车 10km

表 4-2　　典型方案 A1-1 主要工程量表

序号	设备材料名称	单位	数量	备注
1	锥形水泥杆，非预应力，整根杆，12m，190mm，M	根	1	
2	线路柱式瓷绝缘子，R12.5ET125N，160，305，400	只	3	
3	水泥制品，底盘，800 × 800	块	1	
4	水泥制品，卡盘，300 × 1200	块	2	
5	铁附件	t	0.0361	
6	∠ 80 × 8 × 1700 角钢横担	根	1	17.1kg/ 根
7	横担 U 型抱箍	付	1	1.5kg/ 付
8	直线单顶抱箍	付	1	11.1kg/ 付
9	卡盘抱箍 U20-350	付	2	3.2kg/ 付
10	标志牌	块	1.5	杆号牌 1 块，相序牌 0.5 块

4.1.3　典型方案概算书

典型方案 A1-1 概算书包括总概算汇总表、安装工程专业汇总表与其他费用概算表，见表 4-3 ~ 表 4-5。

表 4-3　　典型方案 A1-1 总概算汇总表　　金额单位：元

序号	工程或费用名称	建筑工程费	设备购置费	安装工程费	其他费用	基本预备费	合计	各项占静态投资比例（%）	单位投资
一	配电站、开关站工程								
二	充电站、换电站工程								
三	架空线路工程			5842			5842	75.95	
四	电缆线路工程								
五	通信站工程								
六	通信线路工程								
	小计			5842			5842	75.95	

续表

序号	工程或费用名称	建筑工程费	设备购置费	安装工程费	其他费用	基本预备费	合计	各项占静态投资比例（%）	单位投资
七	其他费用				1774		1774	23.06	
（一）	建设场地征用及清理费								
（二）	项目建设管理费				221		221	2.87	
（三）	项目建设技术服务费				1524		1524	19.81	
（四）	生产准备费				29		29	0.38	
八	基本预备费					76	76	0.99	
九	特殊项目费								
	工程静态投资			5842	1774	76	7692	100	
	各项占静态投资的比例（%）			76	23	1	100		
十	工程动态费用								
（一）	价差预备费								
（二）	建设期贷款利息								
	工程动态投资			5842	1774	76	7692		
	各项占动态投资的比例（%）			76	23	1	100		
	生产期可抵扣增值税								

表 4-4　　典型方案 A1-1 安装工程专业汇总表　　金额单位：元

序号	工程名称	设备购置费	安装工程费			合计	技术经济指标		
			金额	其中			单位	数量	指标
				未计价材料费	人工费				
	安装工程		5842	4630	291	5842			
X	架空线路工程		5842	4630	291	5842			

续表

序号	工程名称	设备购置费	安装工程费			合计	技术经济指标		
			金额	其中			单位	数量	指标
				未计价材料费	人工费				
一	架空线路本体工程		5842	4630	291	5842	元 / km		
2	杆塔工程		5842	4630	291	5842			
2.1	A1–1（Z–M–12）		5842	4630	291	5842			
	合计		5842	4630	291	5842			

表 4–5　　典型方案 A1–1 其他费用概算表　　金额单位：元

序号	工程或费用项目名称	编制依据及计算说明	合价
2	项目建设管理费		221
2.1	项目管理经费		71
2.1.1	非电缆工程项目管理经费	［建筑工程费 + 安装工程费 –（电缆建筑工程费 + 电缆安装工程费）］× 1.22%	71
2.2	招标费	（建筑工程费 + 安装工程费 + 设备购置费）× 0.32%	19
2.3	工程监理费	（1）高海拔地区、严寒地区、酷热地区按照本规定乘以 1.1 系数。 （2）如需开展环境监理和水土保持监理时，按照本规定乘以 1.1 系数	131
2.3.1	非电缆工程监理费	［建筑工程费 + 安装工程费 –（电缆建筑工程费 + 电缆安装工程费）］× 2.244%	131
3	项目建设技术服务费		1524
3.1	项目前期工作费		134
3.1.1	非电缆工程项目前期工作费	［建筑工程费 + 安装工程费 –（电缆建筑工程费 + 电缆安装工程费）］× 2.29%	134
3.2	勘察设计费		527
3.2.2	设计费		527

续表

序号	工程或费用项目名称	编制依据及计算说明	合价
3.2.2.1	基本设计费	446.91×100%	447
3.2.2.2	其他设计费		80
3.2.2.2.1	施工图预算编制费	基本设计费 ×10%	45
3.2.2.2.2	竣工图文件编制费	基本设计费 ×8%	36
3.3	设计文件评审费		48
3.3.1	初步设计文件评审费	基本设计费 ×2.2%	22
3.3.2	施工图文件评审费	基本设计费 ×2.6% 其中，施工图预算文件评审费用为施工图文件评审费的30%	26
3.4	施工过程造价咨询及竣工结算审核费	施工过程造价咨询及竣工结算审核费 ×100% （1）电缆线路工程费率为1.02%；若电缆线路工程中建筑工程采用电缆沟、电缆隧道时，电缆线路工程费率乘以0.8系数。 （2）若只开展竣工结算审核时，其费用按以上规定的75%计取。 （3）该项费用低于800元时，按照800元计列	800
3.5	工程建设检测费		9
3.5.1	工程质量检测费		9
3.5.1.1	非电缆工程工程质量检测费	［建筑工程费+安装工程费-（电缆建筑工程费+电缆安装工程费）］×0.15%	9
3.6	技术经济标准编制费	（建筑工程费+安装工程费）×0.1%	6
4	生产准备费		29
4.1	非电缆工程生产准备费	［建筑工程费+安装工程费-（电缆建筑工程费+电缆安装工程费）］×0.5%	29
	合计	（建设场地征用及清理费+项目建设管理费+项目建设技术服务费+生产准备费）×100%	1774

4.2　A1-2直线水泥单杆（15m 梢径190单回路 直线 卡盘、底盘 三角排列）

4.2.1　典型方案主要内容

本典型方案为新建1基10kV单回直线水泥单杆Z-M-15。内容包括：材料运输；新建杆测量及分坑；基础开挖及回填；底盘、卡盘吊装；杆塔组立；横担及绝缘子安装；标志牌安装。

4.2.2　典型方案技术条件

典型方案 A1–2 主要技术条件表和主要工程量表见表 4–6 和表 4–7。

表 4–6　　典型方案 A1–2 主要技术条件表

方案名称	工程主要技术条件	
10kV 单回 15m 直线水泥单杆	电压等级	10kV
	工作范围	新建 1 基杆塔
	杆塔类似	单回直线水泥杆
	规格型号	Z–M–15
	地形	100% 平地
	气象条件	覆冰 10mm，最大风速 25m/s
	地质条件	100% 普通土
	基础	底盘 1 块、卡盘 2 块
	运距	人力 0.3km，汽车 10km

表 4–7　　典型方案 A1–2 主要工程量表

序号	设备材料名称	单位	数量	备注
1	锥形水泥杆，非预应力，整根杆，15m，190mm，M	根	1	
2	线路柱式瓷绝缘子，R12.5ET125N，160，305，400	只	3	
3	水泥制品，底盘，800 × 800	块	1	
4	水泥制品，卡盘，300 × 1200	块	2	
5	铁附件	t	0.0361	
6	∠ 80 × 8 × 1700 角钢横担	根	1	17.1kg/ 根
7	横担 U 型抱箍	付	1	1.5kg/ 付
8	直线单顶抱箍	付	1	11.1kg/ 付
9	卡盘抱箍 U20–350	付	2	3.2kg/ 付
10	标志牌	块	1.5	杆号牌 1 块，相序牌 0.5 块

4.2.3　典型方案概算书

典型方案 A1–2 概算书包括总概算汇总表、安装工程专业汇总表与其他费用概算表，见表 4–8 ~ 表 4–10。

表 4–8　　典型方案 A1–2 总概算汇总表　　金额单位：元

序号	工程或费用名称	建筑工程费	设备购置费	安装工程费	其他费用	基本预备费	合计	各项占静态投资比例（%）	单位投资
一	配电站、开关站工程								
二	充电站、换电站工程								
三	架空线路工程			7452			7452	77.82	
四	电缆线路工程								
五	通信站工程								
六	通信线路工程								
	小计			7452			7452	77.82	
七	其他费用				2029		2029	21.19	
（一）	建设场地征用及清理费								
（二）	项目建设管理费				282		282	2.94	
（三）	项目建设技术服务费				1710		1710	17.86	
（四）	生产准备费				37		37	0.39	
八	基本预备费					95	95	0.99	

续表

序号	工程或费用名称	建筑工程费	设备购置费	安装工程费	其他费用	基本预备费	合计	各项占静态投资比例（%）	单位投资
九	特殊项目费								
	工程静态投资			7452	2029	95	9575	100	
	各项占静态投资的比例（%）			78	21	1	100		
十	工程动态费用								
（一）	价差预备费								
（二）	建设期贷款利息								
	工程动态投资			7452	2029	95	9575		
	各项占动态投资的比例（%）			78	21	1	100		
	生产期可抵扣增值税								

表 4-9　典型方案 A1-2 安装工程专业汇总表　金额单位：元

序号	工程名称	设备购置费	安装工程费			合计	技术经济指标		
			金额	其中			单位	数量	指标
				未计价材料费	人工费				
	安装工程		7452	6015	337	7452			
X	架空线路工程		7452	6015	337	7452			
一	架空线路本体工程		7452	6015	337	7452	元 /km		

续表

序号	工程名称	设备购置费	安装工程费			合计	技术经济指标		
			金额	其中			单位	数量	指标
				未计价材料费	人工费				
2	杆塔工程		7452	6015	337	7452			
	合计		7452	6015	337	7452			

表 4-10　　典型方案 A1-2 其他费用概算表　　金额单位：元

序号	工程或费用项目名称	编制依据及计算说明	合价
2	项目建设管理费		282
2.1	项目管理经费		91
2.1.1	非电缆工程项目管理经费	［建筑工程费＋安装工程费－（电缆建筑工程费＋电缆安装工程费）］×1.22%	91
2.2	招标费	（建筑工程费＋安装工程费＋设备购置费）×0.32%	24
2.3	工程监理费	（1）高海拔地区、严寒地区、酷热地区按照本规定乘以 1.1 系数。 （2）如需开展环境监理和水土保持监理时，按照本规定乘以 1.1 系数	167
2.3.1	非电缆工程监理费	［建筑工程费＋安装工程费－（电缆建筑工程费＋电缆安装工程费）］×2.244%	167
3	项目建设技术服务费		1710
3.1	项目前期工作费		171
3.1.1	非电缆工程项目前期工作费	［建筑工程费＋安装工程费－（电缆建筑工程费＋电缆安装工程费）］×2.29%	171
3.2	勘察设计费		673
3.2.2	设计费		673
3.2.2.1	基本设计费	570.04×100%	570
3.2.2.2	其他设计费		103
3.2.2.2.1	施工图预算编制费	基本设计费 ×10%	57
3.2.2.2.2	竣工图文件编制费	基本设计费 ×8%	46

续表

序号	工程或费用项目名称	编制依据及计算说明	合价
3.3	设计文件评审费		48
3.3.1	初步设计文件评审费	基本设计费 ×2.2%	22
3.3.2	施工图文件评审费	基本设计费 ×2.6% 其中，施工图预算文件评审费用为施工图文件评审费的 30%	26
3.4	施工过程造价咨询及竣工结算审核费	施工过程造价咨询及竣工结算审核费 ×100% （1）电缆线路工程费率为 1.02%；若电缆线路工程中建筑工程采用电缆沟、电缆隧道时，电缆线路工程费率乘以 0.8 系数。 （2）若只开展竣工结算审核时，其费用按以上规定的 75% 计取。 （3）该项费用低于 800 元时，按照 800 元计列	800
3.5	工程建设检测费		11
3.5.1	工程质量检测费		11
3.5.1.1	非电缆工程工程质量检测费	［建筑工程费 + 安装工程费 –（电缆建筑工程费 + 电缆安装工程费）］×0.15%	11
3.6	技术经济标准编制费	（建筑工程费 + 安装工程费）×0.1%	7
4	生产准备费		37
4.1	非电缆工程生产准备费	［建筑工程费 + 安装工程费 –（电缆建筑工程费 + 电缆安装工程费）］×0.5%	37
	合计	（建设场地征用及清理费 + 项目建设管理费 + 项目建设技术服务费 + 生产准备费）×100%	2029

4.3　A1–3 直线水泥单杆（18m 梢径 230 单回路 直线 卡盘、底盘 三角排列）

4.3.1　典型方案主要内容

本典型方案为新建 1 基 10kV 单回直线水泥单杆 Z–N–18。内容包括：材料运输；新建杆测量及分坑；基础开挖及回填；底盘、卡盘吊装；杆塔组立；横担及绝缘子安装；标志牌安装。

4.3.2　典型方案技术条件

典型方案 A1–3 主要技术条件表和主要工程量表见表 4–11 和表 4–12。

表 4–11　　典型方案 A1–3 主要技术条件表

方案名称	工程主要技术条件	
10kV 单回 18m 直线水泥单杆	电压等级	10kV
	工作范围	新建 1 基杆塔
	杆塔类似	单回直线水泥杆
	规格型号	Z–N–18
	地形	100% 平地
	气象条件	覆冰 10mm，最大风速 25m/s
	地质条件	100% 普通土
	基础	底盘 1 块、卡盘 2 块
	运距	人力 0.3km，汽车 10km

表 4–12　　典型方案 A1–3 主要工程量表

序号	设备材料名称	单位	数量	备注
1	锥形水泥杆，非预应力，法兰组装杆，18m，230mm，N	根	1	
2	线路柱式瓷绝缘子，R12.5ET125N，160，305，400	只	3	
3	水泥制品，底盘，1000 × 1000	块	1	
4	水泥制品，卡盘，300 × 1200	块	2	
5	铁附件	t	0.0361	
6	∠ 80 × 8 × 1700 角钢横担	根	1	17.1kg/ 根
7	横担 U 型抱箍	付	1	1.5kg/ 付
8	直线单顶抱箍	付	1	11.1kg/ 付
9	卡盘抱箍 U20–350	付	2	3.2kg/ 付
10	标志牌	块	1.5	杆号牌 1 块，相序牌 0.5 块

4.3.3　典型方案概算书

典型方案 A1–3 概算书包括总概算汇总表、安装工程专业汇总表与其他费用概算表，见表 4-13 ~ 表 4-15。

表 4-13　　典型方案 A1-3 总概算汇总表　　金额单位：元

序号	工程或费用名称	建筑工程费	设备购置费	安装工程费	其他费用	基本预备费	合计	各项占静态投资比例（%）	单位投资
一	配电站、开关站工程								
二	充电站、换电站工程								
三	架空线路工程			11174			11174	80.21	
四	电缆线路工程								
五	通信站工程								
六	通信线路工程								
	小计			11174			11174	80.21	
七	其他费用				2619		2619	18.8	
（一）	建设场地征用及清理费								
（二）	项目建设管理费				423		423	3.04	
（三）	项目建设技术服务费				2141		2141	15.36	
（四）	生产准备费				56		56	0.4	
八	基本预备费					138	138	0.99	
九	特殊项目费								
	工程静态投资			11174	2619	138	13931	100	
	各项占静态投资的比例（%）			80	19	1	100		
十	工程动态费用								

续表

序号	工程或费用名称	建筑工程费	设备购置费	安装工程费	其他费用	基本预备费	合计	各项占静态投资比例（%）	单位投资
（一）	价差预备费								
（二）	建设期贷款利息								
	工程动态投资			11174	2619	138	13931		
	各项占动态投资的比例（%）			80	19	1	100		
	生产期可抵扣增值税								

表 4-14　　典型方案 A1-3 安装工程专业汇总表　　金额单位：元

序号	工程名称	设备购置费	安装工程费			合计	技术经济指标		
			金额	其中			单位	数量	指标
				未计价材料费	人工费				
	安装工程		11174	9427	391	11174			
X	架空线路工程		11174	9427	391	11174			
一	架空线路本体工程		11174	9427	391	11174	元 / km		
2	杆塔工程		11174	9427	391	11174			
	合计		11174	9427	391	11174			

表 4-15　　典型方案 A1-3 其他费用概算表　　金额单位：元

序号	工程或费用项目名称	编制依据及计算说明	合价
2	项目建设管理费		423
2.1	项目管理经费		136

续表

序号	工程或费用项目名称	编制依据及计算说明	合价
2.1.1	非电缆工程项目管理经费	［建筑工程费＋安装工程费－（电缆建筑工程费＋电缆安装工程费）］×1.22%	136
2.2	招标费	（建筑工程费＋安装工程费＋设备购置费）×0.32%	36
2.3	工程监理费	（1）高海拔地区、严寒地区、酷热地区按照本规定乘以 1.1 系数。 （2）如需开展环境监理和水土保持监理时，按照本规定乘以 1.1 系数	251
2.3.1	非电缆工程监理费	［建筑工程费＋安装工程费－（电缆建筑工程费＋电缆安装工程费）］×2.244%	251
3	项目建设技术服务费		2141
3.1	项目前期工作费		256
3.1.1	非电缆工程项目前期工作费	［建筑工程费＋安装工程费－（电缆建筑工程费＋电缆安装工程费）］×2.29%	256
3.2	勘察设计费		1009
3.2.2	设计费		1009
3.2.2.1	基本设计费	854.83×100%	855
3.2.2.2	其他设计费		154
3.2.2.2.1	施工图预算编制费	基本设计费 ×10%	85
3.2.2.2.2	竣工图文件编制费	基本设计费 ×8%	68
3.3	设计文件评审费		48
3.3.1	初步设计文件评审费	基本设计费 ×2.2%	22
3.3.2	施工图文件评审费	基本设计费 ×2.6% 其中，施工图预算文件评审费用为施工图文件评审费的 30%	26
3.4	施工过程造价咨询及竣工结算审核费	施工过程造价咨询及竣工结算审核费 ×100% （1）电缆线路工程费率为 1.02%；若电缆线路工程中建筑工程采用电缆沟、电缆隧道时，电缆线路工程费率乘以 0.8 系数。 （2）若只开展竣工结算审核时，其费用按以上规定的 75% 计取。 （3）该项费用低于 800 元时，按照 800 元计列	800
3.5	工程建设检测费		17

续表

序号	工程或费用项目名称	编制依据及计算说明	合价
3.5.1	工程质量检测费		17
3.5.1.1	非电缆工程工程质量检测费	［建筑工程费＋安装工程费－（电缆建筑工程费＋电缆安装工程费）］×0.15%	17
3.6	技术经济标准编制费	（建筑工程费＋安装工程费）×0.1%	11
4	生产准备费		56
4.1	非电缆工程生产准备费	［建筑工程费＋安装工程费－（电缆建筑工程费＋电缆安装工程费）］×0.5%	56
	合计	（建设场地征用及清理费＋项目建设管理费＋项目建设技术服务费＋生产准备费）×100%	2619

4.4　A1-4 直线水泥单杆（15m 梢径 190 双回路 直线 卡盘、底盘垂直）

4.4.1　典型方案主要内容

本典型方案为新建 1 基 10kV 双回直线水泥单杆 2Z-M-15。内容包括：材料运输；新建杆测量及分坑；基础开挖及回填；底盘、卡盘吊装；杆塔组立；横担及绝缘子安装；标志牌安装。

4.4.2　典型方案技术条件

典型方案 A1-4 主要技术条件表和主要工程量表见表 4-16 和表 4-17。

表 4-16　　典型方案 A1-4 主要技术条件表

方案名称	工程主要技术条件	
10kV 双回 15m 直线水泥单杆	电压等级	10kV
	工作范围	新建 1 基杆塔
	杆塔类似	双回直线水泥杆
	规格型号	2Z-M-15
	地形	100% 平地
	气象条件	覆冰 10mm，最大风速 25m/s
	地质条件	100% 普通土
	基础	底盘 1 块、卡盘 2 块
	运距	人力 0.3km，汽车 10km

表 4-17 典型方案 A1-4 主要工程量表

序号	设备材料名称	单位	数量	备注
1	锥形水泥杆，非预应力，整根杆，15m，190mm，M	根	1	
2	线路柱式瓷绝缘子，R12.5ET125N，160，305，400	只	6	
3	水泥制品，底盘，800×800	块	1	
4	水泥制品，卡盘，300×1200	块	2	
5	铁附件	t	0.0558	
6	∠80×8×1700 角钢横担	根	3	17.1kg/ 根
7	横担 U 型抱箍	付	3	1.5kg/ 付
8	卡盘抱箍 U20-350	付	2	3.2kg/ 付
9	标志牌	块	1.5	杆号牌 1 块，相序牌 0.5 块

4.4.3 典型方案概算书

典型方案 A1-4 概算书包括总概算汇总表、安装工程专业汇总表与其他费用概算表，见表 4-18 ~ 表 4-20。

表 4-18 典型方案 A1-4 总概算汇总表 金额单位：元

序号	工程或费用名称	建筑工程费	设备购置费	安装工程费	其他费用	基本预备费	合计	各项占静态投资比例（%）	单位投资
一	配电站、开关站工程								
二	充电站、换电站工程								
三	架空线路工程			7991			7991	78.29	
四	电缆线路工程								
五	通信站工程								
六	通信线路工程								

续表

序号	工程或费用名称	建筑工程费	设备购置费	安装工程费	其他费用	基本预备费	合计	各项占静态投资比例（%）	单位投资
	小计			7991			7991	78.29	
七	其他费用				2115		2115	20.72	
（一）	建设场地征用及清理费								
（二）	项目建设管理费				302		302	2.96	
（三）	项目建设技术服务费				1772		1772	17.36	
（四）	生产准备费				40		40	0.39	
八	基本预备费					101	101	0.99	
九	特殊项目费								
	工程静态投资			7991	2115	101	10206	100	
	各项占静态投资的比例（%）			78	21	1	100		
十	工程动态费用								
（一）	价差预备费								
（二）	建设期贷款利息								
	工程动态投资			7991	2115	101	10206		
	各项占动态投资的比例（%）			78	21	1	100		
	生产期可抵扣增值税								

表 4-19　　典型方案 A1-4 安装工程专业汇总表　　金额单位：元

序号	工程名称	设备购置费	安装工程费			合计	技术经济指标		
			金额	其中			单位	数量	指标
				未计价材料费	人工费				
	安装工程		7991	6477	367	7991			
X	架空线路工程		7991	6477	367	7991			
一	架空线路本体工程		7991	6477	367	7991	元 / km		
2	杆塔工程		7991	6477	367	7991			
	合计		7991	6477	367	7991			

表 4-20　　典型方案 A1-4 其他费用概算表　　金额单位：元

序号	工程或费用项目名称	编制依据及计算说明	合价
2	项目建设管理费		302
2.1	项目管理经费		97
2.1.1	非电缆工程项目管理经费	[建筑工程费 + 安装工程费 –（电缆建筑工程费 + 电缆安装工程费）] × 1.22%	97
2.2	招标费	（建筑工程费 + 安装工程费 + 设备购置费）× 0.32%	26
2.3	工程监理费	（1）高海拔地区、严寒地区、酷热地区按照本规定乘以 1.1 系数。 （2）如需开展环境监理和水土保持监理时，按照本规定乘以 1.1 系数	179
2.3.1	非电缆工程监理费	[建筑工程费 + 安装工程费 –（电缆建筑工程费 + 电缆安装工程费）] × 2.244%	179
3	项目建设技术服务费		1772
3.1	项目前期工作费		183
3.1.1	非电缆工程项目前期工作费	[建筑工程费 + 安装工程费 –（电缆建筑工程费 + 电缆安装工程费）] × 2.29%	183
3.2	勘察设计费		721
3.2.2	设计费		721

续表

序号	工程或费用项目名称	编制依据及计算说明	合价
3.2.2.1	基本设计费	611.28×100% 基本设计费低于1000元的，按1000元计列	611
3.2.2.2	其他设计费		110
3.2.2.2.1	施工图预算编制费	基本设计费 ×10%	61
3.2.2.2.2	竣工图文件编制费	基本设计费 ×8%	49
3.3	设计文件评审费		48
3.3.1	初步设计文件评审费	基本设计费 ×2.2%	22
3.3.2	施工图文件评审费	基本设计费 ×2.6% 其中，施工图预算文件评审费用为施工图文件评审费的30%	26
3.4	施工过程造价咨询及竣工结算审核费	施工过程造价咨询及竣工结算审核费 ×100% （1）电缆线路工程费率为1.02%；若电缆线路工程中建筑工程采用电缆沟、电缆隧道时，电缆线路工程费率乘以0.8系数。 （2）若只开展竣工结算审核时，其费用按以上规定的75%计取。 （3）该项费用低于800元时，按照800元计列	800
3.5	工程建设检测费		12
3.5.1	工程质量检测费		12
3.5.1.1	非电缆工程工程质量检测费	［建筑工程费＋安装工程费－（电缆建筑工程费＋电缆安装工程费）］×0.15%	12
3.6	技术经济标准编制费	（建筑工程费＋安装工程费）×0.1%	8
4	生产准备费		40
4.1	非电缆工程生产准备费	［建筑工程费＋安装工程费－（电缆建筑工程费＋电缆安装工程费）］×0.5%	40
	合计	（建设场地征用及清理费＋项目建设管理费＋项目建设技术服务费＋生产准备费）×100%	2115

4.5　A1-5 直线水泥单杆（15m 梢径 230 双回路 直线 卡盘、底盘垂直）

4.5.1　典型方案主要内容

本典型方案为新建1基10kV双回直线水泥单杆2Z-N-15。内容包括：材料运输；新建杆测量及分坑；基础开挖及回填；底盘、卡盘吊装；杆塔组立；横担及绝缘子安装；标志牌安装。

4.5.2　典型方案技术条件

典型方案 A1–5 主要技术条件表和主要工程量表见表 4–21 和表 4–22。

表 4–21　　　　典型方案 A1–5 主要技术条件表

方案名称	工程主要技术条件	
10kV 双回 15m 直线水泥单杆	电压等级	10kV
	工作范围	新建 1 基杆塔
	杆塔类似	双回直线水泥杆
	规格型号	2Z–N–15
	地形	100% 平地
	气象条件	覆冰 10mm，最大风速 25m/s
	地质条件	100% 普通土
	基础	底盘 1 块、卡盘 2 块
	运距	人力 0.3km，汽车 10km

表 4–22　　　　典型方案 A1–5 主要工程量表

序号	设备材料名称	单位	数量	备注
1	锥形水泥杆，非预应力，整根杆，15m，230mm，N	根	1	
2	线路柱式瓷绝缘子，R12.5ET125N，160，305，400	只	6	
3	水泥制品，底盘，800 × 800	块	1	
4	水泥制品，卡盘，300 × 1200	块	2	
5	铁附件	t	0.0558	
6	∠ 80 × 8 × 1700 角钢横担	根	3	17.1kg/ 根
7	横担 U 型抱箍	付	3	1.5kg/ 付
8	卡盘抱箍 U20–350	付	2	3.2kg/ 付
9	标志牌	块	1.5	杆号牌 1 块，相序牌 0.5 块

4.5.3　典型方案概算书

典型方案 A1–5 概算书包括总概算汇总表、安装工程专业汇总表与其他费用概算表，见表 4-23 ~ 表 4-25。

表 4-23　　典型方案 A1-5 总概算汇总表　　金额单位：元

序号	工程或费用名称	建筑工程费	设备购置费	安装工程费	其他费用	基本预备费	合计	各项占静态投资比例（%）	单位投资
一	配电站、开关站工程								
二	充电站、换电站工程								
三	架空线路工程			8570			8570	78.74	
四	电缆线路工程								
五	通信站工程								
六	通信线路工程								
	小计			8570			8570	78.74	
七	其他费用				2206		2206	20.27	
（一）	建设场地征用及清理费								
（二）	项目建设管理费				324		324	2.98	
（三）	项目建设技术服务费				1839		1839	16.9	
（四）	生产准备费				43		43	0.39	
八	基本预备费					108	108	0.99	
九	特殊项目费								
	工程静态投资			8570	2206	108	10884	100	
	各项占静态投资的比例（%）			79	20	1	100		
十	工程动态费用								

续表

序号	工程或费用名称	建筑工程费	设备购置费	安装工程费	其他费用	基本预备费	合计	各项占静态投资比例（%）	单位投资
（一）	价差预备费								
（二）	建设期贷款利息								
	工程动态投资			8570	2206	108	10884		
	各项占动态投资的比例（%）			79	20	1	100		
	生产期可抵扣增值税								

表 4-24　　典型方案 A1-5 安装工程专业汇总表　　金额单位：元

序号	工程名称	设备购置费	安装工程费			合计	技术经济指标		
			金额	其中			单位	数量	指标
				未计价材料费	人工费				
	安装工程		8570	7125	329	8570			
X	架空线路工程		8570	7125	329	8570			
一	架空线路本体工程		8570	7125	329	8570	元 / km		
2	杆塔工程		8570	7125	329	8570			
	合计		8570	7125	329	8570			

表 4-25　　典型方案 A1-5 其他费用概算表　　金额单位：元

序号	工程或费用项目名称	编制依据及计算说明	合价
2	项目建设管理费		324
2.1	项目管理经费		105
2.1.1	非电缆工程项目管理经费	［建筑工程费 + 安装工程费 –（电缆建筑工程费 + 电缆安装工程费）］× 1.22%	105

续表

序号	工程或费用项目名称	编制依据及计算说明	合价
2.2	招标费	（建筑工程费＋安装工程费＋设备购置费）×0.32%	27
2.3	工程监理费	（1）高海拔地区、严寒地区、酷热地区按照本规定乘以 1.1 系数。 （2）如需开展环境监理和水土保持监理时，按照本规定乘以 1.1 系数	192
2.3.1	非电缆工程监理费	［建筑工程费＋安装工程费－（电缆建筑工程费＋电缆安装工程费）］×2.244%	192
3	项目建设技术服务费		1839
3.1	项目前期工作费		196
3.1.1	非电缆工程项目前期工作费	［建筑工程费＋安装工程费－（电缆建筑工程费＋电缆安装工程费）］×2.29%	196
3.2	勘察设计费		774
3.2.2	设计费		774
3.2.2.1	基本设计费	655.6×100% 基本设计费低于 1000 元的，按 1000 元计列	656
3.2.2.2	其他设计费		118
3.2.2.2.1	施工图预算编制费	基本设计费 ×10%	66
3.2.2.2.2	竣工图文件编制费	基本设计费 ×8%	52
3.3	设计文件评审费		48
3.3.1	初步设计文件评审费	基本设计费 ×2.2%	22
3.3.2	施工图文件评审费	基本设计费 ×2.6% 其中，施工图预算文件评审费用为施工图文件评审费的 30%	26
3.4	施工过程造价咨询及竣工结算审核费	施工过程造价咨询及竣工结算审核费 ×100% （1）电缆线路工程费率为 1.02%；若电缆线路工程中建筑工程采用电缆沟、电缆隧道时，电缆线路工程费率乘以 0.8 系数。 （2）若只开展竣工结算审核时，其费用按以上规定的 75% 计取。 （3）该项费用低于 800 元时，按照 800 元计列	800
3.5	工程建设检测费		13

续表

序号	工程或费用项目名称	编制依据及计算说明	合价
3.5.1	工程质量检测费		13
3.5.1.1	非电缆工程工程质量检测费	[建筑工程费 + 安装工程费 –（电缆建筑工程费 + 电缆安装工程费）] ×0.15%	13
3.6	技术经济标准编制费	（建筑工程费 + 安装工程费）×0.1%	9
4	生产准备费		43
4.1	非电缆工程生产准备费	[建筑工程费 + 安装工程费 –（电缆建筑工程费 + 电缆安装工程费）] ×0.5%	43
	合计	（建设场地征用及清理费 + 项目建设管理费 + 项目建设技术服务费 + 生产准备费）×100%	2206

4.6　A1–6 直线水泥单杆（18m 梢径 190 双回路 直线 卡盘、底盘垂直）

4.6.1　典型方案主要内容

本典型方案为新建 1 基 10kV 双回直线水泥单杆 2Z–M–18。内容包括：材料运输；新建杆测量及分坑；基础开挖及回填；底盘、卡盘吊装；杆塔组立；横担及绝缘子安装；标志牌安装。

4.6.2　典型方案技术条件

典型方案 A1–6 主要技术条件表和主要工程量表见表 4–26 和表 4–27。

表 4–26　　典型方案 A1–6 主要技术条件表

方案名称	工程主要技术条件	
10kV 双回 18m 直线水泥单杆	电压等级	10kV
	工作范围	新建 1 基杆塔
	杆塔类似	双回直线水泥杆
	规格型号	2Z–M–18
	地形	100% 平地
	气象条件	覆冰 10mm，最大风速 25m/s
	地质条件	100% 普通土
	基础	底盘 1 块、卡盘 2 块
	运距	人力 0.3km，汽车 10km

表 4-27　　典型方案 A1-6 主要工程量表

序号	设备材料名称	单位	数量	备注
1	锥形水泥杆，非预应力，法兰组装杆，18m，230mm，N	根	1	
2	线路柱式瓷绝缘子，R12.5ET125N，160，305，400	只	6	
3	水泥制品，底盘，800×800	块	1	
4	水泥制品，卡盘，300×1200	块	2	
5	铁附件	t	0.0558	
6	∠80×8×1700 角钢横担	根	3	17.1kg/ 根
7	横担 U 型抱箍	付	3	1.5kg/ 付
8	卡盘抱箍 U20-350	付	2	3.2kg/ 付
9	标志牌	块	1.5	杆号牌 1 块，相序牌 0.5 块

4.6.3　典型方案概算书

典型方案 A1-6 概算书包括总概算汇总表、安装工程专业汇总表与其他费用概算表，见表 4-28 ~ 表 4-30。

表 4-28　　典型方案 A1-6 总概算汇总表　　金额单位：元

序号	工程或费用名称	建筑工程费	设备购置费	安装工程费	其他费用	基本预备费	合计	各项占静态投资比例（%）	单位投资
一	配电站、开关站工程								
二	充电站、换电站工程								
三	架空线路工程			11083			11083	80.17	
四	电缆线路工程								
五	通信站工程								
六	通信线路工程								

续表

序号	工程或费用名称	建筑工程费	设备购置费	安装工程费	其他费用	基本预备费	合计	各项占静态投资比例（%）	单位投资
	小计			11083			11083	80.17	
七	其他费用				2605		2605	18.84	
（一）	建设场地征用及清理费								
（二）	项目建设管理费				419		419	3.03	
（三）	项目建设技术服务费				2130		2130	15.41	
（四）	生产准备费				55		55	0.4	
八	基本预备费					137	137	0.99	
九	特殊项目费								
	工程静态投资			11083	2605	137	13825	100	
	各项占静态投资的比例（%）			80	19	1	100		
十	工程动态费用								
（一）	价差预备费								
（二）	建设期贷款利息								
	工程动态投资			11083	2605	137	13825		
	各项占动态投资的比例（%）			80	19	1	100		
	生产期可抵扣增值税								

表 4-29　　典型方案 A1-6 安装工程专业汇总表　　金额单位：元

序号	工程名称	设备购置费	安装工程费			合计	技术经济指标		
			金额	其中			单位	数量	指标
				未计价材料费	人工费				
	安装工程		11083	9889	310	11083			
X	架空线路工程		11083	9889	310	11083			
一	架空线路本体工程		11083	9889	310	11083	元 / km		
2	杆塔工程		11083	9889	310	11083			
	合计		11083	9889	310	11083			

表 4-30　　典型方案 A1-6 其他费用概算表　　金额单位：元

序号	工程或费用项目名称	编制依据及计算说明	合价
2	项目建设管理费		419
2.1	项目管理经费		135
2.1.1	非电缆工程项目管理经费	［建筑工程费 + 安装工程费 –（电缆建筑工程费 + 电缆安装工程费）］× 1.22%	135
2.2	招标费	（建筑工程费 + 安装工程费 + 设备购置费）× 0.32%	35
2.3	工程监理费	（1）高海拔地区、严寒地区、酷热地区按照本规定乘以 1.1 系数。（2）如需开展环境监理和水土保持监理时，按照本规定乘以 1.1 系数	249
2.3.1	非电缆工程监理费	［建筑工程费 + 安装工程费 –（电缆建筑工程费 + 电缆安装工程费）］× 2.244%	249
3	项目建设技术服务费		2130
3.1	项目前期工作费		254
3.1.1	非电缆工程项目前期工作费	［建筑工程费 + 安装工程费 –（电缆建筑工程费 + 电缆安装工程费）］× 2.29%	254
3.2	勘察设计费		1000
3.2.2	设计费		1000

续表

序号	工程或费用项目名称	编制依据及计算说明	合价
3.2.2.1	基本设计费	847.86×100% 基本设计费低于 1000 元的，按 1000 元计列	848
3.2.2.2	其他设计费		153
3.2.2.2.1	施工图预算编制费	基本设计费 ×10%	85
3.2.2.2.2	竣工图文件编制费	基本设计费 ×8%	68
3.3	设计文件评审费		48
3.3.1	初步设计文件评审费	基本设计费 ×2.2%	22
3.3.2	施工图文件评审费	基本设计费 ×2.6% 其中，施工图预算文件评审费用为施工图文件评审费的 30%	26
3.4	施工过程造价咨询及竣工结算审核费	施工过程造价咨询及竣工结算审核费 ×100% （1）电缆线路工程费率为 1.02%；若电缆线路工程中建筑工程采用电缆沟、电缆隧道时，电缆线路工程费率乘以 0.8 系数。 （2）若只开展竣工结算审核时，其费用按以上规定的 75% 计取。 （3）该项费用低于 800 元时，按照 800 元计列	800
3.5	工程建设检测费		17
3.5.1	工程质量检测费		17
3.5.1.1	非电缆工程工程质量检测费	[建筑工程费 + 安装工程费 -（电缆建筑工程费 + 电缆安装工程费）]×0.15%	17
3.6	技术经济标准编制费	（建筑工程费 + 安装工程费）×0.1%	11
4	生产准备费		55
4.1	非电缆工程生产准备费	[建筑工程费 + 安装工程费 -（电缆建筑工程费 + 电缆安装工程费）]×0.5%	55
	合计	（建设场地征用及清理费 + 项目建设管理费 + 项目建设技术服务费 + 生产准备费）×100%	2605

4.7　A1-7 直线水泥单杆（15m 梢径 350 双回路 直线 卡盘、底盘垂直）

4.7.1　典型方案主要内容

本典型方案为新建 1 基 10kV 双回直线水泥单杆 2Z-T-15。内容包括：材料运输；新建杆测量及分坑；基础开挖及回填；底盘、卡盘吊装；杆塔组立；横担及绝缘子安装；标志牌安装。

4.7.2　典型方案技术条件

典型方案 A1-7 主要技术条件表和主要工程量表见表 4-31 和表 4-32。

表 4-31　　典型方案 A1-7 主要技术条件表

方案名称	工程主要技术条件	
10kV 双回 15m 直线水泥单杆	电压等级	10kV
	工作范围	新建 1 基杆塔
	杆塔类似	双回直线水泥杆
	规格型号	2Z-T-15
	地形	100% 平地
	气象条件	覆冰 10mm，最大风速 25m/s
	地质条件	100% 普通土
	基础	底盘 1 块、卡盘 2 块
	运距	人力 0.3km，汽车 10km

表 4-32　　典型方案 A1-7 主要工程量表

序号	设备材料名称	单位	数量	备注
1	锥形水泥杆，非预应力，整根杆，15m，350mm，T	根	1	
2	线路柱式瓷绝缘子，R12.5ET125N，160，305，400	只	6	
3	水泥制品，底盘，800×800	块	1	
4	水泥制品，卡盘，300×1200	块	2	
5	铁附件	t	0.0558	
6	∠ 80×8×1700 角钢横担	根	3	17.1kg/ 根
7	横担 U 型抱箍	付	3	1.5kg/ 付
8	卡盘抱箍 U20-350	付	2	3.2kg/ 付
9	标志牌	块	1.5	杆号牌 1 块，相序牌 0.5 块

4.7.3　典型方案概算书

典型方案 A1-7 概算书包括总概算汇总表、安装工程专业汇总表与其他费用概算表，见表 4-33 ~ 表 4-35。

表 4-33　　典型方案 A1-7 总概算汇总表　　金额单位：元

序号	工程或费用名称	建筑工程费	设备购置费	安装工程费	其他费用	基本预备费	合计	各项占静态投资比例（%）	单位投资
一	配电站、开关站工程								
二	充电站、换电站工程								
三	架空线路工程			16873			16873	81.85	
四	电缆线路工程								
五	通信站工程								
六	通信线路工程								
	小计			16873			16873	81.85	
七	其他费用				3537		3537	17.16	
（一）	建设场地征用及清理费								
（二）	项目建设管理费				638		638	3.1	
（三）	项目建设技术服务费				2814		2814	13.65	
（四）	生产准备费				84		84	0.41	
八	基本预备费					204	204	0.99	

续表

序号	工程或费用名称	建筑工程费	设备购置费	安装工程费	其他费用	基本预备费	合计	各项占静态投资比例（%）	单位投资
九	特殊项目费								
	工程静态投资			16873	3537	204	20614	100	
	各项占静态投资的比例（%）			82	17	1	100		
十	工程动态费用								
（一）	价差预备费								
（二）	建设期贷款利息								
	工程动态投资			16873	3537	204	20614		
	各项占动态投资的比例（%）			82	17	1	100		
	生产期可抵扣增值税								

表 4-34　　典型方案 A1-7 安装工程专业汇总表　　金额单位：元

序号	工程名称	设备购置费	安装工程费			合计	技术经济指标		
			金额	其中			单位	数量	指标
				未计价材料费	人工费				
	安装工程		16873	14644	488	16873			
X	架空线路工程		16873	14644	488	16873			
一	架空线路本体工程		16873	14644	488	16873	元 / km		

续表

序号	工程名称	设备购置费	安装工程费			合计	技术经济指标		
			金额	其中			单位	数量	指标
				未计价材料费	人工费				
2	杆塔工程		16873	14644	488	16873			
	合计		16873	14644	488	16873			

表 4-35 典型方案 A1-7 其他费用概算表 金额单位：元

序号	工程或费用项目名称	编制依据及计算说明	合价
2	项目建设管理费		638
2.1	项目管理经费		206
2.1.1	非电缆工程项目管理经费	[建筑工程费 + 安装工程费 -（电缆建筑工程费 + 电缆安装工程费）] ×1.22%	206
2.2	招标费	（建筑工程费 + 安装工程费 + 设备购置费）×0.32%	54
2.3	工程监理费	（1）高海拔地区、严寒地区、酷热地区按照本规定乘以 1.1 系数。 （2）如需开展环境监理和水土保持监理时，按照本规定乘以 1.1 系数	379
2.3.1	非电缆工程监理费	[建筑工程费 + 安装工程费 -（电缆建筑工程费 + 电缆安装工程费）] ×2.244%	379
3	项目建设技术服务费		2814
3.1	项目前期工作费		386
3.1.1	非电缆工程项目前期工作费	[建筑工程费 + 安装工程费 -（电缆建筑工程费 + 电缆安装工程费）] ×2.29%	386
3.2	勘察设计费		1523
3.2.2	设计费		1523
3.2.2.1	基本设计费	基本设计费 ×100% 基本设计费低于 1000 元的，按 1000 元计列	1291
3.2.2.2	其他设计费		232
3.2.2.2.1	施工图预算编制费	基本设计费 ×10%	129

续表

序号	工程或费用项目名称	编制依据及计算说明	合价
3.2.2.2.2	竣工图文件编制费	基本设计费 ×8%	103
3.3	设计文件评审费		62
3.3.1	初步设计文件评审费	基本设计费 ×2.2%	28
3.3.2	施工图文件评审费	基本设计费 ×2.6% 其中，施工图预算文件评审费用为施工图文件评审费的 30%	34
3.4	施工过程造价咨询及竣工结算审核费	施工过程造价咨询及竣工结算审核费 ×100% （1）电缆线路工程费率为 1.02%；若电缆线路工程中建筑工程采用电缆沟、电缆隧道时，电缆线路工程费率乘以 0.8 系数。 （2）若只开展竣工结算审核时，其费用按以上规定的 75% 计取。 （3）该项费用低于 800 元时，按照 800 元计列	800
3.5	工程建设检测费		25
3.5.1	工程质量检测费		25
3.5.1.1	非电缆工程工程质量检测费	［建筑工程费 + 安装工程费 –（电缆建筑工程费 + 电缆安装工程费）］×0.15%	25
3.6	技术经济标准编制费	（建筑工程费 + 安装工程费）×0.1%	17
4	生产准备费		84
4.1	非电缆工程生产准备费	［建筑工程费 + 安装工程费 –（电缆建筑工程费 + 电缆安装工程费）］×0.5%	84
	合计	（建设场地征用及清理费 + 项目建设管理费 + 项目建设技术服务费 + 生产准备费）×100%	3537

4.8 A1–8 直线水泥单杆（18m 梢径 230 三回路 直线 卡盘、底盘垂直 / 水平）

4.8.1 典型方案主要内容

本典型方案为新建 1 基 10kV 三回直线水泥单杆 3Z–N–18。内容包括：材料运输；新建杆测量及分坑；基础开挖及回填；底盘、卡盘吊装；杆塔组立；横担及绝缘子安装；标志牌安装。

4.8.2 典型方案技术条件

典型方案 A1–8 主要技术条件表和主要工程量表见表 4–36 和表 4–37。

表 4-36　　典型方案 A1-8 主要技术条件表

方案名称	工程主要技术条件	
10kV 三回 18m 直线水泥单杆	电压等级	10kV
	工作范围	新建 1 基杆塔
	杆塔类似	三回直线水泥杆
	规格型号	3Z–N–18
	地形	100% 平地
	气象条件	覆冰 10mm，最大风速 25m/s
	地质条件	100% 普通土
	基础	底盘 1 块、卡盘 2 块
	运距	人力 0.3km，汽车 10km

表 4-37　　典型方案 A1-8 主要工程量表

序号	设备材料名称	单位	数量	备注
1	锥形水泥杆，非预应力，法兰组装杆，18m，230mm，N	根	1	
2	线路柱式瓷绝缘子，R12.5ET125N，160，305，400	只	9	
3	水泥制品，底盘，800×800	块	1	
4	水泥制品，卡盘，300×1200	块	2	
5	铁附件	t	0.0852	
6	∠ 80×8×1500 角钢横担	根	1	15.1kg/ 根
7	∠ 80×8×2900 角钢横担	根	2	29.2kg/ 根
8	直线横担斜撑∠ 56×5	根	4	4.8kg/ 根
9	直线横担斜撑抱箍 –6×60	块	4	5.4kg/2 块
10	横担 U 型抱箍	付	3	1.5kg/ 付
11	卡盘抱箍 U20–350	付	2	3.2kg/ 付
12	标志牌	块	1.5	杆号牌 1 块，相序牌 0.5 块

4.8.3　典型方案概算书

典型方案 A1-8 概算书包括总概算汇总表、安装工程专业汇总表与其他费用概算表，见表 4-38 ~ 表 4-40。

表 4-38　　典型方案 A1-8 总概算汇总表　　金额单位：元

序号	工程或费用名称	建筑工程费	设备购置费	安装工程费	其他费用	基本预备费	合计	各项占静态投资比例（%）	单位投资
一	配电站、开关站工程								
二	充电站、换电站工程								
三	架空线路工程			12388			12388	80.69	
四	电缆线路工程								
五	通信站工程								
六	通信线路工程								
	小计			12388			12388	80.69	
七	其他费用				2812		2812	18.31	
（一）	建设场地征用及清理费								
（二）	项目建设管理费				469		469	3.05	
（三）	项目建设技术服务费				2281		2281	14.86	
（四）	生产准备费				62		62	0.4	
八	基本预备费					152	152	0.99	
九	特殊项目费								
	工程静态投资			12388	2812	152	15351	100	
	各项占静态投资的比例（%）			81	18	1	100		

续表

序号	工程或费用名称	建筑工程费	设备购置费	安装工程费	其他费用	基本预备费	合计	各项占静态投资比例（%）	单位投资
十	工程动态费用								
（一）	价差预备费								
（二）	建设期贷款利息								
	工程动态投资			12388	2812	152	15351		
	各项占动态投资的比例（%）			81	18	1	100		
	生产期可抵扣增值税								

表 4-39　　典型方案 A1-8 安装工程专业汇总表　　金额单位：元

序号	工程名称	设备购置费	安装工程费			合计	技术经济指标		
			金额	其中			单位	数量	指标
				未计价材料费	人工费				
	安装工程		12388	10426	469	12388			
X	架空线路工程		12388	10426	469	12388			
一	架空线路本体工程		12388	10426	469	12388	元 / km		
2	杆塔工程		12388	10426	469	12388			
	合计		12388	10426	469	12388			

表 4-40　　典型方案 A1-8 其他费用概算表　　金额单位：元

序号	工程或费用项目名称	编制依据及计算说明	合价
2	项目建设管理费		469
2.1	项目管理经费		151

续表

序号	工程或费用项目名称	编制依据及计算说明	合价
2.1.1	非电缆工程项目管理经费	［建筑工程费＋安装工程费－（电缆建筑工程费＋电缆安装工程费）］×1.22%	151
2.2	招标费	（建筑工程费＋安装工程费＋设备购置费）×0.32%	40
2.3	工程监理费	（1）高海拔地区、严寒地区、酷热地区按照本规定乘以 1.1 系数。 （2）如需开展环境监理和水土保持监理时，按照本规定乘以 1.1 系数	278
2.3.1	非电缆工程监理费	［建筑工程费＋安装工程费－（电缆建筑工程费＋电缆安装工程费）］×2.244%	278
3	项目建设技术服务费		2281
3.1	项目前期工作费		284
3.1.1	非电缆工程项目前期工作费	［建筑工程费＋安装工程费－（电缆建筑工程费＋电缆安装工程费）］×2.29%	284
3.2	勘察设计费		1118
3.2.2	设计费		1118
3.2.2.1	基本设计费	947.67×100% 基本设计费低于 1000 元的，按 1000 元计列	948
3.2.2.2	其他设计费		171
3.2.2.2.1	施工图预算编制费	基本设计费 ×10%	95
3.2.2.2.2	竣工图文件编制费	基本设计费 ×8%	76
3.3	设计文件评审费		48
3.3.1	初步设计文件评审费	基本设计费 ×2.2%	22
3.3.2	施工图文件评审费	基本设计费 ×2.6% 其中，施工图预算文件评审费用为施工图文件评审费的 30%	26
3.4	施工过程造价咨询及竣工结算审核费	施工过程造价咨询及竣工结算审核费 ×100% （1）电缆线路工程费率为 1.02%；若电缆线路工程中建筑工程采用电缆沟、电缆隧道时，电缆线路工程费率乘以 0.8 系数。 （2）若只开展竣工结算审核时，其费用按以上规定的 75% 计取。 （3）该项费用低于 800 元时，按照 800 元计列	800
3.5	工程建设检测费		19

续表

序号	工程或费用项目名称	编制依据及计算说明	合价
3.5.1	工程质量检测费		19
3.5.1.1	非电缆工程工程质量检测费	[建筑工程费 + 安装工程费 –(电缆建筑工程费 + 电缆安装工程费)]×0.15%	19
3.6	技术经济标准编制费	(建筑工程费 + 安装工程费)×0.1%	12
4	生产准备费		62
4.1	非电缆工程生产准备费	[建筑工程费 + 安装工程费 –(电缆建筑工程费 + 电缆安装工程费)]×0.5%	62
	合计	(建设场地征用及清理费 + 项目建设管理费 + 项目建设技术服务费 + 生产准备费)×100%	2812

4.9　A1–9 直线水泥单杆（18m 梢径 230 四回路 直线 卡盘、底盘三角）

4.9.1　典型方案主要内容

本典型方案为新建 1 基 10kV 四回直线水泥单杆 4Z–N–18。内容包括：材料运输；新建杆测量及分坑；基础开挖及回填；底盘、卡盘吊装；杆塔组立；横担及绝缘子安装；标志牌安装。

4.9.2　典型方案技术条件

典型方案 A1–9 主要技术条件表和主要工程量表见表 4–41 和表 4–42。

表 4–41　　典型方案 A1–9 主要技术条件表

方案名称	工程主要技术条件	
10kV 四回 18m 直线水泥单杆	电压等级	10kV
	工作范围	新建 1 基杆塔
	杆塔类似	四回直线水泥杆
	规格型号	4Z–N–18
	地形	100% 平地
	气象条件	覆冰 10mm，最大风速 25m/s
	地质条件	100% 普通土
	基础	底盘 1 块、卡盘 2 块
	运距	人力 0.3km，汽车 10km

表 4-42　　典型方案 A1-9 主要工程量表

序号	设备材料名称	单位	数量	备注
1	锥形水泥杆，非预应力，法兰组装杆，18m，230mm，N	根	1	
2	线路柱式瓷绝缘子，R12.5ET125N，160，305，400	只	12	
3	水泥制品，底盘，800×800	块	1	
4	水泥制品，卡盘，300×1200	块	2	
5	铁附件	t	0.1235	
6	∠ 80×8×1500 角钢横担	根	2	15.1kg/ 根
7	∠ 80×8×2600 角钢横担	根	2	26.2kg/ 根
8	直线横担斜撑∠ 56×5	根	4	4.8kg/ 根
9	直线横担斜撑抱箍 -6×60	块	4	5.4kg/2 块
10	横担 U 型抱箍	付	3	1.5kg/ 付
11	卡盘抱箍 U20-350	付	2	3.2kg/ 付
12	标志牌	块	1.5	杆号牌 1 块，相序牌 0.5 块

4.9.3　典型方案概算书

典型方案概算书包括总概算汇总表、安装工程专业汇总表与其他费用概算表，见表 4-43 ~ 表 4-45。

表 4-43　　典型方案 A1-9 总概算汇总表　　金额单位：元

序号	工程或费用名称	建筑工程费	设备购置费	安装工程费	其他费用	基本预备费	合计	各项占静态投资比例（%）	单位投资
一	配电站、开关站工程								
二	充电站、换电站工程								
三	架空线路工程			13241			13241	80.98	
四	电缆线路工程								

续表

序号	工程或费用名称	建筑工程费	设备购置费	安装工程费	其他费用	基本预备费	合计	各项占静态投资比例（%）	单位投资
五	通信站工程								
六	通信线路工程								
	小计			13241			13241	80.98	
七	其他费用				2947		2947	18.03	
（一）	建设场地征用及清理费								
（二）	项目建设管理费				501		501	3.06	
（三）	项目建设技术服务费				2380		2380	14.56	
（四）	生产准备费				66		66	0.4	
八	基本预备费					162	162	0.99	
九	特殊项目费								
	工程静态投资			13241	2947	162	16350	100	
	各项占静态投资的比例（%）			81	18	1	100		
十	工程动态费用								
（一）	价差预备费								
（二）	建设期贷款利息								
	工程动态投资			13241	2947	162	16350		
	各项占动态投资的比例（%）			81	18	1	100		
	生产期可抵扣增值税								

表 4-44　　典型方案 A1-9 安装工程专业汇总表　　金额单位：元

序号	工程名称	设备购置费	安装工程费			合计	技术经济指标		
			金额	其中			单位	数量	指标
				未计价材料费	人工费				
	安装工程		13241	11046	555	13241			
X	架空线路工程		13241	11046	555	13241			
一	架空线路本体工程		13241	11046	555	13241	元 / km		
2	杆塔工程		13241	11046	555	13241			
	合计		13241	11046	555	13241			

表 4-45　　典型方案 A1-9 其他费用概算表　　金额单位：元

序号	工程或费用项目名称	编制依据及计算说明	合价
2	项目建设管理费		501
2.1	项目管理经费		162
2.1.1	非电缆工程项目管理经费	［建筑工程费 + 安装工程费 –（电缆建筑工程费 + 电缆安装工程费）］× 1.22%	162
2.2	招标费	（建筑工程费 + 安装工程费 + 设备购置费）× 0.32%	42
2.3	工程监理费	（1）高海拔地区、严寒地区、酷热地区按照本规定乘以 1.1 系数。 （2）如需开展环境监理和水土保持监理时，按照本规定乘以 1.1 系数	297
2.3.1	非电缆工程监理费	［建筑工程费 + 安装工程费 –（电缆建筑工程费 + 电缆安装工程费）］× 2.244%	297
3	项目建设技术服务费		2380
3.1	项目前期工作费		303
3.1.1	非电缆工程项目前期工作费	［建筑工程费 + 安装工程费 –（电缆建筑工程费 + 电缆安装工程费）］× 2.29%	303
3.2	勘察设计费		1195
3.2.2	设计费		1195

续表

序号	工程或费用项目名称	编制依据及计算说明	合价
3.2.2.1	基本设计费	基本设计费 ×100% 基本设计费低于 1000 元的，按 1000 元计列	1013
3.2.2.2	其他设计费		182
3.2.2.2.1	施工图预算编制费	基本设计费 ×10%	101
3.2.2.2.2	竣工图文件编制费	基本设计费 ×8%	81
3.3	设计文件评审费		49
3.3.1	初步设计文件评审费	基本设计费 ×2.2%	22
3.3.2	施工图文件评审费	基本设计费 ×2.6% 其中，施工图预算文件评审费用为施工图文件评审费的 30%	26
3.4	施工过程造价咨询及竣工结算审核费	施工过程造价咨询及竣工结算审核费 ×100% （1）电缆线路工程费率为 1.02%；若电缆线路工程中建筑工程采用电缆沟、电缆隧道时，电缆线路工程费率乘以 0.8 系数。 （2）若只开展竣工结算审核时，其费用按以上规定的 75% 计取。 （3）该项费用低于 800 元时，按照 800 元计列	800
3.5	工程建设检测费		20
3.5.1	工程质量检测费		20
3.5.1.1	非电缆工程工程质量检测费	［建筑工程费 + 安装工程费 –（电缆建筑工程费 + 电缆安装工程费）］×0.15%	20
3.6	技术经济标准编制费	（建筑工程费 + 安装工程费）×0.1%	13
4	生产准备费		66
4.1	非电缆工程生产准备费	［建筑工程费 + 安装工程费 –（电缆建筑工程费 + 电缆安装工程费）］×0.5%	66
	合计	（建设场地征用及清理费 + 项目建设管理费 + 项目建设技术服务费 + 生产准备费）×100%	2947

4.10　A1-10 直线水泥电杆（18m 梢径 350 四回路 直线 卡盘、底盘三角）

4.10.1　典型方案主要内容

本典型方案为新建 1 基 10kV 四回直线水泥单杆 4Z-T-18。内容包括：材料运输；新建杆测量及分坑；基础开挖及回填；底盘、卡盘吊装；杆塔组立；横担及绝缘子安装；标志牌安装。

4.10.2　典型方案技术条件

典型方案 A1–10 主要技术条件表和主要工程量表见表 4–46 和表 4–47。

表 4–46　　典型方案 A1–10 主要技术条件表

方案名称	工程主要技术条件	
新建 10kV 四回 18m 直线水泥单杆	电压等级	10kV
	工作范围	新建 1 基杆塔
	杆塔类似	四回直线水泥杆
	规格型号	4Z–T–18
	地形	100% 平地
	气象条件	覆冰 10mm，最大风速 25m/s
	地质条件	100% 普通土
	基础	底盘 1 块、卡盘 2 块
	运距	人力 0.3km，汽车 10km

表 4–47　　典型方案 A1–10 主要工程量表

序号	设备材料名称	单位	数量	备注
1	锥形水泥杆，非预应力，法兰组装杆，18m，350mm，T	根	1	
2	线路柱式瓷绝缘子，R12.5ET125N，160，305，400	只	12	
3	水泥制品，底盘，800 × 800	块	1	
4	水泥制品，卡盘，300 × 1200	块	2	
5	铁附件	t	0.1235	
6	∠ 80 × 8 × 1500 角钢横担	根	2	15.1kg/ 根
7	∠ 80 × 8 × 2600 角钢横担	根	2	26.2kg/ 根
8	直线横担斜撑∠ 56 × 5	根	4	4.8kg/ 根
9	直线横担斜撑抱箍 –6 × 60	块	4	5.4kg/2 块
10	横担 U 型抱箍	付	3	1.5kg/ 付
11	卡盘抱箍 U20–350	付	2	3.2kg/ 付
12	标志牌	块	1.5	杆号牌 1 块，相序牌 0.5 块

4.10.3　典型方案概算书

典型方案 A1–10 概算书包括总概算汇总表、安装工程专业汇总表与其他费用概算表，见表 4–48 ~ 表 4–50。

表 4–48　　典型方案 A1–10 总概算汇总表　　金额单位：元

序号	工程或费用名称	建筑工程费	设备购置费	安装工程费	其他费用	基本预备费	合计	各项占静态投资比例（%）
一	配电站、开关站工程							
二	充电站、换电站工程							
三	架空线路工程			21179			21179	85.42
四	电缆线路工程							
	小计			21179			21179	85.42
五	其他费用				3616		3616	14.58
（一）	建设场地征用及清理费							
（二）	项目建设管理费				782		782	3.15
（三）	项目建设技术服务费				2728		2728	11
（四）	生产准备费				106		106	0.43
六	基本预备费							
	小计				3616		3616	14.58
	工程静态投资			21179	3616		24795	100
	各项占静态投资比例 %			85	15		100	
七	建设期贷款利息				433		433	
	小计			21179	4049		25229	
	工程动态投资			21179	4049		25229	
八	生产期可抵扣增值税							
	各项占动态投资的比例 %			84	16		100	

表 4-49　　典型方案 A1-10 安装工程专业汇总表　　金额单位：元

序号	工程名称	设备购置费	安装工程费			合计	技术经济指标		
			金额	其中			单位	数量	指标
				未计价材料费	人工费				
	安装工程		21373	18392	688	21373			
X	架空线路工程		21373	18392	688	21373			
一	架空线路本体工程		21373	18392	688	21373	元 / km		
2	杆塔工程		21373	18392	688	21373			
	合计		21373	18392	688	21373			

表 4-50　　典型方案 A1-10 其他费用概算表　　金额单位：元

序号	工程或费用项目名称	编制依据及计算说明	合价
2	项目建设管理费		809
2.1	项目管理经费		261
2.1.1	非电缆工程项目管理经费	［建筑工程费 + 安装工程费 –（电缆建筑工程费 + 电缆安装工程费）］× 1.22%	261
2.2	招标费	（建筑工程费 + 安装工程费 + 设备购置费）× 0.32%	68
2.3	工程监理费	（1）高海拔地区、严寒地区、酷热地区按照本规定乘以 1.1 系数。 （2）如需开展环境监理和水土保持监理时，按照本规定乘以 1.1 系数	480
2.3.1	非电缆工程监理费	［建筑工程费 + 安装工程费 –（电缆建筑工程费 + 电缆安装工程费）］× 2.244%	480
3	项目建设技术服务费		3351
3.1	项目前期工作费		489
3.1.1	非电缆工程项目前期工作费	［建筑工程费 + 安装工程费 –（电缆建筑工程费 + 电缆安装工程费）］× 2.29%	489
3.2	勘察设计费		1929
3.2.2	设计费		1929

续表

序号	工程或费用项目名称	编制依据及计算说明	合价
3.2.2.1	基本设计费	基本设计费 ×100% 基本设计费低于 1000 元的，按 1000 元计列	1635
3.2.2.2	其他设计费		294
3.2.2.2.1	施工图预算编制费	基本设计费 ×10%	164
3.2.2.2.2	竣工图文件编制费	基本设计费 ×8%	131
3.3	设计文件评审费		78
3.3.1	初步设计文件评审费	基本设计费 ×2.2%	36
3.3.2	施工图文件评审费	基本设计费 ×2.6% 其中，施工图预算文件评审费用为施工图文件评审费的 30%	43
3.4	施工过程造价咨询及竣工结算审核费	施工过程造价咨询及竣工结算审核费 ×100% （1）电缆线路工程费率为 1.02%；若电缆线路工程中建筑工程采用电缆沟、电缆隧道时，电缆线路工程费率乘以 0.8 系数。 （2）若只开展竣工结算审核时，其费用按以上规定的 75% 计取。 （3）该项费用低于 800 元时，按照 800 元计列	800
3.5	工程建设检测费		32
3.5.1	工程质量检测费		32
3.5.1.1	非电缆工程工程质量检测费	[建筑工程费 + 安装工程费 –（电缆建筑工程费 + 电缆安装工程费）] ×0.15%	32
3.6	技术经济标准编制费	（建筑工程费 + 安装工程费）×0.1%	21
4	生产准备费		107
4.1	非电缆工程生产准备费	[建筑工程费 + 安装工程费 –（电缆建筑工程费 + 电缆安装工程费）] ×0.5%	107
	合计	（建设场地征用及清理费 + 项目建设管理费 + 项目建设技术服务费 + 生产准备费）×100%	4266

4.11　A2–1 无拉线转角水泥单杆（15m 梢径 190 单回路 转角 卡盘、底盘水平）

4.11.1　典型方案主要内容

本典型方案为新建 1 基 10kV 单回无拉线转角水泥单杆 J19–M–15。内容包括：材料运输；新建杆测量及分坑；基础开挖及回填；底盘、卡盘吊装；杆塔组立；横担及绝缘子安装；标志牌安装。

4.11.2　典型方案技术条件

典型方案 A2–1 主要技术条件表和主要工程量表见表 4–51 和表 4–52。

表 4–51　　典型方案 A2–1 主要技术条件表

方案名称	工程主要技术条件	
10kV 单回 15m 无拉线转角水泥杆	电压等级	10kV
	工作范围	新建 1 基杆塔
	杆塔类似	单回转角水泥杆
	规格型号	J19–M–15
	地形	100% 平地
	气象条件	覆冰 10mm，最大风速 25m/s
	地质条件	100% 普通土
	基础	底盘 1 块、卡盘 2 块
	运距	人力 0.3km，汽车 10km

表 4–52　　典型方案 A2–1 主要工程量表

序号	设备材料名称	单位	数量	备注
1	锥形水泥杆，非预应力，整根杆，15m，190mm，M	根	1	
2	交流盘形悬式瓷绝缘子，U70B/146，255，320	片	12	
3	联结金具 – 直角挂板，Z–7	只	6	
4	联结金具 – 碗头挂板，W–7B	只	6	
5	联结金具 – 球头挂环，Q–7	只	6	
6	耐张线夹 – 螺栓型，NXL–4	只	6	
7	夹接续金具 – 异型并沟线夹，JBL–50–240	付	12	
8	水泥制品，底盘，800 × 800	块	1	
9	水泥制品，卡盘，300 × 1200	块	2	
10	铁附件	t	0.0438	
11	∠ 80 × 8 × 1700 角钢横担	根	2	17.1kg/ 根

续表

序号	设备材料名称	单位	数量	备注
12	双头螺栓 M18	根	4	0.8kg/ 根
13	卡盘抱箍 U20-350	付	2	3.2kg/ 付
14	标志牌	块	1.5	杆号牌 1 块，相序牌 0.5 块

4.11.3　典型方案概算书

典型方案 A2-1 概算书包括总概算汇总表、安装工程专业汇总表与其他费用概算表，见表 4-53 ~ 表 4-55。

表 4-53　　典型方案 A2-1 总概算汇总表　　金额单位：元

序号	工程或费用名称	建筑工程费	设备购置费	安装工程费	其他费用	基本预备费	合计	各项占静态投资比例（%）	单位投资
一	配电站、开关站工程								
二	充电站、换电站工程								
三	架空线路工程			29595			29595	83.26	
四	电缆线路工程								
五	通信站工程								
六	通信线路工程								
	小计			29595			29595	83.26	
七	其他费用				5600		5600	15.75	
（一）	建设场地征用及清理费								
（二）	项目建设管理费				1120		1120	3.15	
（三）	项目建设技术服务费				4332		4332	12.19	
（四）	生产准备费				148		148	0.42	

续表

序号	工程或费用名称	建筑工程费	设备购置费	安装工程费	其他费用	基本预备费	合计	各项占静态投资比例（%）	单位投资
八	基本预备费					352	352	0.99	
九	特殊项目费								
	工程静态投资			29595	5600	352	35546	100	
	各项占静态投资的比例（%）			83	16	1	100		
十	工程动态费用								
（一）	价差预备费								
（二）	建设期贷款利息								
	工程动态投资			29595	5600	352	35546		
	各项占动态投资的比例（%）			83	16	1	100		
	生产期可抵扣增值税								

表 4-54　　典型方案 A2-1 安装工程专业汇总表　　金额单位：元

序号	工程名称	设备购置费	安装工程费			合计	技术经济指标		
			金额	其中			单位	数量	指标
				未计价材料费	人工费				
	安装工程		29595	19456	2885	29595			
X	架空线路工程		29595	19456	2885	29595			
一	架空线路本体工程		29595	19456	2885	29595	元 / km		
2	杆塔工程		29595	19456	2885	29595			
	合计		29595	19456	2885	29595			

表 4-55 典型方案 A2-1 其他费用概算表 金额单位：元

序号	工程或费用项目名称	编制依据及计算说明	合价
2	项目建设管理费		1120
2.1	项目管理经费		361
2.1.1	非电缆工程项目管理经费	［建筑工程费 + 安装工程费 –（电缆建筑工程费 + 电缆安装工程费）］×1.22%	361
2.2	招标费	（建筑工程费 + 安装工程费 + 设备购置费）×0.32%	95
2.3	工程监理费	（1）高海拔地区、严寒地区、酷热地区按照本规定乘以 1.1 系数。 （2）如需开展环境监理和水土保持监理时，按照本规定乘以 1.1 系数	664
2.3.1	非电缆工程监理费	［建筑工程费 + 安装工程费 –（电缆建筑工程费 + 电缆安装工程费）］×2.244%	664
3	项目建设技术服务费		4332
3.1	项目前期工作费		678
3.1.1	非电缆工程项目前期工作费	［建筑工程费 + 安装工程费 –（电缆建筑工程费 + 电缆安装工程费）］×2.29%	678
3.2	勘察设计费		2672
3.2.2	设计费		2672
3.2.2.1	基本设计费	基本设计费 ×100% 基本设计费低于 1000 元的，按 1000 元计列	2264
3.2.2.2	其他设计费		408
3.2.2.2.1	施工图预算编制费	基本设计费 ×10%	226
3.2.2.2.2	竣工图文件编制费	基本设计费 ×8%	181
3.3	设计文件评审费		109
3.3.1	初步设计文件评审费	基本设计费 ×2.2%	50
3.3.2	施工图文件评审费	基本设计费 ×2.6% 其中，施工图预算文件评审费用为施工图文件评审费的 30%	59
3.4	施工过程造价咨询及竣工结算审核费	施工过程造价咨询及竣工结算审核费 ×100% （1）电缆线路工程费率为 1.02%；若电缆线路工程中建筑工程采用电缆沟、电缆隧道时，电缆线路工程费率乘以 0.8 系数。 （2）若只开展竣工结算审核时，其费用按以上规定的 75% 计取。 （3）该项费用低于 800 元时，按照 800 元计列	800

续表

序号	工程或费用项目名称	编制依据及计算说明	合价
3.5	工程建设检测费		44
3.5.1	工程质量检测费		44
3.5.1.1	非电缆工程工程质量检测费	[建筑工程费＋安装工程费－（电缆建筑工程费＋电缆安装工程费）]×0.15%	44
3.6	技术经济标准编制费	（建筑工程费＋安装工程费）×0.1%	30
4	生产准备费		148
4.1	非电缆工程生产准备费	[建筑工程费＋安装工程费－（电缆建筑工程费＋电缆安装工程费）]×0.5%	148
	合计	（建设场地征用及清理费＋项目建设管理费＋项目建设技术服务费＋生产准备费）×100%	5600

4.12 A2-2 无拉线转角水泥单杆[15m 梢径 350 单回路 转角杯型基础（5m 深）水平]

4.12.1 典型方案主要内容

本典型方案为新建 1 基 10kV 单回无拉线转角水泥单杆 J35-T-15。内容包括：材料运输；新建杆测量及分坑；基础开挖及回填；底盘、卡盘吊装；杆塔组立；横担及绝缘子安装；标志牌安装。

4.12.2 典型方案技术条件

典型方案 A2-2 主要技术条件表和主要工程量表见表 4-56 和表 4-57。

表 4-56 典型方案 A2-2 主要技术条件表

方案名称	工程主要技术条件	
新建 10kV 单回 15m 直线水泥杆	电压等级	10kV
	工作范围	新建杆塔
	杆塔类似	单回转角水泥杆
	规格型号	J35-T-15
	地形	100% 平地
	气象条件	覆冰 10mm，最大风速 25m/s
	地质条件	100% 普通土
	基础	杯型基础（5m 深）

续表

方案名称	工程主要技术条件	
新建 10kV 单回 12m 直线水泥杆	运距	人力 0.3km，汽车 10km

表 4-57　　典型方案 A2-2 主要工程量表

序号	设备材料名称	单位	数量	备注
1	锥形水泥杆，非预应力，整根杆，15m，350mm，T	根	1	
2	交流盘形悬式瓷绝缘子，U70B/146，255，320	片	12	
3	联结金具－直角挂板，Z-7	只	6	
4	联结金具－碗头挂板，W-7B	只	6	
5	联结金具－球头挂环，Q-7	只	6	
6	耐张线夹－螺栓型，NXL-4	只	6	
7	接续金具－异型并沟线夹，JBL-50-240	付	12	
8	铁附件	t	0.0438	
9	∠ 80×8×1700 角钢横担	根	2	17.1kg/ 根
10	双头螺栓 M18	根	4	0.8kg/ 根
11	基础尺寸（基础直径 × 埋深）$\phi 1.4\times 5$	基	1	
12	标志牌	块	1.5	杆号牌 1 块，相序牌 0.5 块

4.12.3　典型方案概算书

典型方案 A2-2 概算书包括总概算汇总表、安装工程专业汇总表与其他费用概算表，见表 4-58～表 4-60。

表 4-58　　典型方案 A2-2 总概算汇总表　　金额单位：元

序号	工程或费用名称	建筑工程费	设备购置费	安装工程费	其他费用	基本预备费	合计	各项占静态投资比例（%）	单位投资
一	配电站、开关站工程								

续表

序号	工程或费用名称	建筑工程费	设备购置费	安装工程费	其他费用	基本预备费	合计	各项占静态投资比例（%）	单位投资
二	充电站、换电站工程								
三	架空线路工程			32973			32973	83.45	
四	电缆线路工程								
五	通信站工程								
六	通信线路工程								
	小计			32973			32973	83.45	
七	其他费用				6148		6148	15.56	
（一）	建设场地征用及清理费								
（二）	项目建设管理费				1248		1248	3.16	
（三）	项目建设技术服务费				4735		4735	11.98	
（四）	生产准备费				165		165	0.42	
八	基本预备费					391	391	0.99	
九	特殊项目费								
	工程静态投资			32973	6148	391	39511	100	
	各项占静态投资的比例（%）			83	16	1	100		
十	工程动态费用								
（一）	价差预备费								
（二）	建设期贷款利息								

续表

序号	工程或费用名称	建筑工程费	设备购置费	安装工程费	其他费用	基本预备费	合计	各项占静态投资比例（%）	单位投资
	工程动态投资			32973	6148	391	39511		
	各项占动态投资的比例（%）			83	16	1	100		
	生产期可抵扣增值税								

表 4-59　　典型方案 A2-2 安装工程专业汇总表　　金额单位：元

序号	工程名称	设备购置费	安装工程费			合计	技术经济指标		
			金额	其中			单位	数量	指标
				未计价材料费	人工费				
	安装工程		32973	22047	3015	32973			
X	架空线路工程		32973	22047	3015	32973			
一	架空线路本体工程		32973	22047	3015	32973	元 / km		
2	杆塔工程		32973	22047	3015	32973			
	合计		32973	22047	3015	32973			

表 4-60　　典型方案 A2-2 其他费用概算表　　金额单位：元

序号	工程或费用项目名称	编制依据及计算说明	合价
2	项目建设管理费		1248
2.1	项目管理经费		402
2.1.1	非电缆工程项目管理经费	［建筑工程费 + 安装工程费 –（电缆建筑工程费 + 电缆安装工程费）］× 1.22%	402
2.2	招标费	（建筑工程费 + 安装工程费 + 设备购置费）× 0.32%	106

续表

序号	工程或费用项目名称	编制依据及计算说明	合价
2.3	工程监理费	（1）高海拔地区、严寒地区、酷热地区按照本规定乘以 1.1 系数。 （2）如需开展环境监理和水土保持监理时，按照本规定乘以 1.1 系数	740
2.3.1	非电缆工程监理费	［建筑工程费 + 安装工程费 –（电缆建筑工程费 + 电缆安装工程费）］×2.244%	740
3	项目建设技术服务费		4735
3.1	项目前期工作费		755
3.1.1	非电缆工程项目前期工作费	［建筑工程费 + 安装工程费 –（电缆建筑工程费 + 电缆安装工程费）］×2.29%	755
3.2	勘察设计费		2976
3.2.2	设计费		2976
3.2.2.1	基本设计费	基本设计费 ×100% 基本设计费低于 1000 元的，按 1000 元计列	2522
3.2.2.2	其他设计费		454
3.2.2.2.1	施工图预算编制费	基本设计费 ×10%	252
3.2.2.2.2	竣工图文件编制费	基本设计费 ×8%	202
3.3	设计文件评审费		121
3.3.1	初步设计文件评审费	基本设计费 ×2.2%	55
3.3.2	施工图文件评审费	基本设计费 ×2.6% 其中，施工图预算文件评审费用为施工图文件评审费的 30%	66
3.4	施工过程造价咨询及竣工结算审核费	施工过程造价咨询及竣工结算审核费 ×100% （1）电缆线路工程费率为 1.02%；若电缆线路工程中建筑工程采用电缆沟、电缆隧道时，电缆线路工程费率乘以 0.8 系数。 （2）若只开展竣工结算审核时，其费用按以上规定的 75% 计取。 （3）该项费用低于 800 元时，按照 800 元计列	800
3.5	工程建设检测费		49
3.5.1	工程质量检测费		49

续表

序号	工程或费用项目名称	编制依据及计算说明	合价
3.5.1.1	非电缆工程工程质量检测费	［建筑工程费 + 安装工程费 −（电缆建筑工程费 + 电缆安装工程费）］×0.15%	49
3.6	技术经济标准编制费	（建筑工程费 + 安装工程费）×0.1%	33
4	生产准备费		165
4.1	非电缆工程生产准备费	［建筑工程费 + 安装工程费 −（电缆建筑工程费 + 电缆安装工程费）］×0.5%	165
	合计	（建设场地征用及清理费 + 项目建设管理费 + 项目建设技术服务费 + 生产准备费）×100%	6148

4.13　A2−3 无拉线转角水泥单杆［18m 梢径 350 单回路 转角杯型基础（5m 深）水平］

4.13.1　典型方案主要内容

本典型方案为新建 1 基 10kV 无拉线转角水泥单杆 J35−T−18。内容包括：材料运输；新建杆测量及分坑；基础开挖及回填；底盘、卡盘吊装；杆塔组立；横担及绝缘子安装；标志牌安装。

4.13.2　典型方案技术条件

典型方案 A2−3 主要技术条件表和主要工程量表见表 4−61 和表 4−62。

表 4−61　　　　　　典型方案 A2−3 主要技术条件表

方案名称	工程主要技术条件	
10kV 单回 18m 无拉线转角水泥单杆	电压等级	10kV
	工作范围	新建 1 基杆塔
	杆塔类似	单回转角水泥杆
	规格型号	J35−T−18
	地形	100% 平地
	气象条件	覆冰 10mm，最大风速 25m/s
	地质条件	100% 普通土
	基础	杯型基础（5m 深）
	运距	人力 0.3km，汽车 10km

表 4-62　典型方案 A2-3 主要工程量表

序号	设备材料名称	单位	数量	备注
1	锥形水泥杆，非预应力，法兰组装杆，18m，350mm，T	根	1	
2	交流盘形悬式瓷绝缘子，U70B/146，255，320	片	12	
3	联结金具－直角挂板，Z-7	只	6	
4	联结金具－碗头挂板，W-7B	只	6	
5	联结金具－球头挂环，Q-7	只	6	
6	耐张线夹－螺栓型，NXL-4	只	6	
7	接续金具－异型并沟线夹，JBL-50-240	付	12	
8	铁附件	t	0.0438	
9	∠ 80×8×1700 角钢横担	根	2	17.1kg/ 根
10	双头螺栓 M18	根	4	0.8kg/ 根
11	基础尺寸（基础直径 × 埋深）$\phi1.4\times5$	基	1	
12	标志牌	块	1.5	杆号牌 1 块，相序牌 0.5 块

4.13.3 典型方案概算书

典型方案 A2-3 概算书包括总概算汇总表、安装工程专业汇总表与其他费用概算表，见表 4-63 ~ 表 4-65。

表 4-63　典型方案 A2-3 总概算汇总表　金额单位：元

序号	工程或费用名称	建筑工程费	设备购置费	安装工程费	其他费用	基本预备费	合计	各项占静态投资比例（%）	单位投资
一	配电站、开关站工程								
二	充电站、换电站工程								
三	架空线路工程			34316			34316	83.52	
四	电缆线路工程								

续表

序号	工程或费用名称	建筑工程费	设备购置费	安装工程费	其他费用	基本预备费	合计	各项占静态投资比例（%）	单位投资
五	通信站工程								
六	通信线路工程								
	小计			34316			34316	83.52	
七	其他费用				6365		6365	15.49	
（一）	建设场地征用及清理费								
（二）	项目建设管理费				1298		1298	3.16	
（三）	项目建设技术服务费				4895		4895	11.91	
（四）	生产准备费				172		172	0.42	
八	基本预备费					407	407	0.99	
九	特殊项目费								
	工程静态投资			34316	6365	407	41088	100	
	各项占静态投资的比例（%）			84	15	1	100		
十	工程动态费用								
（一）	价差预备费								
（二）	建设期贷款利息								
	工程动态投资			34316	6365	407	41088		
	各项占动态投资的比例（%）			84	15	1	100		
	生产期可抵扣增值税								

表 4-64　　典型方案 A2-3 安装工程专业汇总表　　金额单位：元

序号	工程名称	设备购置费	安装工程费			合计	技术经济指标		
			金额	其中			单位	数量	指标
				未计价材料费	人工费				
	安装工程		34316	22665	3249	34316			
X	架空线路工程		34316	22665	3249	34316			
一	架空线路本体工程		34316	22665	3249	34316	元/km		
2	杆塔工程		34316	22665	3249	34316			
	合计		34316	22665	3249	34316			

表 4-65　　典型方案 A2-3 其他费用概算表　　金额单位：元

序号	工程或费用项目名称	编制依据及计算说明	合价
2	项目建设管理费		1298
2.1	项目管理经费		419
2.1.1	非电缆工程项目管理经费	[建筑工程费 + 安装工程费 –（电缆建筑工程费 + 电缆安装工程费）] × 1.22%	419
2.2	招标费	（建筑工程费 + 安装工程费 + 设备购置费）× 0.32%	110
2.3	工程监理费	（1）高海拔地区、严寒地区、酷热地区按照本规定乘以 1.1 系数。 （2）如需开展环境监理和水土保持监理时，按照本规定乘以 1.1 系数	770
2.3.1	非电缆工程监理费	[建筑工程费 + 安装工程费 –（电缆建筑工程费 + 电缆安装工程费）] × 2.244%	770
3	项目建设技术服务费		4895
3.1	项目前期工作费		786
3.1.1	非电缆工程项目前期工作费	[建筑工程费 + 安装工程费 –（电缆建筑工程费 + 电缆安装工程费）] × 2.29%	786
3.2	勘察设计费		3098
3.2.2	设计费		3098

续表

序号	工程或费用项目名称	编制依据及计算说明	合价
3.2.2.1	基本设计费	基本设计费 ×100% 基本设计费低于 1000 元的，按 1000 元计列	2625
3.2.2.2	其他设计费		473
3.2.2.2.1	施工图预算编制费	基本设计费 ×10%	263
3.2.2.2.2	竣工图文件编制费	基本设计费 ×8%	210
3.3	设计文件评审费		126
3.3.1	初步设计文件评审费	基本设计费 ×2.2%	58
3.3.2	施工图文件评审费	基本设计费 ×2.6% 其中，施工图预算文件评审费用为施工图文件评审费的 30%	68
3.4	施工过程造价咨询及竣工结算审核费	施工过程造价咨询及竣工结算审核费 ×100% （1）电缆线路工程费率为 1.02%；若电缆线路工程中建筑工程采用电缆沟、电缆隧道时，电缆线路工程费率乘以 0.8 系数。 （2）若只开展竣工结算审核时，其费用按以上规定的 75% 计取。 （3）该项费用低于 800 元时，按照 800 元计列	800
3.5	工程建设检测费		51
3.5.1	工程质量检测费		51
3.5.1.1	非电缆工程工程质量检测费	［建筑工程费 + 安装工程费 –（电缆建筑工程费 + 电缆安装工程费）］×0.15%	51
3.6	技术经济标准编制费	（建筑工程费 + 安装工程费）×0.1%	34
4	生产准备费		172
4.1	非电缆工程生产准备费	［建筑工程费 + 安装工程费 –（电缆建筑工程费 + 电缆安装工程费）］×0.5%	172
	合计	（建设场地征用及清理费 + 项目建设管理费 + 项目建设技术服务费 + 生产准备费）×100%	6365

4.14　A3-1 拉线直线转角水泥单杆（15m 梢径 190 单回路 转角带拉线卡盘、底盘三角）

4.14.1　典型方案主要内容

本典型方案为新建 1 基 10kV 单回拉线直线转角水泥单杆 ZJ-M-15。内容包括：材料运输；新建杆测量及分坑；基础开挖及回填；底盘、卡盘、拉盘吊装；杆塔组立；横担及绝缘子安装；拉线制作安装；标志牌安装。

4.14.2　典型方案技术条件

典型方案 A3-1 主要技术条件表和设备材料表见表 4-66 和表 4-67。

表 4-66　　典型方案 A3-1 主要技术条件表

方案名称	工程主要技术条件	
10kV 单回 15m 拉线直线转角水泥单杆	电压等级	10kV
	工作范围	新建 1 基杆塔
	杆塔类似	单回拉线直线转角水泥单杆
	规格型号	ZJ-M-15
	地形	100% 平地
	气象条件	覆冰 10mm，最大风速 25m/s
	地质条件	100% 普通土
	基础	底盘 1 块、卡盘 2 块
	运距	人力 0.3km，汽车 10km

表 4-67　　典型方案 A3-1 设备材料表

序号	设备材料名称	单位	数量	备注
1	锥形水泥杆，非预应力，整根杆，15m，190mm，M	根	1	
2	线路柱式瓷绝缘子，R12.5ET125N，160，305，400	只	6	
3	水泥制品，底盘，800×800	块	1	
4	水泥制品，卡盘，300×1200	块	2	
5	水泥制品，拉盘，600×1200	块	1	
6	钢绞线，1×7-9.0-1270-B，50，镀锌	根	1	12kg/ 根
7	联结金具 - 延长环，PH-7	只	1	
8	拉线金具 - 锲型线夹，NX-2	付	3	
9	拉紧绝缘子，JH10-90	只	1	
10	拉线金具 -UT 型线夹，NUT-2	付	1	
11	拉线金具 -U 型挂环，UL-10	付	1	

续表

序号	设备材料名称	单位	数量	备注
12	拉线金具－钢线卡子，JK-2	只	12	
13	铁构件	t	0.0783	
14	∠ 80×8×1700 角钢横担	根	2	17.1kg/ 根
15	双头螺栓 ST-320	根	4	0.8kg/ 根
16	直线双顶抱箍	付	1	13.6kg/ 付
17	卡盘抱箍 U20-370	付	2	3.3kg/ 付
18	拉线棒 ϕ20×2500	根	1	7.4kg/ 根
19	拉线盘拉环 ϕ24	只	1	5.2kg/ 只
20	拉线抱箍 D200，-8×80	付	1	8.1kg/ 付
21	标志牌	块	1.5	杆号牌 1 块，相序牌 0.5 块
22	拉线保护筒	根	1	PVC 管，ϕ100，2000mm

4.14.3　典型方案概算书

典型方案 A3-1 概算书包括总概算汇总表、安装工程专业汇总表与其他费用概算表，见表 4-68 ~ 表 4-70。

表 4-68　　典型方案 A3-1 总概算汇总表　　金额单位：元

序号	工程或费用名称	建筑工程费	设备购置费	安装工程费	其他费用	基本预备费	合计	各项占静态投资比例（%）	单位投资
一	配电站、开关站工程								
二	充电站、换电站工程								
三	架空线路工程			9356			9356	79.26	
四	电缆线路工程								
五	通信站工程								

续表

序号	工程或费用名称	建筑工程费	设备购置费	安装工程费	其他费用	基本预备费	合计	各项占静态投资比例（%）	单位投资
六	通信线路工程								
	小计			9356			9356	79.26	
七	其他费用				2331		2331	19.75	
（一）	建设场地征用及清理费								
（二）	项目建设管理费				354		354	3	
（三）	项目建设技术服务费				1930		1930	16.35	
（四）	生产准备费				47		47	0.4	
八	基本预备费					117	117	0.99	
九	特殊项目费								
	工程静态投资			9356	2331	117	11803	100	
	各项占静态投资的比例（%）			79	20	1	100		
十	工程动态费用								
（一）	价差预备费								
（二）	建设期贷款利息								
	工程动态投资			9356	2331	117	11803		
	各项占动态投资的比例（%）			79	20	1	100		
	生产期可抵扣增值税								

表 4-69　　典型方案 A3-1 安装工程专业汇总表　　金额单位：元

序号	工程名称	设备购置费	安装工程费			合计	技术经济指标		
			金额	其中			单位	数量	指标
				未计价材料费	人工费				
	安装工程		9356	7493	489	9356			
X	架空线路工程		9356	7493	489	9356			
一	架空线路本体工程		9356	7493	489	9356	元 / km		
2	杆塔工程		9356	7493	489	9356			
	合计		9356	7493	489	9356			

表 4-70　　典型方案 A3-1 其他费用概算表　　金额单位：元

序号	工程或费用项目名称	编制依据及计算说明	合价
2	项目建设管理费		354
2.1	项目管理经费		114
2.1.1	非电缆工程项目管理经费	［建筑工程费 + 安装工程费 –（电缆建筑工程费 + 电缆安装工程费）］×1.22%	114
2.2	招标费	（建筑工程费 + 安装工程费 + 设备购置费）×0.32%	30
2.3	工程监理费	（1）高海拔地区、严寒地区、酷热地区按照本规定乘以 1.1 系数。 （2）如需开展环境监理和水土保持监理时，按照本规定乘以 1.1 系数	210
2.3.1	非电缆工程监理费	［建筑工程费 + 安装工程费 –（电缆建筑工程费 + 电缆安装工程费）］×2.244%	210
3	项目建设技术服务费		1930
3.1	项目前期工作费		214
3.1.1	非电缆工程项目前期工作费	［建筑工程费 + 安装工程费 –（电缆建筑工程费 + 电缆安装工程费）］×2.29%	214
3.2	勘察设计费		845

续表

序号	工程或费用项目名称	编制依据及计算说明	合价
3.2.2	设计费		845
3.2.2.1	基本设计费	715.7×100% 基本设计费低于 1000 元的，按 1000 元计列	716
3.2.2.2	其他设计费		129
3.2.2.2.1	施工图预算编制费	基本设计费 ×10%	72
3.2.2.2.2	竣工图文件编制费	基本设计费 ×8%	57
3.3	设计文件评审费		48
3.3.1	初步设计文件评审费	基本设计费 ×2.2%	22
3.3.2	施工图文件评审费	基本设计费 ×2.6% 其中，施工图预算文件评审费用为施工图文件评审费的 30%	26
3.4	施工过程造价咨询及竣工结算审核费	施工过程造价咨询及竣工结算审核费 ×100% （1）电缆线路工程费率为 1.02%；若电缆线路工程中建筑工程采用电缆沟、电缆隧道时，电缆线路工程费率乘以 0.8 系数。 （2）若只开展竣工结算审核时，其费用按以上规定的 75% 计取。 （3）该项费用低于 800 元时，按照 800 元计列	800
3.5	工程建设检测费		14
3.5.1	工程质量检测费		14
3.5.1.1	非电缆工程工程质量检测费	［建筑工程费 + 安装工程费 −（电缆建筑工程费 + 电缆安装工程费）］×0.15%	14
3.6	技术经济标准编制费	（建筑工程费 + 安装工程费）×0.1%	9
4	生产准备费		47
4.1	非电缆工程生产准备费	［建筑工程费 + 安装工程费 −（电缆建筑工程费 + 电缆安装工程费）］×0.5%	47
	合计	（建设场地征用及清理费 + 项目建设管理费 + 项目建设技术服务费 + 生产准备费）×100%	2331

4.15 A3-2 拉线直线转角水泥单杆（12m 梢径 190 单回路 转角带拉线卡盘、底盘三角）

4.15.1 典型方案主要内容

本典型方案为新建 1 基 10kV 单回拉线直线转角水泥单杆 ZJ-M-12。内容包括：材料运输；新建杆测量及分坑；基础开挖及回填；底盘、卡盘、拉盘吊装；杆塔组立；横担及绝缘子安装；拉线制作安装；标志牌安装。

4.15.2 典型方案技术条件

典型方案 A3-2 主要技术条件表和设备材料表见表 4-71 和表 4-72。

表 4-71　　典型方案 A3-2 主要技术条件表

方案名称	工程主要技术条件	
10kV 单回 12m 拉线直线转角水泥单杆	电压等级	10kV
	工作范围	新建 1 基杆塔
	杆塔类似	单回拉线直线转角水泥单杆
	规格型号	ZJ-M-12
	地形	100% 平地
	气象条件	覆冰 10mm，最大风速 25m/s
	地质条件	100% 普通土
	基础	底盘 1 块、卡盘 2 块
	运距	人力 0.3km，汽车 10km

表 4-72　　典型方案 A3-2 设备材料表

序号	设备材料名称	单位	数量	备注
1	锥形水泥杆，非预应力，整根杆，12m，190mm，M	根	1	
2	线路柱式瓷绝缘子，R12.5ET125N，160，305，400	只	6	
3	水泥制品，底盘，800 × 800	块	1	
4	水泥制品，卡盘，300 × 1200	块	2	
5	水泥制品，拉盘，600 × 1200	块	1	
6	钢绞线，1 × 7-9.0-1270-B，50，镀锌	根	1	12kg/ 根
7	联结金具 - 延长环，PH-7	只	1	

续表

序号	设备材料名称	单位	数量	备注
8	拉线金具－锲型线夹，NX–2	付	3	
9	拉紧绝缘子，JH10–90	只	1	
10	拉线金具–UT 型线夹，NUT–2	付	1	
11	拉线金具–U 型挂环，UL–10	付	1	
12	拉线金具－钢线卡子，JK–2	只	12	
13	铁构件	t	0.0781	
14	∠ 80 × 8 × 1700 角钢横担	根	2	17.1kg/ 根
15	双头螺栓 ST–320	根	4	0.8kg/ 根
16	直线双顶抱箍	付	1	13.6kg/ 付
17	卡盘抱箍 U20–350	付	2	3.2kg/ 付
18	拉线棒 ϕ20 × 2500	根	1	7.4kg/ 根
19	拉线盘拉环 ϕ24	只	1	5.2kg/ 只
20	拉线抱箍 D200，–8 × 80	付	1	8.1kg/ 付
21	标志牌	块	1.5	杆号牌 1 块，相序牌 0.5 块
22	拉线保护筒	根	1	PVC 管，ϕ100，2000mm

4.15.3　典型方案概算书

典型方案 A3–2 概算书包括总概算汇总表、安装工程专业汇总表与其他费用概算表，见表 4–73 ~ 表 4–75。

表 4–73　　典型方案 A3–2 总概算汇总表　　金额单位：元

序号	工程或费用名称	建筑工程费	设备购置费	安装工程费	其他费用	基本预备费	合计	各项占静态投资比例（%）	单位投资
一	配电站、开关站工程								
二	充电站、换电站工程								

续表

序号	工程或费用名称	建筑工程费	设备购置费	安装工程费	其他费用	基本预备费	合计	各项占静态投资比例（%）	单位投资
三	架空线路工程			7746			7746	78.08	
四	电缆线路工程								
五	通信站工程								
六	通信线路工程								
	小计			7746			7746	78.08	
七	其他费用				2076		2076	20.93	
（一）	建设场地征用及清理费								
（二）	项目建设管理费				293		293	2.95	
（三）	项目建设技术服务费				1744		1744	17.58	
（四）	生产准备费				39		39	0.39	
八	基本预备费					98	98	0.99	
九	特殊项目费								
	工程静态投资			7746	2076	98	9920	100	
	各项占静态投资的比例（%）			78	21	1	100		
十	工程动态费用								
（一）	价差预备费								
（二）	建设期贷款利息								
	工程动态投资			7746	2076	98	9920		

续表

序号	工程或费用名称	建筑工程费	设备购置费	安装工程费	其他费用	基本预备费	合计	各项占静态投资比例（%）	单位投资
	各项占动态投资的比例（%）			78	21	1	100		
	生产期可抵扣增值税								

表 4-74　　典型方案 A3-2 安装工程专业汇总表　　金额单位：元

序号	工程名称	设备购置费	安装工程费			合计	技术经济指标		
			金额	其中			单位	数量	指标
				未计价材料费	人工费				
	安装工程		7746	6108	444	7746			
X	架空线路工程		7746	6108	444	7746			
一	架空线路本体工程		7746	6108	444	7746	元 /km		
2	杆塔工程		7746	6108	444	7746			
	合计		7746	6108	444	7746			

表 4-75　　典型方案 A3-2 其他费用概算表　　金额单位：元

序号	工程或费用项目名称	编制依据及计算说明	合价
2	项目建设管理费		293
2.1	项目管理经费		95
2.1.1	非电缆工程项目管理经费	［建筑工程费＋安装工程费－（电缆建筑工程费＋电缆安装工程费）］×1.22%	95
2.2	招标费	（建筑工程费＋安装工程费＋设备购置费）×0.32%	25
2.3	工程监理费	（1）高海拔地区、严寒地区、酷热地区按照本规定乘以 1.1 系数。 （2）如需开展环境监理和水土保持监理时，按照本规定乘以 1.1 系数	174

续表

序号	工程或费用项目名称	编制依据及计算说明	合价
2.3.1	非电缆工程监理费	[建筑工程费＋安装工程费－（电缆建筑工程费＋电缆安装工程费）]×2.244%	174
3	项目建设技术服务费		1744
3.1	项目前期工作费		177
3.1.1	非电缆工程项目前期工作费	[建筑工程费＋安装工程费－（电缆建筑工程费＋电缆安装工程费）]×2.29%	177
3.2	勘察设计费		699
3.2.2	设计费		699
3.2.2.1	基本设计费	592.57×100% 基本设计费低于 1000 元的，按 1000 元计列	593
3.2.2.2	其他设计费		107
3.2.2.2.1	施工图预算编制费	基本设计费 ×10%	59
3.2.2.2.2	竣工图文件编制费	基本设计费 ×8%	47
3.3	设计文件评审费		48
3.3.1	初步设计文件评审费	基本设计费 ×2.2%	22
3.3.2	施工图文件评审费	基本设计费 ×2.6% 其中，施工图预算文件评审费用为施工图文件评审费的 30%	26
3.4	施工过程造价咨询及竣工结算审核费	施工过程造价咨询及竣工结算审核费 ×100% （1）电缆线路工程费率为 1.02%；若电缆线路工程中建筑工程采用电缆沟、电缆隧道时，电缆线路工程费率乘以 0.8 系数。 （2）若只开展竣工结算审核时，其费用按以上规定的 75% 计取。 （3）该项费用低于 800 元时，按照 800 元计列	800
3.5	工程建设检测费		12
3.5.1	工程质量检测费		12
3.5.1.1	非电缆工程工程质量检测费	[建筑工程费＋安装工程费－（电缆建筑工程费＋电缆安装工程费）]×0.15%	12
3.6	技术经济标准编制费	（建筑工程费＋安装工程费）×0.1%	8
4	生产准备费		39
4.1	非电缆工程生产准备费	[建筑工程费＋安装工程费－（电缆建筑工程费＋电缆安装工程费）]×0.5%	39

续表

序号	工程或费用项目名称	编制依据及计算说明	合价
	合计	（建设场地征用及清理费 + 项目建设管理费 + 项目建设技术服务费 + 生产准备费）× 100%	2076

4.16 A3-3 拉线直线转角水泥单杆（15m 梢径 190 单回路 + 低压 转角带拉线卡盘、底盘三角）

4.16.1 典型方案主要内容

本典型方案为新建 1 基 10kV 单回拉线直线转角水泥单杆（带低压）ZJ-M-D-15。内容包括：材料运输；新建杆测量及分坑；基础开挖及回填；底盘、卡盘、拉盘吊装；杆塔组立；横担及绝缘子安装；拉线制作安装；标志牌安装。

4.16.2 典型方案技术条件

典型方案 A3-3 主要技术条件表和设备材料表见表 4-76 和表 4-77。

表 4-76 典型方案 A3-3 主要技术条件表

方案名称	工程主要技术条件	
新建 10kV 单回 15m 拉线直线转角水泥单杆	电压等级	10kV
	工作范围	新建 1 基杆塔
	杆塔类似	单回拉线直线转角水泥单杆
	规格型号	ZJ-M-D-15
	地形	100% 平地
	气象条件	覆冰 10mm，最大风速 25m/s
	地质条件	100% 普通土
	基础	底盘 1 块、卡盘 2 块
	运距	人力 0.3km，汽车 10km

表 4-77 典型方案 A3-3 设备材料表

序号	设备材料名称	单位	数量	备注
1	锥形水泥杆，非预应力，整根杆，15m，190mm，M	根	1	
2	线路柱式瓷绝缘子，R12.5ET125N，160，305，400	只	6	
3	蝶式绝缘子，ED-1	只	8	

续表

序号	设备材料名称	单位	数量	备注
4	水泥制品，底盘，800×800	块	1	
5	水泥制品，卡盘，300×1200	块	2	
6	水泥制品，拉盘，600×1200	块	1	
7	钢绞线，1×7–9.0–1270–B，50，镀锌	根	2	12kg/ 根
8	联结金具 – 延长环，PH–7	只	2	
9	拉线金具 – 锲型线夹，NX–2	付	6	
10	拉紧绝缘子，JH10–90	只	2	
11	拉线金具 –UT 型线夹，NUT–2	付	2	
12	拉线金具 –U 型挂环，UL–10	付	1	
13	拉线金具 – 钢线卡子，JK–2	只	24	
14	铁构件	t	0.1315	
15	∠ 80×8×1700 角钢横担	根	4	17.1kg/ 根
16	双头螺栓 ST–320	根	8	0.8kg/ 根
17	直线双顶抱箍	付	1	13.6kg/ 付
18	卡盘抱箍 U20–370	付	2	3.3kg/ 付
19	拉线棒 ϕ20×2500	根	2	7.4kg/ 根
20	拉线盘拉环 ϕ24	只	1	5.2kg/ 只
21	拉线抱箍 D200，–8×80	付	1	8.1kg/ 付
22	拉线抱箍 D220，–8×80	付	1	8.4kg/ 付
23	标志牌	块	3	杆号牌 2 块，相序牌 1 块
24	拉线保护筒	根	2	PVC 管，ϕ100，2000mm

4.16.3　典型方案概算书

典型方案 A3–3 概算书包括总概算汇总表、安装工程专业汇总表与其他费用概算表，见表 4–78 ~ 表 4–80。

表 4-78 典型方案 A3-3 总概算汇总表 金额单位：元

序号	工程或费用名称	建筑工程费	设备购置费	安装工程费	其他费用	基本预备费	合计	各项占静态投资比例（%）	单位投资
一	配电站、开关站工程								
二	充电站、换电站工程								
三	架空线路工程			11041			11041	80.15	
四	电缆线路工程								
五	通信站工程								
六	通信线路工程								
	小计			11041			11041	80.15	
七	其他费用				2598		2598	18.86	
（一）	建设场地征用及清理费								
（二）	项目建设管理费				418		418	3.03	
（三）	项目建设技术服务费				2125		2125	15.43	
（四）	生产准备费				55		55	0.4	
八	基本预备费					136	136	0.99	
九	特殊项目费								
	工程静态投资			11041	2598	136	13776	100	
	各项占静态投资的比例（%）			80	19	1	100		
十	工程动态费用								
（一）	价差预备费								

续表

序号	工程或费用名称	建筑工程费	设备购置费	安装工程费	其他费用	基本预备费	合计	各项占静态投资比例（%）	单位投资
（二）	建设期贷款利息								
	工程动态投资			11041	2598	136	13776		
	各项占动态投资的比例（%）			80	19	1	100		
	生产期可抵扣增值税								

表 4-79　　典型方案 A3-3 安装工程专业汇总表　　金额单位：元

序号	工程名称	设备购置费	安装工程费			合计	技术经济指标		
			金额	其中			单位	数量	指标
				未计价材料费	人工费				
	安装工程		11041	8734	655	11041			
X	架空线路工程		11041	8734	655	11041			
一	架空线路本体工程		11041	8734	655	11041	元 / km		
2	杆塔工程		11041	8734	655	11041			
	合计		11041	8734	655	11041			

表 4-80　　典型方案 A3-3 其他费用概算表　　金额单位：元

序号	工程或费用项目名称	编制依据及计算说明	合价
2	项目建设管理费		418
2.1	项目管理经费		135
2.1.1	非电缆工程项目管理经费	［建筑工程费 + 安装工程费 –（电缆建筑工程费 + 电缆安装工程费）］× 1.22%	135

续表

序号	工程或费用项目名称	编制依据及计算说明	合价
2.2	招标费	（建筑工程费＋安装工程费＋设备购置费）×0.32%	35
2.3	工程监理费	（1）高海拔地区、严寒地区、酷热地区按照本规定乘以 1.1 系数。 （2）如需开展环境监理和水土保持监理时，按照本规定乘以 1.1 系数	248
2.3.1	非电缆工程监理费	［建筑工程费＋安装工程费－（电缆建筑工程费＋电缆安装工程费）］×2.244%	248
3	项目建设技术服务费		2125
3.1	项目前期工作费		253
3.1.1	非电缆工程项目前期工作费	［建筑工程费＋安装工程费－（电缆建筑工程费＋电缆安装工程费）］×2.29%	253
3.2	勘察设计费		997
3.2.2	设计费		997
3.2.2.1	基本设计费	844.64×100% 基本设计费低于 1000 元的，按 1000 元计列	845
3.2.2.2	其他设计费		152
3.2.2.2.1	施工图预算编制费	基本设计费 ×10%	84
3.2.2.2.2	竣工图文件编制费	基本设计费 ×8%	68
3.3	设计文件评审费		48
3.3.1	初步设计文件评审费	基本设计费 ×2.2%	22
3.3.2	施工图文件评审费	基本设计费 ×2.6% 其中，施工图预算文件评审费用为施工图文件评审费的 30%	26
3.4	施工过程造价咨询及竣工结算审核费	施工过程造价咨询及竣工结算审核费 ×100% （1）电缆线路工程费率为 1.02%；若电缆线路工程中建筑工程采用电缆沟、电缆隧道时，电缆线路工程费率乘以 0.8 系数。 （2）若只开展竣工结算审核时，其费用按以上规定的 75% 计取。 （3）该项费用低于 800 元时，按照 800 元计列	800
3.5	工程建设检测费		17
3.5.1	工程质量检测费		17

续表

序号	工程或费用项目名称	编制依据及计算说明	合价
3.5.1.1	非电缆工程工程质量检测费	[建筑工程费 + 安装工程费 -（电缆建筑工程费 + 电缆安装工程费）] ×0.15%	17
3.6	技术经济标准编制费	（建筑工程费 + 安装工程费）×0.1%	11
4	生产准备费		55
4.1	非电缆工程生产准备费	[建筑工程费 + 安装工程费 -（电缆建筑工程费 + 电缆安装工程费）] ×0.5%	55
	合计	（建设场地征用及清理费 + 项目建设管理费 + 项目建设技术服务费 + 生产准备费）×100%	2598

4.17 A3-4 拉线直线转角水泥单杆（12m 梢径 190 单回路 + 低压 转角带拉线卡盘、底盘三角）

4.17.1 典型方案主要内容

本典型方案为新建 1 基 10kV 单回拉线直线转角水泥单杆（带低压）ZJ-M-D-12。内容包括：材料运输；新建杆测量及分坑；基础开挖及回填；底盘、卡盘、拉盘吊装；杆塔组立；横担及绝缘子安装；拉线制作安装；标志牌安装。

4.17.2 典型方案技术条件

典型方案 A3-4 主要技术条件表和设备材料表见表 4-81 和表 4-82。

表 4-81　　典型方案 A3-4 主要技术条件表

方案名称	工程主要技术条件	
10kV 单回 12m 拉线直线转角水泥单杆（带低压）	电压等级	10kV
	工作范围	新建 1 基杆塔
	杆塔类似	单回拉线直线转角水泥单杆（带低压）
	规格型号	ZJ-M-D-12
	地形	100% 平地
	气象条件	覆冰 10mm，最大风速 25m/s
	地质条件	100% 普通土
	基础	底盘 1 块、卡盘 2 块
	运距	人力 0.3km，汽车 10km

表 4-82 典型方案 A3-4 设备材料表

序号	设备材料名称	单位	数量	备注
1	锥形水泥杆，非预应力，整根杆，12m，190mm，M	根	1	
2	线路柱式瓷绝缘子，R12.5ET125N，160，305，400	只	6	
3	蝶式绝缘子，ED-1	只	8	
4	水泥制品，底盘，800×800	块	1	
5	水泥制品，卡盘，300×1200	块	2	
6	水泥制品，拉盘，600×1200	块	1	
7	钢绞线，1×7-9.0-1270-B，50，镀锌	根	2	12kg/ 根
8	联结金具 - 延长环，PH-7	只	2	
9	拉线金具 - 锲型线夹，NX-2	付	6	
10	拉紧绝缘子，JH10-90	只	2	
11	拉线金具 -UT 型线夹，NUT-2	付	2	
12	拉线金具 -U 型挂环，UL-10	付	1	
13	拉线金具 - 钢线卡子，JK-2	只	24	
14	铁构件	t	0.1313	
15	∠80×8×1700 角钢横担	根	4	17.1kg/ 根
16	双头螺栓 ST-320	根	8	0.8kg/ 根
17	直线双顶抱箍	付	1	13.6kg/ 付
18	卡盘抱箍 U20-350	付	2	3.2kg/ 付
19	拉线棒 ϕ20×2500	根	2	7.4kg/ 根
20	拉线盘拉环 ϕ24	只	1	5.2kg/ 只
21	拉线抱箍 D200，-8×80	付	1	8.1kg/ 付
22	拉线抱箍 D220，-8×80	付	1	8.4kg/ 付
23	标志牌	块	3	杆号牌 2 块，相序牌 1 块
24	拉线保护筒	根	2	PVC 管，ϕ100，2000mm

4.17.3 典型方案概算书

典型方案 A3-4 概算书包括总概算汇总表、安装工程专业汇总表与其他费用概算表，见表 4-83 ~ 表 4-85。

表 4-83 典型方案 A3-4 总概算汇总表 金额单位：元

序号	工程或费用名称	建筑工程费	设备购置费	安装工程费	其他费用	基本预备费	合计	各项占静态投资比例（%）	单位投资
一	配电站、开关站工程								
二	充电站、换电站工程								
三	架空线路工程			9692			9692	79.46	
四	电缆线路工程								
五	通信站工程								
六	通信线路工程								
	小计			9692			9692	79.46	
七	其他费用				2384		2384	19.55	
（一）	建设场地征用及清理费								
（二）	项目建设管理费				367		367	3.01	
（三）	项目建设技术服务费				1969		1969	16.14	
（四）	生产准备费				48		48	0.4	
八	基本预备费					121	121	0.99	
九	特殊项目费								
	工程静态投资			9692	2384	121	12197	100	
	各项占静态投资的比例（%）			79	20	1	100		

续表

序号	工程或费用名称	建筑工程费	设备购置费	安装工程费	其他费用	基本预备费	合计	各项占静态投资比例（%）	单位投资
十	工程动态费用								
（一）	价差预备费								
（二）	建设期贷款利息								
	工程动态投资			9692	2384	121	12197		
	各项占动态投资的比例（%）			79	20	1	100		
	生产期可抵扣增值税								

表 4-84　　典型方案 A3-4 安装工程专业汇总表　　金额单位：元

序号	工程名称	设备购置费	安装工程费			合计	技术经济指标		
			金额	其中			单位	数量	指标
				未计价材料费	人工费				
	安装工程		9692	7469	662	9692			
X	架空线路工程		9692	7469	662	9692			
一	架空线路本体工程		9692	7469	662	9692	元 / km		
2	杆塔工程		9692	7469	662	9692			
	合计		9692	7469	662	9692			

表 4-85　　典型方案 A3-4 其他费用概算表　　金额单位：元

序号	工程或费用项目名称	编制依据及计算说明	合价
2	项目建设管理费		367
2.1	项目管理经费		118

续表

序号	工程或费用项目名称	编制依据及计算说明	合价
2.1.1	非电缆工程项目管理经费	［建筑工程费＋安装工程费－（电缆建筑工程费＋电缆安装工程费）］×1.22%	118
2.2	招标费	（建筑工程费＋安装工程费＋设备购置费）×0.32%	31
2.3	工程监理费	（1）高海拔地区、严寒地区、酷热地区按照本规定乘以 1.1 系数。 （2）如需开展环境监理和水土保持监理时，按照本规定乘以 1.1 系数	217
2.3.1	非电缆工程监理费	［建筑工程费＋安装工程费－（电缆建筑工程费＋电缆安装工程费）］×2.244%	217
3	项目建设技术服务费		1969
3.1	项目前期工作费		222
3.1.1	非电缆工程项目前期工作费	［建筑工程费＋安装工程费－（电缆建筑工程费＋电缆安装工程费）］×2.29%	222
3.2	勘察设计费		875
3.2.2	设计费		875
3.2.2.1	基本设计费	741.45×100% 基本设计费低于 1000 元的，按 1000 元计列	741
3.2.2.2	其他设计费		133
3.2.2.2.1	施工图预算编制费	基本设计费 ×10%	74
3.2.2.2.2	竣工图文件编制费	基本设计费 ×8%	59
3.3	设计文件评审费		48
3.3.1	初步设计文件评审费	基本设计费 ×2.2%	22
3.3.2	施工图文件评审费	基本设计费 ×2.6% 其中，施工图预算文件评审费用为施工图文件评审费的 30%	26
3.4	施工过程造价咨询及竣工结算审核费	施工过程造价咨询及竣工结算审核费 ×100% （1）电缆线路工程费率为 1.02%；若电缆线路工程中建筑工程采用电缆沟、电缆隧道时，电缆线路工程费率乘以 0.8 系数。 （2）若只开展竣工结算审核时，其费用按以上规定的 75% 计取。 （3）该项费用低于 800 元时，按照 800 元计列	800

续表

序号	工程或费用项目名称	编制依据及计算说明	合价
3.5	工程建设检测费		15
3.5.1	工程质量检测费		15
3.5.1.1	非电缆工程工程质量检测费	[建筑工程费 + 安装工程费 -（电缆建筑工程费 + 电缆安装工程费）] ×0.15%	15
3.6	技术经济标准编制费	（建筑工程费 + 安装工程费）×0.1%	10
4	生产准备费		48
4.1	非电缆工程生产准备费	[建筑工程费 + 安装工程费 -（电缆建筑工程费 + 电缆安装工程费）] ×0.5%	48
	合计	（建设场地征用及清理费 + 项目建设管理费 + 项目建设技术服务费 + 生产准备费）×100%	2384

4.18　A3-5 拉线直线转角水泥单杆（15m 梢径 190 双回路 直线转角带拉线卡盘、底盘垂直）

4.18.1　典型方案主要内容

本典型方案为新建 1 基 10kV 双回拉线直线转角水泥单杆 2ZJ-M-15。内容包括：材料运输；新建杆测量及分坑；基础开挖及回填；底盘、卡盘、拉盘吊装；杆塔组立；横担及绝缘子安装；拉线制作安装；标志牌安装。

4.18.2　典型方案技术条件

典型方案 A3-5 主要技术条件表和设备材料表见表 4-86 和表 4-87。

表 4-86　　　　典型方案 A3-5 主要技术条件表

方案名称	工程主要技术条件	
新建 10kV 双回 15m 拉线直线转角水泥单杆	电压等级	10kV
	工作范围	新建 1 基杆塔
	杆塔类似	双回拉线直线转角水泥单杆
	规格型号	2ZJ-M-15
	地形	100% 平地
	气象条件	覆冰 10mm，最大风速 25m/s
	地质条件	100% 普通土
	基础	底盘 1 块、卡盘 2 块
	运距	人力 0.3km，汽车 10km

表 4-87　　　　　　　　典型方案 A3-5 设备材料表

序号	设备材料名称	单位	数量	备注
1	锥形水泥杆，非预应力，整根杆，15m，190mm，M	根	1	
2	线路柱式瓷绝缘子，R12.5ET125N，160，305，400	只	6	
3	水泥制品，底盘，800×800	块	1	
4	水泥制品，卡盘，300×1200	块	2	
5	水泥制品，拉盘，600×1200	块	1	
6	钢绞线，1×7-9.0-1270-B，50，镀锌	根	2	12kg/ 根
7	联结金具 - 延长环，PH-7	只	2	
8	拉线金具 - 锲型线夹，NX-2	付	6	
9	拉紧绝缘子，JH10-90	只	2	
10	拉线金具 -UT 型线夹，NUT-2	付	2	
11	拉线金具 -U 型挂环，UL-10	付	1	
12	拉线金具 - 钢线卡子，JK-2	只	24	
13	铁构件	t	0.1553	
14	∠ 80×8×1700 角钢横担	根	6	17.1kg/ 根
15	双头螺栓 ST-320	根	12	0.8kg/ 根
16	卡盘抱箍 U20-370	付	2	3.3kg/ 付
17	拉线棒 ϕ20×2500	根	2	7.4kg/ 根
18	拉线盘拉环 ϕ24	只	1	5.2kg/ 只
19	拉线抱箍 D200，-8×80	付	1	8.1kg/ 付
20	拉线抱箍 D220，-8×80	付	1	8.4kg/ 付
21	标志牌	块	3	杆号牌 2 块，相序牌 1 块
22	拉线保护筒	根	2	PVC 管，ϕ100，2000mm

4.18.3　典型方案概算书

典型方案 A3-5 概算书包括总概算汇总表、安装工程专业汇总表与其他费用概算表，见表 4-88 ~ 表 4-90。

表 4-88　　典型方案 A3-5 总概算汇总表　　金额单位：元

序号	工程或费用名称	建筑工程费	设备购置费	安装工程费	其他费用	基本预备费	合计	各项占静态投资比例（%）	单位投资
一	配电站、开关站工程								
二	充电站、换电站工程								
三	架空线路工程			11288			11288	80.26	
四	电缆线路工程								
五	通信站工程								
六	通信线路工程								
	小计			11288			11288	80.26	
七	其他费用				2637		2637	18.75	
（一）	建设场地征用及清理费								
（二）	项目建设管理费				427		427	3.04	
（三）	项目建设技术服务费				2154		2154	15.31	
（四）	生产准备费				56		56	0.4	
八	基本预备费					139	139	0.99	
九	特殊项目费								
	工程静态投资			11288	2637	139	14065	100	
	各项占静态投资的比例（%）			80	19	1	100		
十	工程动态费用								
（一）	价差预备费								

续表

序号	工程或费用名称	建筑工程费	设备购置费	安装工程费	其他费用	基本预备费	合计	各项占静态投资比例（%）	单位投资
（二）	建设期贷款利息								
	工程动态投资			11288	2637	139	14065		
	各项占动态投资的比例（%）			80	19	1	100		
	生产期可抵扣增值税								

表 4-89　　典型方案 A3-5 安装工程专业汇总表　　金额单位：元

序号	工程名称	设备购置费	安装工程费			合计	技术经济指标		
			金额	其中			单位	数量	指标
				未计价材料费	人工费				
	安装工程		11288	8880	702	11288			
X	架空线路工程		11288	8880	702	11288			
一	架空线路本体工程		11288	8880	702	11288	元/km		
2	杆塔工程		11288	8880	702	11288			
	合计		11288	8880	702	11288			

表 4-90　　典型方案 A3-5 其他费用概算表　　金额单位：元

序号	工程或费用项目名称	编制依据及计算说明	合价
2	项目建设管理费		427
2.1	项目管理经费		138
2.1.1	非电缆工程项目管理经费	[建筑工程费 + 安装工程费 –（电缆建筑工程费 + 电缆安装工程费）] × 1.22%	138

续表

序号	工程或费用项目名称	编制依据及计算说明	合价
2.2	招标费	（建筑工程费+安装工程费+设备购置费）×0.32%	36
2.3	工程监理费	（1）高海拔地区、严寒地区、酷热地区按照本规定乘以1.1系数。 （2）如需开展环境监理和水土保持监理时，按照本规定乘以1.1系数	253
2.3.1	非电缆工程监理费	［建筑工程费+安装工程费－（电缆建筑工程费+电缆安装工程费）］×2.244%	253
3	项目建设技术服务费		2154
3.1	项目前期工作费		259
3.1.1	非电缆工程项目前期工作费	［建筑工程费+安装工程费－（电缆建筑工程费+电缆安装工程费）］×2.29%	259
3.2	勘察设计费		1019
3.2.2	设计费		1019
3.2.2.1	基本设计费	863.55×100% 基本设计费低于1000元的，按1000元计列	864
3.2.2.2	其他设计费		155
3.2.2.2.1	施工图预算编制费	基本设计费 ×10%	86
3.2.2.2.2	竣工图文件编制费	基本设计费 ×8%	69
3.3	设计文件评审费		48
3.3.1	初步设计文件评审费	基本设计费 ×2.2%	22
3.3.2	施工图文件评审费	基本设计费 ×2.6% 其中，施工图预算文件评审费用为施工图文件评审费的30%	26
3.4	施工过程造价咨询及竣工结算审核费	施工过程造价咨询及竣工结算审核费 ×100% （1）电缆线路工程费率为1.02%；若电缆线路工程中建筑工程采用电缆沟、电缆隧道时，电缆线路工程费率乘以0.8系数。 （2）若只开展竣工结算审核时，其费用按以上规定的75%计取。 （3）该项费用低于800元时，按照800元计列	800
3.5	工程建设检测费		17

续表

序号	工程或费用项目名称	编制依据及计算说明	合价
3.5.1	工程质量检测费		17
3.5.1.1	非电缆工程工程质量检测费	［建筑工程费＋安装工程费－（电缆建筑工程费＋电缆安装工程费）］×0.15%	17
3.6	技术经济标准编制费	（建筑工程费＋安装工程费）×0.1%	11
4	生产准备费		56
4.1	非电缆工程生产准备费	［建筑工程费＋安装工程费－（电缆建筑工程费＋电缆安装工程费）］×0.5%	56
	合计	（建设场地征用及清理费＋项目建设管理费＋项目建设技术服务费＋生产准备费）×100%	2637

4.19　A3-6 拉线耐张转角水泥单杆（15m 梢径 190 双回 8°～45° 拉线耐张卡盘、底盘垂直）

4.19.1　典型方案主要内容

本典型方案为新建 1 基 10kV 双回拉线单排耐张转角水泥单杆 2NJ1-M-15。内容包括：材料运输；新建杆测量及分坑；基础开挖及回填；底盘、卡盘、拉盘吊装；杆塔组立；横担及绝缘子安装；拉线制作安装；标志牌安装；跳线制作安装。

4.19.2　典型方案技术条件

典型方案 A3-6 主要技术条件表和设备材料表见表 4-91 和表 4-92。

表 4-91　　　　典型方案 A3-6 主要技术条件表

方案名称	工程主要技术条件	
10kV 双回 15m 拉线单排耐张转角水泥单杆	电压等级	10kV
	工作范围	新建 1 基杆塔
	杆塔类似	双回拉线单排耐张转角水泥单杆
	规格型号	2NJ1-M-15
	地形	100% 平地
	气象条件	覆冰 10mm，最大风速 25m/s
	地质条件	100% 普通土
	基础	底盘 1 块、卡盘 2 块
	运距	人力 0.3km，汽车 10km

表 4-92　典型方案 A3-6 设备材料表

序号	设备材料名称	单位	数量	备注
1	锥形水泥杆，非预应力，整根杆，15m，190mm，M	根	1	
2	交流盘形悬式瓷绝缘子，U70B/146，255，320	片	24	
3	线路柱式瓷绝缘子，R12.5ET125N，160，305，400	只	6	
4	联结金具－直角挂板，Z-7	只	12	
5	联结金具－球头挂环，Q-7	只	12	
6	联结金具－碗头挂板，WS-7	只	12	
7	耐张线夹－楔型绝缘，NXL-2	付		用于 JKLYJ-10-70 导线
	耐张线夹－楔型绝缘，NXL-3	付		用于 JKLYJ-10-150 导线
	耐张线夹－楔型绝缘，NXL-4	付	12	用于 JKLYJ-10-240 导线
8	接续金具－异型并沟线夹，JBL-50-240	付	18	
9	水泥制品，底盘，800×800	块	1	
10	水泥制品，卡盘，300×1200	块	2	
11	水泥制品，拉盘，600×1200	块	3	
12	钢绞线，1×7-9.0-1270-B，50，镀锌	根	1	12kg/根
13	钢绞线，1×19-11.5-1270-B，80，镀锌	根	4	15kg/根
14	联结金具－延长环 PPH-7	只	1	
15	拉线金具－锲型线夹，NX-2	付	3	
16	拉线金具-UT 型线夹，NUT-2	付	1	
17	拉线金具－钢线卡子，JK-2	只	12	
18	联结金具－延长环，PH-10	只	4	
19	拉线金具－锲型线夹，NX-3	付	12	
20	拉线金具-UT 型线夹，NUT-3	付	4	
21	拉线金具－钢线卡子，JK-3	只	48	
22	拉线金具-U 型挂环，UL-10	付	3	

续表

序号	设备材料名称	单位	数量	备注
23	拉紧绝缘子，JH10-90	只	5	
24	铁构件	t	0.2128	
25	∠ 80×8×1700 角钢横担	根	6	17.1kg/ 根
26	双头螺栓 ST-320	根	12	0.8kg/ 根
27	卡盘抱箍 U20-370	付	2	3.3kg/ 付
28	拉线棒 ϕ20×2500	根	5	7.4kg/ 根
29	拉线盘拉环 ϕ24	只	3	5.2kg/ 只
30	拉线抱箍 D200，-8×80	付	2	8.1kg/ 付
31	拉线抱箍 D220，-8×80	付	3	8.4kg/ 付
32	标志牌	块	3	杆号牌 2 块，相序牌 1 块
33	拉线保护筒	根	5	PVC 管，ϕ100，2000mm

4.19.3 典型方案概算书

典型方案 A3-6 概算书包括总概算汇总表、安装工程专业汇总表与其他费用概算表，见表 4-93 ~ 表 4-95。

表 4-93　　典型方案 A3-6 总概算汇总表　　金额单位：元

序号	工程或费用名称	建筑工程费	设备购置费	安装工程费	其他费用	基本预备费	合计	各项占静态投资比例（%）	单位投资
一	配电站、开关站工程								
二	充电站、换电站工程								
三	架空线路工程			18822			18822	82.19	
四	电缆线路工程								

续表

序号	工程或费用名称	建筑工程费	设备购置费	安装工程费	其他费用	基本预备费	合计	各项占静态投资比例（%）	单位投资
五	通信站工程								
六	通信线路工程								
	小计			18822			18822	82.19	
七	其他费用				3853		3853	16.82	
（一）	建设场地征用及清理费								
（二）	项目建设管理费				712		712	3.11	
（三）	项目建设技术服务费				3046		3046	13.3	
（四）	生产准备费				94		94	0.41	
八	基本预备费					227	227	0.99	
九	特殊项目费								
	工程静态投资			18822	3853	227	22902	100	
	各项占静态投资的比例（%）			82	17	1	100		
十	工程动态费用								
（一）	价差预备费								
（二）	建设期贷款利息								

续表

序号	工程或费用名称	建筑工程费	设备购置费	安装工程费	其他费用	基本预备费	合计	各项占静态投资比例（%）	单位投资
	工程动态投资			18822	3853	227	22902		
	各项占动态投资的比例（%）			82	17	1	100		
	生产期可抵扣增值税								

表 4-94　　典型方案 A3-6 安装工程专业汇总表　　金额单位：元

序号	工程名称	设备购置费	安装工程费			合计	技术经济指标		
			金额	其中			单位	数量	指标
				未计价材料费	人工费				
	安装工程		18822	14517	1301	18822			
X	架空线路工程		18822	14517	1301	18822			
一	架空线路本体工程		18822	14517	1301	18822	元 / km		
2	杆塔工程		18822	14517	1301	18822			
	合计		18822	14517	1301	18822			

表 4-95　　典型方案 A3-6 其他费用概算表　　金额单位：元

序号	工程或费用项目名称	编制依据及计算说明	合价
2	项目建设管理费		712
2.1	项目管理经费		230
2.1.1	非电缆工程项目管理经费	［建筑工程费 + 安装工程费 –（电缆建筑工程费 + 电缆安装工程费）］× 1.22%	230
2.2	招标费	（建筑工程费 + 安装工程费 + 设备购置费）× 0.32%	60

续表

序号	工程或费用项目名称	编制依据及计算说明	合价
2.3	工程监理费	（1）高海拔地区、严寒地区、酷热地区按照本规定乘以 1.1 系数。 （2）如需开展环境监理和水土保持监理时，按照本规定乘以 1.1 系数	422
2.3.1	非电缆工程监理费	［建筑工程费 + 安装工程费 –（电缆建筑工程费 + 电缆安装工程费）］× 2.244%	422
3	项目建设技术服务费		3046
3.1	项目前期工作费		431
3.1.1	非电缆工程项目前期工作费	［建筑工程费 + 安装工程费 –（电缆建筑工程费 + 电缆安装工程费）］× 2.29%	431
3.2	勘察设计费		1699
3.2.2	设计费		1699
3.2.2.1	基本设计费	基本设计费 × 100% 基本设计费低于 1000 元的，按 1000 元计列	1440
3.2.2.2	其他设计费		259
3.2.2.2.1	施工图预算编制费	基本设计费 × 10%	144
3.2.2.2.2	竣工图文件编制费	基本设计费 × 8%	115
3.3	设计文件评审费		69
3.3.1	初步设计文件评审费	基本设计费 × 2.2%	32
3.3.2	施工图文件评审费	基本设计费 × 2.6% 其中，施工图预算文件评审费用为施工图文件评审费的 30%	37
3.4	施工过程造价咨询及竣工结算审核费	施工过程造价咨询及竣工结算审核费 × 100% （1）电缆线路工程费率为 1.02%；若电缆线路工程中建筑工程采用电缆沟、电缆隧道时，电缆线路工程费率乘以 0.8 系数。 （2）若只开展竣工结算审核时，其费用按以上规定的 75% 计取。 （3）该项费用低于 800 元时，按照 800 元计列	800
3.5	工程建设检测费		28
3.5.1	工程质量检测费		28

续表

序号	工程或费用项目名称	编制依据及计算说明	合价
3.5.1.1	非电缆工程工程质量检测费	［建筑工程费 + 安装工程费 –（电缆建筑工程费 + 电缆安装工程费）］× 0.15%	28
3.6	技术经济标准编制费	（建筑工程费 + 安装工程费）× 0.1%	19
4	生产准备费		94
4.1	非电缆工程生产准备费	［建筑工程费 + 安装工程费 –（电缆建筑工程费 + 电缆安装工程费）］× 0.5%	94
	合计	（建设场地征用及清理费 + 项目建设管理费 + 项目建设技术服务费 + 生产准备费）× 100%	3853

4.20　A3–7 拉线耐张转角水泥单杆（15m 梢径 190 双回拉线直线耐张卡盘、底盘垂直）

4.20.1　典型方案主要内容

本典型方案为新建 1 基 10kV 双回拉线直线耐张水泥单杆 2ZN–M–15。内容包括：材料运输；新建杆测量及分坑；基础开挖及回填；底盘、卡盘、拉盘吊装；杆塔组立；横担及绝缘子安装；拉线制作安装；标志牌安装；跳线制作安装。

4.20.2　典型方案技术条件

典型方案 A3–7 主要技术条件表和设备材料表见表 4–96 和表 4–97。

表 4–96　　典型方案 A3–7 主要技术条件表

方案名称	工程主要技术条件	
10kV 双回 15m 拉线直线耐张水泥单杆	电压等级	10kV
	工作范围	新建 1 基杆塔
	杆塔类似	双回拉线直线耐张水泥单杆
	规格型号	2ZN–M–15
	地形	100% 平地
	气象条件	覆冰 10mm，最大风速 25m/s
	地质条件	100% 普通土
	基础	底盘 1 块、卡盘 2 块
	运距	人力 0.3km，汽车 10km

表 4-97 典型方案 A3-7 设备材料表

序号	设备材料名称	单位	数量	备注
1	锥形水泥杆，非预应力，整根杆，15m，190mm，M	根	1	
2	交流盘形悬式瓷绝缘子，U70B/146，255，320	片	24	
3	联结金具－直角挂板，Z-7	只	12	
4	联结金具－球头挂环，Q-7	只	12	
5	联结金具－碗头挂板，WS-7	只	12	
6	耐张线夹－楔型绝缘，NXL-2	付		用于 JKLYJ-10-70 导线
	耐张线夹－楔型绝缘，NXL-3	付		用于 JKLYJ-10-150 导线
	耐张线夹－楔型绝缘，NXL-4	付	12	用于 JKLYJ-10-240 导线
7	接续金具－异型并沟线夹，JBL-50-240	付	18	
8	水泥制品，底盘，800×800	块	1	
9	水泥制品，卡盘，300×1200	块	2	
10	水泥制品，拉盘，600×1200	块	6	
11	钢绞线，1×7-9.0-1270-B，50，镀锌	根	8	12kg/ 根
12	联结金具－延长环，PH-7	只	8	
13	拉线金具－锲型线夹，NX-2	付	24	
14	拉线金具－UT 型线夹，NUT-2	付	8	
15	拉线金具－钢线卡子，JK-2	只	96	
16	拉线金具－U 型挂环，UL-10	付	6	
17	拉紧绝缘子，JH10-90	只	8	
18	铁构件	t	0.2422	
19	∠80×8×1700 角钢横担	根	6	17.1kg/ 根
20	双头螺栓 ST-320	根	12	0.8kg/ 根
21	卡盘抱箍 U20-370	付	2	3.3kg/ 付
22	拉线棒 ϕ20×2500	根	8	7.4kg/ 根

续表

序号	设备材料名称	单位	数量	备注
23	拉线盘拉环 ϕ24	只	6	5.2kg/ 只
24	拉线抱箍 D200，−8 × 80	付	2	8.1kg/ 付
25	拉线抱箍 D220，−8 × 80	付	2	8.4kg/ 付
26	标志牌	块	3	杆号牌 2 块，相序牌 1 块
27	拉线保护筒	根	8	PVC 管，ϕ100，2000mm

4.20.3　典型方案概算书

典型方案 A3-7 概算书包括总概算汇总表、安装工程专业汇总表与其他费用概算表，见表 4-98 ~ 表 4-100。

表 4-98　　典型方案 A3-7 总概算汇总表　　金额单位：元

序号	工程或费用名称	建筑工程费	设备购置费	安装工程费	其他费用	基本预备费	合计	各项占静态投资比例（%）	单位投资
一	配电站、开关站工程								
二	充电站、换电站工程								
三	架空线路工程			21027			21027	82.49	
四	电缆线路工程								
五	通信站工程								
六	通信线路工程								
	小计			21027			21027	82.49	
七	其他费用				4210		4210	16.52	
（一）	建设场地征用及清理费								
（二）	项目建设管理费				796		796	3.12	

续表

序号	工程或费用名称	建筑工程费	设备购置费	安装工程费	其他费用	基本预备费	合计	各项占静态投资比例（%）	单位投资
（三）	项目建设技术服务费				3309		3309	12.98	
（四）	生产准备费				105		105	0.41	
八	基本预备费					252	252	0.99	
九	特殊项目费								
	工程静态投资			21027	4210	252	25490	100	
	各项占静态投资的比例（%）			82	17	1	100		
十	工程动态费用								
（一）	价差预备费								
（二）	建设期贷款利息								
	工程动态投资			21027	4210	252	25490		
	各项占动态投资的比例（%）			82	17	1	100		
	生产期可抵扣增值税								

表 4-99　　典型方案 A3-7 安装工程专业汇总表　　金额单位：元

序号	工程名称	设备购置费	安装工程费			合计	技术经济指标		
			金额	其中			单位	数量	指标
				未计价材料费	人工费				
	安装工程		21027	16127	1499	21027			
X	架空线路工程		21027	16127	1499	21027			

续表

序号	工程名称	设备购置费	安装工程费			合计	技术经济指标		
			金额	其中			单位	数量	指标
				未计价材料费	人工费				
一	架空线路本体工程		21027	16127	1499	21027	元 / km		
2	杆塔工程		21027	16127	1499	21027			
	合计		21027	16127	1499	21027			

表 4-100　　典型方案 A3-7 其他费用概算表　　金额单位：元

序号	工程或费用项目名称	编制依据及计算说明	合价
2	项目建设管理费		796
2.1	项目管理经费		257
2.1.1	非电缆工程项目管理经费	［建筑工程费 + 安装工程费 –（电缆建筑工程费 + 电缆安装工程费）］×1.22%	257
2.2	招标费	（建筑工程费 + 安装工程费 + 设备购置费）×0.32%	67
2.3	工程监理费	（1）高海拔地区、严寒地区、酷热地区按照本规定乘以 1.1 系数。 （2）如需开展环境监理和水土保持监理时，按照本规定乘以 1.1 系	472
2.3.1	非电缆工程监理费	［建筑工程费 + 安装工程费 –（电缆建筑工程费 + 电缆安装工程费）］×2.244%	472
3	项目建设技术服务费		3309
3.1	项目前期工作费		482
3.1.1	非电缆工程项目前期工作费	［建筑工程费 + 安装工程费 –（电缆建筑工程费 + 电缆安装工程费）］×2.29%	482
3.2	勘察设计费		1898
3.2.2	设计费		1898
3.2.2.1	基本设计费	基本设计费 ×100% 基本设计费低于 1000 元的，按 1000 元计列	1609
3.2.2.2	其他设计费		290

续表

序号	工程或费用项目名称	编制依据及计算说明	合价
3.2.2.2.1	施工图预算编制费	基本设计费 ×10%	161
3.2.2.2.2	竣工图文件编制费	基本设计费 ×8%	129
3.3	设计文件评审费		77
3.3.1	初步设计文件评审费	基本设计费 ×2.2%	35
3.3.2	施工图文件评审费	基本设计费 ×2.6% 其中，施工图预算文件评审费用为施工图文件评审费的 30%	42
3.4	施工过程造价咨询及竣工结算审核费	施工过程造价咨询及竣工结算审核费 ×100% （1）电缆线路工程费率为 1.02%；若电缆线路工程中建筑工程采用电缆沟、电缆隧道时，电缆线路工程费率乘以 0.8 系数。 （2）若只开展竣工结算审核时，其费用按以上规定的 75% 计取。 （3）该项费用低于 800 元时，按照 800 元计列	800
3.5	工程建设检测费		32
3.5.1	工程质量检测费		32
3.5.1.1	非电缆工程工程质量检测费	［建筑工程费 + 安装工程费 -（电缆建筑工程费 + 电缆安装工程费）］×0.15%	32
3.6	技术经济标准编制费	（建筑工程费 + 安装工程费）×0.1%	21
4	生产准备费		105
4.1	非电缆工程生产准备费	［建筑工程费 + 安装工程费 -（电缆建筑工程费 + 电缆安装工程费）］×0.5%	105
	合计	（建设场地征用及清理费 + 项目建设管理费 + 项目建设技术服务费 + 生产准备费）×100%	4210

4.21 A3-8 拉线耐张转角水泥单杆（15m 梢径 190 双回拉线终端水泥单杆卡盘、底盘垂直）

4.21.1 典型方案主要内容

本典型方案为新建 1 基 10kV 双回拉线终端水泥单杆 2D-M-15。内容包括：材料运输；新建杆测量及分坑；基础开挖及回填；底盘、卡盘、拉盘吊装；杆塔组立；横担及绝缘子安装；拉线制作安装；标志牌安装。

4.21.2　典型方案技术条件

典型方案 A3-8 主要技术条件表和设备材料表见表 4-101 和表 4-102。

表 4-101　　典型方案 A3-8 主要技术条件表

方案名称	工程主要技术条件	
10kV 双回 15m 拉线终端水泥单杆	电压等级	10kV
	工作范围	新建 1 基杆塔
	杆塔类似	双回拉线终端水泥单杆
	规格型号	2D-M-15
	地形	100% 平地
	气象条件	覆冰 10mm，最大风速 25m/s
	地质条件	100% 普通土
	基础	底盘 1 块、卡盘 2 块
	运距	人力 0.3km，汽车 10km

表 4-102　　典型方案 A3-8 设备材料表

序号	设备材料名称	单位	数量	备注
1	锥形水泥杆，非预应力，整根杆，15m，190mm，M	根	1	
2	交流盘形悬式瓷绝缘子，U70B/146，255，320	片	12	
3	联结金具 - 直角挂板，Z-7	只	6	
4	联结金具 - 球头挂环，Q-7	只	6	
5	联结金具 - 碗头挂板，WS-7	只	6	
6	耐张线夹 - 楔型绝缘，NXL-2	付		用于 JKLYJ-10-70 导线
	耐张线夹 - 楔型绝缘，NXL-3	付		用于 JKLYJ-10-150 导线
	耐张线夹 - 楔型绝缘，NXL-4	付	6	用于 JKLYJ-10-240 导线
7	水泥制品，底盘，800 × 800	块	1	
8	水泥制品，卡盘，300 × 1200	块	2	
9	水泥制品，拉盘，600 × 1200	块	2	
10	钢绞线，1 × 7-9.0-1270-B，50，镀锌	根	3	12kg/ 根
11	联结金具 - 延长环，PH-7	只	3	

续表

序号	设备材料名称	单位	数量	备注
12	拉线金具－锲型线夹，NX-2	付	9	
13	拉线金具－UT 型线夹，NUT-2	付	3	
14	拉线金具－钢线卡子，JK-2	只	36	
15	拉线金具－U 型挂环，UL-10	付	2	
16	拉紧绝缘子，JH10-90	只	3	
17	铁构件	t	0.176	
18	∠ 80×8×1700 角钢横担	根	6	17.1kg/ 根
19	双头螺栓 ST-320	根	12	0.8kg/ 根
20	卡盘抱箍 U20-370	付	2	3.3kg/ 付
21	拉线棒 ϕ20×2500	根	3	7.4kg/ 根
22	拉线盘拉环 ϕ24	只	2	5.2kg/ 只
23	拉线抱箍 D200，-8×80	付	2	8.1kg/ 付
24	拉线抱箍 D220，-8×80	付	1	8.4kg/ 付
25	标志牌	块	3	杆号牌 2 块，相序牌 1 块
26	拉线保护筒	根	3	PVC 管，ϕ100，2000mm

4.21.3 典型方案概算书

典型方案 A3-8 概算书包括总概算汇总表、安装工程专业汇总表与其他费用概算表，见表 4-103～表4-105。

表 4-103　　典型方案 A3-8 总概算汇总表　　金额单位：元

序号	工程或费用名称	建筑工程费	设备购置费	安装工程费	其他费用	基本预备费	合计	各项占静态投资比例（%）	单位投资
一	配电站、开关站工程								
二	充电站、换电站工程								
三	架空线路工程			13340			13340	81.01	
四	电缆线路工程								

续表

序号	工程或费用名称	建筑工程费	设备购置费	安装工程费	其他费用	基本预备费	合计	各项占静态投资比例（%）	单位投资
五	通信站工程								
六	通信线路工程								
	小计			13340			13340	81.01	
七	其他费用				2963		2963	18	
（一）	建设场地征用及清理费								
（二）	项目建设管理费				505		505	3.07	
（三）	项目建设技术服务费				2392		2392	14.53	
（四）	生产准备费				67		67	0.41	
八	基本预备费					163	163	0.99	
九	特殊项目费								
	工程静态投资			13340	2963	163	16466	100	
	各项占静态投资的比例（%）			81	18	1	100		
十	工程动态费用								
（一）	价差预备费								
（二）	建设期贷款利息								
	工程动态投资			13340	2963	163	16466		
	各项占动态投资的比例（%）			81	18	1	100		
	生产期可抵扣增值税								

表 4-104　　典型方案 A3-8 安装工程专业汇总表　　金额单位：元

序号	工程名称	设备购置费	安装工程费			合计	技术经济指标		
			金额	其中			单位	数量	指标
				未计价材料费	人工费				
	安装工程		13340	10520	824	13340			
X	架空线路工程		13340	10520	824	13340			
一	架空线路本体工程		13340	10520	824	13340	元 / km		
2	杆塔工程		13340	10520	824	13340			
	合计		13340	10520	824	13340			

表 4-105　　典型方案 A3-8 其他费用概算表　　金额单位：元

序号	工程或费用项目名称	编制依据及计算说明	合价
2	项目建设管理费		505
2.1	项目管理经费		163
2.1.1	非电缆工程项目管理经费	[建筑工程费 + 安装工程费 –（电缆建筑工程费 + 电缆安装工程费）] × 1.22%	163
2.2	招标费	（建筑工程费 + 安装工程费 + 设备购置费）× 0.32%	43
2.3	工程监理费	（1）高海拔地区、严寒地区、酷热地区按照本规定乘以 1.1 系数。 （2）如需开展环境监理和水土保持监理时，按照本规定乘以 1.1 系数	299
2.3.1	非电缆工程监理费	[建筑工程费 + 安装工程费 –（电缆建筑工程费 + 电缆安装工程费）] × 2.244%	299
3	项目建设技术服务费		2392
3.1	项目前期工作费		305
3.1.1	非电缆工程项目前期工作费	[建筑工程费 + 安装工程费 –（电缆建筑工程费 + 电缆安装工程费）] × 2.29%	305
3.2	勘察设计费		1204

续表

序号	工程或费用项目名称	编制依据及计算说明	合价
3.2.2	设计费		1204
3.2.2.1	基本设计费	基本设计费 ×100% 基本设计费低于 1000 元的，按 1000 元计列	1020
3.2.2.2	其他设计费		184
3.2.2.2.1	施工图预算编制费	基本设计费 ×10%	102
3.2.2.2.2	竣工图文件编制费	基本设计费 ×8%	82
3.3	设计文件评审费		49
3.3.1	初步设计文件评审费	基本设计费 ×2.2%	22
3.3.2	施工图文件评审费	基本设计费 ×2.6% 其中，施工图预算文件评审费用为施工图文件评审费的 30%	27
3.4	施工过程造价咨询及竣工结算审核费	施工过程造价咨询及竣工结算审核费 ×100% （1）电缆线路工程费率为 1.02%；若电缆线路工程中建筑工程采用电缆沟、电缆隧道时，电缆线路工程费率乘以 0.8 系数。 （2）若只开展竣工结算审核时，其费用按以上规定的 75% 计取。 （3）该项费用低于 800 元时，按照 800 元计列	800
3.5	工程建设检测费		20
3.5.1	工程质量检测费		20
3.5.1.1	非电缆工程工程质量检测费	［建筑工程费 + 安装工程费 –（电缆建筑工程费 + 电缆安装工程费）］×0.15%	20
3.6	技术经济标准编制费	（建筑工程费 + 安装工程费）×0.1%	13
4	生产准备费		67
4.1	非电缆工程生产准备费	［建筑工程费 + 安装工程费 –（电缆建筑工程费 + 电缆安装工程费）］×0.5%	67
	合计	（建设场地征用及清理费 + 项目建设管理费 + 项目建设技术服务费 + 生产准备费）×100%	2963

4.22 A4-1 耐张钢管杆（10m 梢径 270 单回路灌注桩三角）

4.22.1 典型方案主要内容

本典型方案为新建 1 基 10kV 单回耐张钢管杆 GN27-10。内容包括：材料运输；新建杆测量及分坑；机械推钻成孔；基础钢筋加工及制作；桩基础混凝土浇灌；接地槽挖方及回填；杆塔组立；基础保护帽浇制；接地极安装；接地体敷设；绝缘子安装；标志牌安装；跳线制作安装。

4.22.2 典型方案技术条件

典型方案 A4-1 主要技术条件表和设备材料表见表 4-106 和表 4-107。

表 4-106 典型方案 A4-1 主要技术条件表

方案名称	工程主要技术条件	
10kV 单回 10m 耐张钢管杆	电压等级	10kV
	工作范围	新建 1 基杆塔
	杆塔类似	单回耐张钢管杆
	规格型号	GN27-10
	地形	100% 平地
	气象条件	覆冰 10mm，最大风速 25m/s
	地质条件	100% 普通土
	基础	机械钻孔灌注桩
	运距	人力 0.3km，汽车 10km

表 4-107 典型方案 A4-1 设备材料表

序号	物料描述	单位	数量	备注
1	钢管杆（桩），AC10kV，无，无，Q345，杆，无	t	1.344	
2	交流盘形悬式瓷绝缘子，U70B/146，255，320	片	12	
3	联结金具－直角挂板，Z-7	只	6	
4	联结金具－球头挂环，Q-7	只	6	
5	联结金具－碗头挂板，WS-7	只	6	

续表

序号	物料描述	单位	数量	备注
6	耐张线夹 – 楔型绝缘，NXL–2	付		用于 JKLYJ–10–70 导线
	耐张线夹 – 楔型绝缘，NXL–3	付		用于 JKLYJ–10–150 导线
	耐张线夹 – 楔型绝缘，NXL–4	付	6	用于 JKLYJ–10–240 导线
7	接续金具 – 异型并沟线夹，JBL–50–240	付	9	
8	铁构件	t	0.0421	接地装置
9	ϕ12 镀锌圆钢	根	1	37kg，42m 接地体
10	ϕ12 镀锌圆钢	根	2	4.5kg，2 × 2.5m 引下线
11	–5 × 50 镀锌扁铁	块	2	0.6kg，连接铁
12	标志牌	块	1.5	杆号牌 1 块，相序牌 0.5 块

4.22.3　典型方案概算书

典型方案 A4–1 概算书包括总概算汇总表、安装工程专业汇总表与其他费用概算表，见表 4–108 ~ 表 4–110。

表 4–108　　典型方案 A4–1 总概算汇总表　　金额单位：元

序号	工程或费用名称	建筑工程费	设备购置费	安装工程费	其他费用	基本预备费	合计	各项占静态投资比例（%）	单位投资
一	配电站、开关站工程								
二	充电站、换电站工程								
三	架空线路工程			27552			27552	83.12	
四	电缆线路工程								
五	通信站工程								
六	通信线路工程								

续表

序号	工程或费用名称	建筑工程费	设备购置费	安装工程费	其他费用	基本预备费	合计	各项占静态投资比例（%）	单位投资
	小计			27552			27552	83.12	
七	其他费用				5268		5268	15.89	
（一）	建设场地征用及清理费								
（二）	项目建设管理费				1043		1043	3.15	
（三）	项目建设技术服务费				4088		4088	12.33	
（四）	生产准备费				138		138	0.42	
八	基本预备费					328	328	0.99	
九	特殊项目费								
	工程静态投资			27552	5268	328	33148	100	
	各项占静态投资的比例（%）			83	16	1	100		
十	工程动态费用								
（一）	价差预备费								
（二）	建设期贷款利息								
	工程动态投资			27552	5268	328	33148		
	各项占动态投资的比例（%）			83	16	1	100		
	生产期可抵扣增值税								

表 4-109　　典型方案 A4-1 安装工程专业汇总表　　金额单位：元

序号	工程名称	设备购置费	安装工程费			合计	技术经济指标		
			金额	其中			单位	数量	指标
				未计价材料费	人工费				
	安装工程		27552	15323	3513	27552			
X	架空线路工程		27552	15323	3513	27552			
一	架空线路本体工程		27552	15323	3513	27552	元 / km		
2	杆塔工程		27552	15323	3513	27552			
	合计		27552	15323	3513	27552			

表 4-110　　典型方案 A4-1 其他费用概算表　　金额单位：元

序号	工程或费用项目名称	编制依据及计算说明	合价
2	项目建设管理费		1043
2.1	项目管理经费		336
2.1.1	非电缆工程项目管理经费	［建筑工程费 + 安装工程费 –（电缆建筑工程费 + 电缆安装工程费）］× 1.22%	336
2.2	招标费	（建筑工程费 + 安装工程费 + 设备购置费）× 0.32%	88
2.3	工程监理费	（1）高海拔地区、严寒地区、酷热地区按照本规定乘以 1.1 系数。 （2）如需开展环境监理和水土保持监理时，按照本规定乘以 1.1 系数	618
2.3.1	非电缆工程监理费	［建筑工程费 + 安装工程费 –（电缆建筑工程费 + 电缆安装工程费）］× 2.244%	618
3	项目建设技术服务费		4088
3.1	项目前期工作费		631
3.1.1	非电缆工程项目前期工作费	［建筑工程费 + 安装工程费 –（电缆建筑工程费 + 电缆安装工程费）］× 2.29%	631
3.2	勘察设计费		2487
3.2.2	设计费		2487

续表

序号	工程或费用项目名称	编制依据及计算说明	合价
3.2.2.1	基本设计费	基本设计费 ×100% 基本设计费低于 1000 元的，按 1000 元计列	2108
3.2.2.2	其他设计费		379
3.2.2.2.1	施工图预算编制费	基本设计费 ×10%	211
3.2.2.2.2	竣工图文件编制费	基本设计费 ×8%	169
3.3	设计文件评审费		101
3.3.1	初步设计文件评审费	基本设计费 ×2.2%	46
3.3.2	施工图文件评审费	基本设计费 ×2.6% 其中，施工图预算文件评审费用为施工图文件评审费的 30%	55
3.4	施工过程造价咨询及竣工结算审核费	施工过程造价咨询及竣工结算审核费 ×100% （1）电缆线路工程费率为 1.02%；若电缆线路工程中建筑工程采用电缆沟、电缆隧道时，电缆线路工程费率乘以 0.8 系数。 （2）若只开展竣工结算审核时，其费用按以上规定的 75% 计取。 （3）该项费用低于 800 元时，按照 800 元计列	800
3.5	工程建设检测费		41
3.5.1	工程质量检测费		41
3.5.1.1	非电缆工程工程质量检测费	［建筑工程费 + 安装工程费 -（电缆建筑工程费 + 电缆安装工程费）］×0.15%	41
3.6	技术经济标准编制费	（建筑工程费 + 安装工程费）×0.1%	28
4	生产准备费		138
4.1	非电缆工程生产准备费	［建筑工程费 + 安装工程费 -（电缆建筑工程费 + 电缆安装工程费）］×0.5%	138
	合计	（建设场地征用及清理费 + 项目建设管理费 + 项目建设技术服务费 + 生产准备费）×100%	5268

4.23　A4-2 耐张钢管杆（13m 梢径 270 单回路灌注桩三角）

4.23.1　典型方案主要内容

本典型方案为新建 1 基 10kV 单回耐张钢管杆 GN27-13。内容包括：材料运输；新建杆测量及分坑；机械推钻成孔；基础钢筋加工及制作；桩基础混凝土浇灌；接地槽挖方及回填；杆塔组立；基础保护帽浇制；接地极安装；接地体敷设；绝缘子安装；标志牌安装；跳线制作安装。

4.23.2　典型方案技术条件

典型方案 A4-2 主要技术条件表和设备材料表见表 4-111 和表 4-112。

表 4-111　　典型方案 A4-2 主要技术条件表

方案名称	工程主要技术条件	
10kV 单回 13m 耐张钢管杆	电压等级	10kV
	工作范围	新建 1 基杆塔
	杆塔类似	单回耐张钢管杆
	规格型号	GN27-13
	地形	100% 平地
	气象条件	覆冰 10mm，最大风速 25m/s
	地质条件	100% 普通土
	基础	机械钻孔灌注桩
	运距	人力 0.3km，汽车 10km

表 4-112　　典型方案 A4-2 设备材料表

序号	物料描述	单位	数量	备注
1	钢管杆（桩），AC10kV，无，无，Q345，杆，无	t	1.965	
2	交流盘形悬式瓷绝缘子，U70B/146，255，320	片	12	
3	联结金具－直角挂板，Z-7	只	6	
4	联结金具－球头挂环，Q-7	只	6	
5	联结金具－碗头挂板，WS-7	只	6	
6	耐张线夹－楔型绝缘，NXL-2	付		用于 JKLYJ-10-70 导线
	耐张线夹－楔型绝缘，NXL-3	付		用于 JKLYJ-10-150 导线
	耐张线夹－楔型绝缘，NXL-4	付	6	用于 JKLYJ-10-240 导线
7	接续金具－异型并沟线夹，JBL-50-240	付	9	
8	铁构件	t	0.0421	接地装置

续表

序号	物料描述	单位	数量	备注
9	ϕ12 镀锌圆钢	根	1	37kg，42m 接地体
10	ϕ12 镀锌圆钢	根	2	4.5kg，2×2.5m 引下线
11	–5×50 镀锌扁铁	块	2	0.6kg，连接铁
12	标志牌	块	1.5	杆号牌 1 块，相序牌 0.5 块

4.23.3　典型方案概算书

典型方案 A4–2 概算书包括总概算汇总表、安装工程专业汇总表与其他费用概算表，见表 4–113 ~ 表 4–115。

表 4–113　　典型方案 A4–2 总概算汇总表　　金额单位：元

序号	工程或费用名称	建筑工程费	设备购置费	安装工程费	其他费用	基本预备费	合计	各项占静态投资比例（%）	单位投资
一	配电站、开关站工程								
二	充电站、换电站工程								
三	架空线路工程			36153			36153	83.6	
四	电缆线路工程								
五	通信站工程								
六	通信线路工程								
	小计			36153			36153	83.6	
七	其他费用				6663		6663	15.41	
（一）	建设场地征用及清理费								
（二）	项目建设管理费				1368		1368	3.16	

续表

序号	工程或费用名称	建筑工程费	设备购置费	安装工程费	其他费用	基本预备费	合计	各项占静态投资比例（%）	单位投资
（三）	项目建设技术服务费				5115		5115	11.83	
（四）	生产准备费				181		181	0.42	
八	基本预备费					428	428	0.99	
九	特殊项目费								
	工程静态投资			36153	6663	428	43245	100	
	各项占静态投资的比例（%）			84	15	1	100		
十	工程动态费用								
（一）	价差预备费								
（二）	建设期贷款利息								
	工程动态投资			36153	6663	428	43245		
	各项占动态投资的比例（%）			84	15	1	100		
	生产期可抵扣增值税								

表 4-114　　典型方案 A4-2 安装工程专业汇总表　　金额单位：元

序号	工程名称	设备购置费	安装工程费			合计	技术经济指标		
			金额	其中			单位	数量	指标
				未计价材料费	人工费				
	安装工程		36153	21601	4211	36153			
X	架空线路工程		36153	21601	4211	36153			

续表

序号	工程名称	设备购置费	安装工程费			合计	技术经济指标		
			金额	其中			单位	数量	指标
				未计价材料费	人工费				
一	架空线路本体工程		36153	21601	4211	36153	元/km		
2	A4-2（GN27-13）		36153	21601	4211	36153			
	合计		36153	21601	4211	36153			

表 4-115　　典型方案 A4-2 其他费用概算表　　金额单位：元

序号	工程或费用项目名称	编制依据及计算说明	合价
2	项目建设管理费		1368
2.1	项目管理经费		441
2.1.1	非电缆工程项目管理经费	［建筑工程费＋安装工程费－（电缆建筑工程费＋电缆安装工程费）］×1.22%	441
2.2	招标费	（建筑工程费＋安装工程费＋设备购置费）×0.32%	116
2.3	工程监理费	（1）高海拔地区、严寒地区、酷热地区按照本规定乘以 1.1 系数。 （2）如需开展环境监理和水土保持监理时，按照本规定乘以 1.1 系数	811
2.3.1	非电缆工程监理费	［建筑工程费＋安装工程费－（电缆建筑工程费＋电缆安装工程费）］×2.244%	811
3	项目建设技术服务费		5115
3.1	项目前期工作费		828
3.1.1	非电缆工程项目前期工作费	［建筑工程费＋安装工程费－（电缆建筑工程费＋电缆安装工程费）］×2.29%	828
3.2	勘察设计费		3264
3.2.2	设计费		3264
3.2.2.1	基本设计费	基本设计费 ×100% 基本设计费低于 1000 元的，按 1000 元计列	2766
3.2.2.2	其他设计费		498

续表

序号	工程或费用项目名称	编制依据及计算说明	合价
3.2.2.2.1	施工图预算编制费	基本设计费 ×10%	277
3.2.2.2.2	竣工图文件编制费	基本设计费 ×8%	221
3.3	设计文件评审费		133
3.3.1	初步设计文件评审费	基本设计费 ×2.2%	61
3.3.2	施工图文件评审费	基本设计费 ×2.6% 其中，施工图预算文件评审费用为施工图文件评审费的 30%	72
3.4	施工过程造价咨询及竣工结算审核费	施工过程造价咨询及竣工结算审核费 ×100% （1）电缆线路工程费率为 1.02%；若电缆线路工程中建筑工程采用电缆沟、电缆隧道时，电缆线路工程费率乘以 0.8 系数。 （2）若只开展竣工结算审核时，其费用按以上规定的 75% 计取。 （3）该项费用低于 800 元时，按照 800 元计列	800
3.5	工程建设检测费		54
3.5.1	工程质量检测费		54
3.5.1.1	非电缆工程工程质量检测费	[建筑工程费 + 安装工程费 -（电缆建筑工程费 + 电缆安装工程费）] ×0.15%	54
3.6	技术经济标准编制费	（建筑工程费 + 安装工程费）×0.1%	36
4	生产准备费		181
4.1	非电缆工程生产准备费	[建筑工程费 + 安装工程费 -（电缆建筑工程费 + 电缆安装工程费）] ×0.5%	181
	合计	（建设场地征用及清理费 + 项目建设管理费 + 项目建设技术服务费 + 生产准备费）×100%	6663

4.24　A4-3 耐张钢管杆（13m 梢径 310 双回路灌注桩三角）

4.24.1　典型方案主要内容

本典型方案为新建 1 基 10kV 双回耐张钢管杆 GN31-13。内容包括：材料运输；新建杆测量及分坑；机械推钻成孔；基础钢筋加工及制作；桩基础混凝土浇灌；接地槽挖方及回填；杆塔组立；基础保护帽浇制；接地极安装；接地体敷设；绝缘子安装；标志牌安装；跳线制作安装。

4.24.2　典型方案技术条件

典型方案 A4-3 主要技术条件表和设备材料表见表 4-116 和表 4-117。

表 4-116　　典型方案 A4-3 主要技术条件表

方案名称	工程主要技术条件	
10kV 双回 13m 耐张钢管杆	电压等级	10kV
	工作范围	新建 1 基杆塔
	杆塔类似	双回耐张钢管杆
	规格型号	GN31-13
	地形	100% 平地
	气象条件	覆冰 10mm，最大风速 25m/s
	地质条件	100% 普通土
	基础	机械钻孔灌注桩
	运距	人力 0.3km，汽车 10km

表 4-117　　典型方案 A4-3 设备材料表

序号	物料描述	单位	数量	备注
1	钢管杆（桩），AC10kV，无，无，Q345，杆，无	t	2.979	
2	交流盘形悬式瓷绝缘子，U70B/146，255，320	片	24	
3	联结金具 - 直角挂板，Z-7	只	12	
4	联结金具 - 球头挂环，Q-7	只	12	
5	联结金具 - 碗头挂板，WS-7	只	12	
6	耐张线夹 - 楔型绝缘，NXL-2	付		用于 JKLYJ-10-70 导线
	耐张线夹 - 楔型绝缘，NXL-3	付		用于 JKLYJ-10-150 导线
	耐张线夹 - 楔型绝缘，NXL-4	付	12	用于 JKLYJ-10-240 导线
7	接续金具 - 异型并沟线夹，JBL-50-240	付	18	
8	铁构件	t	0.0421	接地装置
9	ϕ12 镀锌圆钢	根	1	37kg，42m 接地体
10	ϕ12 镀锌圆钢	根	2	4.5kg，2×2.5m 引下线

续表

序号	物料描述	单位	数量	备注
11	–5 × 50 镀锌扁铁	块	2	0.6kg，连接铁
12	标志牌	块	3	杆号牌 2 块，相序牌 1 块

4.24.3　典型方案概算书

典型方案 A4–3 概算书包括总概算汇总表、安装工程专业汇总表与其他费用概算表，见表 4–118 ~ 表 4–120。

表 4–118　　典型方案 A4–3 总概算汇总表　　金额单位：元

序号	工程或费用名称	建筑工程费	设备购置费	安装工程费	其他费用	基本预备费	合计	各项占静态投资比例（%）	单位投资
一	配电站、开关站工程								
二	充电站、换电站工程								
三	架空线路工程			49476			49476	84.02	
四	电缆线路工程								
五	通信站工程								
六	通信线路工程								
	小计			49476			49476	84.02	
七	其他费用				8824		8824	14.99	
（一）	建设场地征用及清理费								
（二）	项目建设管理费				1872		1872	3.18	
（三）	项目建设技术服务费				6705		6705	11.39	
（四）	生产准备费				247		247	0.42	

续表

序号	工程或费用名称	建筑工程费	设备购置费	安装工程费	其他费用	基本预备费	合计	各项占静态投资比例（%）	单位投资
八	基本预备费					583	583	0.99	
九	特殊项目费								
	工程静态投资			49476	8824	583	58883	100	
	各项占静态投资的比例（%）			84	15	1	100		
十	工程动态费用								
（一）	价差预备费								
（二）	建设期贷款利息								
	工程动态投资			49476	8824	583	58883		
	各项占动态投资的比例（%）			84	15	1	100		
	生产期可抵扣增值税								

表 4-119　　典型方案 A4-3 安装工程专业汇总表　　金额单位：元

序号	工程名称	设备购置费	安装工程费			合计	技术经济指标		
			金额	其中			单位	数量	指标
				未计价材料费	人工费				
	安装工程		49476	32340	4969	49476			
X	架空线路工程		49476	32340	4969	49476			
一	架空线路本体工程		49476	32340	4969	49476	元 / km		

续表

序号	工程名称	设备购置费	安装工程费			合计	技术经济指标		
			金额	其中			单位	数量	指标
				未计价材料费	人工费				
2	杆塔工程		49476	32340	4969	49476			
	合计		49476	32340	4969	49476			

表 4-120　　典型方案 A4-3 其他费用概算表　　金额单位：元

序号	工程或费用项目名称	编制依据及计算说明	合价
2	项目建设管理费		1872
2.1	项目管理经费		604
2.1.1	非电缆工程项目管理经费	[建筑工程费 + 安装工程费 –（电缆建筑工程费 + 电缆安装工程费）] × 1.22%	604
2.2	招标费	（建筑工程费 + 安装工程费 + 设备购置费）× 0.32%	158
2.3	工程监理费	（1）高海拔地区、严寒地区、酷热地区按照本规定乘以 1.1 系数。 （2）如需开展环境监理和水土保持监理时，按照本规定乘以 1.1 系数	1110
2.3.1	非电缆工程监理费	[建筑工程费 + 安装工程费 –（电缆建筑工程费 + 电缆安装工程费）] × 2.244%	1110
3	项目建设技术服务费		6705
3.1	项目前期工作费		1133
3.1.1	非电缆工程项目前期工作费	[建筑工程费 + 安装工程费 –（电缆建筑工程费 + 电缆安装工程费）] × 2.29%	1133
3.2	勘察设计费		4466
3.2.2	设计费		4466
3.2.2.1	基本设计费	基本设计费 × 100% 基本设计费低于 1000 元的，按 1000 元计列	3785
3.2.2.2	其他设计费		681
3.2.2.2.1	施工图预算编制费	基本设计费 × 10%	378

续表

序号	工程或费用项目名称	编制依据及计算说明	合价
3.2.2.2.2	竣工图文件编制费	基本设计费 ×8%	303
3.3	设计文件评审费		182
3.3.1	初步设计文件评审费	基本设计费 ×2.2%	83
3.3.2	施工图文件评审费	基本设计费 ×2.6% 其中，施工图预算文件评审费用为施工图文件评审费的 30%	98
3.4	施工过程造价咨询及竣工结算审核费	施工过程造价咨询及竣工结算审核费 ×100% （1）电缆线路工程费率为 1.02%；若电缆线路工程中建筑工程采用电缆沟、电缆隧道时，电缆线路工程费率乘以 0.8 系数。 （2）若只开展竣工结算审核时，其费用按以上规定的 75% 计取。 （3）该项费用低于 800 元时，按照 800 元计列	800
3.5	工程建设检测费		74
3.5.1	工程质量检测费		74
3.5.1.1	非电缆工程工程质量检测费	［建筑工程费 + 安装工程费 –（电缆建筑工程费 + 电缆安装工程费）］×0.15%	74
3.6	技术经济标准编制费	（建筑工程费 + 安装工程费）×0.1%	49
4	生产准备费		247
4.1	非电缆工程生产准备费	［建筑工程费 + 安装工程费 –（电缆建筑工程费 + 电缆安装工程费）］×0.5%	247
	合计	（建设场地征用及清理费 + 项目建设管理费 + 项目建设技术服务费 + 生产准备费）×100%	8824

4.25　A4-4 耐张钢管杆（16m 梢径 310 三回路灌注桩三角）

4.25.1　典型方案主要内容

本典型方案为新建 1 基 10kV 三回耐张钢管杆 GN31-16。内容包括：材料运输；新建杆测量及分坑；机械推钻成孔；基础钢筋加工及制作；桩基础混凝土浇灌；接地槽挖方及回填；杆塔组立；基础保护帽浇制；接地极安装；接地体敷设；绝缘子安装；标志牌安装；跳线制作安装。

4.25.2　典型方案技术条件

典型方案 A4-4 主要技术条件表和设备材料表见表 4-121 和表 4-122。

表 4-121　　　　典型方案 A4-4 主要技术条件表

方案名称	工程主要技术条件	
10kV 三回 16m 耐张钢管杆	电压等级	10kV
	工作范围	新建 1 基杆塔
	杆塔类似	三回耐张钢管杆
	规格型号	GN31-16
	地形	100% 平地
	气象条件	覆冰 10mm，最大风速 25m/s
	地质条件	100% 普通土
	基础	机械钻孔灌注桩
	运距	人力 0.3km，汽车 10km

表 4-122　　　　典型方案 A4-4 设备材料表

序号	物料描述	单位	数量	备注
1	钢管杆（桩），AC10kV，无，无，Q345，杆，无	t	4.327	
2	交流盘形悬式瓷绝缘子，U70B/146，255，320	片	36	
3	联结金具 - 直角挂板，Z-7	只	18	
4	联结金具 - 球头挂环，Q-7	只	18	
5	联结金具 - 碗头挂板，WS-7	只	18	
6	耐张线夹 - 楔型绝缘，NXL-2	付		用于 JKLYJ-10-70 导线
	耐张线夹 - 楔型绝缘，NXL-3	付		用于 JKLYJ-10-150 导线
	耐张线夹 - 楔型绝缘，NXL-4	付	18	用于 JKLYJ-10-240 导线
7	接续金具 - 异型并沟线夹，JBL-50-240	付	27	
8	铁构件	t	0.0421	接地装置
9	ϕ12 镀锌圆钢	根	1	37kg，42m 接地体

续表

序号	物料描述	单位	数量	备注
10	ϕ12 镀锌圆钢	根	2	4.5kg，2×2.5m 引下线
11	-5×50 镀锌扁铁	块	2	0.6kg，连接铁
12	标志牌	块	4.5	杆号牌 3 块，相序牌 1.5 块

4.25.3　典型方案概算书

典型方案 A4-4 概算书包括总概算汇总表、安装工程专业汇总表与其他费用概算表，见表 4-123 ~ 表 4 ~ 125。

表 4-123　　典型方案 A4-4 总概算汇总表　　金额单位：元

序号	工程或费用名称	建筑工程费	设备购置费	安装工程费	其他费用	基本预备费	合计	各项占静态投资比例（%）	单位投资
一	配电站、开关站工程								
二	充电站、换电站工程								
三	架空线路工程			64966			64966	84.3	
四	电缆线路工程								
五	通信站工程								
六	通信线路工程								
	小计			64966			64966	84.3	
七	其他费用				11336		11336	14.71	
（一）	建设场地征用及清理费								
（二）	项目建设管理费				2458		2458	3.19	
（三）	项目建设技术服务费				8553		8553	11.1	

续表

序号	工程或费用名称	建筑工程费	设备购置费	安装工程费	其他费用	基本预备费	合计	各项占静态投资比例（%）	单位投资
（四）	生产准备费				325		325	0.42	
八	基本预备费					763	763	0.99	
九	特殊项目费								
	工程静态投资			64966	11336	763	77065	100	
	各项占静态投资的比例（%）			84	15	1	100		
十	工程动态费用								
（一）	价差预备费								
（二）	建设期贷款利息								
	工程动态投资			64966	11336	763	77065		
	各项占动态投资的比例（%）			84	15	1	100		
	生产期可抵扣增值税								

表 4-124　　典型方案 A4-4 安装工程专业汇总表　　金额单位：元

序号	工程名称	设备购置费	安装工程费			合计	技术经济指标		
			金额	其中			单位	数量	指标
				未计价材料费	人工费				
	安装工程		64966	44895	5770	64966			
X	架空线路工程		64966	44895	5770	64966			
一	架空线路本体工程		64966	44895	5770	64966	元 / km		

续表

序号	工程名称	设备购置费	安装工程费			合计	技术经济指标		
			金额	其中			单位	数量	指标
				未计价材料费	人工费				
2	杆塔工程		64966	44895	5770	64966			
	合计		64966	44895	5770	64966			

表 4-125　　典型方案 A4-4 其他费用概算表　　金额单位：元

序号	工程或费用项目名称	编制依据及计算说明	合价
2	项目建设管理费		2458
2.1	项目管理经费		793
2.1.1	非电缆工程项目管理经费	［建筑工程费＋安装工程费－（电缆建筑工程费＋电缆安装工程费）］×1.22%	793
2.2	招标费	（建筑工程费＋安装工程费＋设备购置费）×0.32%	208
2.3	工程监理费	（1）高海拔地区、严寒地区、酷热地区按照本规定乘以 1.1 系数。 （2）如需开展环境监理和水土保持监理时，按照本规定乘以 1.1 系数	1458
2.3.1	非电缆工程监理费	［建筑工程费＋安装工程费－（电缆建筑工程费＋电缆安装工程费）］×2.244%	1458
3	项目建设技术服务费		8553
3.1	项目前期工作费		1488
3.1.1	非电缆工程项目前期工作费	［建筑工程费＋安装工程费－（电缆建筑工程费＋电缆安装工程费）］×2.29%	1488
3.2	勘察设计费		5864
3.2.2	设计费		5864
3.2.2.1	基本设计费	基本设计费 ×100% 基本设计费低于 1000 元的，按 1000 元计列	4970
3.2.2.2	其他设计费		895
3.2.2.2.1	施工图预算编制费	基本设计费 ×10%	497

续表

序号	工程或费用项目名称	编制依据及计算说明	合价
3.2.2.2.2	竣工图文件编制费	基本设计费 ×8%	398
3.3	设计文件评审费		239
3.3.1	初步设计文件评审费	基本设计费 ×2.2%	109
3.3.2	施工图文件评审费	基本设计费 ×2.6% 其中，施工图预算文件评审费用为施工图文件评审费的 30%	129
3.4	施工过程造价咨询及竣工结算审核费	施工过程造价咨询及竣工结算审核费 ×100% （1）电缆线路工程费率为 1.02%；若电缆线路工程中建筑工程采用电缆沟、电缆隧道时，电缆线路工程费率乘以 0.8 系数。 （2）若只开展竣工结算审核时，其费用按以上规定的 75% 计取。 （3）该项费用低于 800 元时，按照 800 元计列	800
3.5	工程建设检测费		97
3.5.1	工程质量检测费		97
3.5.1.1	非电缆工程工程质量检测费	[建筑工程费 + 安装工程费 –（电缆建筑工程费 + 电缆安装工程费）] ×0.15%	97
3.6	技术经济标准编制费	（建筑工程费 + 安装工程费）×0.1%	65
4	生产准备费		325
4.1	非电缆工程生产准备费	[建筑工程费 + 安装工程费 –（电缆建筑工程费 + 电缆安装工程费）] ×0.5%	325
	合计	（建设场地征用及清理费 + 项目建设管理费 + 项目建设技术服务费 + 生产准备费）×100%	11336

4.26　A4–5 耐张钢管杆（13m 梢径 390 双回路灌注桩三角）

4.26.1　典型方案主要内容

本典型方案为新建 1 基 10kV 双回耐张钢管杆 GN39–13。内容包括：材料运输；新建杆测量及分坑；机械推钻成孔；基础钢筋加工及制作；桩基础混凝土浇灌；接地槽挖方及回填；杆塔组立；基础保护帽浇制；接地极安装；接地体敷设；绝缘子安装；标志牌安装；跳线制作安装。

4.26.2　典型方案技术条件

典型方案 A4–5 主要技术条件表和设备材料表见表 4–126 和表 4–127。

表 4-126 典型方案 A4-5 主要技术条件表

方案名称	工程主要技术条件	
10kV 双回 13m 耐张钢管杆	电压等级	10kV
	工作范围	新建 1 基杆塔
	杆塔类似	双回耐张钢管杆
	规格型号	GN39-13
	地形	100% 平地
	气象条件	覆冰 10mm，最大风速 25m/s
	地质条件	100% 普通土
	基础	机械钻孔灌注桩
	运距	人力 0.3km，汽车 10km

表 4-127 典型方案 A4-5 设备材料表

序号	物料描述	单位	数量	备注
1	钢管杆（桩），AC10kV，无，无，Q345，杆，无	t	5.54	
2	交流盘形悬式瓷绝缘子，U70B/146，255，320	片	24	
3	联结金具－直角挂板，Z-7	只	12	
4	联结金具－球头挂环，Q-7	只	12	
5	联结金具－碗头挂板，WS-7	只	12	
6	耐张线夹－楔型绝缘，NXL-2	付		用于 JKLYJ-10-70 导线
	耐张线夹－楔型绝缘，NXL-3	付		用于 JKLYJ-10-150 导线
	耐张线夹－楔型绝缘，NXL-4	付	12	用于 JKLYJ-10-240 导线
7	接续金具－异型并沟线夹，JBL-50-240	付	18	
8	铁构件	t	0.0421	接地装置
9	ϕ12 镀锌圆钢	根	1	37kg，42m 接地体
10	ϕ12 镀锌圆钢	根	2	4.5kg，2×2.5m 引下线
11	−5×50 镀锌扁铁	块	2	0.6kg，连接铁
12	标志牌	块	3	杆号牌 2 块，相序牌 1 块

4.26.3　典型方案概算书

典型方案 A4-5 概算书包括总概算汇总表、安装工程专业汇总表与其他费用概算表，见表 4-128 ~ 表 4-130。

表 4-128　　典型方案 A4-5 总概算汇总表　　金额单位：元

序号	工程或费用名称	建筑工程费	设备购置费	安装工程费	其他费用	基本预备费	合计	各项占静态投资比例（%）	单位投资
一	配电站、开关站工程								
二	充电站、换电站工程								
三	架空线路工程			83626			83626	84.5	
四	电缆线路工程								
五	通信站工程								
六	通信线路工程								
	小计			83626			83626	84.5	
七	其他费用				14363		14363	14.51	
（一）	建设场地征用及清理费								
（二）	项目建设管理费				3164		3164	3.2	
（三）	项目建设技术服务费				10780		10780	10.89	
（四）	生产准备费				418		418	0.42	
八	基本预备费					980	980	0.99	
九	特殊项目费								
	工程静态投资			83626	14363	980	98969	100	
	各项占静态投资的比例（%）			84	15	1	100		

续表

序号	工程或费用名称	建筑工程费	设备购置费	安装工程费	其他费用	基本预备费	合计	各项占静态投资比例（%）	单位投资
十	工程动态费用								
（一）	价差预备费								
（二）	建设期贷款利息								
	工程动态投资			83626	14363	980	98969		
	各项占动态投资的比例（%）			84	15	1	100		
	生产期可抵扣增值税								

表 4-129　　典型方案 A4-5 安装工程专业汇总表　　金额单位：元

序号	工程名称	设备购置费	安装工程费			合计	技术经济指标		
			金额	其中			单位	数量	指标
				未计价材料费	人工费				
	安装工程		83626	56684	7620	83626			
X	架空线路工程		83626	56684	7620	83626			
一	架空线路本体工程		83626	56684	7620	83626	元/km		
2	杆塔工程		83626	56684	7620	83626			
	合计		83626	56684	7620	83626			

表 4-130　　典型方案 A4-5 其他费用概算表　　金额单位：元

序号	工程或费用项目名称	编制依据及计算说明	合价
2	项目建设管理费		3164
2.1	项目管理经费		1020

续表

序号	工程或费用项目名称	编制依据及计算说明	合价
2.1.1	非电缆工程项目管理经费	［建筑工程费＋安装工程费－（电缆建筑工程费＋电缆安装工程费）］×1.22%	1020
2.2	招标费	（建筑工程费＋安装工程费＋设备购置费）×0.32%	268
2.3	工程监理费	（1）高海拔地区、严寒地区、酷热地区按照本规定乘以 1.1 系数。 （2）如需开展环境监理和水土保持监理时，按照本规定乘以 1.1 系数	1877
2.3.1	非电缆工程监理费	［建筑工程费＋安装工程费－（电缆建筑工程费＋电缆安装工程费）］×2.244%	1877
3	项目建设技术服务费		10780
3.1	项目前期工作费		1915
3.1.1	非电缆工程项目前期工作费	［建筑工程费＋安装工程费－（电缆建筑工程费＋电缆安装工程费）］×2.29%	1915
3.2	勘察设计费		7549
3.2.2	设计费		7549
3.2.2.1	基本设计费	基本设计费 ×100% 基本设计费低于 1000 元的，按 1000 元计列	6397
3.2.2.2	其他设计费		1152
3.2.2.2.1	施工图预算编制费	基本设计费 ×10%	640
3.2.2.2.2	竣工图文件编制费	基本设计费 ×8%	512
3.3	设计文件评审费		307
3.3.1	初步设计文件评审费	基本设计费 ×2.2%	141
3.3.2	施工图文件评审费	基本设计费 ×2.6% 其中，施工图预算文件评审费用为施工图文件评审费的 30%	166
3.4	施工过程造价咨询及竣工结算审核费	施工过程造价咨询及竣工结算审核费 ×100% （1）电缆线路工程费率为 1.02%；若电缆线路工程中建筑工程采用电缆沟、电缆隧道时，电缆线路工程费率乘以 0.8 系数。 （2）若只开展竣工结算审核时，其费用按以上规定的 75% 计取。 （3）该项费用低于 800 元时，按照 800 元计列	800
3.5	工程建设检测费		125

续表

序号	工程或费用项目名称	编制依据及计算说明	合价
3.5.1	工程质量检测费		125
3.5.1.1	非电缆工程工程质量检测费	［建筑工程费 + 安装工程费 –（电缆建筑工程费 + 电缆安装工程费）］× 0.15%	125
3.6	技术经济标准编制费	（建筑工程费 + 安装工程费）× 0.1%	84
4	生产准备费		418
4.1	非电缆工程生产准备费	［建筑工程费 + 安装工程费 –（电缆建筑工程费 + 电缆安装工程费）］× 0.5%	418
	合计	（建设场地征用及清理费 + 项目建设管理费 + 项目建设技术服务费 + 生产准备费）× 100%	14363

4.27　A4–6 耐张钢管杆（16m 梢径 450 四回路灌注桩三角）

4.27.1　典型方案主要内容

本典型方案为新建 1 基 10kV 四回耐张钢管杆 GN45–16。内容包括：材料运输；新建杆测量及分坑；机械推钻成孔；基础钢筋加工及制作；桩基础混凝土浇灌；接地槽挖方及回填；杆塔组立；基础保护帽浇制；接地极安装；接地体敷设；绝缘子安装；标志牌安装；跳线制作安装。

4.27.2　典型方案技术条件

典型方案 A4–6 主要技术条件表和设备材料表见表 4–131 和表 4–132。

表 4–131　　　　典型方案 A4–6 主要技术条件表

方案名称	工程主要技术条件	
10kV 四回 16m 耐张钢管杆	电压等级	10kV
	工作范围	新建 1 基杆塔
	杆塔类似	四回耐张钢管杆
	规格型号	GN45–16
	地形	100% 平地
	气象条件	覆冰 10mm，最大风速 25m/s
	地质条件	100% 普通土
	基础	机械钻孔灌注桩
	运距	人力 0.3km，汽车 10km

表 4-132　　典型方案 A4-6 设备材料表

序号	物料描述	单位	数量	备注
1	钢管杆（桩），AC10kV，无，无，Q345，杆，无	t	8.09	
2	交流盘形悬式瓷绝缘子，U70B/146，255，320	片	48	
3	联结金具 – 直角挂板，Z–7	只	24	
4	联结金具 – 球头挂环，Q–7	只	24	
5	联结金具 – 碗头挂板，WS–7	只	24	
6	耐张线夹 – 楔型绝缘，NXL–2	付		用于 JKLYJ–10–70 导线
	耐张线夹 – 楔型绝缘，NXL–3	付		用于 JKLYJ–10–150 导线
	耐张线夹 – 楔型绝缘，NXL–4	付	24	用于 JKLYJ–10–240 导线
7	接续金具 – 异型并沟线夹，JBL–50–240	付	36	
8	铁构件	t	0.0421	接地装置
9	ϕ12 镀锌圆钢	根	1	37kg，42m 接地体
10	ϕ12 镀锌圆钢	根	2	4.5kg，2 × 2.5m 引下线
11	–5 × 50 镀锌扁铁	块	2	0.6kg，连接铁
12	标志牌	块	6	杆号牌 4 块，相序牌 2 块

4.27.3　典型方案概算书

典型方案 A4–6 概算书包括总概算汇总表、安装工程专业汇总表与其他费用概算表，见表 4–133 ~ 表 4–135。

表 4-133　　典型方案 A4-6 总概算汇总表　　金额单位：元

序号	工程或费用名称	建筑工程费	设备购置费	安装工程费	其他费用	基本预备费	合计	各项占静态投资比例（%）	单位投资
一	配电站、开关站工程								
二	充电站、换电站工程								

续表

序号	工程或费用名称	建筑工程费	设备购置费	安装工程费	其他费用	基本预备费	合计	各项占静态投资比例（%）	单位投资
三	架空线路工程			117818			117818	84.75	
四	电缆线路工程								
五	通信站工程								
六	通信线路工程								
	小计			117818			117818	84.75	
七	其他费用				19821		19821	14.26	
（一）	建设场地征用及清理费								
（二）	项目建设管理费				4458		4458	3.21	
（三）	项目建设技术服务费				14774		14774	10.63	
（四）	生产准备费				589		589	0.42	
八	基本预备费					1376	1376	0.99	
九	特殊项目费								
	工程静态投资			117818	19821	1376	139016	100	
	各项占静态投资的比例（%）			85	14	1	100		
十	工程动态费用								

续表

序号	工程或费用名称	建筑工程费	设备购置费	安装工程费	其他费用	基本预备费	合计	各项占静态投资比例（%）	单位投资
（一）	价差预备费								
（二）	建设期贷款利息								
	工程动态投资			117818	19821	1376	139016		
	各项占动态投资的比例（%）			85	14	1	100		
	生产期可抵扣增值税								

表 4-134　　典型方案 A4-6 安装工程专业汇总表　　金额单位：元

序号	工程名称	设备购置费	安装工程费			合计	技术经济指标		
			金额	其中			单位	数量	指标
				未计价材料费	人工费				
	安装工程		117818	83280	9848	117818			
X	架空线路工程		117818	83280	9848	117818			
一	架空线路本体工程		117818	83280	9848	117818	元 / km		
2	杆塔工程		117818	83280	9848	117818			
	合计		117818	83280	9848	117818			

表 4-135　　典型方案 A4-6 其他费用概算表　　金额单位：元

序号	工程或费用项目名称	编制依据及计算说明	合价
2	项目建设管理费		4458
2.1	项目管理经费		1437

续表

序号	工程或费用项目名称	编制依据及计算说明	合价
2.1.1	非电缆工程项目管理经费	［建筑工程费＋安装工程费－（电缆建筑工程费＋电缆安装工程费）］×1.22%	1437
2.2	招标费	（建筑工程费＋安装工程费＋设备购置费）×0.32%	377
2.3	工程监理费	（1）高海拔地区、严寒地区、酷热地区按照本规定乘以1.1系数。 （2）如需开展环境监理和水土保持监理时，按照本规定乘以1.1系数	2644
2.3.1	非电缆工程监理费	［建筑工程费＋安装工程费－（电缆建筑工程费＋电缆安装工程费）］×2.244%	2644
3	项目建设技术服务费		14774
3.1	项目前期工作费		2698
3.1.1	非电缆工程项目前期工作费	［建筑工程费＋安装工程费－（电缆建筑工程费＋电缆安装工程费）］×2.29%	2698
3.2	勘察设计费		10552
3.2.2	设计费		10552
3.2.2.1	基本设计费	基本设计费×100% 基本设计费低于1000元的，按1000元计列	8942
3.2.2.2	其他设计费		1610
3.2.2.2.1	施工图预算编制费	基本设计费×10%	894
3.2.2.2.2	竣工图文件编制费	基本设计费×8%	715
3.3	设计文件评审费		429
3.3.1	初步设计文件评审费	基本设计费×2.2%	197
3.3.2	施工图文件评审费	基本设计费×2.6% 其中，施工图预算文件评审费用为施工图文件评审费的30%	233
3.4	施工过程造价咨询及竣工结算审核费	施工过程造价咨询及竣工结算审核费×100% （1）电缆线路工程费率为1.02%；若电缆线路工程中建筑工程采用电缆沟、电缆隧道时，电缆线路工程费率乘以0.8系数。 （2）若只开展竣工结算审核时，其费用按以上规定的75%计取。 （3）该项费用低于800元时，按照800元计列	800
3.5	工程建设检测费		177

续表

序号	工程或费用项目名称	编制依据及计算说明	合价
3.5.1	工程质量检测费		177
3.5.1.1	非电缆工程工程质量检测费	［建筑工程费 + 安装工程费 –（电缆建筑工程费 + 电缆安装工程费）］×0.15%	177
3.6	技术经济标准编制费	（建筑工程费 + 安装工程费）×0.1%	118
4	生产准备费		589
4.1	非电缆工程生产准备费	［建筑工程费 + 安装工程费 –（电缆建筑工程费 + 电缆安装工程费）］×0.5%	589
	合计	（建设场地征用及清理费 + 项目建设管理费 + 项目建设技术服务费 + 生产准备费）×100%	19821

4.28　A5–1–1 窄基塔（单回直线窄基塔 13m 墩式基础三角）

4.28.1　典型方案主要内容

本典型方案为新建 1 基 10kV 单回直线窄基塔 ZJT–Z–13。内容包括：材料运输；新建杆塔测量及分坑；铁塔坑机械挖方及回填；基础钢筋加工及制作；基础垫层制作，基础混凝土搅拌机浇制；接地槽挖方及回填；杆塔组立；基础保护帽浇制；接地极安装；接地体敷设；绝缘子安装；标志牌安装。

4.28.2　典型方案技术条件

典型方案 A5–1–1 主要技术条件表和设备材料表见表 4–136 和表 4–137。

表 4–136　　　　典型方案 A5–1–1 主要技术条件表

方案名称	工程主要技术条件	
10kV 单回 13m 直线窄基塔	电压等级	10kV
	工作范围	新建 1 基杆塔
	杆塔类似	单回直线窄基塔
	规格型号	ZJT–Z–13
	地形	100% 平地
	气象条件	覆冰 10mm，最大风速 25m/s
	地质条件	100% 普通土
	基础	现浇墩式基础
	运距	人力 0.3km，汽车 10km

表 4-137 典型方案 A5-1-1 设备材料表

序号	物料描述	单位	数量	备注
1	铁塔，AC10kV，无，角钢，Q345，无	t	0.93	ZJT-Z-13
2	线路柱式瓷绝缘子，R12.5ET125N，160，305，400	只	6	
3	铁构件	t	0.117	接地装置
4	ϕ12 镀锌圆钢	根	1	107kg，120m 接地体
5	ϕ12 镀锌圆钢	根	2	8.9kg，2×5m 引下线
6	-5×50 镀锌扁铁	块	2	1.1kg，连接铁
7	标志牌	块	1.5	杆号牌 1 块，相序牌 0.5 块
8	基础 C25	m^3	5.58	
9	基础垫层 C15	m^3	0.784	
10	基础保护帽 C15	m^3	0.44	
11	基础钢筋	kg	272	

4.28.3 典型方案概算书

典型方案 A5-1-1 概算书包括总概算汇总表、安装工程专业汇总表与其他费用概算表，见表 4-138 ~ 表 4-140。

表 4-138 典型方案 A5-1-1 总概算汇总表 金额单位：元

序号	工程或费用名称	建筑工程费	设备购置费	安装工程费	其他费用	基本预备费	合计	各项占静态投资比例（%）	单位投资
一	配电站、开关站工程								
二	充电站、换电站工程								
三	架空线路工程			23360			23360	82.75	
四	电缆线路工程								

续表

序号	工程或费用名称	建筑工程费	设备购置费	安装工程费	其他费用	基本预备费	合计	各项占静态投资比例（%）	单位投资
五	通信站工程								
六	通信线路工程								
	小计			23360			23360	82.75	
七	其他费用				4589		4589	16.26	
（一）	建设场地征用及清理费								
（二）	项目建设管理费				884		884	3.13	
（三）	项目建设技术服务费				3588		3588	12.71	
（四）	生产准备费				117		117	0.41	
八	基本预备费					279	279	0.99	
九	特殊项目费								
	工程静态投资			23360	4589	279	28228	100	
	各项占静态投资的比例（%）			83	16	1	100		
十	工程动态费用								
（一）	价差预备费								
（二）	建设期贷款利息								

续表

序号	工程或费用名称	建筑工程费	设备购置费	安装工程费	其他费用	基本预备费	合计	各项占静态投资比例（%）	单位投资
	工程动态投资			23360	4589	279	28228		
	各项占动态投资的比例（%）			83	16	1	100		
	生产期可抵扣增值税								

表 4-139　　典型方案 A5-1-1 安装工程专业汇总表　　金额单位：元

序号	工程名称	设备购置费	安装工程费			合计	技术经济指标		
			金额	其中			单位	数量	指标
				未计价材料费	人工费				
	安装工程		23360	13917	2844	23360			
X	架空线路工程		23360	13917	2844	23360			
一	架空线路本体工程		23360	13917	2844	23360	元 / km		
2	杆塔工程		23360	13917	2844	23360			
	合计		23360	13917	2844	23360			

表 4-140　　典型方案 A5-1-1 其他费用概算表　　金额单位：元

序号	工程或费用项目名称	编制依据及计算说明	合价
2	项目建设管理费		884
2.1	项目管理经费		285
2.1.1	非电缆工程项目管理经费	［建筑工程费 + 安装工程费 –（电缆建筑工程费 + 电缆安装工程费）］×1.22%	285
2.2	招标费	（建筑工程费 + 安装工程费 + 设备购置费）×0.32%	75

续表

序号	工程或费用项目名称	编制依据及计算说明	合价
2.3	工程监理费	（1）高海拔地区、严寒地区、酷热地区按照本规定乘以 1.1 系数。 （2）如需开展环境监理和水土保持监理时，按照本规定乘以 1.1 系数	524
2.3.1	非电缆工程监理费	［建筑工程费 + 安装工程费 –（电缆建筑工程费 + 电缆安装工程费）］× 2.244%	524
3	项目建设技术服务费		3588
3.1	项目前期工作费		535
3.1.1	非电缆工程项目前期工作费	［建筑工程费 + 安装工程费 –（电缆建筑工程费 + 电缆安装工程费）］× 2.29%	535
3.2	勘察设计费		2109
3.2.2	设计费		2109
3.2.2.1	基本设计费	基本设计费 × 100% 基本设计费低于 1000 元的，按 1000 元计列	1787
3.2.2.2	其他设计费		322
3.2.2.2.1	施工图预算编制费	基本设计费 × 10%	179
3.2.2.2.2	竣工图文件编制费	基本设计费 × 8%	143
3.3	设计文件评审费		86
3.3.1	初步设计文件评审费	基本设计费 × 2.2%	39
3.3.2	施工图文件评审费	基本设计费 × 2.6% 其中，施工图预算文件评审费用为施工图文件评审费的 30%	46
3.4	施工过程造价咨询及竣工结算审核费	施工过程造价咨询及竣工结算审核费 × 100% （1）电缆线路工程费率为 1.02%；若电缆线路工程中建筑工程采用电缆沟、电缆隧道时，电缆线路工程费率乘以 0.8 系数。 （2）若只开展竣工结算审核时，其费用按以上规定的 75% 计取。 （3）该项费用低于 800 元时，按照 800 元计列	800
3.5	工程建设检测费		35
3.5.1	工程质量检测费		35

续表

序号	工程或费用项目名称	编制依据及计算说明	合价
3.5.1.1	非电缆工程工程质量检测费	[建筑工程费+安装工程费-(电缆建筑工程费+电缆安装工程费)]×0.15%	35
3.6	技术经济标准编制费	(建筑工程费+安装工程费)×0.1%	23
4	生产准备费		117
4.1	非电缆工程生产准备费	[建筑工程费+安装工程费-(电缆建筑工程费+电缆安装工程费)]×0.5%	117
	合计	(建设场地征用及清理费+项目建设管理费+项目建设技术服务费+生产准备费)×100%	4589

4.29 A5-1-2 窄基塔(单回直线窄基塔15m 墩式基础三角)

4.29.1 典型方案主要内容

本典型方案为新建1基10kV单回直线窄基塔ZJT-Z-15。内容包括：材料运输；新建杆塔测量及分坑；铁塔坑机械挖方及回填；基础钢筋加工及制作；基础垫层制作，基础混凝土搅拌机浇制；接地槽挖方及回填；杆塔组立；基础保护帽浇制；接地极安装；接地体敷设；绝缘子安装；标志牌安装。

4.29.2 典型方案技术条件

典型方案A5-1-2主要技术条件表和设备材料表见表4-141和表4-142。

表4-141 典型方案A5-1-2主要技术条件表

方案名称	工程主要技术条件	
10kV单回15m直线窄基塔	电压等级	10kV
	工作范围	新建1基杆塔
	杆塔类似	单回直线窄基塔
	规格型号	ZJT-Z-15
	地形	100%平地
	气象条件	覆冰10mm，最大风速25m/s
	地质条件	100%普通土
	基础	现浇墩式基础
	运距	人力0.3km，汽车10km

表 4-142　　典型方案 A5-1-2 设备材料表

序号	物料描述	单位	数量	备注
1	铁塔，AC10kV，无，角钢，Q345，无	t	1.04	ZJT-Z-15
2	线路柱式瓷绝缘子，R12.5ET125N，160，305，400	只	6	
3	铁构件	t	0.117	接地装置
4	ϕ12 镀锌圆钢	根	1	107kg，120m 接地体
5	ϕ12 镀锌圆钢	根	2	8.9kg，2 × 5m 引下线
6	-5 × 50 镀锌扁铁	块	2	1.1kg，连接铁
7	标志牌	块	1.5	杆号牌 1 块，相序牌 0.5 块
8	基础 C25	m^3	5.972	
9	基础垫层 C15	m^3	0.784	
10	基础保护帽 C15	m^3	0.44	
11	基础钢筋	kg	297.38	

4.29.3 典型方案概算书

典型方案 A5-1-2 概算书包括总概算汇总表、安装工程专业汇总表与其他费用概算表，见表 4-143 ~ 表 4-145。

表 4-143　　典型方案 A5-1-2 总概算汇总表　　金额单位：元

序号	工程或费用名称	建筑工程费	设备购置费	安装工程费	其他费用	基本预备费	合计	各项占静态投资比例（%）
一	配电站、开关站工程							
二	充电站、换电站工程							
三	架空线路工程			25070			25070	85.74
四	电缆线路工程							
	小计			25070			25070	85.74
五	其他费用				4170		4170	14.26

续表

序号	工程或费用名称	建筑工程费	设备购置费	安装工程费	其他费用	基本预备费	合计	各项占静态投资比例（%）
（一）	建设场地征用及清理费							
（二）	项目建设管理费				925		925	3.17
（三）	项目建设技术服务费				3119		3119	10.67
（四）	生产准备费				125		125	0.43
六	基本预备费							
	小计				4170		4170	14.26
	工程静态投资			25070	4170		29240	100
	各项占静态投资比例 %			86	14		100	
七	建设期贷款利息				511		511	
	小计			25070	4681		29751	
	工程动态投资			25070	4681		29751	
八	生产期可抵扣增值税							
	各项占动态投资的比例 %			84	16		100	

表 4-144　　典型方案 A5-1-2 安装工程专业汇总表　　金额单位：元

序号	工程项目名称	设备购置费	安装工程费			合计
			金额	其中		
				主要材料费	人工费	
	安装工程		25070	16166	2362	25070
X	架空线路工程		25070	16166	2362	25070
一	架空线路本体工程		25070	16166	2362	25070
3	杆塔工程		25070	16166	2362	25070

续表

序号	工程项目名称	设备购置费	安装工程费			合计
			金额	其中		
				主要材料费	人工费	
3.1	杆塔工程材料工地运输		2898		723	2898
3.2	杆塔组立		22172	16166	1639	22172
	A5-1（ZJT-Z）15m		22172	16166	1639	22172
	合计		25070	16166	2362	25070

表 4-145　典型方案 A5-1-2 其他费用概算表　金额单位：元

序号	工程或费用项目名称	编制依据及计算说明	合价
2	项目建设管理费		925
2.1	项目管理经费		293
2.1.1	非电缆工程项目管理经费	[建筑工程费 + 安装工程费 -（电缆建筑工程费 + 电缆安装工程费）] × 1.17%	293
2.2	招标费	（建筑工程费 + 安装工程费 + 设备购置费）× 0.32%	80
2.3	监理费	高海拔地区、高纬度严寒地区、酷热地区按照本规定乘以 1.1 系数	552
2.3.1	非电缆工程监理费	[建筑工程费 + 安装工程费 -（电缆建筑工程费 + 电缆安装工程费）] × 2.59% × 0.85	552
2.4	工程保险费	（0 × 0.85 × 0.81/100 × 10000） × 100%	
3	项目建设技术服务费		3119
3.1	项目前期工作费		552
3.1.1	非电缆工程项目前期工作费	[建筑工程费 + 安装工程费 -（电缆建筑工程费 + 电缆安装工程费）] × 2.2%	552
3.2.2	架空工程勘察费	（700 × 架空线路长度 × 0.3） × 100% 工程勘察只进行一般性定位测量作业时，费率按照以上标准的 30% 计算	
3.3	设计费		1836

续表

序号	工程或费用项目名称	编制依据及计算说明	合价
3.3.1	基本设计费	（基本设计费 ×0.8）×100% 基本设计费低于1000元的，按1000元计列	1556
3.3.2	其他设计费		280
3.3.2.1	施工图预算编制费	基本设计费 ×10%	156
3.3.2.2	竣工图文件编制费	基本设计费 ×8%	125
3.4	设计文件评审费		93
3.4.1	初步设计文件评审费	基本设计费 ×2.2%	43
3.4.2	施工图文件审查费	基本设计费 ×2.6% 施工图文件审查费中已包含施工图预算审查的费用，如果只开展其中一项审查工作，按此规定的50%计算，如两项审查工作均不开展，此项费用不计列	51
3.5.1	非电缆工程项目后评价费	[建筑工程费+安装工程费-（电缆建筑工程费+电缆安装工程费）]×0.5%	125
3.6	工程结算审查费	工程结算审查费 ×100% 当单个合同项目的工程结算审查费低于600元时，按照600元计列	600
3.7	工程建设检测费		38
3.7.1	非电缆工程工程建设检测费	[建筑工程费+安装工程费-（电缆建筑工程费+电缆安装工程费）]×0.15%	38
4	生产准备费		125
4.1	非电缆工程生产准备费	[建筑工程费+安装工程费-（电缆建筑工程费+电缆安装工程费）]×0.5%	125
	合计	（建设场地征用及清理费+项目建设管理费+项目建设技术服务费+生产准备费）×100%	4170

4.30 A5-1-3 窄基塔（单回直线窄基塔 18m 墩式基础三角）

4.30.1 典型方案主要内容

本典型方案为新建1基10kV单回直线窄基塔ZJT-Z-18。内容包括：材料运输；新建杆塔测量及分坑；铁塔坑机械挖方及回填；基础钢筋加工及制作；基础垫层制作，基础混凝土搅拌机浇制；接地槽挖方及回填；杆塔组立；基础保护帽浇制；接地极安装；接地体敷设；绝缘子安装；标志牌安装。

4.30.2　典型方案技术条件

典型方案 A5-1-3 主要技术条件表和设备材料表见表 4-146 和表 4-147。

表 4-146　　典型方案 A5-1-3 主要技术条件表

方案名称	工程主要技术条件	
10kV 单回 18m 直线窄基塔	电压等级	10kV
	工作范围	新建 1 基杆塔
	杆塔类似	单回直线窄基塔
	规格型号	ZJT-Z-18
	地形	100% 平地
	气象条件	覆冰 10mm，最大风速 25m/s
	地质条件	100% 普通土
	基础	现浇墩式基础
	运距	人力 0.3km，汽车 10km

表 4-147　　典型方案 A5-1-3 设备材料表

序号	物料描述	单位	数量	备注
1	铁塔，AC10kV，无，角钢，Q345，无	t	0.93	ZJT-Z-13
	铁塔，AC10kV，无，角钢，Q345，无	t	1.04	ZJT-Z-15
	铁塔，AC10kV，无，角钢，Q345，无	t	1.217	ZJT-Z-18
2	线路柱式瓷绝缘子，R12.5ET125N，160，305，400	只	6	
3	铁构件	t	0.117	接地装置
4	ϕ12 镀锌圆钢	根	1	107kg，120m 接地体
5	ϕ12 镀锌圆钢	根	2	8.9kg，2×5m 引下线
6	-5×50 镀锌扁铁	块	2	1.1kg，连接铁
7	标志牌	块	1.5	杆号牌 1 块，相序牌 0.5 块
8	基础 C25	m^3	7.888	

续表

序号	物料描述	单位	数量	备注
9	基础垫层 C15	m^3	1.024	
10	基础保护帽 C15	m^3	0.44	
11	基础钢筋	kg	284.41	

4.30.3　典型方案概算书

典型方案 A5-1-3 概算书包括总概算汇总表、安装工程专业汇总表与其他费用概算表，见表 4-148 ~ 表4-150。

表 4-148　　典型方案 A5-1-3 总概算汇总表　　金额单位：元

序号	工程或费用名称	建筑工程费	设备购置费	安装工程费	其他费用	基本预备费	合计	各项占静态投资比例（%）	单位投资
一	配电站、开关站工程								
二	充电站、换电站工程								
三	架空线路工程			27615			27615	83.12	
四	电缆线路工程								
五	通信站工程								
六	通信线路工程								
	小计			27615			27615	83.12	
七	其他费用				5279		5279	15.89	
（一）	建设场地征用及清理费								

续表

序号	工程或费用名称	建筑工程费	设备购置费	安装工程费	其他费用	基本预备费	合计	各项占静态投资比例（%）	单位投资
（二）	项目建设管理费				1045		1045	3.15	
（三）	项目建设技术服务费				4096		4096	12.33	
（四）	生产准备费				138		138	0.42	
八	基本预备费					329	329	0.99	
九	特殊项目费								
	工程静态投资			27615	5279	329	33222	100	
	各项占静态投资的比例（%）			83	16	1	100		
十	工程动态费用								
（一）	价差预备费								
（二）	建设期贷款利息								
	工程动态投资			27615	5279	329	33222		
	各项占动态投资的比例（%）			83	16	1	100		
	生产期可抵扣增值税								

表 4-149　　典型方案 A5-1-3 安装工程专业汇总表　　金额单位：元

序号	工程名称	设备购置费	安装工程费			合计	技术经济指标		
			金额	其中			单位	数量	指标
				未计价材料费	人工费				
	安装工程		27615	16242	3434	27615			
X	架空线路工程		27615	16242	3434	27615			
一	架空线路本体工程		27615	16242	3434	27615	元 / km		
2	杆塔工程		27615	16242	3434	27615			
	合计		27615	16242	3434	27615			

表 4-150　　典型方案 A5-1-3 其他费用概算表　　金额单位：元

序号	工程或费用项目名称	编制依据及计算说明	合价
2	项目建设管理费		1045
2.1	项目管理经费		337
2.1.1	非电缆工程项目管理经费	［建筑工程费 + 安装工程费 -（电缆建筑工程费 + 电缆安装工程费）］× 1.22%	337
2.2	招标费	（建筑工程费 + 安装工程费 + 设备购置费）× 0.32%	88
2.3	工程监理费	（1）高海拔地区、严寒地区、酷热地区按照本规定乘以 1.1 系数。 （2）如需开展环境监理和水土保持监理时，按照本规定乘以 1.1 系数	620
2.3.1	非电缆工程监理费	［建筑工程费 + 安装工程费 -（电缆建筑工程费 + 电缆安装工程费）］× 2.244%	620
3	项目建设技术服务费		4096
3.1	项目前期工作费		632
3.1.1	非电缆工程项目前期工作费	［建筑工程费 + 安装工程费 -（电缆建筑工程费 + 电缆安装工程费）］× 2.29%	632
3.2	勘察设计费		2493
3.2.2	设计费		2493

续表

序号	工程或费用项目名称	编制依据及计算说明	合价
3.2.2.1	基本设计费	基本设计费 ×100% 基本设计费低于 1000 元的，按 1000 元计列	2113
3.2.2.2	其他设计费		380
3.2.2.2.1	施工图预算编制费	基本设计费 ×10%	211
3.2.2.2.2	竣工图文件编制费	基本设计费 ×8%	169
3.3	设计文件评审费		101
3.3.1	初步设计文件评审费	基本设计费 ×2.2%	46
3.3.2	施工图文件评审费	基本设计费 ×2.6% 其中，施工图预算文件评审费用为施工图文件评审费的 30%	55
3.4	施工过程造价咨询及竣工结算审核费	施工过程造价咨询及竣工结算审核费 ×100% （1）电缆线路工程费率为 1.02%；若电缆线路工程中建筑工程采用电缆沟、电缆隧道时，电缆线路工程费率乘以 0.8 系数。 （2）若只开展竣工结算审核时，其费用按以上规定的 75% 计取。 （3）该项费用低于 800 元时，按照 800 元计列	800
3.5	工程建设检测费		41
3.5.1	工程质量检测费		41
3.5.1.1	非电缆工程工程质量检测费	［建筑工程费 + 安装工程费 –（电缆建筑工程费 + 电缆安装工程费）］×0.15%	41
3.6	技术经济标准编制费	（建筑工程费 + 安装工程费）×0.1%	28
4	生产准备费		138
4.1	非电缆工程生产准备费	［建筑工程费 + 安装工程费 –（电缆建筑工程费 + 电缆安装工程费）］×0.5%	138
	合计	（建设场地征用及清理费 + 项目建设管理费 + 项目建设技术服务费 + 生产准备费）×100%	5279

4.31　A5-2-1 窄基塔（双回直线窄基塔 13m 墩式基础垂直）

4.31.1　典型方案主要内容

本典型方案为新建 1 基 10kV 双回直线窄基塔 ZJT-SZ。内容包括：材料运输；新建杆塔测量及分坑；铁塔坑机械挖方及回填；基础钢筋加工及制作；基础垫层制作，基础混凝土搅拌机浇制；接地槽挖方及回填；杆塔组立；基础保护帽浇制；接地极安装；接地体敷设；绝缘子安装；标志牌安装。

4.31.2　典型方案技术条件

典型方案 A5-2-1 主要技术条件表和设备材料表见表 4-151 和表 4-152。

表 4-151　　典型方案 A5-2-1 主要技术条件表

方案名称	工程主要技术条件	
10kV 双回 13m 直线窄基塔	电压等级	10kV
	工作范围	新建 1 基杆塔
	杆塔类似	双回直线窄基塔
	规格型号	ZJT-SZ
	地形	100% 平地
	气象条件	覆冰 10mm，最大风速 25m/s
	地质条件	100% 普通土
	基础	现浇墩式基础
	运距	人力 0.3km，汽车 10km

表 4-152　　典型方案 A5-2-1 设备材料表

序号	物料描述	单位	数量	备注
1	铁塔，AC10kV，无，角钢，Q345，无	t	1.299	ZJT-SZ-13
	铁塔，AC10kV，无，角钢，Q345，无	t	1.407	ZJT-SZ-15
	铁塔，AC10kV，无，角钢，Q345，无	t	1.62	ZJT-SZ-18
2	线路柱式瓷绝缘子，R12.5ET125N，160，305，400	只	12	
3	铁构件	t	0.117	接地装置
4	ϕ12 镀锌圆钢	根	1	107kg，120m 接地体
5	ϕ12 镀锌圆钢	根	2	8.9kg，2×5m 引下线

续表

序号	物料描述	单位	数量	备注
6	–5×50 镀锌扁铁	块	2	1.1kg，连接铁
7	标志牌	块	3	杆号牌 2 块，相序牌 1 块
8	基础 C25	m^3	8.316	
9	基础垫层 C15	m^3	1.024	
10	基础保护帽 C15	m^3	0.44	
11	基础钢筋	kg	473.96	

4.31.3 典型方案概算书

典型方案 A5–2–1 概算书包括总概算汇总表、安装工程专业汇总表与其他费用概算表，见表 4–153 ~ 表 4–155。

表 4–153 典型方案 A5–2–1 总概算汇总表 金额单位：元

序号	工程或费用名称	建筑工程费	设备购置费	安装工程费	其他费用	基本预备费	合计	各项占静态投资比例（%）	单位投资
一	配电站、开关站工程								
二	充电站、换电站工程								
三	架空线路工程			30431			30431	83.31	
四	电缆线路工程								
五	通信站工程								
六	通信线路工程								
	小计			30431			30431	83.31	
七	其他费用				5735		5735	15.7	

续表

序号	工程或费用名称	建筑工程费	设备购置费	安装工程费	其他费用	基本预备费	合计	各项占静态投资比例（%）	单位投资
（一）	建设场地征用及清理费								
（二）	项目建设管理费				1152		1152	3.15	
（三）	项目建设技术服务费				4432		4432	12.13	
（四）	生产准备费				152		152	0.42	
八	基本预备费					362	362	0.99	
九	特殊项目费								
	工程静态投资			30431	5735	362	36528	100	
	各项占静态投资的比例（%）			83	16	1	100		
十	工程动态费用								
（一）	价差预备费								
（二）	建设期贷款利息								
	工程动态投资			30431	5735	362	36528		
	各项占动态投资的比例（%）			83	16	1	100		
	生产期可抵扣增值税								

表 4-154　　典型方案 A5-2-1 安装工程专业汇总表　　金额单位：元

序号	工程名称	设备购置费	安装工程费			合计	技术经济指标		
			金额	其中			单位	数量	指标
				未计价材料费	人工费				
	安装工程		30431	18434	3668	30431			
X	架空线路工程		30431	18434	3668	30431			
一	架空线路本体工程		30431	18434	3668	30431	元 / km		
2	杆塔工程		30431	18434	3668	30431			
	合计		30431	18434	3668	30431			

表 4-155　　典型方案 A5-2-1 其他费用概算表　　金额单位：元

序号	工程或费用项目名称	编制依据及计算说明	合价
2	项目建设管理费		1152
2.1	项目管理经费		371
2.1.1	非电缆工程项目管理经费	［建筑工程费 + 安装工程费 –（电缆建筑工程费 + 电缆安装工程费）］×1.22%	371
2.2	招标费	（建筑工程费 + 安装工程费 + 设备购置费）×0.32%	97
2.3	工程监理费	（1）高海拔地区、严寒地区、酷热地区按照本规定乘以 1.1 系数。 （2）如需开展环境监理和水土保持监理时，按照本规定乘以 1.1 系数	683
2.3.1	非电缆工程监理费	［建筑工程费 + 安装工程费 –（电缆建筑工程费 + 电缆安装工程费）］×2.244%	683
3	项目建设技术服务费		4432
3.1	项目前期工作费		697
3.1.1	非电缆工程项目前期工作费	［建筑工程费 + 安装工程费 –（电缆建筑工程费 + 电缆安装工程费）］×2.29%	697
3.2	勘察设计费		2747

续表

序号	工程或费用项目名称	编制依据及计算说明	合价
3.2.2	设计费		2747
3.2.2.1	基本设计费	基本设计费 ×100% 基本设计费低于1000元的，按1000元计列	2328
3.2.2.2	其他设计费		419
3.2.2.2.1	施工图预算编制费	基本设计费 ×10%	233
3.2.2.2.2	竣工图文件编制费	基本设计费 ×8%	186
3.3	设计文件评审费		112
3.3.1	初步设计文件评审费	基本设计费 ×2.2%	51
3.3.2	施工图文件评审费	基本设计费 ×2.6% 其中，施工图预算文件评审费用为施工图文件评审费的30%	61
3.4	施工过程造价咨询及竣工结算审核费	施工过程造价咨询及竣工结算审核费 ×100% （1）电缆线路工程费率为1.02%；若电缆线路工程中建筑工程采用电缆沟、电缆隧道时，电缆线路工程费率乘以0.8系数。 （2）若只开展竣工结算审核时，其费用按以上规定的75%计取。 （3）该项费用低于800元时，按照800元计列	800
3.5	工程建设检测费		46
3.5.1	工程质量检测费		46
3.5.1.1	非电缆工程工程质量检测费	［建筑工程费 + 安装工程费 −（电缆建筑工程费 + 电缆安装工程费）］×0.15%	46
3.6	技术经济标准编制费	（建筑工程费 + 安装工程费）×0.1%	30
4	生产准备费		152
4.1	非电缆工程生产准备费	［建筑工程费 + 安装工程费 −（电缆建筑工程费 + 电缆安装工程费）］×0.5%	152
	合计	（建设场地征用及清理费 + 项目建设管理费 + 项目建设技术服务费 + 生产准备费）×100%	5735

4.32　A5-2-2 窄基塔（双回直线窄基塔 15m 墩式基础垂直）

4.32.1　典型方案主要内容

本典型方案为新建 1 基 10kV 双回直线窄基塔 ZJT-SZ。内容包括：材料运输；新建杆塔测量及分坑；铁塔坑机械挖方及回填；基础钢筋加工及制作；基础垫层制作，基础混凝土搅拌机浇制；接地槽挖方及回填；杆塔组立；基础保护帽浇制；接地极安装；接地体敷设；绝缘子安装；标志牌安装。

4.32.2　典型方案技术条件

典型方案 A5-2-2 主要技术条件表和设备材料表见表 4-156 和表 4-157。

表 4-156　　典型方案 A5-2-2 主要技术条件表

方案名称	工程主要技术条件	
10kV 双回 15m 直线窄基塔	电压等级	10kV
	工作范围	新建 1 基杆塔
	杆塔类似	双回直线窄基塔
	规格型号	ZJT-SZ
	地形	100% 平地
	气象条件	覆冰 10mm，最大风速 25m/s
	地质条件	100% 普通土
	基础	现浇墩式基础
	运距	人力 0.3km，汽车 10km

表 4-157　　典型方案 A5-2-2 设备材料表

序号	物料描述	单位	数量	备注
1	铁塔，AC10kV，无，角钢，Q345，无	t	1.299	ZJT-SZ-13
	铁塔，AC10kV，无，角钢，Q345，无	t	1.407	ZJT-SZ-15
	铁塔，AC10kV，无，角钢，Q345，无	t	1.62	ZJT-SZ-18
2	线路柱式瓷绝缘子，R12.5ET125N，160，305，400	只	12	
3	铁构件	t	0.117	接地装置
4	ϕ12 镀锌圆钢	根	1	107kg，120m 接地体
5	ϕ12 镀锌圆钢	根	2	8.9kg，2×5m 引下线

续表

序号	物料描述	单位	数量	备注
6	−5×50 镀锌扁铁	块	2	1.1kg，连接铁
7	标志牌	块	3	杆号牌 2 块，相序牌 1 块
8	基础 C25	m^3	8.964	
9	基础垫层 C15	m^3	1.024	
10	基础保护帽 C15	m^3	0.44	
11	基础钢筋	kg	516.35	

4.32.3　典型方案概算书

典型方案 A5-2-2 概算书包括总概算汇总表、安装工程专业汇总表与其他费用概算表，见表 4-158～表 4-160。

表 4-158　　典型方案 A5-2-2 总概算汇总表　　金额单位：元

序号	工程或费用名称	建筑工程费	设备购置费	安装工程费	其他费用	基本预备费	合计	各项占静态投资比例（%）	单位投资
一	配电站、开关站工程								
二	充电站、换电站工程								
三	架空线路工程			32622			32622	83.43	
四	电缆线路工程								
五	通信站工程								
六	通信线路工程								
	小计			32622			32622	83.43	
七	其他费用				6091		6091	15.58	

续表

序号	工程或费用名称	建筑工程费	设备购置费	安装工程费	其他费用	基本预备费	合计	各项占静态投资比例（%）	单位投资
（一）	建设场地征用及清理费								
（二）	项目建设管理费				1234		1234	3.16	
（三）	项目建设技术服务费				4693		4693	12	
（四）	生产准备费				163		163	0.42	
八	基本预备费					387	387	0.99	
九	特殊项目费								
	工程静态投资			32622	6091	387	39099	100	
	各项占静态投资的比例（%）			83	16	1	100		
十	工程动态费用								
（一）	价差预备费								
（二）	建设期贷款利息								
	工程动态投资			32622	6091	387	39099		
	各项占动态投资的比例（%）			83	16	1	100		
	生产期可抵扣增值税								

表 4-159 典型方案 A5-2-2 安装工程专业汇总表 金额单位：元

序号	工程名称	设备购置费	安装工程费			合计	技术经济指标		
			金额	其中			单位	数量	指标
				未计价材料费	人工费				
	安装工程		32622	19698	3930	32622			
X	架空线路工程		32622	19698	3930	32622			
一	架空线路本体工程		32622	19698	3930	32622	元/km		
2	杆塔工程		32622	19698	3930	32622			
	合计		32622	19698	3930	32622			

表 4-160 典型方案 A5-2-2 其他费用概算表 金额单位：元

序号	工程或费用项目名称	编制依据及计算说明	合价
2	项目建设管理费		1234
2.1	项目管理经费		398
2.1.1	非电缆工程项目管理经费	[建筑工程费+安装工程费-（电缆建筑工程费+电缆安装工程费）]×1.22%	398
2.2	招标费	（建筑工程费+安装工程费+设备购置费）×0.32%	104
2.3	工程监理费	（1）高海拔地区、严寒地区、酷热地区按照本规定乘以 1.1 系数。 （2）如需开展环境监理和水土保持监理时，按照本规定乘以 1.1 系数	732
2.3.1	非电缆工程监理费	[建筑工程费+安装工程费-（电缆建筑工程费+电缆安装工程费）]×2.244%	732
3	项目建设技术服务费		4693
3.1	项目前期工作费		747
3.1.1	非电缆工程项目前期工作费	[建筑工程费+安装工程费-（电缆建筑工程费+电缆安装工程费）]×2.29%	747
3.2	勘察设计费		2945
3.2.2	设计费		2945

续表

序号	工程或费用项目名称	编制依据及计算说明	合价
3.2.2.1	基本设计费	基本设计费 ×100% 基本设计费低于1000元的，按1000元计列	2496
3.2.2.2	其他设计费		449
3.2.2.2.1	施工图预算编制费	基本设计费 ×10%	250
3.2.2.2.2	竣工图文件编制费	基本设计费 ×8%	200
3.3	设计文件评审费		120
3.3.1	初步设计文件评审费	基本设计费 ×2.2%	55
3.3.2	施工图文件评审费	基本设计费 ×2.6% 其中，施工图预算文件评审费用为施工图文件评审费的 30%	65
3.4	施工过程造价咨询及竣工结算审核费	施工过程造价咨询及竣工结算审核费 ×100% （1）电缆线路工程费率为 1.02%；若电缆线路工程中建筑工程采用电缆沟、电缆隧道时，电缆线路工程费率乘以 0.8 系数。 （2）若只开展竣工结算审核时，其费用按以上规定的 75% 计取。 （3）该项费用低于 800 元时，按照 800 元计列	800
3.5	工程建设检测费		49
3.5.1	工程质量检测费		49
3.5.1.1	非电缆工程工程质量检测费	［建筑工程费 + 安装工程费 –（电缆建筑工程费 + 电缆安装工程费）］×0.15%	49
3.6	技术经济标准编制费	（建筑工程费 + 安装工程费）×0.1%	33
4	生产准备费		163
4.1	非电缆工程生产准备费	［建筑工程费 + 安装工程费 –（电缆建筑工程费 + 电缆安装工程费）］×0.5%	163
	合计	（建设场地征用及清理费 + 项目建设管理费 + 项目建设技术服务费 + 生产准备费）×100%	6091

4.33 A5-2-3 窄基塔（双回直线窄基塔18m 墩式基础垂直）

4.33.1 典型方案主要内容

本典型方案为新建 1 基 10kV 双回直线窄基塔 ZJT–SZ。内容包括：材料运输；新建杆塔测量及分坑；铁塔坑机械挖方及回填；基础钢筋加工及制作；基础垫层制作，基础混凝土搅拌机浇制；接地槽挖方及回填；杆塔组立；基础保护帽浇制；接地极安装；接地体敷设；绝缘子安装；标志牌安装。

4.33.2 典型方案技术条件

典型方案 A5–2–3 主要技术条件表和设备材料表见表 4–161 和表 4–162。

表 4–161　　典型方案 A5–2–3 主要技术条件表

方案名称	工程主要技术条件	
10kV 双回 18m 直线窄基塔	电压等级	10kV
	工作范围	新建 1 基杆塔
	杆塔类似	双回直线窄基塔
	规格型号	ZJT–SZ
	地形	100% 平地
	气象条件	覆冰 10mm，最大风速 25m/s
	地质条件	100% 普通土
	基础	现浇墩式基础
	运距	人力 0.3km，汽车 10km

表 4–162　　典型方案 A5–2–3 设备材料表

序号	物料描述	单位	数量	备注
1	铁塔，AC10kV，无，角钢，Q345，无	t	1.299	ZJT–SZ–13
	铁塔，AC10kV，无，角钢，Q345，无	t	1.407	ZJT–SZ–15
	铁塔，AC10kV，无，角钢，Q345，无	t	1.62	ZJT–SZ–18
2	线路柱式瓷绝缘子，R12.5ET125N，160，305，400	只	12	
3	铁构件	t	0.117	接地装置
4	ϕ12 镀锌圆钢	根	1	107kg，120m 接地体
5	ϕ12 镀锌圆钢	根	2	8.9kg，2 × 5m 引下线

续表

序号	物料描述	单位	数量	备注
6	–5 × 50 镀锌扁铁	块	2	1.1kg，连接铁
7	标志牌	块	3	杆号牌 2 块，相序牌 1 块
8	基础 C25	m^3	11.804	
9	基础垫层 C15	m^3	1.296	
10	基础保护帽 C15	m^3	0.44	
11	基础钢筋	kg	624.38	

4.33.3　典型方案概算书

典型方案 A5–2–3 概算书包括总概算汇总表、安装工程专业汇总表与其他费用概算表，见表 4–163 ~ 表 4–165。

表 4–163　　典型方案 A5–2–3 总概算汇总表　　金额单位：元

序号	工程或费用名称	建筑工程费	设备购置费	安装工程费	其他费用	基本预备费	合计	各项占静态投资比例（%）	单位投资
一	配电站、开关站工程								
二	充电站、换电站工程								
三	架空线路工程			38658			38658	83.7	
四	电缆线路工程								
五	通信站工程								
六	通信线路工程								
	小计			38658			38658	83.7	
七	其他费用				7070		7070	15.31	
（一）	建设场地征用及清理费								

续表

序号	工程或费用名称	建筑工程费	设备购置费	安装工程费	其他费用	基本预备费	合计	各项占静态投资比例（%）	单位投资
（二）	项目建设管理费				1463		1463	3.17	
（三）	项目建设技术服务费				5413		5413	11.72	
（四）	生产准备费				193		193	0.42	
八	基本预备费					457	457	0.99	
九	特殊项目费								
	工程静态投资			38658	7070	457	46184	100	
	各项占静态投资的比例（%）			84	15	1	100		
十	工程动态费用								
（一）	价差预备费								
（二）	建设期贷款利息								
	工程动态投资			38658	7070	457	46184		
	各项占动态投资的比例（%）			84	15	1	100		
	生产期可抵扣增值税								

表 4-164　　典型方案 A5-2-3 安装工程专业汇总表　　金额单位：元

序号	工程名称	设备购置费	安装工程费			合计	技术经济指标		
			金额	其中			单位	数量	指标
				未计价材料费	人工费				
	安装工程		38658	23056	4767	38658			

续表

序号	工程名称	设备购置费	安装工程费			合计	技术经济指标		
			金额	其中			单位	数量	指标
				未计价材料费	人工费				
X	架空线路工程		38658	23056	4767	38658			
一	架空线路本体工程		38658	23056	4767	38658	元 / km		
2	杆塔工程		38658	23056	4767	38658			
	合计		38658	23056	4767	38658			

表 4-165　典型方案 A5-2-3 其他费用概算表　金额单位：元

序号	工程或费用项目名称	编制依据及计算说明	合价
2	项目建设管理费		1463
2.1	项目管理经费		472
2.1.1	非电缆工程项目管理经费	[建筑工程费 + 安装工程费 −（电缆建筑工程费 + 电缆安装工程费）] × 1.22%	472
2.2	招标费	（建筑工程费 + 安装工程费 + 设备购置费）× 0.32%	124
2.3	工程监理费	（1）高海拔地区、严寒地区、酷热地区按照本规定乘以 1.1 系数。 （2）如需开展环境监理和水土保持监理时，按照本规定乘以 1.1 系数	867
2.3.1	非电缆工程监理费	[建筑工程费 + 安装工程费 −（电缆建筑工程费 + 电缆安装工程费）] × 2.244%	867
3	项目建设技术服务费		5413
3.1	项目前期工作费		885
3.1.1	非电缆工程项目前期工作费	[建筑工程费 + 安装工程费 −（电缆建筑工程费 + 电缆安装工程费）] × 2.29%	885
3.2	勘察设计费		3490
3.2.2	设计费		3490
3.2.2.1	基本设计费	基本设计费 × 100% 基本设计费低于 1000 元的，按 1000 元计列	2957
3.2.2.2	其他设计费		532

续表

序号	工程或费用项目名称	编制依据及计算说明	合价
3.2.2.2.1	施工图预算编制费	基本设计费 ×10%	296
3.2.2.2.2	竣工图文件编制费	基本设计费 ×8%	237
3.3	设计文件评审费		142
3.3.1	初步设计文件评审费	基本设计费 ×2.2%	65
3.3.2	施工图文件评审费	基本设计费 ×2.6% 其中。施工图预算文件评审费用为施工图文件评审费的 30%	77
3.4	施工过程造价咨询及竣工结算审核费	施工过程造价咨询及竣工结算审核费 ×100% （1）电缆线路工程费率为 1.02%；若电缆线路工程中建筑工程采用电缆沟、电缆隧道时。电缆线路工程费率乘以 0.8 系数。 （2）若只开展竣工结算审核时。其费用按以上规定的 75% 计取。 （3）该项费用低于 800 元时。按照 800 元计列	800
3.5	工程建设检测费		58
3.5.1	工程质量检测费		58
3.5.1.1	非电缆工程工程质量检测费	［建筑工程费 + 安装工程费 –（电缆建筑工程费 + 电缆安装工程费）］×0.15%	58
3.6	技术经济标准编制费	（建筑工程费 + 安装工程费）×0.1%	39
4	生产准备费		193
4.1	非电缆工程生产准备费	［建筑工程费 + 安装工程费 –（电缆建筑工程费 + 电缆安装工程费）］×0.5%	193
	合计	（建设场地征用及清理费 + 项目建设管理费 + 项目建设技术服务费 + 生产准备费）×100%	7070

4.34　A6–1 直线水泥单杆带避雷线（15m 梢径 190 单回路 直线 卡盘、底盘 三角排列）

4.34.1　典型方案主要内容

本典型方案为新建 1 基 10kV 单回直线水泥单杆（带避雷线）Z–M–15A。内容包括：材料运输；新建杆测量及分坑；基础开挖及回填；底盘、卡盘吊装；杆塔组立；横担及绝缘子安装；标志牌安装。

4.34.2 典型方案技术条件

典型方案 A6–1 主要技术条件表和主要工程量表见表 4–166 和表 4–167。

表 4–166　　典型方案 A6–1 主要技术条件表

方案名称	工程主要技术条件	
10kV 单回 15m 直线水泥单杆（带避雷线）	电压等级	10kV
	工作范围	新建 1 基杆塔
	杆塔类似	单回直线水泥单杆（带避雷线）
	规格型号	Z–M–15A
	地形	100% 平地
	气象条件	覆冰 10mm，最大风速 25m/s
	地质条件	100% 普通土
	基础	底盘 1 块、卡盘 2 块
	运距	人力 0.3km，汽车 10km

表 4–167　　典型方案 A6–1 主要工程量表

序号	物料描述	单位	数量	备注
1	锥形水泥杆，非预应力，整根杆，15m，190mm，M	根	1	
2	线路柱式瓷绝缘子，R12.5ET125N，160，305，400	只	3	
3	地线悬垂通用，BX–G–07–3A	套	2	
4	水泥制品，底盘，800×800	块	1	
5	水泥制品，卡盘，300×1200	块	2	
6	铁构件	t	0.179	
7	1.2m 预制横担	对	1	135.0kg/ 对
8	∠ 80×8×2600 角钢横担	根	1	25.8kg/ 根
9	横担 U 型抱箍 U18–210	付	1	1.6kg/ 付
10	直线横担斜撑 ZX–1100	付	1	5.0kg/ 付
11	直线横担斜撑抱箍 ZB–220	付	1	5.0kg/ 付
12	卡盘抱箍 U20–370	付	2	3.3kg/ 付
13	标志牌	块	1.5	杆号牌 1 块，相序牌 0.5 块

4.34.3　典型方案概算书

典型方案 A6-1 概算书包括总概算汇总表、安装工程专业汇总表与其他费用概算表见表 4-168 ~ 表 4-170。

表 4-168　　　　典型方案 A6-1 总概算汇总表　　　　金额单位：元

序号	工程或费用名称	建筑工程费	设备购置费	安装工程费	其他费用	基本预备费	合计	各项占静态投资比例（%）	单位投资
一	配电站、开关站工程								
二	充电站、换电站工程								
三	架空线路工程			9553			9553	79.38	
四	电缆线路工程								
五	通信站工程								
六	通信线路工程								
	小计			9553			9553	79.38	
七	其他费用				2362		2362	19.63	
（一）	建设场地征用及清理费								
（二）	项目建设管理费				361		361	3	
（三）	项目建设技术服务费				1953		1953	16.23	
（四）	生产准备费				48		48	0.4	
八	基本预备费					119	119	0.99	
九	特殊项目费								
	工程静态投资			9553	2362	119	12035	100	
	各项占静态投资的比例（%）			79	20	1	100		

续表

序号	工程或费用名称	建筑工程费	设备购置费	安装工程费	其他费用	基本预备费	合计	各项占静态投资比例（%）	单位投资
十	工程动态费用								
（一）	价差预备费								
（二）	建设期贷款利息								
	工程动态投资			9553	2362	119	12035		
	各项占动态投资的比例（%）			79	20	1	100		
	生产期可抵扣增值税								

表 4-169　　典型方案 A6-1 安装工程专业汇总表

序号	工程名称	设备购置费	安装工程费			合计	技术经济指标		
			金额	其中			单位	数量	指标
				未计价材料费	人工费				
	安装工程		9553	7448	582	9553			
X	架空线路工程		9553	7448	582	9553			
一	架空线路本体工程		9553	7448	582	9553	元 / km		
2	杆塔工程		9553	7448	582	9553			
2.1	杆塔组立		9553	7448	582	9553			
2.1.1	A6-1（Z-M-15B）		9553	7448	582	9553			
	合计		9553	7448	582	9553			

表 4-170　　典型方案 A6-1 其他费用概算表　　金额单位：元

序号	工程或费用项目名称	编制依据及计算说明	合价
2	项目建设管理费		361
2.1	项目管理经费		117
2.1.1	非电缆工程项目管理经费	［建筑工程费＋安装工程费－（电缆建筑工程费＋电缆安装工程费）］×1.22%	117
2.2	招标费	（建筑工程费＋安装工程费＋设备购置费）×0.32%	31
2.3	工程监理费	（1）高海拔地区、严寒地区、酷热地区按照本规定乘以1.1系数。 （2）如需开展环境监理和水土保持监理时，按照本规定乘以1.1系数	214
2.3.1	非电缆工程监理费	［建筑工程费＋安装工程费－（电缆建筑工程费＋电缆安装工程费）］×2.244%	214
3	项目建设技术服务费		1953
3.1	项目前期工作费		219
3.1.1	非电缆工程项目前期工作费	［建筑工程费＋安装工程费－（电缆建筑工程费＋电缆安装工程费）］×2.29%	219
3.2	勘察设计费		862
3.2.2	设计费		862
3.2.2.1	基本设计费	730.82×100% 基本设计费低于1000元的，按1000元计列	731
3.2.2.2	其他设计费		132
3.2.2.2.1	施工图预算编制费	基本设计费 ×10%	73
3.2.2.2.2	竣工图文件编制费	基本设计费 ×8%	58
3.3	设计文件评审费		48
3.3.1	初步设计文件评审费	基本设计费 ×2.2%	22
3.3.2	施工图文件评审费	基本设计费 ×2.6% 其中，施工图预算文件评审费用为施工图文件评审费的30%	26
3.4	施工过程造价咨询及竣工结算审核费	施工过程造价咨询及竣工结算审核费 ×100% （1）电缆线路工程费率为1.02%；若电缆线路工程中建筑工程采用电缆沟、电缆隧道时，电缆线路工程费率乘以0.8系数。 （2）若只开展竣工结算审核时，其费用按以上规定的75%计取。 （3）该项费用低于800元时，按照800元计列	800

续表

序号	工程或费用项目名称	编制依据及计算说明	合价
3.5	工程建设检测费		14
3.5.1	工程质量检测费		14
3.5.1.1	非电缆工程工程质量检测费	［建筑工程费 + 安装工程费 -（电缆建筑工程费 + 电缆安装工程费）］×0.15%	14
3.6	技术经济标准编制费	（建筑工程费 + 安装工程费）×0.1%	10
4	生产准备费		48
4.1	非电缆工程生产准备费	［建筑工程费 + 安装工程费 -（电缆建筑工程费 + 电缆安装工程费）］×0.5%	48
	合计	（建设场地征用及清理费 + 项目建设管理费 + 项目建设技术服务费 + 生产准备费）×100%	2362

4.35 A6-2 拉线耐张转角水泥单杆带避雷线（15m 梢径 190 单回路 转角卡盘、底盘，水平排列）

4.35.1 典型方案主要内容

本典型方案为新建 1 基 10kV 单回拉线单排耐张转角水泥单杆 NJ1B-M-15A。内容包括：材料运输；新建杆测量及分坑；基础开挖及回填；底盘、卡盘、拉盘吊装；杆塔组立；横担及绝缘子安装；拉线制作安装；标志牌安装；跳线制作安装。

4.35.2 典型方案技术条件

典型方案 A6-2 主要技术条件表和主要工程量表见表 4-171 和表 4-172。

表 4-171 典型方案 A6-2 主要技术条件表

方案名称	工程主要技术条件	
10kV 单回 15m 直线水泥单杆（带避雷线）	电压等级	10kV
	工作范围	新建 1 基杆塔
	杆塔类似	单回拉线单排耐张转角水泥单杆
	规格型号	NJ1B-M-15A
	地形	100% 平地
	气象条件	覆冰 10mm，最大风速 25m/s
	地质条件	100% 普通土
	基础	底盘 1 块、卡盘 2 块
	运距	人力 0.3km，汽车 10km

表 4-172 典型方案 A6-2 主要工程量表

序号	物料描述	单位	数量	备注
1	锥形水泥杆，非预应力，整根杆，15m，190mm，M	根	1	
2	交流盘形悬式瓷绝缘子，U70B/146，255，320	片	12	
3	线路柱式瓷绝缘子，R12.5ET125N，160，305，400	只	3	
4	地线耐张通用，BNX-G-07-1C	套	4	
5	联结金具 – 直角挂板，Z-7	只	6	
6	联结金具 – 球头挂环，Q-7	只	6	
7	联结金具 – 碗头挂板，WS-7	只	6	
8	耐张线夹 – 楔型绝缘，NXL-2	付		用于 JKLYJ-10-70 导线
	耐张线夹 – 楔型绝缘，NXL-3	付		用于 JKLYJ-10-150 导线
	耐张线夹 – 楔型绝缘，NXL-4	付	6	用于 JKLYJ-10-240 导线
9	夹接续金具 – 异型并沟线夹，JBL-50-240	付	9	
10	水泥制品，底盘，800 × 800	块	1	
11	水泥制品，卡盘，300 × 1200	块	2	
12	水泥制品，拉盘，600 × 1200	块	3	
13	钢绞线，1 × 7-9.0-1270-B，50，镀锌	根	1	12kg/ 根
14	钢绞线，1 × 19-11.5-1270-B，80，镀锌	根	2	15kg/ 根
15	联结金具 – 延长环，PH-7	只	1	
16	拉线金具 – 锲型线夹，NX-2	付	3	
17	拉线金具 –UT 型线夹，NUT-2	付	1	
18	拉线金具 – 钢线卡子，JK-2	只	12	
19	联结金具 – 延长环，PH-10	只	2	
20	拉线金具 – 锲型线夹，NX-3	付	6	
21	拉线金具 –UT 型线夹，NUT-3	付	2	
22	拉线金具 – 钢线卡子，JK-3	只	24	
23	拉线金具 –U 型挂环，UL-10	付	3	

续表

序号	物料描述	单位	数量	备注
24	拉紧绝缘子，JH10-90	只	3	
25	铁构件	t	0.3126	
26	1.2m 预制横担	对	1	135.0kg/ 对
27	∠ 80 × 8 × 3000 角钢横担	套	1	95.8kg/ 套，双横担
28	耐张横担斜撑 NX-1100	付	4	6.6kg/ 付
29	耐张横担斜撑抱箍 NB-220	付	1	6.6kg/ 付
30	拉线棒 ϕ20 × 2500	根	3	7.4kg/ 根
31	拉线盘拉环 ϕ24	只	3	5.2kg/ 只
32	拉线抱箍 D210，-8 × 80	付	3	8.2kg/ 付
33	卡盘抱箍 U20-370	付	2	3.3kg/ 付
34	标志牌	块	1.5	杆号牌 1 块，相序牌 0.5 块
35	拉线保护筒	根	3	PVC 管，ϕ100，2000mm

4.35.3　典型方案概算书

典型方案 A6-2 概算书包括总概算汇总表、安装工程专业汇总表与其他费用概算表，见表 4-173 ~ 表 4-175。

表 4-173　　典型方案 A6-2 总概算汇总表　　金额单位：元

序号	工程或费用名称	建筑工程费	设备购置费	安装工程费	其他费用	基本预备费	合计	各项占静态投资比例（%）	单位投资
一	配电站、开关站工程								
二	充电站、换电站工程								
三	架空线路工程			16528			16528	81.79	
四	电缆线路工程								

续表

序号	工程或费用名称	建筑工程费	设备购置费	安装工程费	其他费用	基本预备费	合计	各项占静态投资比例（%）	单位投资
五	通信站工程								
六	通信线路工程								
	小计			16528			16528	81.79	
七	其他费用				3481		3481	17.22	
（一）	建设场地征用及清理费								
（二）	项目建设管理费				625		625	3.09	
（三）	项目建设技术服务费				2772		2772	13.72	
（四）	生产准备费				83		83	0.41	
八	基本预备费					200	200	0.99	
九	特殊项目费								
	工程静态投资			16528	3481	200	20208	100	
	各项占静态投资的比例（%）			82	17	1	100		
十	工程动态费用								
（一）	价差预备费								
（二）	建设期贷款利息								

续表

序号	工程或费用名称	建筑工程费	设备购置费	安装工程费	其他费用	基本预备费	合计	各项占静态投资比例（%）	单位投资
	工程动态投资			16528	3481	200	20208		
	各项占动态投资的比例（%）			82	17	1	100		
	生产期可抵扣增值税								

表 4-174　　典型方案 A6-2 安装工程专业汇总表　　金额单位：元

序号	工程名称	设备购置费	安装工程费			合计	技术经济指标		
			金额	其中			单位	数量	指标
				未计价材料费	人工费				
	安装工程		16528	12713	1146	16528			
X	架空线路工程		16528	12713	1146	16528			
一	架空线路本体工程		16528	12713	1146	16528	元 / km		
2	杆塔工程		16528	12713	1146	16528			
2.1	杆塔组立		16528	12713	1146	16528			
2.1.1	A6-2（NJ1B-M-15B）		16528	12713	1146	16528			
	合计		16528	12713	1146	16528			

表 4-175　　典型方案 A6-2 其他费用概算表　　金额单位：元

序号	工程或费用项目名称	编制依据及计算说明	合价
2	项目建设管理费		625
2.1	项目管理经费		202

续表

序号	工程或费用项目名称	编制依据及计算说明	合价
2.1.1	非电缆工程项目管理经费	[建筑工程费 + 安装工程费 -（电缆建筑工程费 + 电缆安装工程费）] ×1.22%	202
2.2	招标费	（建筑工程费 + 安装工程费 + 设备购置费）×0.32%	53
2.3	工程监理费	（1）高海拔地区、严寒地区、酷热地区按照本规定乘以 1.1 系数。 （2）如需开展环境监理和水土保持监理时，按照本规定乘以 1.1 系数	371
2.3.1	非电缆工程监理费	[建筑工程费 + 安装工程费 -（电缆建筑工程费 + 电缆安装工程费）] ×2.244%	371
3	项目建设技术服务费		2772
3.1	项目前期工作费		378
3.1.1	非电缆工程项目前期工作费	[建筑工程费 + 安装工程费 -（电缆建筑工程费 + 电缆安装工程费）] ×2.29%	378
3.2	勘察设计费		1492
3.2.2	设计费		1492
3.2.2.1	基本设计费	基本设计费 ×100% 基本设计费低于 1000 元的，按 1000 元计列	1264
3.2.2.2	其他设计费		228
3.2.2.2.1	施工图预算编制费	基本设计费 ×10%	126
3.2.2.2.2	竣工图文件编制费	基本设计费 ×8%	101
3.3	设计文件评审费		61
3.3.1	初步设计文件评审费	基本设计费 ×2.2%	28
3.3.2	施工图文件评审费	基本设计费 ×2.6% 其中，施工图预算文件评审费用为施工图文件评审费的 30%	33
3.4	施工过程造价咨询及竣工结算审核费	施工过程造价咨询及竣工结算审核费 ×100% （1）电缆线路工程费率为 1.02%；若电缆线路工程中建筑工程采用电缆沟、电缆隧道时，电缆线路工程费率乘以 0.8 系数。 （2）若只开展竣工结算审核时，其费用按以上规定的 75% 计取。 （3）该项费用低于 800 元时，按照 800 元计列	800

续表

序号	工程或费用项目名称	编制依据及计算说明	合价
3.5	工程建设检测费		25
3.5.1	工程质量检测费		25
3.5.1.1	非电缆工程工程质量检测费	［建筑工程费 + 安装工程费 –（电缆建筑工程费 + 电缆安装工程费）］× 0.15%	25
3.6	技术经济标准编制费	（建筑工程费 + 安装工程费）× 0.1%	17
4	生产准备费		83
4.1	非电缆工程生产准备费	［建筑工程费 + 安装工程费 –（电缆建筑工程费 + 电缆安装工程费）］× 0.5%	83
	合计	（建设场地征用及清理费 + 项目建设管理费 + 项目建设技术服务费 + 生产准备费）× 100%	3481

4.36　B1–1 架空绝缘导线（AC10kV，JKLYJ，240 单回）

4.36.1　典型方案主要内容

本典型方案为新建 1km 10kV 单回 240mm^2 绝缘导线。内容包括：含导线、避雷器、调试、建场费、其他费用。

4.36.2　典型方案技术条件

典型方案 B1–1 主要技术条件表和设备材料表见表 4–176 和表 4–177。

表 4–176　　　　典型方案 B1–1 主要技术条件表

方案名称	工程主要技术条件	
10kV 单回 240mm^2 绝缘导线	电压等级	10kV
	工作范围	新建 1km 10kV 单回绝缘导线
	导线型号	AC10kV，JKLYJ，240
	避雷器型号	交流避雷器，AC10kV，13kV，硅橡胶，40kV，带间隙
	地形	100% 平地
	气象条件	覆冰 10mm，最大风速 25m/s
	安全系数	5.0
	建场费	8000 元 /km
	其他费用	

表 4-177 典型方案 B1-1 设备材料表

序号	设备材料名称	单位	数量	备注
1	绝缘导线 AC10kV，JKLYJ，240	m	3150	
2	交流避雷器，AC10kV，13kV，硅橡胶，40kV，带间隙	台	36	0.2km 加装一组带间隙避雷器，一组三台
3	电缆接线端子，铜镀锡，$50mm^2$，单孔	只	24	4 处接地
4	布电线，BV，铜，50，1	m	60	
5	接续金具 - 接地线夹，JDL-50-240	付	12	
6	接地桩 2.5m ∠ 50×50×5	根	4	
7	接地扁铁，4×40，6000mm	根	4	

4.36.3 典型方案概算书

典型方案 B1-1 概算书包括总概算汇总表、安装工程专业汇总表与其他费用概算表，见表 4-178 ~ 表 4-180。

表 4-178 典型方案 B1-1 总概算汇总表 金额单位：元

序号	工程或费用名称	建筑工程费	设备购置费	安装工程费	其他费用	基本预备费	合计	各项占静态投资比例（%）	单位投资
一	配电站、开关站工程								
二	充电站、换电站工程								
三	架空线路工程		2871	86644			89514	84.69	
四	电缆线路工程								
五	通信站工程								
六	通信线路工程								
	小计		2871	86644			89514	84.69	
七	其他费用				15131		15131	14.32	

续表

序号	工程或费用名称	建筑工程费	设备购置费	安装工程费	其他费用	基本预备费	合计	各项占静态投资比例（%）	单位投资
（一）	建设场地征用及清理费								
（二）	项目建设管理费				3288		3288	3.11	
（三）	项目建设技术服务费				11410		11410	10.8	
（四）	生产准备费				433		433	0.41	
八	基本预备费					1046	1046	0.99	
九	特殊项目费								
	工程静态投资		2871	86644	15131	1046	105692	100	
	各项占静态投资的比例（%）		3	82	14	1	100		
十	工程动态费用								
（一）	价差预备费								
（二）	建设期贷款利息								
	工程动态投资		2871	86644	15131	1046	105692		
	各项占动态投资的比例（%）		3	82	14	1	100		
	生产期可抵扣增值税								

表 4-179　　典型方案 B1-1 安装工程专业汇总表　　金额单位：元

序号	工程名称	设备购置费	安装工程费			合计	技术经济指标		
			金额	其中			单位	数量	指标
				未计价材料费	人工费				
	安装工程	2871	86644	69085	5863	89514			
X	架空线路工程	2871	86644	69085	5863	89514			
一	架空线路本体工程	2871	86644	69085	5863	89514	元 / km		
3	架线工程	2871	86644	69085	5863	89514			
3.1	导线架设	2871	86644	69085	5863	89514	元 / km		
3.1.1	B1-1	2871	86644	69085	5863	89514			
	合计	2871	86644	69085	5863	89514			

表 4-180　　典型方案 B1-1 其他费用概算表　　金额单位：元

序号	工程或费用项目名称	编制依据及计算说明	合价
2	项目建设管理费		3288
2.1	项目管理经费		1057
2.1.1	非电缆工程项目管理经费	[建筑工程费 + 安装工程费 -（电缆建筑工程费 + 电缆安装工程费）] ×1.22%	1057
2.2	招标费	（建筑工程费 + 安装工程费 + 设备购置费）×0.32%	286
2.3	工程监理费	（1）高海拔地区、严寒地区、酷热地区按照本规定乘以 1.1 系数。 （2）如需开展环境监理和水土保持监理时，按照本规定乘以 1.1 系数	1944
2.3.1	非电缆工程监理费	[建筑工程费 + 安装工程费 -（电缆建筑工程费 + 电缆安装工程费）] ×2.244%	1944
3	项目建设技术服务费		11410
3.1	项目前期工作费		1984
3.1.1	非电缆工程项目前期工作费	[建筑工程费 + 安装工程费 -（电缆建筑工程费 + 电缆安装工程费）] ×2.29%	1984

续表

序号	工程或费用项目名称	编制依据及计算说明	合价
3.2	勘察设计费		8080
3.2.2	设计费		8080
3.2.2.1	基本设计费	基本设计费 ×100% 基本设计费低于 1000 元的，按 1000 元计列	6848
3.2.2.2	其他设计费		1233
3.2.2.2.1	施工图预算编制费	基本设计费 ×10%	685
3.2.2.2.2	竣工图文件编制费	基本设计费 ×8%	548
3.3	设计文件评审费		329
3.3.1	初步设计文件评审费	基本设计费 ×2.2%	151
3.3.2	施工图文件评审费	基本设计费 ×2.6% 其中，施工图预算文件评审费用为施工图文件评审费的 30%	178
3.4	施工过程造价咨询及竣工结算审核费	施工过程造价咨询及竣工结算审核费 ×100% （1）电缆线路工程费率为 1.02%；若电缆线路工程中建筑工程采用电缆沟、电缆隧道时，电缆线路工程费率乘以 0.8 系数。 （2）若只开展竣工结算审核时，其费用按以上规定的 75% 计取。 （3）该项费用低于 800 元时，按照 800 元计列	800
3.5	工程建设检测费		130
3.5.1	工程质量检测费		130
3.5.1.1	非电缆工程工程质量检测费	［建筑工程费 + 安装工程费 –（电缆建筑工程费 + 电缆安装工程费）］×0.15%	130
3.6	技术经济标准编制费	（建筑工程费 + 安装工程费）×0.1%	87
4	生产准备费		433
4.1	非电缆工程生产准备费	［建筑工程费 + 安装工程费 –（电缆建筑工程费 + 电缆安装工程费）］×0.5%	433
	合计	（建设场地征用及清理费 + 项目建设管理费 + 项目建设技术服务费 + 生产准备费）×100%	15131

4.37　B1-2 架空绝缘导线（AC10kV，JKLYJ，240 双回）

4.37.1　典型方案主要内容

本典型方案为新建 1km 10kV 双回 240mm² 绝缘导线。内容包括：含导线、避雷器、调试、建场费、其他费用。

4.37.2　典型方案技术条件

典型方案 B1-2 主要技术条件表和设备材料表见表 4-181 和表 4-182。

表 4-181　　典型方案 B1-2 主要技术条件表

方案名称	工程主要技术条件	
10kV 双回 240mm² 绝缘导线	电压等级	10kV
	工作范围	新建 1km 10kV 双回绝缘导线
	导线型号	AC10kV，JKLYJ，240
	避雷器型号	交流避雷器，AC10kV，13kV，硅橡胶，40kV，带间隙
	地形	100% 平地
	气象条件	覆冰 10mm，最大风速 25m/s
	安全系数	5.0
	建场费	8000 元 /km
	其他费用	

表 4-182　　典型方案 B1-2 设备材料表

序号	设备材料名称	单位	数量	备注
1	绝缘导线 AC10kV，JKLYJ，240	m	6300	
2	交流避雷器，AC10kV，13kV，硅橡胶，40kV，带间隙	台	72	0.2km 加装一组带间隙避雷器，一组三台
3	电缆接线端子，铜镀锡，50mm²，单孔	只	48	4 处接地
4	布电线，BV，铜，50，1	m	120	
5	接续金具 – 接地线夹，JDL-50-240	付	24	
6	接地桩 2.5m ∠ 50×50×5	根	8	
7	接地扁铁，4×40，6000mm	根	8	

4.37.3　典型方案概算书

典型方案 B1-2 概算书包括总概算汇总表、安装工程专业汇总表与其他费用概算表，见表 4-183 ~ 表 4-185。

表 4-183　　典型方案 B1-2 总概算汇总表　　金额单位：元

序号	工程或费用名称	建筑工程费	设备购置费	安装工程费	其他费用	基本预备费	合计	各项占静态投资比例（%）	单位投资
一	配电站、开关站工程								
二	充电站、换电站工程								
三	架空线路工程		5742	172497			178239	85.21	
四	电缆线路工程								
五	通信站工程								
六	通信线路工程								
	小计		5742	172497			178239	85.21	
七	其他费用				28866		28866	13.8	
（一）	建设场地征用及清理费								
（二）	项目建设管理费				6546		6546	3.13	
（三）	项目建设技术服务费				21458		21458	10.26	
（四）	生产准备费				862		862	0.41	
八	基本预备费					2071	2071	0.99	

续表

序号	工程或费用名称	建筑工程费	设备购置费	安装工程费	其他费用	基本预备费	合计	各项占静态投资比例（%）	单位投资
九	特殊项目费								
	工程静态投资		5742	172497	28866	2071	209176	100	
	各项占静态投资的比例（%）		3	82	14	1	100		
十	工程动态费用								
（一）	价差预备费								
（二）	建设期贷款利息								
	工程动态投资		5742	172497	28866	2071	209176		
	各项占动态投资的比例（%）		3	82	14	1	100		
	生产期可抵扣增值税								

表 4-184 典型方案 B1-2 安装工程专业汇总表

序号	工程名称	设备购置费	安装工程费			合计	技术经济指标		
			金额	其中			单位	数量	指标
				未计价材料费	人工费				
	安装工程	5742	172497	137707	11639	178239			
X	架空线路工程	5742	172497	137707	11639	178239			
一	架空线路本体工程	5742	172497	137707	11639	178239	元 / km		

续表

序号	工程名称	设备购置费	安装工程费			合计	技术经济指标		
			金额	其中			单位	数量	指标
				未计价材料费	人工费				
3	架线工程	5742	172497	137707	11639	178239			
3.1	导线架设	5742	172497	137707	11639	178239	元/km		
3.1.1	B1–2	5742	172497	137707	11639	178239			
	合计	5742	172497	137707	11639	178239			

表 4–185　典型方案 B1–2 其他费用概算表　金额单位：元

序号	工程或费用项目名称	编制依据及计算说明	合价
2	项目建设管理费		6546
2.1	项目管理经费		2104
2.1.1	非电缆工程项目管理经费	［建筑工程费 + 安装工程费 –（电缆建筑工程费 + 电缆安装工程费）］×1.22%	2104
2.2	招标费	（建筑工程费 + 安装工程费 + 设备购置费）×0.32%	570
2.3	工程监理费	（1）高海拔地区、严寒地区、酷热地区按照本规定乘以 1.1 系数。 （2）如需开展环境监理和水土保持监理时，按照本规定乘以 1.1 系数	3871
2.3.1	非电缆工程监理费	［建筑工程费 + 安装工程费 –（电缆建筑工程费 + 电缆安装工程费）］×2.244%	3871
3	项目建设技术服务费		21458
3.1	项目前期工作费		3950
3.1.1	非电缆工程项目前期工作费	［建筑工程费 + 安装工程费 –（电缆建筑工程费 + 电缆安装工程费）］×2.29%	3950
3.2	勘察设计费		15564
3.2.2	设计费		15564
3.2.2.1	基本设计费	基本设计费 ×100% 基本设计费低于 1000 元的，按 1000 元计列	13190

续表

序号	工程或费用项目名称	编制依据及计算说明	合价
3.2.2.2	其他设计费		2374
3.2.2.2.1	施工图预算编制费	基本设计费 ×10%	1319
3.2.2.2.2	竣工图文件编制费	基本设计费 ×8%	1055
3.3	设计文件评审费		633
3.3.1	初步设计文件评审费	基本设计费 ×2.2%	290
3.3.2	施工图文件评审费	基本设计费 ×2.6% 其中，施工图预算文件评审费用为施工图文件评审费的 30%	343
3.4	施工过程造价咨询及竣工结算审核费	施工过程造价咨询及竣工结算审核费 ×100% （1）电缆线路工程费率为 1.02%；若电缆线路工程中建筑工程采用电缆沟、电缆隧道时，电缆线路工程费率乘以 0.8 系数。 （2）若只开展竣工结算审核时，其费用按以上规定的 75% 计取。 （3）该项费用低于 800 元时，按照 800 元计列	880
3.5	工程建设检测费		259
3.5.1	工程质量检测费		259
3.5.1.1	非电缆工程工程质量检测费	［建筑工程费 + 安装工程费 –（电缆建筑工程费 + 电缆安装工程费）］×0.15%	259
3.6	技术经济标准编制费	（建筑工程费 + 安装工程费）×0.1%	172
4	生产准备费		862
4.1	非电缆工程生产准备费	［建筑工程费 + 安装工程费 –（电缆建筑工程费 + 电缆安装工程费）］×0.5%	862
	合计	（建设场地征用及清理费 + 项目建设管理费 + 项目建设技术服务费 + 生产准备费）×100%	28866

4.38　B1-3 架空绝缘导线（AC10kV，JKLYJ，240 三回）

4.38.1　典型方案主要内容

本典型方案为新建 1km 10kV 三回 240mm² 绝缘导线。内容包括：含导线、避雷器、调试、建场费（8000 元 /km）、其他费用。

4.38.2　典型方案技术条件

典型方案 B1–3 主要技术条件表和设备材料表见表 4–186 ~ 表 4–187。

表 4–186　　典型方案 B1–3 主要技术条件表

方案名称	工程主要技术条件	
10kV 三回 240mm² 绝缘导线	电压等级	10kV
	工作范围	新建 1km 10kV 三回绝缘导线
	导线型号	AC10kV，JKLYJ，240
	避雷器型号	交流避雷器，AC10kV，13kV，硅橡胶，40kV，带间隙
	地形	100% 平地
	气象条件	覆冰 10mm，最大风速 25m/s
	安全系数	5.0
	建场费	8000 元 /km
	其他费用	

表 4–187　　典型方案 B1–3 设备材料表

序号	设备材料名称	单位	数量	备注
1	绝缘导线 AC10kV，JKLYJ，240	m	9450	
2	交流避雷器，AC10kV，13kV，硅橡胶，40kV，带间隙	台	108	0.2km 加装一组带间隙避雷器，一组三台
3	电缆接线端子，铜镀锡，50mm²，单孔	只	72	4 处接地
4	布电线，BV，铜，50，1	m	180	
5	接续金具 – 接地线夹，JDL–50–240	付	36	
6	接地桩 2.5m ∠ 50 × 50 × 5	根	12	
7	接地扁铁，4 × 40，6000mm	根	12	

4.38.3　典型方案概算书

典型方案 B1–3 概算书包括总概算汇总表、安装工程专业汇总表与其他费用概算表，见表 4–188 ~ 表4–190。

表 4-188 典型方案 B1-3 总概算汇总表 金额单位：元

序号	工程或费用名称	建筑工程费	设备购置费	安装工程费	其他费用	基本预备费	合计	各项占静态投资比例（%）	单位投资
一	配电站、开关站工程								
二	充电站、换电站工程								
三	架空线路工程		8612	259927			268539	85.47	
四	电缆线路工程								
五	通信站工程								
六	通信线路工程								
	小计		8612	259927			268539	85.47	
七	其他费用				42537		42537	13.54	
（一）	建设场地征用及清理费								
（二）	项目建设管理费				9863		9863	3.14	
（三）	项目建设技术服务费				31374		31374	9.99	
（四）	生产准备费				1300		1300	0.41	
八	基本预备费					3111	3111	0.99	
九	特殊项目费								
	工程静态投资		8612	259927	42537	3111	314187	100	

续表

序号	工程或费用名称	建筑工程费	设备购置费	安装工程费	其他费用	基本预备费	合计	各项占静态投资比例（%）	单位投资
	各项占静态投资的比例（%）		3	83	14	1	100		
十	工程动态费用								
（一）	价差预备费								
（二）	建设期贷款利息								
	工程动态投资		8612	259927	42537	3111	314187		
	各项占动态投资的比例（%）		3	83	14	1	100		
	生产期可抵扣增值税								

表 4-189　　典型方案 B1-3 安装工程专业汇总表　　金额单位：元

序号	工程名称	设备购置费	安装工程费			合计	技术经济指标		
			金额	其中			单位	数量	指标
				未计价材料费	人工费				
	安装工程	8612	259927	207254	17589	268539			
X	架空线路工程	8612	259927	207254	17589	268539			
一	架空线路本体工程	8612	259927	207254	17589	268539	元 / km		
3	架线工程	8612	259927	207254	17589	268539			
3.1	导线架设	8612	259927	207254	17589	268539	元 / km		

续表

序号	工程名称	设备购置费	安装工程费			合计	技术经济指标		
			金额	其中			单位	数量	指标
				未计价材料费	人工费				
3.1.1	B1-3	8612	259927	207254	17589	268539			
	合计	8612	259927	207254	17589	268539			

表 4-190　典型方案 B1-3 其他费用概算表　金额单位：元

序号	工程或费用项目名称	编制依据及计算说明	合价
2	项目建设管理费		9863
2.1	项目管理经费		3171
2.1.1	非电缆工程项目管理经费	［建筑工程费 + 安装工程费 -（电缆建筑工程费 + 电缆安装工程费）］×1.22%	3171
2.2	招标费	（建筑工程费 + 安装工程费 + 设备购置费）×0.32%	859
2.3	工程监理费	（1）高海拔地区、严寒地区、酷热地区按照本规定乘以 1.1 系数。 （2）如需开展环境监理和水土保持监理时，按照本规定乘以 1.1 系数	5833
2.3.1	非电缆工程监理费	［建筑工程费 + 安装工程费 -（电缆建筑工程费 + 电缆安装工程费）］×2.244%	5833
3	项目建设技术服务费		31374
3.1	项目前期工作费		5952
3.1.1	非电缆工程项目前期工作费	［建筑工程费 + 安装工程费 -（电缆建筑工程费 + 电缆安装工程费）］×2.29%	5952
3.2	勘察设计费		22530
3.2.2	设计费		22530
3.2.2.1	基本设计费	基本设计费 ×100% 基本设计费低于 1000 元的，按 1000 元计列	19093
3.2.2.2	其他设计费		3437

续表

序号	工程或费用项目名称	编制依据及计算说明	合价
3.2.2.2.1	施工图预算编制费	基本设计费 ×10%	1909
3.2.2.2.2	竣工图文件编制费	基本设计费 ×8%	1527
3.3	设计文件评审费		916
3.3.1	初步设计文件评审费	基本设计费 ×2.2%	420
3.3.2	施工图文件评审费	基本设计费 ×2.6% 其中，施工图预算文件评审费用为施工图文件评审费的 30%	496
3.4	施工过程造价咨询及竣工结算审核费	施工过程造价咨询及竣工结算审核费 ×100% （1）电缆线路工程费率为 1.02%；若电缆线路工程中建筑工程采用电缆沟、电缆隧道时，电缆线路工程费率乘以 0.8 系数。 （2）若只开展竣工结算审核时，其费用按以上规定的 75% 计取。 （3）该项费用低于 800 元时，按照 800 元计列	1326
3.5	工程建设检测费		390
3.5.1	工程质量检测费		390
3.5.1.1	非电缆工程工程质量检测费	[建筑工程费 + 安装工程费 –（电缆建筑工程费 + 电缆安装工程费）] ×0.15%	390
3.6	技术经济标准编制费	（建筑工程费 + 安装工程费）×0.1%	260
4	生产准备费		1300
4.1	非电缆工程生产准备费	[建筑工程费 + 安装工程费 –（电缆建筑工程费 + 电缆安装工程费）] ×0.5%	1300
	合计	（建设场地征用及清理费 + 项目建设管理费 + 项目建设技术服务费 + 生产准备费）×100%	42537

4.39　B1-4 架空绝缘导线（AC10kV，JKLYJ，240 四回）

4.39.1　典型方案主要内容

本典型方案为新建 1km 10kV 四回 240mm^2 绝缘导线。内容包括：含导线、避雷器、调试、建场费、其他费用。

4.39.2 典型方案技术条件

典型方案 B1–4 主要技术条件表和设备材料表见表 4–191和表 4–192。

表 4–191 典型方案 B1–4 主要技术条件表

方案名称	工程主要技术条件	
10kV 四回 $240mm^2$ 绝缘导线	电压等级	10kV
	工作范围	新建 1km 10kV 四回绝缘导线
	导线型号	AC10kV，JKLYJ，240
	避雷器型号	交流避雷器，AC10kV，13kV，硅橡胶，40kV，带间隙
	地形	100% 平地
	气象条件	覆冰 10mm，最大风速 25m/s
	安全系数	5.0
	建场费	8000 元 /km
	其他费用	

表 4–192 典型方案 B1–4 设备材料表

序号	设备材料名称	单位	数量	备注
1	绝缘导线 AC10kV，JKLYJ，240	m	12600	
2	交流避雷器，AC10kV，13kV，硅橡胶，40kV，带间隙	台	144	0.2km 加装一组带间隙避雷器，一组三台
3	电缆接线端子，铜镀锡，$50mm^2$，单孔	只	96	4 处接地
4	布电线，BV，铜，50，1	m	240	
5	接续金具 – 接地线夹，JDL–50–240	付	48	
6	接地桩 2.5m ∠ 50 × 50 × 5	根	16	
7	接地扁铁，4 × 40，6000mm	根	16	

4.39.3 典型方案概算书

典型方案 B1–4 概算书包括总概算汇总表、安装工程专业汇总表与其他费用概算表，见表 4–193 ~ 表 4–195。

表 4-193　　典型方案 B1-4 总概算汇总表　　金额单位：元

序号	工程或费用名称	建筑工程费	设备购置费	安装工程费	其他费用	基本预备费	合计	各项占静态投资比例（%）	单位投资
一	配电站、开关站工程								
二	充电站、换电站工程								
三	架空线路工程		11483	346570			358053	85.73	
四	电缆线路工程								
五	通信站工程								
六	通信线路工程								
	小计		11483	346570			358053	85.73	
七	其他费用				55441		55441	13.28	
（一）	建设场地征用及清理费								
（二）	项目建设管理费				13151		13151	3.15	
（三）	项目建设技术服务费				40557		40557	9.71	
（四）	生产准备费				1733		1733	0.41	
八	基本预备费					4135	4135	0.99	
九	特殊项目费								
	工程静态投资		11483	346570	55441	4135	417629	100	

续表

序号	工程或费用名称	建筑工程费	设备购置费	安装工程费	其他费用	基本预备费	合计	各项占静态投资比例（%）	单位投资
	各项占静态投资的比例（%）		3	83	13	1	100		
十	工程动态费用								
（一）	价差预备费								
（二）	建设期贷款利息								
	工程动态投资		11483	346570	55441	4135	417629		
	各项占动态投资的比例（%）		3	83	13	1	100		
	生产期可抵扣增值税								

表 4-194　　典型方案 B1-4 安装工程专业汇总表　　金额单位：元

序号	工程名称	设备购置费	安装工程费			合计	技术经济指标		
			金额	其中			单位	数量	指标
				未计价材料费	人工费				
	安装工程	11483	346570	276339	23452	358053			
X	架空线路工程	11483	346570	276339	23452	358053			
一	架空线路本体工程	11483	346570	276339	23452	358053	元 / km		
3	架线工程	11483	346570	276339	23452	358053			
3.1	导线架设	11483	346570	276339	23452	358053	元 / km		
3.1.1	B1-4	11483	346570	276339	23452	358053			
	合计	11483	346570	276339	23452	358053			

表 4-195　　典型方案 B1-4 其他费用概算表　　金额单位：元

序号	工程或费用项目名称	编制依据及计算说明	合价
2	项目建设管理费		13151
2.1	项目管理经费		4228
2.1.1	非电缆工程项目管理经费	［建筑工程费＋安装工程费－（电缆建筑工程费＋电缆安装工程费）］×1.22%	4228
2.2	招标费	（建筑工程费＋安装工程费＋设备购置费）×0.32%	1146
2.3	工程监理费	（1）高海拔地区、严寒地区、酷热地区按照本规定乘以 1.1 系数。 （2）如需开展环境监理和水土保持监理时，按照本规定乘以 1.1 系数	7777
2.3.1	非电缆工程监理费	［建筑工程费＋安装工程费－（电缆建筑工程费＋电缆安装工程费）］×2.244%	7777
3	项目建设技术服务费		40557
3.1	项目前期工作费		7936
3.1.1	非电缆工程项目前期工作费	［建筑工程费＋安装工程费－（电缆建筑工程费＋电缆安装工程费）］×2.29%	7936
3.2	勘察设计费		28815
3.2.2	设计费		28815
3.2.2.1	基本设计费	基本设计费 ×100% 基本设计费低于 1000 元的，按 1000 元计列	24419
3.2.2.2	其他设计费		4395
3.2.2.2.1	施工图预算编制费	基本设计费 ×10%	2442
3.2.2.2.2	竣工图文件编制费	基本设计费 ×8%	1954
3.3	设计文件评审费		1172
3.3.1	初步设计文件评审费	基本设计费 ×2.2%	537
3.3.2	施工图文件评审费	基本设计费 ×2.6% 其中，施工图预算文件评审费用为施工图文件评审费的 30%	635
3.4	施工过程造价咨询及竣工结算审核费	施工过程造价咨询及竣工结算审核费 ×100% （1）电缆线路工程费率为 1.02%；若电缆线路工程中建筑工程采用电缆沟、电缆隧道时，电缆线路工程费率乘以 0.8 系数。 （2）若只开展竣工结算审核时，其费用按以上规定的 75% 计取。 （3）该项费用低于 800 元时，按照 800 元计列	1768

续表

序号	工程或费用项目名称	编制依据及计算说明	合价
3.5	工程建设检测费		520
3.5.1	工程质量检测费		520
3.5.1.1	非电缆工程工程质量检测费	［建筑工程费＋安装工程费－（电缆建筑工程费＋电缆安装工程费）］×0.15%	520
3.6	技术经济标准编制费	（建筑工程费＋安装工程费）×0.1%	347
4	生产准备费		1733
4.1	非电缆工程生产准备费	［建筑工程费＋安装工程费－（电缆建筑工程费＋电缆安装工程费）］×0.5%	1733
	合计	（建设场地征用及清理费＋项目建设管理费＋项目建设技术服务费＋生产准备费）×100%	55441

4.40　B2-1 架空绝缘导线（AC10kV，JKLYJ，150 单回）

4.40.1　典型方案主要内容

本典型方案为新建 1km 10kV 单回 150mm^2 绝缘导线。内容包括：含导线、避雷器、调试、建场费、其他费用。

4.40.2　典型方案技术条件

典型方案 B2-1 主要技术条件表和设备材料表见表 4-196 和表 4-197。

表 4-196　　　　典型方案 B2-1 主要技术条件表

方案名称	工程主要技术条件	
10kV 单回 150mm^2 绝缘导线	电压等级	10kV
	工作范围	新建 1km 10kV 单回绝缘导线
	导线型号	AC10kV，JKLYJ，150
	避雷器型号	交流避雷器，AC10kV，13kV，硅橡胶，40kV，带间隙
	地形	100% 平地
	气象条件	覆冰 10mm，最大风速 25m/s
	安全系数	5.0
	建场费	8000 元 /km
	其他费用	

表 4-197　　典型方案 B2-1 设备材料表

序号	设备材料名称	单位	数量	备注
1	绝缘导线 AC10kV，JKLYJ，150	m	3150	
2	交流避雷器，AC10kV，13kV，硅橡胶，40kV，带间隙	台	36	0.2km 加装一组带间隙避雷器，一组三台
3	电缆接线端子，铜镀锡，$50mm^2$，单孔	只	24	4 处接地
4	布电线，BV，铜，50，1	m	60	
5	接续金具－接地线夹，JDL–50–240	付	12	
6	接地桩 2.5m ∠ 50×50×5	根	4	
7	接地扁铁，4×40，6000mm	根	4	

4.40.3　典型方案概算书

典型方案 B2–1 概算书包括总概算汇总表、安装工程专业汇总表与其他费用概算表，见表 4–198～表 4–200。

表 4-198　　典型方案 B2-1 总概算汇总表　　金额单位：元

序号	工程或费用名称	建筑工程费	设备购置费	安装工程费	其他费用	基本预备费	合计	各项占静态投资比例（%）	单位投资
一	配电站、开关站工程								
二	充电站、换电站工程								
三	架空线路工程		2871	61885			64755	84.5	
四	电缆线路工程								
五	通信站工程								
六	通信线路工程								
	小计		2871	61885			64755	84.5	
七	其他费用				11115		11115	14.51	
（一）	建设场地征用及清理费								

续表

序号	工程或费用名称	建筑工程费	设备购置费	安装工程费	其他费用	基本预备费	合计	各项占静态投资比例（%）	单位投资
（二）	项目建设管理费				2351		2351	3.07	
（三）	项目建设技术服务费				8455		8455	11.03	
（四）	生产准备费				309		309	0.4	
八	基本预备费					759	759	0.99	
九	特殊项目费								
	工程静态投资		2871	61885	11115	759	76629	100	
	各项占静态投资的比例（%）		4	81	15	1	100		
十	工程动态费用								
（一）	价差预备费								
（二）	建设期贷款利息								
	工程动态投资		2871	61885	11115	759	76629		
	各项占动态投资的比例（%）		4	81	15	1	100		
	生产期可抵扣增值税								

表 4-199　　典型方案 B2-1 安装工程专业汇总表　　金额单位：元

序号	工程名称	设备购置费	安装工程费			合计	技术经济指标		
			金额	其中			单位	数量	指标
				未计价材料费	人工费				
	安装工程	2871	61885	47084	4768	64755			

续表

序号	工程名称	设备购置费	安装工程费			合计	技术经济指标		
			金额	其中			单位	数量	指标
				未计价材料费	人工费				
X	架空线路工程	2871	61885	47084	4768	64755			
一	架空线路本体工程	2871	61885	47084	4768	64755	元 / km		
3	架线工程	2871	61885	47084	4768	64755			
3.1	导线架设	2871	61885	47084	4768	64755	元 / km		
3.1.1	B2–1	2871	61885	47084	4768	64755			
	合计	2871	61885	47084	4768	64755			

表 4–200　　典型方案 B2–1 其他费用概算表　　金额单位：元

序号	工程或费用项目名称	编制依据及计算说明	合价
2	项目建设管理费		2351
2.1	项目管理经费		755
2.1.1	非电缆工程项目管理经费	［建筑工程费 + 安装工程费 –（电缆建筑工程费 + 电缆安装工程费）］× 1.22%	755
2.2	招标费	（建筑工程费 + 安装工程费 + 设备购置费）× 0.32%	207
2.3	工程监理费	（1）高海拔地区、严寒地区、酷热地区按照本规定乘以 1.1 系数。 （2）如需开展环境监理和水土保持监理时，按照本规定乘以 1.1 系数	1389
2.3.1	非电缆工程监理费	［建筑工程费 + 安装工程费 –（电缆建筑工程费 + 电缆安装工程费）］× 2.244%	1389
3	项目建设技术服务费		8455
3.1	项目前期工作费		1417
3.1.1	非电缆工程项目前期工作费	［建筑工程费 + 安装工程费 –（电缆建筑工程费 + 电缆安装工程费）］× 2.29%	1417

续表

序号	工程或费用项目名称	编制依据及计算说明	合价
3.2	勘察设计费		5845
3.2.2	设计费		5845
3.2.2.1	基本设计费	基本设计费 ×100% 基本设计费低于1000元的，按1000元计列	4954
3.2.2.2	其他设计费		892
3.2.2.2.1	施工图预算编制费	基本设计费 ×10%	495
3.2.2.2.2	竣工图文件编制费	基本设计费 ×8%	396
3.3	设计文件评审费		238
3.3.1	初步设计文件评审费	基本设计费 ×2.2%	109
3.3.2	施工图文件评审费	基本设计费 ×2.6% 其中，施工图预算文件评审费用为施工图文件评审费的30%	129
3.4	施工过程造价咨询及竣工结算审核费	施工过程造价咨询及竣工结算审核费 ×100% （1）电缆线路工程费率为1.02%；若电缆线路工程中建筑工程采用电缆沟、电缆隧道时，电缆线路工程费率乘以0.8系数。 （2）若只开展竣工结算审核时，其费用按以上规定的75%计取。 （3）该项费用低于800元时，按照800元计列	800
3.5	工程建设检测费		93
3.5.1	工程质量检测费		93
3.5.1.1	非电缆工程工程质量检测费	［建筑工程费 + 安装工程费 –（电缆建筑工程费 + 电缆安装工程费）］×0.15%	93
3.6	技术经济标准编制费	（建筑工程费 + 安装工程费）×0.1%	62
4	生产准备费		309
4.1	非电缆工程生产准备费	［建筑工程费 + 安装工程费 –（电缆建筑工程费 + 电缆安装工程费）］×0.5%	309
	合计	（建设场地征用及清理费 + 项目建设管理费 + 项目建设技术服务费 + 生产准备费）×100%	11115

4.41　B2-2 架空绝缘导线（AC10kV，JKLYJ，150 双回）

4.41.1　典型方案主要内容

本典型方案为新建 1km 10kV 双回 150mm^2 绝缘导线。内容包括：含导线、避雷器、调试、建场费、其他费用。

4.41.2　典型方案技术条件

典型方案 B2-2 主要技术条件表和设备材料表见表 4-201 和表 4-202。

表 4-201　　　　典型方案 B2-2 主要技术条件表

方案名称	工程主要技术条件	
10kV 双回 150mm^2 绝缘导线	电压等级	10kV
	工作范围	新建 1km 10kV 双回绝缘导线
	导线型号	AC10kV，JKLYJ，150
	避雷器型号	交流避雷器，AC10kV，13kV，硅橡胶，40kV，带间隙
	地形	100% 平地
	气象条件	覆冰 10mm，最大风速 25m/s
	安全系数	5.0
	建场费	8000 元 /km
	其他费用	

表 4-202　　　　典型方案 B2-2 设备材料表

序号	设备材料名称	单位	数量	备注
1	绝缘导线 AC10kV，JKLYJ，240	m	6300	
2	交流避雷器，AC10kV，13kV，硅橡胶，40kV，带间隙	台	72	0.2km 加装一组带间隙避雷器，一组三台
3	电缆接线端子，铜镀锡，50mm^2，单孔	只	48	4 处接地
4	布电线，BV，铜，50，1	m	120	
5	接续金具－接地线夹，JDL-50-240	付	24	
6	接地桩 2.5m ∠ 50×50×5	根	8	
7	接地扁铁，4×40，6000mm	根	8	

4.41.3　典型方案概算书

典型方案B2–2概算书包括总概算汇总表、安装工程专业汇总表与其他费用概算表，见表4–203～表4–205。

表4–203　　典型方案B2–2总概算汇总表　　金额单位：元

序号	工程或费用名称	建筑工程费	设备购置费	安装工程费	其他费用	基本预备费	合计	各项占静态投资比例（%）	单位投资
一	配电站、开关站工程								
二	充电站、换电站工程								
三	架空线路工程		5742	122980			128722	85.03	
四	电缆线路工程								
五	通信站工程								
六	通信线路工程								
	小计		5742	122980			128722	85.03	
七	其他费用				21161		21161	13.98	
（一）	建设场地征用及清理费								
（二）	项目建设管理费				4672		4672	3.09	
（三）	项目建设技术服务费				15874		15874	10.49	
（四）	生产准备费				615		615	0.41	
八	基本预备费					1499	1499	0.99	
九	特殊项目费								

续表

序号	工程或费用名称	建筑工程费	设备购置费	安装工程费	其他费用	基本预备费	合计	各项占静态投资比例（%）	单位投资
	工程静态投资		5742	122980	21161	1499	151381	100	
	各项占静态投资的比例（%）		4	81	14	1	100		
十	工程动态费用								
（一）	价差预备费								
（二）	建设期贷款利息								
	工程动态投资		5742	122980	21161	1499	151381		
	各项占动态投资的比例（%）		4	81	14	1	100		
	生产期可抵扣增值税								

表 4-204　　典型方案 B2-2 安装工程专业汇总表　　金额单位：元

序号	工程名称	设备购置费	安装工程费			合计	技术经济指标		
			金额	其中			单位	数量	指标
				未计价材料费	人工费				
	安装工程	5742	122980	93705	9448	128722			
X	架空线路工程	5742	122980	93705	9448	128722			
一	架空线路本体工程	5742	122980	93705	9448	128722	元 / km		
3	架线工程	5742	122980	93705	9448	128722			

续表

序号	工程名称	设备购置费	安装工程费			合计	技术经济指标		
			金额	其中			单位	数量	指标
				未计价材料费	人工费				
3.1	导线架设	5742	122980	93705	9448	128722	元 / km		
3.1.1	B2-2	5742	122980	93705	9448	128722			
	合计	5742	122980	93705	9448	128722			

表 4-205　　典型方案 B2-2 其他费用概算表　　金额单位：元

序号	工程或费用项目名称	编制依据及计算说明	合价
2	项目建设管理费		4672
2.1	项目管理经费		1500
2.1.1	非电缆工程项目管理经费	［建筑工程费 + 安装工程费 –（电缆建筑工程费 + 电缆安装工程费）］× 1.22%	1500
2.2	招标费	（建筑工程费 + 安装工程费 + 设备购置费）× 0.32%	412
2.3	工程监理费	（1）高海拔地区、严寒地区、酷热地区按照本规定乘以 1.1 系数。 （2）如需开展环境监理和水土保持监理时，按照本规定乘以 1.1 系数	2760
2.3.1	非电缆工程监理费	［建筑工程费 + 安装工程费 –（电缆建筑工程费 + 电缆安装工程费）］× 2.244%	2760
3	项目建设技术服务费		15874
3.1	项目前期工作费		2816
3.1.1	非电缆工程项目前期工作费	［建筑工程费 + 安装工程费 –（电缆建筑工程费 + 电缆安装工程费）］× 2.29%	2816
3.2	勘察设计费		11483
3.2.2	设计费		11483
3.2.2.1	基本设计费	基本设计费 × 100% 基本设计费低于 1000 元的，按 1000 元计列	9731

续表

序号	工程或费用项目名称	编制依据及计算说明	合价
3.2.2.2	其他设计费		1752
3.2.2.2.1	施工图预算编制费	基本设计费 ×10%	973
3.2.2.2.2	竣工图文件编制费	基本设计费 ×8%	779
3.3	设计文件评审费		467
3.3.1	初步设计文件评审费	基本设计费 ×2.2%	214
3.3.2	施工图文件评审费	基本设计费 ×2.6% 其中，施工图预算文件评审费用为施工图文件评审费的 30%	253
3.4	施工过程造价咨询及竣工结算审核费	施工过程造价咨询及竣工结算审核费 ×100% （1）电缆线路工程费率为 1.02%；若电缆线路工程中建筑工程采用电缆沟、电缆隧道时，电缆线路工程费率乘以 0.8 系数。 （2）若只开展竣工结算审核时，其费用按以上规定的 75% 计取。 （3）该项费用低于 800 元时，按照 800 元计列	800
3.5	工程建设检测费		184
3.5.1	工程质量检测费		184
3.5.1.1	非电缆工程工程质量检测费	［建筑工程费 + 安装工程费 –（电缆建筑工程费 + 电缆安装工程费）］×0.15%	184
3.6	技术经济标准编制费	（建筑工程费 + 安装工程费）×0.1%	123
4	生产准备费		615
4.1	非电缆工程生产准备费	［建筑工程费 + 安装工程费 –（电缆建筑工程费 + 电缆安装工程费）］×0.5%	615
	合计	（建设场地征用及清理费 + 项目建设管理费 + 项目建设技术服务费 + 生产准备费）×100%	21161

4.42　B2-3 架空绝缘导线（AC10kV，JKLYJ，150 三回）

4.42.1　典型方案主要内容

本典型方案为新建 1km 10kV 三回 150mm^2 绝缘导线。内容包括：含导线、避雷器、调试、建场费、其他费用。

4.42.2　典型方案技术条件

典型方案 B2-3 主要技术条件表和设备材料表见表 4-206 和表 4-207。

表 4-206　　典型方案 B2-3 主要技术条件表

方案名称	工程主要技术条件	
10kV 三回 150mm² 绝缘导线	电压等级	10kV
	工作范围	新建 1km 10kV 三回绝缘导线
	导线型号	AC10kV，JKLYJ，240
	避雷器型号	交流避雷器，AC10kV，13kV，硅橡胶，40kV，带间隙
	地形	100% 平地
	气象条件	覆冰 10mm，最大风速 25m/s
	安全系数	5.0
	建场费	8000 元 /km
	其他费用	

表 4-207　　典型方案 B2-3 设备材料表

序号	设备材料名称	单位	数量	备注
1	绝缘导线 AC10kV，JKLYJ，240	m	9450	
2	交流避雷器，AC10kV，13kV，硅橡胶，40kV，带间隙	台	108	0.2km 加装一组带间隙避雷器，一组三台
3	电缆接线端子，铜镀锡，50mm²，单孔	只	72	4 处接地
4	布电线，BV，铜，50，1	m	180	
5	接续金具－接地线夹，JDL-50-240	付	36	
6	接地桩 2.5m ∠ 50×50×5	根	12	
7	接地扁铁，4×40，6000mm	根	12	

4.42.3　典型方案概算书

典型方案 B2-3 概算书包括总概算汇总表、安装工程专业汇总表与其他费用概算表，见表 4-208 ~ 表 4-210。

表 4-208　　典型方案 B2-3 总概算汇总表　　金额单位：元

序号	工程或费用名称	建筑工程费	设备购置费	安装工程费	其他费用	基本预备费	合计	各项占静态投资比例（%）	单位投资
一	配电站、开关站工程								
二	充电站、换电站工程								
三	架空线路工程		8612	185651			194263	85.32	
四	电缆线路工程								
五	通信站工程								
六	通信线路工程								
	小计		8612	185651			194263	85.32	
七	其他费用				31177		31177	13.69	
（一）	建设场地征用及清理费								
（二）	项目建设管理费				7053		7053	3.1	
（三）	项目建设技术服务费				23196		23196	10.19	
（四）	生产准备费				928		928	0.41	
八	基本预备费					2254	2254	0.99	
九	特殊项目费								
	工程静态投资		8612	185651	31177	2254	227694	100	

续表

序号	工程或费用名称	建筑工程费	设备购置费	安装工程费	其他费用	基本预备费	合计	各项占静态投资比例（%）	单位投资
	各项占静态投资的比例（%）		4	82	14	1	100		
十	工程动态费用								
（一）	价差预备费								
（二）	建设期贷款利息								
	工程动态投资		8612	185651	31177	2254	227694		
	各项占动态投资的比例（%）		4	82	14	1	100		
	生产期可抵扣增值税								

表 4-209　　典型方案 B2-3 安装工程专业汇总表　　金额单位：元

序号	工程名称	设备购置费	安装工程费			合计	技术经济指标		
			金额	其中			单位	数量	指标
				未计价材料费	人工费				
	安装工程	8612	185651	141252	14302	194263			
X	架空线路工程	8612	185651	141252	14302	194263			
一	架空线路本体工程	8612	185651	141252	14302	194263	元 / km		
3	架线工程	8612	185651	141252	14302	194263			
3.1	导线架设	8612	185651	141252	14302	194263	元 / km		

续表

序号	工程名称	设备购置费	安装工程费			合计	技术经济指标		
			金额	其中			单位	数量	指标
				未计价材料费	人工费				
3.1.1	B2-3	8612	185651	141252	14302	194263			
	合计	8612	185651	141252	14302	194263			

表 4-210　　典型方案 B2-3 其他费用概算表　　金额单位：元

序号	工程或费用项目名称	编制依据及计算说明	合价
2	项目建设管理费		7053
2.1	项目管理经费		2265
2.1.1	非电缆工程项目管理经费	［建筑工程费 + 安装工程费 –（电缆建筑工程费 + 电缆安装工程费）］× 1.22%	2265
2.2	招标费	（建筑工程费 + 安装工程费 + 设备购置费）× 0.32%	622
2.3	工程监理费	（1）高海拔地区、严寒地区、酷热地区按照本规定乘以 1.1 系数。 （2）如需开展环境监理和水土保持监理时，按照本规定乘以 1.1 系数	4166
2.3.1	非电缆工程监理费	［建筑工程费 + 安装工程费 –（电缆建筑工程费 + 电缆安装工程费）］× 2.244%	4166
3	项目建设技术服务费		23196
3.1	项目前期工作费		4251
3.1.1	非电缆工程项目前期工作费	［建筑工程费 + 安装工程费 –（电缆建筑工程费 + 电缆安装工程费）］× 2.29%	4251
3.2	勘察设计费		16848
3.2.2	设计费		16848
3.2.2.1	基本设计费	基本设计费 × 100% 基本设计费低于 1000 元的，按 1000 元计列	14278
3.2.2.2	其他设计费		2570

续表

序号	工程或费用项目名称	编制依据及计算说明	合价
3.2.2.2.1	施工图预算编制费	基本设计费 ×10%	1428
3.2.2.2.2	竣工图文件编制费	基本设计费 ×8%	1142
3.3	设计文件评审费		685
3.3.1	初步设计文件评审费	基本设计费 ×2.2%	314
3.3.2	施工图文件评审费	基本设计费 ×2.6% 其中，施工图预算文件评审费用为施工图文件评审费的 30%	371
3.4	施工过程造价咨询及竣工结算审核费	施工过程造价咨询及竣工结算审核费 ×100% （1）电缆线路工程费率为 1.02%；若电缆线路工程中建筑工程采用电缆沟、电缆隧道时，电缆线路工程费率乘以 0.8 系数。 （2）若只开展竣工结算审核时，其费用按以上规定的 75% 计取。 （3）该项费用低于 800 元时，按照 800 元计列	947
3.5	工程建设检测费		278
3.5.1	工程质量检测费		278
3.5.1.1	非电缆工程工程质量检测费	[建筑工程费 + 安装工程费 -（电缆建筑工程费 + 电缆安装工程费）] ×0.15%	278
3.6	技术经济标准编制费	（建筑工程费 + 安装工程费）×0.1%	186
4	生产准备费		928
4.1	非电缆工程生产准备费	[建筑工程费 + 安装工程费 -（电缆建筑工程费 + 电缆安装工程费）] ×0.5%	928
	合计	（建设场地征用及清理费 + 项目建设管理费 + 项目建设技术服务费 + 生产准备费）×100%	31177

4.43 B2-4 架空绝缘导线（AC10kV，JKLYJ，150 四回）

4.43.1 典型方案主要内容

本典型方案为新建 1km 10kV 四回 150mm^2 绝缘导线。内容包括：含导线、避雷器、调试、建场费、其他费用。

4.43.2 典型方案技术条件

典型方案 B2-4 主要技术条件表和设备材料表见表 4-211和表 4-212。

表 4-211　　　　典型方案 B2-4 主要技术条件表

方案名称	工程主要技术条件	
10kV 四回 150mm² 绝缘导线	电压等级	10kV
	工作范围	新建 1km 10kV 四回绝缘导线
	导线型号	AC10kV，JKLYJ，150
	避雷器型号	交流避雷器，AC10kV，13kV，硅橡胶，40kV，带间隙
	地形	100% 平地
	气象条件	覆冰 10mm，最大风速 25m/s
	安全系数	5.0
	建场费	8000 元 /km
	其他费用	

表 4-212　　　　典型方案 B2-4 设备材料表

序号	设备材料名称	单位	数量	备注
1	绝缘导线 AC10kV，JKLYJ，150	m	12600	
2	交流避雷器，AC10kV，13kV，硅橡胶，40kV，带间隙	台	144	0.2km 加装一组带间隙避雷器，一组三台
3	电缆接线端子，铜镀锡，50mm²，单孔	只	96	4 处接地
4	布电线，BV，铜，50，1	m	240	
5	接续金具 – 接地线夹，JDL–50–240	付	48	
6	接地桩 2.5m ∠ 50 × 50 × 5	根	16	
7	接地扁铁，4 × 40，6000mm	根	16	

4.43.3 典型方案概算书

典型方案 B2-4 概算书包括总概算汇总表、安装工程专业汇总表与其他费用概算表，见表 4–213 ~ 表 4–215。

表 4-213　　　　典型方案 B2-4 总概算汇总表　　　　金额单位：元

序号	工程或费用名称	建筑工程费	设备购置费	安装工程费	其他费用	基本预备费	合计	各项占静态投资比例（%）	单位投资
一	配电站、开关站工程								

续表

序号	工程或费用名称	建筑工程费	设备购置费	安装工程费	其他费用	基本预备费	合计	各项占静态投资比例（%）	单位投资
二	充电站、换电站工程								
三	架空线路工程		11483	247536			259019	85.51	
四	电缆线路工程								
五	通信站工程								
六	通信线路工程								
	小计		11483	247536			259019	85.51	
七	其他费用				40902		40902	13.5	
（一）	建设场地征用及清理费								
（二）	项目建设管理费				9404		9404	3.1	
（三）	项目建设技术服务费				30260		30260	9.99	
（四）	生产准备费				1238		1238	0.41	
八	基本预备费					2999	2999	0.99	
九	特殊项目费								
	工程静态投资		11483	247536	40902	2999	302920	100	
	各项占静态投资的比例（%）		4	82	14	1	100		
十	工程动态费用								

续表

序号	工程或费用名称	建筑工程费	设备购置费	安装工程费	其他费用	基本预备费	合计	各项占静态投资比例（%）	单位投资
（一）	价差预备费								
（二）	建设期贷款利息								
	工程动态投资		11483	247536	40902	2999	302920		
	各项占动态投资的比例（%）		4	82	14	1	100		
	生产期可抵扣增值税								

表 4-214　　典型方案 B2-4 安装工程专业汇总表　　金额单位：元

序号	工程名称	设备购置费	安装工程费			合计	技术经济指标		
			金额	其中			单位	数量	指标
				未计价材料费	人工费				
	安装工程	11483	247536	188335	19070	259019			
X	架空线路工程	11483	247536	188335	19070	259019			
一	架空线路本体工程	11483	247536	188335	19070	259019	元 / km		
3	架线工程	11483	247536	188335	19070	259019			
3.1	导线架设	11483	247536	188335	19070	259019	元 / km		
3.1.1	B2-4	11483	247536	188335	19070	259019			
	合计	11483	247536	188335	19070	259019			

表 4-215　　典型方案 B2-4 其他费用概算表　　金额单位：元

序号	工程或费用项目名称	编制依据及计算说明	合价
2	项目建设管理费		9404
2.1	项目管理经费		3020

续表

序号	工程或费用项目名称	编制依据及计算说明	合价
2.1.1	非电缆工程项目管理经费	［建筑工程费＋安装工程费－（电缆建筑工程费＋电缆安装工程费）］×1.22%	3020
2.2	招标费	（建筑工程费＋安装工程费＋设备购置费）×0.32%	829
2.3	工程监理费	（1）高海拔地区、严寒地区、酷热地区按照本规定乘以 1.1 系数。 （2）如需开展环境监理和水土保持监理时，按照本规定乘以 1.1 系数	5555
2.3.1	非电缆工程监理费	［建筑工程费＋安装工程费－（电缆建筑工程费＋电缆安装工程费）］×2.244%	5555
3	项目建设技术服务费		30260
3.1	项目前期工作费		5669
3.1.1	非电缆工程项目前期工作费	［建筑工程费＋安装工程费－（电缆建筑工程费＋电缆安装工程费）］×2.29%	5669
3.2	勘察设计费		21823
3.2.2	设计费		21823
3.2.2.1	基本设计费	基本设计费 ×100% 基本设计费低于 1000 元的，按 1000 元计列	18494
3.2.2.2	其他设计费		3329
3.2.2.2.1	施工图预算编制费	基本设计费 ×10%	1849
3.2.2.2.2	竣工图文件编制费	基本设计费 ×8%	1480
3.3	设计文件评审费		888
3.3.1	初步设计文件评审费	基本设计费 ×2.2%	407
3.3.2	施工图文件评审费	基本设计费 ×2.6% 其中，施工图预算文件评审费用为施工图文件评审费的 30%	481
3.4	施工过程造价咨询及竣工结算审核费	施工过程造价咨询及竣工结算审核费 ×100% （1）电缆线路工程费率为 1.02%；若电缆线路工程中建筑工程采用电缆沟、电缆隧道时，电缆线路工程费率乘以 0.8 系数。 （2）若只开展竣工结算审核时，其费用按以上规定的 75% 计取。 （3）该项费用低于 800 元时，按照 800 元计列	1262
3.5	工程建设检测费		371

续表

序号	工程或费用项目名称	编制依据及计算说明	合价
3.5.1	工程质量检测费		371
3.5.1.1	非电缆工程工程质量检测费	［建筑工程费 + 安装工程费 –（电缆建筑工程费 + 电缆安装工程费）］× 0.15%	371
3.6	技术经济标准编制费	（建筑工程费 + 安装工程费）× 0.1%	248
4	生产准备费		1238
4.1	非电缆工程生产准备费	［建筑工程费 + 安装工程费 –（电缆建筑工程费 + 电缆安装工程费）］× 0.5%	1238
	合计	（建设场地征用及清理费 + 项目建设管理费 + 项目建设技术服务费 + 生产准备费）× 100%	40902

4.44　B3-1 架空绝缘导线（AC10kV，JKLYJ，70 单回）

4.44.1　典型方案主要内容

典型方案为新建 1km 10kV 单回 70mm^2 绝缘导线。内容包括：含导线、避雷器、调试、建场费、其他费用。

4.44.2　典型方案技术条件

典型方案 B3-1 主要技术条件表和设备材料表见表 4-216 和表 4-217。

表 4-216　　　　典型方案 B3-1 主要技术条件表

方案名称	工程主要技术条件	
10kV 单回 70mm^2 绝缘导线	电压等级	10kV
	工作范围	新建 1km 10kV 单回绝缘导线
	导线型号	AC10kV，JKLYJ，70
	避雷器型号	交流避雷器，AC10kV，13kV，硅橡胶，40kV，带间隙
	地形	100% 平地
	气象条件	覆冰 10mm，最大风速 25m/s
	安全系数	3.5
	建场费	8000 元 /km
	其他费用	

表 4-217　　典型方案 B3-1 设备材料表

序号	设备材料名称	单位	数量	备注
1	绝缘导线 AC10kV，JKLYJ，70	m	3150	
2	交流避雷器，AC10kV，13kV，硅橡胶，40kV，带间隙	台	36	0.2km 加装一组带间隙避雷器，一组三台
3	电缆接线端子，铜镀锡，$50mm^2$，单孔	只	24	4 处接地
4	布电线，BV，铜，50，1	m	60	
5	接续金具 – 接地线夹，JDL-50-240	付	12	
6	接地桩 2.5m ∠ 50 × 50 × 5	根	4	
7	接地扁铁，4 × 40，6000mm	根	4	

4.44.3　典型方案概算书

典型方案 B3-1 概算书包括总概算汇总表、安装工程专业汇总表与其他费用概算表，见表 4-218 ~ 表 4-220。

表 4-218　　典型方案 B3-1 总概算汇总表　　金额单位：元

序号	工程或费用名称	建筑工程费	设备购置费	安装工程费	其他费用	基本预备费	合计	各项占静态投资比例（%）	单位投资
一	配电站、开关站工程								
二	充电站、换电站工程								
三	架空线路工程		2871	40022			42893	84.16	
四	电缆线路工程								
五	通信站工程								
六	通信线路工程								
	小计		2871	40022			42893	84.16	
七	其他费用				7570		7570	14.85	
（一）	建设场地征用及清理费								

续表

序号	工程或费用名称	建筑工程费	设备购置费	安装工程费	其他费用	基本预备费	合计	各项占静态投资比例（%）	单位投资
（二）	项目建设管理费				1524		1524	2.99	
（三）	项目建设技术服务费				5846		5846	11.47	
（四）	生产准备费				200		200	0.39	
八	基本预备费					505	505	0.99	
九	特殊项目费								
	工程静态投资		2871	40022	7570	505	50968	100	
	各项占静态投资的比例（%）		6	79	15	1	100		
十	工程动态费用								
（一）	价差预备费								
（二）	建设期贷款利息								
	工程动态投资		2871	40022	7570	505	50968		
	各项占动态投资的比例（%）		6	79	15	1	100		
	生产期可抵扣增值税								

表 4-219　　典型方案 B3-1 安装工程专业汇总表　　金额单位：元

序号	工程名称	设备购置费	安装工程费			合计	技术经济指标		
			金额	其中			单位	数量	指标
				未计价材料费	人工费				
	安装工程	2871	40022	27335	3959	42893			

续表

序号	工程名称	设备购置费	安装工程费			合计	技术经济指标		
			金额	其中			单位	数量	指标
				未计价材料费	人工费				
X	架空线路工程	2871	40022	27335	3959	42893			
一	架空线路本体工程	2871	40022	27335	3959	42893	元 / km		
3	架线工程	2871	40022	27335	3959	42893			
3.1	导线架设	2871	40022	27335	3959	42893	元 / km		
3.1.1	B3–1	2871	40022	27335	3959	42893			
	合计	2871	40022	27335	3959	42893			

表 4–220　　典型方案 B3–1 其他费用概算表　　金额单位：元

序号	工程或费用项目名称	编制依据及计算说明	合价
2	项目建设管理费		1524
2.1	项目管理经费		488
2.1.1	非电缆工程项目管理经费	[建筑工程费 + 安装工程费 –（电缆建筑工程费 + 电缆安装工程费）] × 1.22%	488
2.2	招标费	（建筑工程费 + 安装工程费 + 设备购置费）× 0.32%	137
2.3	工程监理费	（1）高海拔地区、严寒地区、酷热地区按照本规定乘以 1.1 系数。 （2）如需开展环境监理和水土保持监理时，按照本规定乘以 1.1 系数	898
2.3.1	非电缆工程监理费	[建筑工程费 + 安装工程费 –（电缆建筑工程费 + 电缆安装工程费）] × 2.244%	898
3	项目建设技术服务费		5846
3.1	项目前期工作费		917
3.1.1	非电缆工程项目前期工作费	[建筑工程费 + 安装工程费 –（电缆建筑工程费 + 电缆安装工程费）] × 2.29%	917

续表

序号	工程或费用项目名称	编制依据及计算说明	合价
3.2	勘察设计费		3872
3.2.2	设计费		3872
3.2.2.1	基本设计费	基本设计费 ×100% 基本设计费低于 1000 元的，按 1000 元计列	3281
3.2.2.2	其他设计费		591
3.2.2.2.1	施工图预算编制费	基本设计费 ×10%	328
3.2.2.2.2	竣工图文件编制费	基本设计费 ×8%	263
3.3	设计文件评审费		158
3.3.1	初步设计文件评审费	基本设计费 ×2.2%	72
3.3.2	施工图文件评审费	基本设计费 ×2.6% 其中，施工图预算文件评审费用为施工图文件评审费的 30%	85
3.4	施工过程造价咨询及竣工结算审核费	施工过程造价咨询及竣工结算审核费 ×100% （1）电缆线路工程费率为 1.02%；若电缆线路工程中建筑工程采用电缆沟、电缆隧道时，电缆线路工程费率乘以 0.8 系数。 （2）若只开展竣工结算审核时，其费用按以上规定的 75% 计取。 （3）该项费用低于 800 元时，按照 800 元计列	800
3.5	工程建设检测费		60
3.5.1	工程质量检测费		60
3.5.1.1	非电缆工程工程质量检测费	［建筑工程费 + 安装工程费 –（电缆建筑工程费 + 电缆安装工程费）］×0.15%	60
3.6	技术经济标准编制费	（建筑工程费 + 安装工程费）×0.1%	40
4	生产准备费		200
4.1	非电缆工程生产准备费	［建筑工程费 + 安装工程费 –（电缆建筑工程费 + 电缆安装工程费）］×0.5%	200
	合计	（建设场地征用及清理费 + 项目建设管理费 + 项目建设技术服务费 + 生产准备费）×100%	7570

4.45　B3-2 架空绝缘导线（AC10kV，JKLYJ，70 双回）

4.45.1　典型方案主要内容

本典型方案为新建 1km 10kV 双回 $70mm^2$ 绝缘导线。内容包括：含导线、避雷器、调试、建场费、其他费用。

4.45.2　典型方案技术条件

典型方案 B3-2 主要技术条件表和设备材料表见表 4-221和表 4-222。

表 4-221　　典型方案 B3-2 主要技术条件表

方案名称	工程主要技术条件	
10kV 双回 $70mm^2$ 绝缘导线	电压等级	10kV
	工作范围	新建 1km 10kV 双回绝缘导线
	导线型号	AC10kV，JKLYJ，70
	避雷器型号	交流避雷器，AC10kV，13kV，硅橡胶，40kV，带间隙
	地形	100% 平地
	气象条件	覆冰 10mm，最大风速 25m/s
	安全系数	3.5
	建场费	8000 元 /km
	其他费用	

表 4-222　　典型方案 B3-2 设备材料表

序号	设备材料名称	单位	数量	备注
1	绝缘导线 AC10kV，JKLYJ，70	m	6300	
2	交流避雷器，AC10kV，13kV，硅橡胶，40kV，带间隙	台	72	0.2km 加装一组带间隙避雷器，一组三台
3	电缆接线端子，铜镀锡，$50mm^2$，单孔	只	48	4 处接地
4	布电线，BV，铜，50，1	m	120	
5	接续金具－接地线夹，JDL-50-240	付	24	
6	接地桩 2.5m ∠ 50×50×5	根	8	
7	接地扁铁，4×40，6000mm	根	8	

4.45.3　典型方案概算书

典型方案 B3-2 概算书包括总概算汇总表、安装工程专业汇总表与其他费用概算表，见表 4-223 ~ 表 4-225。

表 4-223　　典型方案 B3-2 总概算汇总表　　金额单位：元

序号	工程或费用名称	建筑工程费	设备购置费	安装工程费	其他费用	基本预备费	合计	各项占静态投资比例（%）	单位投资
一	配电站、开关站工程								
二	充电站、换电站工程								
三	架空线路工程		5742	79255			84997	84.83	
四	电缆线路工程								
五	通信站工程								
六	通信线路工程								
	小计		5742	79255			84997	84.83	
七	其他费用				14212		14212	14.18	
（一）	建设场地征用及清理费								
（二）	项目建设管理费				3017		3017	3.01	
（三）	项目建设技术服务费				10798		10798	10.78	
（四）	生产准备费				396		396	0.4	
八	基本预备费					992	992	0.99	
九	特殊项目费								

续表

序号	工程或费用名称	建筑工程费	设备购置费	安装工程费	其他费用	基本预备费	合计	各项占静态投资比例（%）	单位投资
	工程静态投资		5742	79255	14212	992	100200	100	
	各项占静态投资的比例（%）		6	79	14	1	100		
十	工程动态费用								
（一）	价差预备费								
（二）	建设期贷款利息								
	工程动态投资		5742	79255	14212	992	100200		
	各项占动态投资的比例（%）		6	79	14	1	100		
	生产期可抵扣增值税								

表 4-224　　典型方案 B3-2 安装工程专业汇总表　　金额单位：元

序号	工程名称	设备购置费	安装工程费			合计	技术经济指标		
			金额	其中			单位	数量	指标
				未计价材料费	人工费				
	安装工程	5742	79255	54208	7830	84997			
X	架空线路工程	5742	79255	54208	7830	84997			
一	架空线路本体工程	5742	79255	54208	7830	84997	元 / km		
3	架线工程	5742	79255	54208	7830	84997			
3.1	导线架设	5742	79255	54208	7830	84997	元 / km		

续表

序号	工程名称	设备购置费	安装工程费			合计	技术经济指标		
			金额	其中			单位	数量	指标
				未计价材料费	人工费				
3.1.1	B3-2	5742	79255	54208	7830	84997			
	合计	5742	79255	54208	7830	84997			

表 4-225　　典型方案 B3-2 其他费用概算表　　金额单位：元

序号	工程或费用项目名称	编制依据及计算说明	合价
2	项目建设管理费		3017
2.1	项目管理经费		967
2.1.1	非电缆工程项目管理经费	［建筑工程费 + 安装工程费 –（电缆建筑工程费 + 电缆安装工程费）］× 1.22%	967
2.2	招标费	（建筑工程费 + 安装工程费 + 设备购置费）× 0.32%	272
2.3	工程监理费	（1）高海拔地区、严寒地区、酷热地区按照本规定乘以 1.1 系数。 （2）如需开展环境监理和水土保持监理时，按照本规定乘以 1.1 系数	1778
2.3.1	非电缆工程监理费	［建筑工程费 + 安装工程费 –（电缆建筑工程费 + 电缆安装工程费）］× 2.244%	1778
3	项目建设技术服务费		10798
3.1	项目前期工作费		1815
3.1.1	非电缆工程项目前期工作费	［建筑工程费 + 安装工程费 –（电缆建筑工程费 + 电缆安装工程费）］× 2.29%	1815
3.2	勘察设计费		7673
3.2.2	设计费		7673
3.2.2.1	基本设计费	基本设计费 × 100% 基本设计费低于 1000 元的，按 1000 元计列	6502
3.2.2.2	其他设计费		1170
3.2.2.2.1	施工图预算编制费	基本设计费 × 10%	650

续表

序号	工程或费用项目名称	编制依据及计算说明	合价
3.2.2.2.2	竣工图文件编制费	基本设计费 ×8%	520
3.3	设计文件评审费		312
3.3.1	初步设计文件评审费	基本设计费 ×2.2%	143
3.3.2	施工图文件评审费	基本设计费 ×2.6% 其中，施工图预算文件评审费用为施工图文件评审费的 30%	169
3.4	施工过程造价咨询及竣工结算审核费	施工过程造价咨询及竣工结算审核费 ×100% （1）电缆线路工程费率为 1.02%；若电缆线路工程中建筑工程采用电缆沟、电缆隧道时，电缆线路工程费率乘以 0.8 系数。 （2）若只开展竣工结算审核时，其费用按以上规定的 75% 计取。 （3）该项费用低于 800 元时，按照 800 元计列	800
3.5	工程建设检测费		119
3.5.1	工程质量检测费		119
3.5.1.1	非电缆工程工程质量检测费	［建筑工程费 + 安装工程费 –（电缆建筑工程费 + 电缆安装工程费）］×0.15%	119
3.6	技术经济标准编制费	（建筑工程费 + 安装工程费）×0.1%	79
4	生产准备费		396
4.1	非电缆工程生产准备费	［建筑工程费 + 安装工程费 –（电缆建筑工程费 + 电缆安装工程费）］×0.5%	396
	合计	（建设场地征用及清理费 + 项目建设管理费 + 项目建设技术服务费 + 生产准备费）×100%	14212

4.46 D1-110kV 柱上开关

4.46.1 典型方案主要内容

本典型方案为新建 1 套 10kV 架空线路柱上设备工程，主要包括柱上断路器安装调试、交流避雷器安装调试、金具安装、接地材料安装、标识牌安装等。

4.46.2 典型方案技术条件

典型方案 D1-1 主要技术条件表和设备材料表见表 4-226 和表 4-227。

表 4-226　　典型方案 D1-1 主要技术条件表

方案名称	工程主要技术条件	
D1-1	电压等级	10kV
	工作范围	新建 1 套 10kV 架空线路柱上设备
	断路器型号	一、二次融合成套柱上断路器，AC10kV，630A，20kA，户外
	避雷器型号	交流避雷器，AC10kV，17kV，硅橡胶，50kV，不带间隙跌落式
	地形	100% 平地
	气象条件	覆冰 10mm，最大风速 25m/s
	安全系数	5.0
	其他费用	

表 4-227　　典型方案 D1-1 设备材料表

序号	设备材料名称	单位	数量	备注
1	一、二次融合成套柱上断路器，AC10kV，630A，20kA，户外	套	1	支架厂家配送
2	交流避雷器，AC10kV，17kV，硅橡胶，50kV，不带间隙 跌落式	台	6	
3	电缆接线端子，铜镀锡，$50mm^2$，单孔	只	18	
4	布电线，BV，铜，50，1	m	30	
5	接续金具 - 接地线夹，JDL-50-240	付	6	
6	接地桩 2.5m ∠ 50×50×5	根	2	
7	接地扁铁，4×40，6000mm	根	2	
8	开关标识牌	块	1	

4.46.3　典型方案概算书

典型方案 D1-1 概算书包括总概算汇总表、安装工程专业汇总表与其他费用概算表，见表 4-228 ~ 表 4-230。

表 4-228　　典型方案 D1-1 总概算汇总表　　金额单位：元

序号	工程或费用名称	建筑工程费	设备购置费	安装工程费	其他费用	基本预备费	合计	各项占静态投资比例（%）	单位投资
一	配电站、开关站工程								
二	充电站、换电站工程								
三	架空线路工程		31010	8250			39260	87.53	
四	电缆线路工程								
五	通信站工程								
六	通信线路工程								
	小计		31010	8250			39260	87.53	
七	其他费用				5150		5150	11.48	
（一）	建设场地征用及清理费								
（二）	项目建设管理费				411		411	0.92	
（三）	项目建设技术服务费				4698		4698	10.47	
（四）	生产准备费				41		41	0.09	
八	基本预备费					444	444	0.99	
九	特殊项目费								
	工程静态投资		31010	8250	5150	444	44854	100	
	各项占静态投资的比例（%）		69	18	11	1	100		
十	工程动态费用								
（一）	价差预备费								

续表

序号	工程或费用名称	建筑工程费	设备购置费	安装工程费	其他费用	基本预备费	合计	各项占静态投资比例（%）	单位投资
（二）	建设期贷款利息								
	工程动态投资		31010	8250	5150	444	44854		
	各项占动态投资的比例（%）		69	18	11	1	100		
	生产期可抵扣增值税								

表 4-229　　典型方案 D1-1 安装工程专业汇总表　　金额单位：元

序号	工程名称	设备购置费	安装工程费			合计	技术经济指标		
			金额	其中			单位	数量	指标
				未计价材料费	人工费				
	安装工程	31010	8250	2246	1895	39260			
X	架空线路工程	31010	8250	2246	1895	39260			
一	架空线路本体工程	31010	8250	2246	1895	39260	元 / km		
3	架线工程	31010	8250	2246	1895	39260			
3.5	导线跨越架设	31010	8250	2246	1895	39260			
3.5.1	D1-1	31010	8250	2246	1895	39260			
	合计	31010	8250	2246	1895	39260			

表 4-230　　典型方案 D1-1 其他费用概算表　　金额单位：元

序号	工程或费用项目名称	编制依据及计算说明	合价
2	项目建设管理费		411
2.1	项目管理经费		101

续表

序号	工程或费用项目名称	编制依据及计算说明	合价
2.1.1	非电缆工程项目管理经费	[建筑工程费+安装工程费-(电缆建筑工程费+电缆安装工程费)]×1.22%	101
2.2	招标费	(建筑工程费+安装工程费+设备购置费)×0.32%	126
2.3	工程监理费	(1)高海拔地区、严寒地区、酷热地区按照本规定乘以1.1系数。 (2)如需开展环境监理和水土保持监理时，按照本规定乘以1.1系数	185
2.3.1	非电缆工程监理费	[建筑工程费+安装工程费-(电缆建筑工程费+电缆安装工程费)]×2.244%	185
3	项目建设技术服务费		4698
3.1	项目前期工作费		189
3.1.1	非电缆工程项目前期工作费	[建筑工程费+安装工程费-(电缆建筑工程费+电缆安装工程费)]×2.29%	189
3.2	勘察设计费		3544
3.2.2	设计费		3544
3.2.2.1	基本设计费	基本设计费×100% 基本设计费低于1000元的，按1000元计列	3003
3.2.2.2	其他设计费		541
3.2.2.2.1	施工图预算编制费	基本设计费×10%	300
3.2.2.2.2	竣工图文件编制费	基本设计费×8%	240
3.3	设计文件评审费		144
3.3.1	初步设计文件评审费	基本设计费×2.2%	66
3.3.2	施工图文件评审费	基本设计费×2.6% 其中，施工图预算文件评审费用为施工图文件评审费的30%	78
3.4	施工过程造价咨询及竣工结算审核费	施工过程造价咨询及竣工结算审核费×100% (1)电缆线路工程费率为1.02%；若电缆线路工程中建筑工程采用电缆沟、电缆隧道时，电缆线路工程费率乘以0.8系数。 (2)若只开展竣工结算审核时，其费用按以上规定的75%计取。 (3)该项费用低于800元时，按照800元计列	800
3.5	工程建设检测费		12

续表

序号	工程或费用项目名称	编制依据及计算说明	合价
3.5.1	工程质量检测费		12
3.5.1.1	非电缆工程工程质量检测费	［建筑工程费 + 安装工程费 –（电缆建筑工程费 + 电缆安装工程费）］×0.15%	12
3.6	技术经济标准编制费	（建筑工程费 + 安装工程费）×0.1%	8
4	生产准备费		41
4.1	非电缆工程生产准备费	［建筑工程费 + 安装工程费 –（电缆建筑工程费 + 电缆安装工程费）］×0.5%	41
	合计	（建设场地征用及清理费 + 项目建设管理费 + 项目建设技术服务费 + 生产准备费）×100%	5150

4.47　D1–2 10kV 高压熔断器

4.47.1　典型方案主要内容

本典型方案为新建 1 组 10kV 高压熔断器工程。内容包括高压熔断器安装调试、交流避雷器安装调试、金具安装、接地材料安装、标识牌安装等。

4.47.2　典型方案技术条件

典型方案 D1–2 主要技术条件表和设备材料表见表 4–231 和表 4–232。

表 4–231　　典型方案 D1–2 技术条件表

方案名称	工程主要技术条件	
D1–2	电压等级	10kV
	工作范围	新建 1 组 10kV 高压熔断器工程
	熔断器型号	高压熔断器，AC10kV，跌落式，100A
	地形	100% 平地
	气象条件	覆冰 10mm，最大风速 25m/s
	安全系数	5.0
	其他费用	

表 4–232　　典型方案 D1–2 设备材料表

序号	设备材料名称	单位	数量	备注
1	高压熔断器，AC10kV，跌落式，100A	只	3	支架厂家配送

续表

序号	设备材料名称	单位	数量	备注
2	交流避雷器，AC10kV，13kV，硅橡胶，40kV，带间隙	只	3	
3	电缆接线端子，铜镀锡，50mm^2，单孔	只	6	
4	布电线，BV，铜，50，1	m	15	
5	接续金具－接地线夹，JDL-50-240	付	3	
6	接地桩 2.5m ∠ 50×50×5	根	1	
7	接地扁铁，4×40，6000mm	根	1	
8	开关标识牌	块	1	

4.47.3 典型方案概算书

典型方案 D1-2 概算书包括总概算汇总表、安装工程专业汇总表与其他费用概算表，见表 4-233 ~ 表 4-235。

表 4-233 典型方案 D1-2 总概算汇总表 金额单位：元

序号	工程或费用名称	建筑工程费	设备购置费	安装工程费	其他费用	基本预备费	合计	各项占静态投资比例（%）	单位投资
一	配电站、开关站工程								
二	充电站、换电站工程								
三	架空线路工程		1682	3132			4814	75.47	
四	电缆线路工程								
五	通信站工程								
六	通信线路工程								
	小计		1682	3132			4814	75.47	
七	其他费用				1501		1501	23.54	
（一）	建设场地征用及清理费								

续表

序号	工程或费用名称	建筑工程费	设备购置费	安装工程费	其他费用	基本预备费	合计	各项占静态投资比例（%）	单位投资
（二）	项目建设管理费				124		124	1.94	
（三）	项目建设技术服务费				1362		1362	21.35	
（四）	生产准备费				16		16	0.25	
八	基本预备费					63	63	0.99	
九	特殊项目费								
	工程静态投资		1682	3132	1501	63	6378	100	
	各项占静态投资的比例（%）		26	49	24	1	100		
十	工程动态费用								
（一）	价差预备费								
（二）	建设期贷款利息								
	工程动态投资		1682	3132	1501	63	6378		
	各项占动态投资的比例（%）		26	49	24	1	100		
	生产期可抵扣增值税								

表 4-234　　典型方案 D1-2 安装工程专业汇总表　　金额单位：元

序号	工程名称	设备购置费	安装工程费			合计	技术经济指标		
			金额	其中			单位	数量	指标
				未计价材料费	人工费				
	安装工程	1682	3132	1339	537	4814			

续表

序号	工程名称	设备购置费	安装工程费			合计	技术经济指标		
			金额	其中			单位	数量	指标
				未计价材料费	人工费				
X	架空线路工程	1682	3132	1339	537	4814			
一	架空线路本体工程	1682	3132	1339	537	4814	元/km		
3	架线工程	1682	3132	1339	537	4814			
3.1	导线架设	1682	3132	1339	537	4814	元/km		
3.1.1	D1–2	1682	3132	1339	537	4814			
	合计	1682	3132	1339	537	4814			

表 4–235　　典型方案 D1–2 其他费用概算表　　金额单位：元

序号	工程或费用项目名称	编制依据及计算说明	合价
2	项目建设管理费		124
2.1	项目管理经费		38
2.1.1	非电缆工程项目管理经费	［建筑工程费＋安装工程费－（电缆建筑工程费＋电缆安装工程费）］×1.22%	38
2.2	招标费	（建筑工程费＋安装工程费＋设备购置费）×0.32%	15
2.3	工程监理费	（1）高海拔地区、严寒地区、酷热地区按照本规定乘以 1.1 系数。 （2）如需开展环境监理和水土保持监理时，按照本规定乘以 1.1 系数	70
2.3.1	非电缆工程监理费	［建筑工程费＋安装工程费－（电缆建筑工程费＋电缆安装工程费）］×2.244%	70
3	项目建设技术服务费		1362
3.1	项目前期工作费		72
3.1.1	非电缆工程项目前期工作费	［建筑工程费＋安装工程费－（电缆建筑工程费＋电缆安装工程费）］×2.29%	72

续表

序号	工程或费用项目名称	编制依据及计算说明	合价
3.2	勘察设计费		434
3.2.2	设计费		434
3.2.2.1	基本设计费	368 × 100% 基本设计费低于 1000 元的，按 1000 元计列	368
3.2.2.2	其他设计费		66
3.2.2.2.1	施工图预算编制费	基本设计费 × 10%	37
3.2.2.2.2	竣工图文件编制费	基本设计费 × 8%	29
3.3	设计文件评审费		48
3.3.1	初步设计文件评审费	基本设计费 × 2.2%	22
3.3.2	施工图文件评审费	基本设计费 × 2.6% 其中，施工图预算文件评审费用为施工图文件评审费的 30%	26
3.4	施工过程造价咨询及竣工结算审核费	施工过程造价咨询及竣工结算审核费 × 100% （1）电缆线路工程费率为 1.02%；若电缆线路工程中建筑工程采用电缆沟、电缆隧道时，电缆线路工程费率乘以 0.8 系数。 （2）若只开展竣工结算审核时，其费用按以上规定的 75% 计取。 （3）该项费用低于 800 元时，按照 800 元计列	800
3.5	工程建设检测费		5
3.5.1	工程质量检测费		5
3.5.1.1	非电缆工程工程质量检测费	［建筑工程费 + 安装工程费 –（电缆建筑工程费 + 电缆安装工程费）］× 0.15%	5
3.6	技术经济标准编制费	（建筑工程费 + 安装工程费）× 0.1%	3
4	生产准备费		16
4.1	非电缆工程生产准备费	［建筑工程费 + 安装工程费 –（电缆建筑工程费 + 电缆安装工程费）］× 0.5%	16
	合计	（建设场地征用及清理费 + 项目建设管理费 + 项目建设技术服务费 + 生产准备费）× 100%	1501

第三部分

电缆线路工程

第 5 章 电缆线路工程典型方案典型造价

电缆直埋典型方案共 4 个，按照电缆直埋根数区分；电缆排管典型方案共 12 个，按照排管孔数区分；电缆拉管典型方案共 11 个，按照拉管孔数区分；电缆顶管典型方案共 4 个，按顶管内径取费；电缆沟典型方案共 14 个，电缆支架区分单、双侧，结构分为砖砌与现浇混凝土；电缆井典型方案共 23 个，区分过路与非过路形式，结构分为砖砌与钢筋混凝土。电缆电气典型共 5 个，按电缆截面分为 400、300、240、150 与 $70mm^2$。

5.1 E1-1 直埋（1 根电缆）

5.1.1 典型方案主要内容

本典型方案为 10kV 新建电缆直埋（1 根电缆）工程，内容包括：材料运输；基槽开挖及回填；电缆敷设；电缆保护板制作及安装，电缆警示带敷设；电缆标识桩材料及安装工程量，若发生按实际情况考虑。

5.1.2 典型方案技术条件

典型方案 E1-1 主要技术条件表和设备材料表见表 5-1 和表 5-2。

表 5-1 典型方案 E1-1 主要技术条件表

方案名称	工程主要技术条件	
直埋（1 根电缆）	电压等级	10kV
	工作范围	新建电缆直埋
	地形	100% 平地
	电缆根数	1
	路径长度	1m
	地质条件	100% 普通土
	运距	人力 0.3km，汽车 10km

表 5-2　　典型方案 E1-1 设备材料表

序号	物料描述	单位	数量	备注
1	机械挖土	m^3	0.6273	
2	回填土	m^3	0.6	
3	C25 混凝土（保护板）	m^3	0.07	
4	钢筋（保护板）	t	0.02	
5	电缆警示带	m	1	

5.1.3　典型方案概算书

典型方案 E1-1 概算书包括总概算汇总表、建筑工程专业汇总表与其他费用概算表，见表 5-3 ~ 表 5-5。

表 5-3　　典型方案 E1-1 总概算汇总表　　金额单位：元

序号	工程或费用名称	建筑工程费	设备工程费	安装工程费	其他费用	基本预备费	合计	各项占静态投资比例（%）
一	配电站、开关站工程							
二	充电站、换电站工程							
三	架空线路工程							
四	电缆线路工程	217					217	19.01
五	通信站工程							
六	通信线路工程							
	小计	217					217	19.01
七	其他费用				914		914	80
（一）	建设场地征用及清理费							
（二）	项目建设管理费				22		22	1.97
（三）	项目建设技术服务费				889		889	77.79
（四）	生产准备费				3		3	0.25
八	基本预备费					11	11	0.99
九	特殊项目费							
	工程静态投资	217			914	11	1143	100

表 5-4　　典型方案 E1-1 建筑工程专业汇总表　　金额单位：元

序号	工程名称	建筑工程费				合计
		金额	其中			
			设备费	未计价材料费	人工费	
	建筑工程	217		4	27	217
L	电缆线路工程	217		4	27	217
二	构筑物	217		4	27	217
4	直埋	217		4	27	217
4.1	A-1-1	217		4	27	217
	合计	217		4	27	217

表 5-5　　典型方案 E1-1 其他费用概算表　　金额单位：元

序号	工程或费用项目名称	编制依据及计算说明	合价
2	项目建设管理费		22
2.1	项目管理经费		7
2.1.2	电缆工程项目管理经费	（电缆建筑工程费 + 电缆安装工程费）×3.1% 若电缆线路工程中建筑工程采用电缆沟、电缆隧道时，电缆线路工程费率乘以 0.8 系数	7
2.2	招标费	（建筑工程费 + 安装工程费 + 设备购置费）×0.32%	1
2.3	工程监理费	（1）高海拔地区、严寒地区、酷热地区按照本规定乘以 1.1 系数。 （2）如需开展环境监理和水土保持监理时，按照本规定乘以 1.1 系数	15
2.3.2	电缆工程监理费	（电缆建筑工程费 + 电缆安装工程费）×6.93% 若电缆线路工程中建筑工程采用电缆沟、电缆隧道时，电缆线路工程费率乘以 0.8 系数	15
3	项目建设技术服务费		889
3.1	项目前期工作费		10
3.1.2	电缆工程项目前期工作费	（电缆建筑工程费 + 电缆安装工程费）×4.83% 若电缆线路工程中建筑工程采用电缆沟、电缆隧道时，电缆线路工程费率乘以 0.8 系数	10

续表

序号	工程或费用项目名称	编制依据及计算说明	合价
3.2	勘察设计费		29
3.2.1	勘察费		10
3.2.1.1	一般勘察费	（1）工程勘察只进行测量和设置工程定位点平面坐标及高程等一般性定位测量作业时，费用按照以上标准的 30% 计算。 （2）不需要勘察或不涉及场地变化的不计勘察费	10
3.2.1.1.1	非架空工程勘察费	建筑工程费 ×4.5%	10
3.2.2	设计费		20
3.2.2.1	基本设计费	16.62×100% 基本设计费低于 1000 元的，按 1000 元计列	17
3.2.2.2	其他设计费		3
3.2.2.2.1	施工图预算编制费	基本设计费 ×10%	2
3.2.2.2.2	竣工图文件编制费	基本设计费 ×8%	1
3.3	设计文件评审费		48
3.3.1	初步设计文件评审费	基本设计费 ×2.2%	22
3.3.2	施工图文件评审费	基本设计费 ×2.6% 其中，施工图预算文件评审费用为施工图文件评审费的 30%	26
3.4	施工过程造价咨询及竣工结算审核费	施工过程造价咨询及竣工结算审核费 ×100% （1）电缆线路工程费率为 1.02%；若电缆线路工程中建筑工程采用电缆沟、电缆隧道时，电缆线路工程费率乘以 0.8 系数。 （2）若只开展竣工结算审核时，其费用按以上规定的 75% 计取。 （3）该项费用低于 800 元时，按照 800 元计列	800
3.5	工程建设检测费		1
3.5.1	工程质量检测费		1
3.5.1.2	电缆工程工程质量检测费	（电缆建筑工程费 + 电缆安装工程费）×0.39% 若电缆线路工程中建筑工程采用电缆沟、电缆隧道时，电缆线路工程费率乘以 0.8 系数	1
3.6	技术经济标准编制费	（建筑工程费 + 安装工程费）×0.1%	0
4	生产准备费		3

续表

序号	工程或费用项目名称	编制依据及计算说明	合价
4.2	电缆工程生产准备费	（电缆建筑工程费＋电缆安装工程费）×1.3% 若电缆线路工程中建筑工程采用电缆沟、电缆隧道时，电缆线路工程费率乘以0.8系数	3
	合计	（建设场地征用及清理费＋项目建设管理费＋项目建设技术服务费＋生产准备费）×100%	914

5.2 E1-2直埋（2根电缆）

5.2.1 典型方案主要内容

本典型方案为10kV新建电缆直埋（2根电缆）工程，内容包括：材料运输；基槽开挖及回填；电缆敷设；电缆保护板制作及安装，电缆警示带敷设；电缆标识桩材料及安装工程量，若发生按实际情况考虑。

5.2.2 典型方案技术条件

典型方案E1-2主要技术条件表和设备材料表见表5-6和表5-7。

表5-6 典型方案E1-2主要技术条件表

方案名称	工程主要技术条件	
直埋（2根电缆）	电压等级	10kV
	工作范围	新建电缆直埋
	地形	100%平地
	电缆根数	2
	路径长度	1m
	地质条件	100%普通土
	运距	人力0.3km，汽车10km

表5-7 典型方案E1-2设备材料表

序号	物料描述	单位	数量	备注
1	机械挖土	m^3	0.9073	
2	回填土	m^3	0.7	
3	C25混凝土（保护板）	m^3	0.14	

续表

序号	物料描述	单位	数量	备注
4	钢筋（保护板）	t	0.03	
5	电缆警示带	m	1	

5.2.3　典型方案概算书

典型方案 E1-2 概算书包括总概算汇总表、建筑工程专业汇总表与其他费用概算表，见表 5-8 ~ 表 5-10。

表 5-8　　典型方案 E1-2 总概算汇总表　　金额单位：元

序号	工程或费用名称	建筑工程费	设备购置费	安装工程费	其他费用	基本预备费	合计	各项占静态投资比例（%）
一	配电站、开关站工程							
二	充电站、换电站工程							
三	架空线路工程							
四	电缆线路工程	356					356	26.87
五	通信站工程							
六	通信线路工程							
	小计	356					356	26.87
七	其他费用				957		957	72.14
（一）	建设场地征用及清理费							
（二）	项目建设管理费				37		37	2.78
（三）	项目建设技术服务费				915		915	69.01
（四）	生产准备费				5		5	0.35
八	基本预备费					13	13	0.99
九	特殊项目费							
	工程静态投资	356			957	13	1326	100

表 5-9　典型方案 E1-2 建筑工程专业汇总表　金额单位：元

序号	工程名称	建筑工程费				合计
		金额	其中			
			设备费	未计价材料费	人工费	
	建筑工程	356		4	44	356
L	电缆线路工程	356		4	44	356
二	构筑物	356		4	44	356
4	直埋	356		4	44	356
4.1	A-1-2	356		4	44	356
	合计	356		4	44	356

表 5-10　典型方案 E1-2 其他费用概算表　金额单位：元

序号	工程或费用项目名称	编制依据及计算说明	合价
2	项目建设管理费		37
2.1	项目管理经费		11
2.1.2	电缆工程项目管理经费	（电缆建筑工程费 + 电缆安装工程费）×3.1% 若电缆线路工程中建筑工程采用电缆沟、电缆隧道时，电缆线路工程费率乘以 0.8 系数	11
2.2	招标费	（建筑工程费 + 安装工程费 + 设备购置费）×0.32%	1
2.3	工程监理费	（1）高海拔地区、严寒地区、酷热地区按照本规定乘以 1.1 系数。 （2）如需开展环境监理和水土保持监理时，按照本规定乘以 1.1 系数	25
2.3.2	电缆工程监理费	（电缆建筑工程费 + 电缆安装工程费）×6.93% 若电缆线路工程中建筑工程采用电缆沟、电缆隧道时，电缆线路工程费率乘以 0.8 系数	25
3	项目建设技术服务费		915
3.1	项目前期工作费		17
3.1.2	电缆工程项目前期工作费	（电缆建筑工程费 + 电缆安装工程费）×4.83% 若电缆线路工程中建筑工程采用电缆沟、电缆隧道时，电缆线路工程费率乘以 0.8 系数	17

续表

序号	工程或费用项目名称	编制依据及计算说明	合价
3.2	勘察设计费		48
3.2.1	勘察费		16
3.2.1.1	一般勘察费	（1）工程勘察只进行测量和设置工程定位点平面坐标及高程等一般性定位测量作业时，费用按照以上标准的 30% 计算。 （2）不需要勘察或不涉及场地变化的不计勘察费	16
3.2.1.1.1	非架空工程勘察费	建筑工程费 ×4.5%	16
3.2.2	设计费		32
3.2.2.1	基本设计费	27.26×100% 基本设计费低于 1000 元的，按 1000 元计列	27
3.2.2.2	其他设计费		5
3.2.2.2.1	施工图预算编制费	基本设计费 ×10%	3
3.2.2.2.2	竣工图文件编制费	基本设计费 ×8%	2
3.3	设计文件评审费		48
3.3.1	初步设计文件评审费	基本设计费 ×2.2%	22
3.3.2	施工图文件评审费	基本设计费 ×2.6% 其中，施工图预算文件评审费用为施工图文件评审费的 30%	26
3.4	施工过程造价咨询及竣工结算审核费	施工过程造价咨询及竣工结算审核费 ×100% （1）电缆线路工程费率为 1.02%；若电缆线路工程中建筑工程采用电缆沟、电缆隧道时，电缆线路工程费率乘以 0.8 系数。 （2）若只开展竣工结算审核时，其费用按以上规定的 75% 计取。 （3）该项费用低于 800 元时，按照 800 元计列	800
3.5	工程建设检测费		1
3.5.1	工程质量检测费		1
3.5.1.2	电缆工程工程质量检测费	（电缆建筑工程费 + 电缆安装工程费）×0.39% 若电缆线路工程中建筑工程采用电缆沟、电缆隧道时，电缆线路工程费率乘以 0.8 系数	1
3.6	技术经济标准编制费	（建筑工程费 + 安装工程费）×0.1%	0

续表

序号	工程或费用项目名称	编制依据及计算说明	合价
4	生产准备费		5
4.2	电缆工程生产准备费	（电缆建筑工程费+电缆安装工程费）×1.3% 若电缆线路工程中建筑工程采用电缆沟、电缆隧道时，电缆线路工程费率乘以0.8系数	5
	合计	（建设场地征用及清理费+项目建设管理费+项目建设技术服务费+生产准备费）×100%	957

5.3　E1-3直埋（3根电缆）

5.3.1　典型方案主要内容

本典型方案为10kV新建电缆直埋（3根电缆）工程，内容包括：材料运输；基槽开挖及回填；电缆敷设；电缆保护板制作及安装，电缆警示带敷设；电缆标识桩材料及安装工程量，若发生按实际情况考虑。

5.3.2　典型方案技术条件

典型方案E1-3主要技术条件表和设备材料表见表5-11和表5-12。

表5-11　　典型方案E1-3主要技术条件表

方案名称	工程主要技术条件	
直埋（3根电缆）	电压等级	10kV
	工作范围	新建电缆直埋
	地形	100%平地
	电缆根数	3
	路径长度	1m
	地质条件	100%普通土
	运距	人力0.3km，汽车10km

表5-12　　典型方案E1-3设备材料表

序号	物料描述	单位	数量	备注
1	机械挖土	m^3	0.9873	
2	回填土	m^3	0.8	

续表

序号	物料描述	单位	数量	备注
3	C25 混凝土（保护板）	m^3	0.21	
4	钢筋（保护板）	t	0.05	
5	电缆警示带	m	1	

5.3.3　典型方案概算书

典型方案 E1-3 概算书包括总概算汇总表、建筑工程专业汇总表与其他费用概算表，见表 5-13 ~ 表 5-15。

表 5-13　　典型方案 E1-3 总概算汇总表　　金额单位：元

序号	工程或费用名称	建筑工程费	设备购置费	安装工程费	其他费用	基本预备费	合计	各项占静态投资比例（%）
一	配电站、开关站工程							
二	充电站、换电站工程							
三	架空线路工程							
四	电缆线路工程	541					541	34.46
五	通信站工程							
六	通信线路工程							
	小计	541					541	34.46
七	其他费用				1013		1013	64.55
（一）	建设场地征用及清理费							
（二）	项目建设管理费				56		56	3.57
（三）	项目建设技术服务费				950		950	60.53
（四）	生产准备费				7		7	0.45
八	基本预备费					16	16	0.99
九	特殊项目费							
	工程静态投资	541			1013	16	1569	100

表 5-14 典型方案 E1-3 建筑工程专业汇总表 金额单位：元

序号	工程名称	建筑工程费				合计
		金额	其中			
			设备费	未计价材料费	人工费	
	建筑工程	541		4	66	541
L	电缆线路工程	541		4	66	541
二	构筑物	541		4	66	541
4	直埋	541		4	66	541
4.1	A–1–3	541		4	66	541
	合计	541		4	66	541

表 5-15 典型方案 E1-3 其他费用概算表 金额单位：元

序号	工程或费用项目名称	编制依据及计算说明	合价
2	项目建设管理费		56
2.1	项目管理经费		17
2.1.2	电缆工程项目管理经费	（电缆建筑工程费 + 电缆安装工程费）× 3.1% 若电缆线路工程中建筑工程采用电缆沟、电缆隧道时，电缆线路工程费率乘以 0.8 系数	17
2.2	招标费	（建筑工程费 + 安装工程费 + 设备购置费）× 0.32%	2
2.3	工程监理费	（1）高海拔地区、严寒地区、酷热地区按照本规定乘以 1.1 系数。 （2）如需开展环境监理和水土保持监理时，按照本规定乘以 1.1 系数	37
2.3.2	电缆工程监理费	（电缆建筑工程费 + 电缆安装工程费）× 6.93% 若电缆线路工程中建筑工程采用电缆沟、电缆隧道时，电缆线路工程费率乘以 0.8 系数	37
3	项目建设技术服务费		950
3.1	项目前期工作费		26
3.1.2	电缆工程项目前期工作费	（电缆建筑工程费 + 电缆安装工程费）× 4.83% 若电缆线路工程中建筑工程采用电缆沟、电缆隧道时，电缆线路工程费率乘以 0.8 系数	26

续表

序号	工程或费用项目名称	编制依据及计算说明	合价
3.2	勘察设计费		73
3.2.1	勘察费		24
3.2.1.1	一般勘察费	（1）工程勘察只进行测量和设置工程定位点平面坐标及高程等一般性定位测量作业时，费用按照以上标准的30%计算。 （2）不需要勘察或不涉及场地变化的不计勘察费	24
3.2.1.1.1	非架空工程勘察费	建筑工程费 ×4.5%	24
3.2.2	设计费		49
3.2.2.1	基本设计费	41.37×100% 基本设计费低于1000元的，按1000元计列	41
3.2.2.2	其他设计费		7
3.2.2.2.1	施工图预算编制费	基本设计费 ×10%	4
3.2.2.2.2	竣工图文件编制费	基本设计费 ×8%	3
3.3	设计文件评审费		48
3.3.1	初步设计文件评审费	基本设计费 ×2.2%	22
3.3.2	施工图文件评审费	基本设计费 ×2.6% 其中，施工图预算文件评审费用为施工图文件评审费的30%	26
3.4	施工过程造价咨询及竣工结算审核费	施工过程造价咨询及竣工结算审核费 ×100% （1）电缆线路工程费率为1.02%；若电缆线路工程中建筑工程采用电缆沟、电缆隧道时，电缆线路工程费率乘以0.8系数。 （2）若只开展竣工结算审核时，其费用按以上规定的75%计取。 （3）该项费用低于800元时，按照800元计列	800
3.5	工程建设检测费		2
3.5.1	工程质量检测费		2
3.5.1.2	电缆工程工程质量检测费	（电缆建筑工程费+电缆安装工程费）×0.39% 若电缆线路工程中建筑工程采用电缆沟、电缆隧道时，电缆线路工程费率乘以0.8系数	2
3.6	技术经济标准编制费	（建筑工程费+安装工程费）×0.1%	1

续表

序号	工程或费用项目名称	编制依据及计算说明	合价
4	生产准备费		7
4.2	电缆工程生产准备费	（电缆建筑工程费 + 电缆安装工程费）× 1.3% 若电缆线路工程中建筑工程采用电缆沟、电缆隧道时，电缆线路工程费率乘以 0.8 系数	7
	合计	（建设场地征用及清理费 + 项目建设管理费 + 项目建设技术服务费 + 生产准备费）× 100%	1013

5.4 E1–4 直埋（4 根电缆）

5.4.1 典型方案主要内容

本典型方案为 10kV 新建电缆直埋（4 根电缆）工程，内容包括：材料运输；基槽开挖及回填；电缆敷设；电缆保护板制作及安装，电缆警示带敷设；电缆标识桩材料及安装工程量，若发生按实际情况考虑。

5.4.2 典型方案技术条件

典型方案 E1–4 主要技术条件表和设备材料表见表 5–16 和表 5–17。

表 5–16　　典型方案 E1–4 主要技术条件表

方案名称	工程主要技术条件	
直埋（4 根电缆）	电压等级	10kV
	工作范围	新建电缆直埋
	地形	100% 平地
	电缆根数	4
	路径长度	1m
	地质条件	100% 普通土
	运距	人力 0.3km，汽车 10km

表 5–17　　典型方案 E1–4 设备材料表

序号	物料描述	单位	数量	备注
1	机械挖土	m^3	1.1673	
2	回填土	m^3	0.9	

续表

序号	物料描述	单位	数量	备注
3	C25 混凝土（保护板）	m^3	0.28	
4	钢筋（保护板）	t	0.06	
5	电缆警示带	m	1	

5.4.3　典型方案概算书

典型方案 E1–4 概算书包括总概算汇总表、建筑工程专业汇总表与其他费用概算表，见表 5–18 ~ 表 5–20。

表 5–18　　典型方案 E1–4 总概算汇总表　　金额单位：元

序号	工程或费用名称	建筑工程费	设备购置费	安装工程费	其他费用	基本预备费	合计	各项占静态投资比例（%）
一	配电站、开关站工程							
二	充电站、换电站工程							
三	架空线路工程							
四	电缆线路工程	671					671	38.54
五	通信站工程							
六	通信线路工程							
	小计	671					671	38.54
七	其他费用				1053		1053	60.47
（一）	建设场地征用及清理费							
（二）	项目建设管理费				69		69	3.99
（三）	项目建设技术服务费				974		974	55.98
（四）	生产准备费				9		9	0.5
八	基本预备费					17	17	0.99
九	特殊项目费							
	工程静态投资	671			1053	17	1741	100

表 5-19　　典型方案 E1-4 建筑工程专业汇总表　　金额单位：元

序号	工程名称	建筑工程费				合计
		金额	其中			
			设备费	未计价材料费	人工费	
	建筑工程	671		4	83	671
L	电缆线路工程	671		4	83	671
二	构筑物	671		4	83	671
4	直埋	671		4	83	671
4.1	A-1-4	671		4	83	671
	合计	671		4	83	671

表 5-20　　典型方案 E1-4 其他费用概算表　　金额单位：元

序号	工程或费用项目名称	编制依据及计算说明	合价
2	项目建设管理费		69
2.1	项目管理经费		21
2.1.2	电缆工程项目管理经费	（电缆建筑工程费＋电缆安装工程费）×3.1% 若电缆线路工程中建筑工程采用电缆沟、电缆隧道时，电缆线路工程费率乘以 0.8 系数	21
2.2	招标费	（建筑工程费＋安装工程费＋设备购置费）×0.32%	2
2.3	工程监理费	（1）高海拔地区、严寒地区、酷热地区按照本规定乘以 1.1 系数。 （2）如需开展环境监理和水土保持监理时，按照本规定乘以 1.1 系数	46
2.3.2	电缆工程监理费	（电缆建筑工程费＋电缆安装工程费）×6.93% 若电缆线路工程中建筑工程采用电缆沟、电缆隧道时，电缆线路工程费率乘以 0.8 系数	46
3	项目建设技术服务费		974
3.1	项目前期工作费		32
3.1.2	电缆工程项目前期工作费	（电缆建筑工程费＋电缆安装工程费）×4.83% 若电缆线路工程中建筑工程采用电缆沟、电缆隧道时，电缆线路工程费率乘以 0.8 系数	32

续表

序号	工程或费用项目名称	编制依据及计算说明	合价
3.2	勘察设计费		91
3.2.1	勘察费		30
3.2.1.1	一般勘察费	（1）工程勘察只进行测量和设置工程定位点平面坐标及高程等一般性定位测量作业时，费用按照以上标准的 30% 计算。 （2）不需要勘察或不涉及场地变化的不计勘察费	30
3.2.1.1.1	非架空工程勘察费	建筑工程费 ×4.5%	30
3.2.2	设计费		61
3.2.2.1	基本设计费	51.33×100%	51
3.2.2.2	其他设计费		9
3.2.2.2.1	施工图预算编制费	基本设计费 ×10%	5
3.2.2.2.2	竣工图文件编制费	基本设计费 ×8%	4
3.3	设计文件评审费		48
3.3.1	初步设计文件评审费	基本设计费 ×2.2%	22
3.3.2	施工图文件评审费	基本设计费 ×2.6% 其中，施工图预算文件评审费用为施工图文件评审费的 30%	26
3.4	施工过程造价咨询及竣工结算审核费	施工过程造价咨询及竣工结算审核费 ×100% （1）电缆线路工程费率为 1.02%；若电缆线路工程中建筑工程采用电缆沟、电缆隧道时，电缆线路工程费率乘以 0.8 系数。 （2）若只开展竣工结算审核时，其费用按以上规定的 75% 计取。 （3）该项费用低于 800 元时，按照 800 元计列	800
3.5	工程建设检测费		3
3.5.1	工程质量检测费		3
3.5.1.2	电缆工程工程质量检测费	（电缆建筑工程费 + 电缆安装工程费）×0.39% 若电缆线路工程中建筑工程采用电缆沟、电缆隧道时，电缆线路工程费率乘以 0.8 系数	3
3.6	技术经济标准编制费	（建筑工程费 + 安装工程费）×0.1%	1

续表

序号	工程或费用项目名称	编制依据及计算说明	合价
4	生产准备费		9
4.2	电缆工程生产准备费	（电缆建筑工程费 + 电缆安装工程费）×1.3% 若电缆线路工程中建筑工程采用电缆沟、电缆隧道时，电缆线路工程费率乘以 0.8 系数	9
	合计	（建设场地征用及清理费 + 项目建设管理费 + 项目建设技术服务费 + 生产准备费）×100%	1053

5.5 E2-1 排管（排管 2×2 混凝土包封）

5.5.1 典型方案主要内容

本典型方案为 10kV 新建电缆排管（排管 2×2 混凝土包封）工程，内容包括：材料运输；基槽开挖及回填；管道敷设；电缆排管垫层、包封混凝土支模及浇筑；电缆警示带敷设、电缆标识桩材料及安装工程量，若发生按实际情况考虑。本模块排管顶部和底部考虑架设钢筋网片，实际工程需按实调整。

5.5.2 典型方案技术条件

典型方案 E2-1 主要技术条件表和设备材料表见表 5-21 和表 5-22。

表 5-21 典型方案 E2-1 主要技术条件表

方案名称	工程主要技术条件	
排管 2×2 混凝土包封	电压等级	10kV
	工作范围	排管 2×2 混凝土包裹
	地形	100% 平地
	电缆管道规格	内径 200mm，壁厚 16mmMPP 管
	电缆管道根数	4 根
	路径长度	1m
	地质条件	100% 普通土
	运距	人力 0.3km，汽车 10km

表 5-22 典型方案 E2-1 设备材料表

序号	物料描述	单位	数量	备注
1	机械挖土	m^3	3.1141	

续表

序号	物料描述	单位	数量	备注
2	回填土	m^3	2.4	
3	C15 现浇素混凝土垫层	m^3	0.11	
4	C25 排管包封	m^3	0.53	
5	顶面和底面钢筋网	t	0.01	
6	内径 200mm，壁厚 16mmMPP 管	m	4	

5.5.3　典型方案概算书

典型方案 E2-1 概算书包括总概算汇总表、建筑工程专业汇总表与其他费用概算表，见表 5-23 ~ 表 5-25。

表 5-23　　典型方案 E2-1 总概算汇总表　　金额单位：元

序号	工程或费用名称	建筑工程费	设备购置费	安装工程费	其他费用	基本预备费	合计	各项占静态投资比例（%）
一	配电站、开关站工程							
二	充电站、换电站工程							
三	架空线路工程							
四	电缆线路工程	1278					1278	50.3
五	通信站工程							
六	通信线路工程							
	小计	1278					1278	50.3
七	其他费用				1238		1238	48.71
（一）	建设场地征用及清理费							
（二）	项目建设管理费				132		132	5.21
（三）	项目建设技术服务费				1089		1089	42.85
（四）	生产准备费				17		17	0.65
八	基本预备费					25	25	0.99
九	特殊项目费							
	工程静态投资	1278			1238	25	2541	100

表 5-24　　典型方案 E2-1 建筑工程专业汇总表　　金额单位：元

序号	工程名称	建筑工程费				合计
		金额	其中			
			设备费	未计价材料费	人工费	
	建筑工程	1278		46	91	1278
L	电缆线路工程	1278		46	91	1278
二	构筑物	1278		46	91	1278
5	排管	1278		46	91	1278
5.1	B-1-1-2 排管 2×2 混凝土包封	1278		46	91	1278
	合计	1278		46	91	1278

表 5-25　　典型方案 E2-1 其他费用概算表　　金额单位：元

序号	工程或费用项目名称	编制依据及计算说明	合价
2	项目建设管理费		132
2.1	项目管理经费		40
2.1.2	电缆工程项目管理经费	（电缆建筑工程费＋电缆安装工程费）×3.1% 若电缆线路工程中建筑工程采用电缆沟、电缆隧道时，电缆线路工程费率乘以 0.8 系数	40
2.2	招标费	（建筑工程费＋安装工程费＋设备购置费）×0.32%	4
2.3	工程监理费	（1）高海拔地区、严寒地区、酷热地区按照本规定乘以 1.1 系数。 （2）如需开展环境监理和水土保持监理时，按照本规定乘以 1.1 系数	89
2.3.2	电缆工程监理费	（电缆建筑工程费＋电缆安装工程费）×6.93% 若电缆线路工程中建筑工程采用电缆沟、电缆隧道时，电缆线路工程费率乘以 0.8 系数	89
3	项目建设技术服务费		1089
3.1	项目前期工作费		62
3.1.2	电缆工程项目前期工作费	（电缆建筑工程费＋电缆安装工程费）×4.83% 若电缆线路工程中建筑工程采用电缆沟、电缆隧道时，电缆线路工程费率乘以 0.8 系数	62

续表

序号	工程或费用项目名称	编制依据及计算说明	合价
3.2	勘察设计费		173
3.2.1	勘察费		58
3.2.1.1	一般勘察费	（1）工程勘察只进行测量和设置工程定位点平面坐标及高程等一般性定位测量作业时，费用按照以上标准的 30% 计算。 （2）不需要勘察或不涉及场地变化的不计勘察费	58
3.2.1.1.1	非架空工程勘察费	建筑工程费 ×4.5%	58
3.2.2	设计费		115
3.2.2.1	基本设计费	97.77×100%	98
3.2.2.2	其他设计费		18
3.2.2.2.1	施工图预算编制费	基本设计费 ×10%	10
3.2.2.2.2	竣工图文件编制费	基本设计费 ×8%	8
3.3	设计文件评审费		48
3.3.1	初步设计文件评审费	基本设计费 ×2.2%	22
3.3.2	施工图文件评审费	基本设计费 ×2.6% 其中，施工图预算文件评审费用为施工图文件评审费的 30%	26
3.4	施工过程造价咨询及竣工结算审核费	施工过程造价咨询及竣工结算审核费 ×100% （1）电缆线路工程费率为 1.02%；若电缆线路工程中建筑工程采用电缆沟、电缆隧道时，电缆线路工程费率乘以 0.8 系数。 （2）若只开展竣工结算审核时，其费用按以上规定的 75% 计取。 （3）该项费用低于 800 元时，按照 800 元计列	800
3.5	工程建设检测费		5
3.5.1	工程质量检测费		5
3.5.1.2	电缆工程工程质量检测费	（电缆建筑工程费＋电缆安装工程费）×0.39% 若电缆线路工程中建筑工程采用电缆沟、电缆隧道时，电缆线路工程费率乘以 0.8 系数	5
3.6	技术经济标准编制费	（建筑工程费＋安装工程费）×0.1%	1

续表

序号	工程或费用项目名称	编制依据及计算说明	合价
4	生产准备费		17
4.2	电缆工程生产准备费	（电缆建筑工程费 + 电缆安装工程费）× 1.3% 若电缆线路工程中建筑工程采用电缆沟、电缆隧道时，电缆线路工程费率乘以 0.8 系数	17
	合计	（建设场地征用及清理费 + 项目建设管理费 + 项目建设技术服务费 + 生产准备费）× 100%	1238

5.6　E2-2 排管（排管 2×3 混凝土包封）

5.6.1　典型方案主要内容

本典型方案为新建 10kV 新建电缆排管（排管 2×3 混凝土包封）工程，内容包括：材料运输；基槽开挖及回填；管道敷设；电缆排管垫层、包封混凝土支模及浇筑；电缆警示带敷设、电缆标识桩材料及安装工程量，若发生按实际情况考虑。本模块排管顶部和底部考虑架设钢筋网片，实际工程需按实调整。

5.6.2　典型方案技术条件

典型方案 E2-2 主要技术条件表和设备材料表见表 5-26 和表 5-27。

表 5-26　　典型方案 E2-2 主要技术条件表

方案名称	工程主要技术条件	
排管 2×3 混凝土包封	电压等级	10kV
	工作范围	排管 2×3 混凝土包裹
	地形	100% 平地
	电缆管道规格	内径 200mm，壁厚 16mmMPP 管
	电缆管道根数	6 根
	路径长度	1m
	地质条件	100% 普通土
	运距	人力 0.3km，汽车 10km

表 5-27　　典型方案 E2-2 设备材料表

序号	物料描述	单位	数量	备注
1	机械挖土	m^3	3.5313	

续表

序号	物料描述	单位	数量	备注
2	回填土	m^3	2.6	
3	C15 现浇素混凝土垫层	m^3	0.14	
4	C25 排管包封	m^3	0.69	
5	顶面和底面钢筋网	t	0.02	
6	内径 200mm，壁厚 16mmMPP 管	m	6	

5.6.3　典型方案概算书

典型方案 E2-2 概算书包括总概算汇总表、建筑工程专业汇总表与其他费用概算表，见表 5-28 ~ 表 5-30。

表 5-28　　典型方案 E2-2 总概算汇总表　　金额单位：元

序号	工程或费用名称	建筑工程费	设备购置费	安装工程费	其他费用	基本预备费	合计	各项占静态投资比例（%）
一	配电站、开关站工程							
二	充电站、换电站工程							
三	架空线路工程							
四	电缆线路工程	1772					1772	55.52
五	通信站工程							
六	通信线路工程							
	小计	1772					1772	55.52
七	其他费用				1388		1388	43.49
（一）	建设场地征用及清理费							
（二）	项目建设管理费				183		183	5.75
（三）	项目建设技术服务费				1182		1182	37.03
（四）	生产准备费				23		23	0.72
八	基本预备费					32	32	0.99
九	特殊项目费							
	工程静态投资	1772			1388	32	3192	100

表 5-29　　　　　　典型方案 E2-2 建筑工程专业汇总表　　　　　　金额单位：元

序号	工程名称	建筑工程费				合计
		金额	其中			
			设备费	未计价材料费	人工费	
	建筑工程	1772		68	117	1772
L	电缆线路工程	1772		68	117	1772
二	构筑物	1772		68	117	1772
5	排管	1772		68	117	1772
5.1	B-1-2-2 排管 2×3 混凝土包封	1772		68	117	1772
	合计	1772		68	117	1772

表 5-30　　　　　　典型方案 E2-2 其他费用概算表　　　　　　金额单位：元

序号	工程或费用项目名称	编制依据及计算说明	合价
2	项目建设管理费		183
2.1	项目管理经费		55
2.1.2	电缆工程项目管理经费	（电缆建筑工程费 + 电缆安装工程费）×3.1% 若电缆线路工程中建筑工程采用电缆沟、电缆隧道时，电缆线路工程费率乘以 0.8 系数	55
2.2	招标费	（建筑工程费 + 安装工程费 + 设备购置费）×0.32%	6
2.3	工程监理费	（1）高海拔地区、严寒地区、酷热地区按照本规定乘以 1.1 系数。 （2）如需开展环境监理和水土保持监理时，按照本规定乘以 1.1 系数	123
2.3.2	电缆工程监理费	（电缆建筑工程费 + 电缆安装工程费）×6.93% 若电缆线路工程中建筑工程采用电缆沟、电缆隧道时，电缆线路工程费率乘以 0.8 系数	123
3	项目建设技术服务费		1182
3.1	项目前期工作费		86
3.1.2	电缆工程项目前期工作费	（电缆建筑工程费 + 电缆安装工程费）×4.83% 若电缆线路工程中建筑工程采用电缆沟、电缆隧道时，电缆线路工程费率乘以 0.8 系数	86

续表

序号	工程或费用项目名称	编制依据及计算说明	合价
3.2	勘察设计费		240
3.2.1	勘察费		80
3.2.1.1	一般勘察费	（1）工程勘察只进行测量和设置工程定位点平面坐标及高程等一般性定位测量作业时，费用按照以上标准的 30% 计算。 （2）不需要勘察或不涉及场地变化的不计勘察费	80
3.2.1.1.1	非架空工程勘察费	建筑工程费 ×4.5%	80
3.2.2	设计费		160
3.2.2.1	基本设计费	135.57×100%	136
3.2.2.2	其他设计费		24
3.2.2.2.1	施工图预算编制费	基本设计费 ×10%	14
3.2.2.2.2	竣工图文件编制费	基本设计费 ×8%	11
3.3	设计文件评审费		48
3.3.1	初步设计文件评审费	基本设计费 ×2.2%	22
3.3.2	施工图文件评审费	基本设计费 ×2.6% 其中，施工图预算文件评审费用为施工图文件评审费的 30%	26
3.4	施工过程造价咨询及竣工结算审核费	施工过程造价咨询及竣工结算审核费 ×100% （1）电缆线路工程费率为 1.02%；若电缆线路工程中建筑工程采用电缆沟、电缆隧道时，电缆线路工程费率乘以 0.8 系数。 （2）若只开展竣工结算审核时，其费用按以上规定的 75% 计取。 （3）该项费用低于 800 元时，按照 800 元计列	800
3.5	工程建设检测费		7
3.5.1	工程质量检测费		7
3.5.1.2	电缆工程工程质量检测费	（电缆建筑工程费 + 电缆安装工程费）×0.39% 若电缆线路工程中建筑工程采用电缆沟、电缆隧道时，电缆线路工程费率乘以 0.8 系数	7
3.6	技术经济标准编制费	（建筑工程费 + 安装工程费）×0.1%	2

续表

序号	工程或费用项目名称	编制依据及计算说明	合价
4	生产准备费		23
4.2	电缆工程生产准备费	（电缆建筑工程费 + 电缆安装工程费）×1.3% 若电缆线路工程中建筑工程采用电缆沟、电缆隧道时，电缆线路工程费率乘以 0.8 系数	23
	合计	（建设场地征用及清理费 + 项目建设管理费 + 项目建设技术服务费 + 生产准备费）×100%	1388

5.7 E2-3 排管（排管 3×3 混凝土包封）

5.7.1 典型方案主要内容

本典型方案为 10kV 新建电缆排管（排管 3×3 混凝土包封）工程，内容包括：材料运输；基槽开挖及回填；管道敷设；电缆排管垫层、包封混凝土支模及浇筑；电缆警示带敷设、电缆标识桩材料及安装工程量，若发生按实际情况考虑。本模块排管顶部和底部考虑架设钢筋网片，实际工程需按实调整。

5.7.2 典型方案技术条件

典型方案 E2-3 主要技术条件表和设备材料表见表 5-31 和表 5-32。

表 5-31　典型方案 E2-3 主要技术条件表

方案名称	工程主要技术条件	
排管 3×3 混凝土包封	电压等级	10kV
	工作范围	排管 3×3 混凝土包裹
	地形	100% 平地
	电缆管道规格	内径 200mm，壁厚 16mmMPP 管
	电缆管道根数	9 根
	路径长度	1m
	地质条件	100% 普通土
	运距	人力 0.3km，汽车 10km

表 5-32　典型方案 E2-3 设备材料表

序号	物料描述	单位	数量	备注
1	机械挖土	m^3	4.2	

续表

序号	物料描述	单位	数量	备注
2	回填土	m^3	2.9	
3	C15 现浇素混凝土垫层	m^3	0.14	
4	C25 排管包封	m^3	0.95	
5	顶面和底面钢筋网	t	0.02	
6	内径 200mm，壁厚 16mmMPP 管	m	9	

5.7.3　典型方案概算书

典型方案 E2-3 概算书包括总概算汇总表、建筑工程专业汇总表与其他费用概算表，见表 5-33 ~ 表 5-35。

表 5-33　　典型方案 E2-3 总概算汇总表　　金额单位：元

序号	工程或费用名称	建筑工程费	设备购置费	安装工程费	其他费用	基本预备费	合计	各项占静态投资比例（%）
一	配电站、开关站工程							
二	充电站、换电站工程							
三	架空线路工程							
四	电缆线路工程	2501					2501	60.22
五	通信站工程							
六	通信线路工程							
	小计	2501					2501	60.22
七	其他费用				1611		1611	38.79
（一）	建设场地征用及清理费							
（二）	项目建设管理费				259		259	6.23
（三）	项目建设技术服务费				1319		1319	31.77
（四）	生产准备费				33		33	0.78
八	基本预备费					41	41	0.99
九	特殊项目费							
	工程静态投资	2501			1611	41	4152	100

表 5-34　　典型方案 E2-3 建筑工程专业汇总表　　金额单位：元

序号	工程名称	建筑工程费				合计
		金额	其中			
			设备费	未计价材料费	人工费	
	建筑工程	2501		101	157	2501
L	电缆线路工程	2501		101	157	2501
二	构筑物	2501		101	157	2501
5	排管	2501		101	157	2501
5.1	B–1–3–2 排管 3×3 混凝土包封	2501		101	157	2501
	合计	2501		101	157	2501

表 5-35　　典型方案 E2-3 其他费用概算表　　金额单位：元

序号	工程或费用项目名称	编制依据及计算说明	合价
2	项目建设管理费		259
2.1	项目管理经费		78
2.1.2	电缆工程项目管理经费	（电缆建筑工程费 + 电缆安装工程费）×3.1% 若电缆线路工程中建筑工程采用电缆沟、电缆隧道时，电缆线路工程费率乘以 0.8 系数	78
2.2	招标费	（建筑工程费 + 安装工程费 + 设备购置费）×0.32%	8
2.3	工程监理费	（1）高海拔地区、严寒地区、酷热地区按照本规定乘以 1.1 系数。 （2）如需开展环境监理和水土保持监理时，按照本规定乘以 1.1 系数	173
2.3.2	电缆工程监理费	（电缆建筑工程费 + 电缆安装工程费）×6.93% 若电缆线路工程中建筑工程采用电缆沟、电缆隧道时，电缆线路工程费率乘以 0.8 系数	173
3	项目建设技术服务费		1319
3.1	项目前期工作费		121
3.1.2	电缆工程项目前期工作费	（电缆建筑工程费 + 电缆安装工程费）×4.83% 若电缆线路工程中建筑工程采用电缆沟、电缆隧道时，电缆线路工程费率乘以 0.8 系数	121

续表

序号	工程或费用项目名称	编制依据及计算说明	合价
3.2	勘察设计费		338
3.2.1	勘察费		113
3.2.1.1	一般勘察费	（1）工程勘察只进行测量和设置工程定位点平面坐标及高程等一般性定位测量作业时，费用按照以上标准的 30% 计算。 （2）不需要勘察或不涉及场地变化的不计勘察费	113
3.2.1.1.1	非架空工程勘察费	建筑工程费 ×4.5%	113
3.2.2	设计费		226
3.2.2.1	基本设计费	191.3×100%	191
3.2.2.2	其他设计费		34
3.2.2.2.1	施工图预算编制费	基本设计费 ×10%	19
3.2.2.2.2	竣工图文件编制费	基本设计费 ×8%	15
3.3	设计文件评审费		48
3.3.1	初步设计文件评审费	基本设计费 ×2.2%	22
3.3.2	施工图文件评审费	基本设计费 ×2.6% 其中，施工图预算文件评审费用为施工图文件评审费的 30%	26
3.4	施工过程造价咨询及竣工结算审核费	施工过程造价咨询及竣工结算审核费 ×100% （1）电缆线路工程费率为 1.02%；若电缆线路工程中建筑工程采用电缆沟、电缆隧道时，电缆线路工程费率乘以 0.8 系数。 （2）若只开展竣工结算审核时，其费用按以上规定的 75% 计取。 （3）该项费用低于 800 元时，按照 800 元计列	800
3.5	工程建设检测费		10
3.5.1	工程质量检测费		10
3.5.1.2	电缆工程工程质量检测费	（电缆建筑工程费 + 电缆安装工程费）×0.39% 若电缆线路工程中建筑工程采用电缆沟、电缆隧道时，电缆线路工程费率乘以 0.8 系数	10
3.6	技术经济标准编制费	（建筑工程费 + 安装工程费）×0.1%	3

续表

序号	工程或费用项目名称	编制依据及计算说明	合价
4	生产准备费		33
4.2	电缆工程生产准备费	（电缆建筑工程费 + 电缆安装工程费）× 1.3% 若电缆线路工程中建筑工程采用电缆沟、电缆隧道时，电缆线路工程费率乘以 0.8 系数	33
	合计	（建设场地征用及清理费 + 项目建设管理费 + 项目建设技术服务费 + 生产准备费）× 100%	1611

5.8 E2-4 排管（排管 3×4 混凝土包封）

5.8.1 典型方案主要内容

本典型方案为 10kV 新建电缆排管（排管 3×4 混凝土包封）工程，内容包括：材料运输；基槽开挖及回填；管道敷设；电缆排管垫层、包封混凝土支模及浇筑；电缆警示带敷设、电缆标识桩材料及安装工程量，若发生按实际情况考虑。本模块排管顶部和底部考虑架设钢筋网片，实际工程需按实调整。

5.8.2 典型方案技术条件

典型方案 E2-4 主要技术条件表和设备材料表见表 5-36 和表 5-37。

表 5-36 典型方案 E2-4 主要技术条件表

方案名称	工程主要技术条件	
排管 3×4 混凝土包封	电压等级	10kV
	工作范围	排管 3×4 混凝土包裹
	地形	100% 平地
	电缆管道规格	内径 200mm，壁厚 16mmMPP 管
	电缆管道根数	12 根
	路径长度	1m
	地质条件	100% 普通土
	运距	人力 0.3km，汽车 10km

表 5-37 典型方案 E2-4 设备材料表

序号	物料描述	单位	数量	备注
1	机械挖土	m^3	4.7	

续表

序号	物料描述	单位	数量	备注
2	回填土	m^3	3.1	
3	C15 现浇素混凝土垫层	m^3	0.17	
4	C25 排管包封	m^3	1.17	
5	顶面和底面钢筋网	t	0.02	
6	内径 200mm，壁厚 16mmMPP 管	m	12	

5.8.3　典型方案概算书

典型方案 E2-4 概算书包括总概算汇总表、建筑工程专业汇总表与其他费用概算表，见表 5-38 ~ 表 5-40。

表 5-38　　典型方案 E2-4 总概算汇总表　　金额单位：元

序号	工程或费用名称	建筑工程费	设备购置费	安装工程费	其他费用	基本预备费	合计	各项占静态投资比例（%）
一	配电站、开关站工程							
二	充电站、换电站工程							
三	架空线路工程							
四	电缆线路工程	3141					3141	62.86
五	通信站工程							
六	通信线路工程							
	小计	3141					3141	62.86
七	其他费用				1806		1806	36.15
（一）	建设场地征用及清理费							
（二）	项目建设管理费				325		325	6.51
（三）	项目建设技术服务费				1440		1440	28.82
（四）	生产准备费				41		41	0.82
八	基本预备费					49	49	0.99
九	特殊项目费							
	工程静态投资	3141			1806	49	4996	100

表 5-39　　典型方案 E2-4 建筑工程专业汇总表　　金额单位：元

序号	工程名称	建筑工程费				合计
		金额	其中			
			设备费	未计价材料费	人工费	
	建筑工程	3141		133	178	3141
L	电缆线路工程	3141		133	178	3141
二	构筑物	3141		133	178	3141
5	排管	3141		133	178	3141
5.1	B–1–4–2 排管 3×4 混凝土包封	3141		133	178	3141
	合计	3141		133	178	3141

表 5-40　　典型方案 E2-4 其他费用概算表　　金额单位：元

序号	工程或费用项目名称	编制依据及计算说明	合价
2	项目建设管理费		325
2.1	项目管理经费		97
2.1.2	电缆工程项目管理经费	（电缆建筑工程费 + 电缆安装工程费）×3.1% 若电缆线路工程中建筑工程采用电缆沟、电缆隧道时，电缆线路工程费率乘以 0.8 系数	97
2.2	招标费	（建筑工程费 + 安装工程费 + 设备购置费）×0.32%	10
2.3	工程监理费	（1）高海拔地区、严寒地区、酷热地区按照本规定乘以 1.1 系数。 （2）如需开展环境监理和水土保持监理时，按照本规定乘以 1.1 系数	218
2.3.2	电缆工程监理费	（电缆建筑工程费 + 电缆安装工程费）×6.93% 若电缆线路工程中建筑工程采用电缆沟、电缆隧道时，电缆线路工程费率乘以 0.8 系数	218
3	项目建设技术服务费		1440
3.1	项目前期工作费		152
3.1.2	电缆工程项目前期工作费	（电缆建筑工程费 + 电缆安装工程费）×4.83% 若电缆线路工程中建筑工程采用电缆沟、电缆隧道时，电缆线路工程费率乘以 0.8 系数	152

续表

序号	工程或费用项目名称	编制依据及计算说明	合价
3.2	勘察设计费		425
3.2.1	勘察费		141
3.2.1.1	一般勘察费	（1）工程勘察只进行测量和设置工程定位点平面坐标及高程等一般性定位测量作业时，费用按照以上标准的 30% 计算。 （2）不需要勘察或不涉及场地变化的不计勘察费	141
3.2.1.1.1	非架空工程勘察费	建筑工程费 ×4.5%	141
3.2.2	设计费		284
3.2.2.1	基本设计费	240.27×100%	240
3.2.2.2	其他设计费		43
3.2.2.2.1	施工图预算编制费	基本设计费 ×10%	24
3.2.2.2.2	竣工图文件编制费	基本设计费 ×8%	19
3.3	设计文件评审费		48
3.3.1	初步设计文件评审费	基本设计费 ×2.2%	22
3.3.2	施工图文件评审费	基本设计费 ×2.6% 其中，施工图预算文件评审费用为施工图文件评审费的 30%	26
3.4	施工过程造价咨询及竣工结算审核费	施工过程造价咨询及竣工结算审核费 ×100% （1）电缆线路工程费率为 1.02%；若电缆线路工程中建筑工程采用电缆沟、电缆隧道时，电缆线路工程费率乘以 0.8 系数。 （2）若只开展竣工结算审核时，其费用按以上规定的 75% 计取。 （3）该项费用低于 800 元时，按照 800 元计列	800
3.5	工程建设检测费		12
3.5.1	工程质量检测费		12
3.5.1.2	电缆工程工程质量检测费	（电缆建筑工程费 + 电缆安装工程费）×0.39% 若电缆线路工程中建筑工程采用电缆沟、电缆隧道时，电缆线路工程费率乘以 0.8 系数	12
3.6	技术经济标准编制费	（建筑工程费 + 安装工程费）×0.1%	3

续表

序号	工程或费用项目名称	编制依据及计算说明	合价
4	生产准备费		41
4.2	电缆工程生产准备费	（电缆建筑工程费 + 电缆安装工程费）× 1.3% 若电缆线路工程中建筑工程采用电缆沟、电缆隧道时，电缆线路工程费率乘以 0.8 系数	41
	合计	（建设场地征用及清理费 + 项目建设管理费 + 项目建设技术服务费 + 生产准备费）× 100%	1806

5.9 E2-5 排管（排管 3×6 混凝土包封）

5.9.1 典型方案主要内容

本典型方案为 10kV 新建电缆排管（排管 3 × 6 混凝土包封）工程，内容包括：材料运输；基槽开挖及回填；管道敷设；电缆排管垫层、包封混凝土支模及浇筑；电缆警示带敷设、电缆标识桩材料及安装工程量，若发生按实际情况考虑。本模块排管顶部和底部考虑架设钢筋网片，实际工程需按实调整。

5.9.2 典型方案技术条件

典型方案 E2-5 主要技术条件表和设备材料表见表 5-41 和表 5-42。

表 5-41 典型方案 E2-5 主要技术条件表

方案名称	工程主要技术条件	
排管 3 × 6 混凝土包封	电压等级	10kV
	工作范围	排管 3 × 6 混凝土包裹
	地形	100% 平地
	电缆管道规格	内径 200mm，壁厚 16mm MPP 管
	电缆管道根数	18 根
	路径长度	1m
	地质条件	100% 普通土
	运距	人力 0.3km，汽车 10km

表 5-42 典型方案 E2-5 设备材料表

序号	物料描述	单位	数量	备注
1	机械挖土	m^3	5.7	

续表

序号	物料描述	单位	数量	备注
2	回填土	m^3	3.5	
3	C15 现浇素混凝土垫层	m^3	0.22	
4	C25 排管包封	m^3	1.59	
5	顶面和底面钢筋网	t	0.02	
6	内径 200mm，壁厚 16mm MPP 管	m	18	

5.9.3 典型方案概算书

典型方案 E2-5 概算书包括总概算汇总表、建筑工程专业汇总表与其他费用概算表，见表 5-43 ~ 表 5-45。

表 5-43　　典型方案 E2-5 总概算汇总表　　金额单位：元

序号	工程或费用名称	建筑工程费	设备购置费	安装工程费	其他费用	基本预备费	合计	各项占静态投资比例（%）
一	配电站、开关站工程							
二	充电站、换电站工程							
三	架空线路工程							
四	电缆线路工程	4613					4613	66.5
五	通信站工程							
六	通信线路工程							
	小计	4613					4613	66.5
七	其他费用				2255		2255	32.51
（一）	建设场地征用及清理费							
（二）	项目建设管理费				477		477	6.88
（三）	项目建设技术服务费				1717		1717	24.76
（四）	生产准备费				60		60	0.86
八	基本预备费					69	69	0.99
九	特殊项目费							
	工程静态投资	4613			2255	69	6937	100

表 5-44　　典型方案 E2-5 建筑工程专业汇总表　　金额单位：元

序号	工程名称	建筑工程费				合计
		金额	其中			
			设备费	未计价材料费	人工费	
	建筑工程	4613		198	255	4613
L	电缆线路工程	4613		198	255	4613
二	构筑物	4613		198	255	4613
5	排管	4613		198	255	4613
5.1	B-1-5 排管 3×6 混凝土包封	4613		198	255	4613
	合计	4613		198	255	4613

表 5-45　　典型方案 E2-5 其他费用概算表　　金额单位：元

序号	工程或费用项目名称	编制依据及计算说明	合价
2	项目建设管理费		477
2.1	项目管理经费		143
2.1.2	电缆工程项目管理经费	（电缆建筑工程费 + 电缆安装工程费）×3.1% 若电缆线路工程中建筑工程采用电缆沟、电缆隧道时，电缆线路工程费率乘以 0.8 系数	143
2.2	招标费	（建筑工程费 + 安装工程费 + 设备购置费）×0.32%	15
2.3	工程监理费	（1）高海拔地区、严寒地区、酷热地区按照本规定乘以 1.1 系数。 （2）如需开展环境监理和水土保持监理时，按照本规定乘以 1.1 系数	320
2.3.2	电缆工程监理费	（电缆建筑工程费 + 电缆安装工程费）×6.93% 若电缆线路工程中建筑工程采用电缆沟、电缆隧道时，电缆线路工程费率乘以 0.8 系数	320
3	项目建设技术服务费		1717
3.1	项目前期工作费		223
3.1.2	电缆工程项目前期工作费	（电缆建筑工程费 + 电缆安装工程费）×4.83% 若电缆线路工程中建筑工程采用电缆沟、电缆隧道时，电缆线路工程费率乘以 0.8 系数	223

续表

序号	工程或费用项目名称	编制依据及计算说明	合价
3.2	勘察设计费		624
3.2.1	勘察费		208
3.2.1.1	一般勘察费	（1）工程勘察只进行测量和设置工程定位点平面坐标及高程等一般性定位测量作业时，费用按照以上标准的 30% 计算。 （2）不需要勘察或不涉及场地变化的不计勘察费	208
3.2.1.1.1	非架空工程勘察费	建筑工程费 ×4.5%	208
3.2.2	设计费		416
3.2.2.1	基本设计费	352.9×100%	353
3.2.2.2	其他设计费		64
3.2.2.2.1	施工图预算编制费	基本设计费 ×10%	35
3.2.2.2.2	竣工图文件编制费	基本设计费 ×8%	28
3.3	设计文件评审费		48
3.3.1	初步设计文件评审费	基本设计费 ×2.2%	22
3.3.2	施工图文件评审费	基本设计费 ×2.6% 其中，施工图预算文件评审费用为施工图文件评审费的 30%	26
3.4	施工过程造价咨询及竣工结算审核费	施工过程造价咨询及竣工结算审核费 ×100% （1）电缆线路工程费率为 1.02%；若电缆线路工程中建筑工程采用电缆沟、电缆隧道时，电缆线路工程费率乘以 0.8 系数。 （2）若只开展竣工结算审核时，其费用按以上规定的 75% 计取。 （3）该项费用低于 800 元时，按照 800 元计列	800
3.5	工程建设检测费		18
3.5.1	工程质量检测费		18
3.5.1.2	电缆工程工程质量检测费	（电缆建筑工程费 + 电缆安装工程费）×0.39% 若电缆线路工程中建筑工程采用电缆沟、电缆隧道时，电缆线路工程费率乘以 0.8 系数	18
3.6	技术经济标准编制费	（建筑工程费 + 安装工程费）×0.1%	5

续表

序号	工程或费用项目名称	编制依据及计算说明	合价
4	生产准备费		60
4.2	电缆工程生产准备费	（电缆建筑工程费 + 电缆安装工程费）× 1.3% 若电缆线路工程中建筑工程采用电缆沟、电缆隧道时，电缆线路工程费率乘以 0.8 系数	60
	合计	（建设场地征用及清理费 + 项目建设管理费 + 项目建设技术服务费 + 生产准备费）× 100%	2255

5.10 E2-6 排管（排管 4×4 混凝土包封）

5.10.1 典型方案主要内容

本典型方案为 10kV 新建电缆排管（排管 4×4 混凝土包封）工程，内容包括：材料运输；基槽开挖及回填；管道敷设；电缆排管垫层、包封混凝土支模及浇筑；电缆警示带敷设、电缆标识桩材料及安装工程量，若发生按实际情况考虑。本模块排管顶部和底部考虑架设钢筋网片，实际工程需按实调整。

5.10.2 典型方案技术条件

典型方案 E2-6 主要技术条件表和设备材料表见表 5-46 和表 5-47。

表 5-46 典型方案 E2-6 主要技术条件表

方案名称	工程主要技术条件	
排管 4×4 混凝土包封	电压等级	10kV
	工作范围	排管 4×4 混凝土包裹
	地形	100% 平地
	电缆管道规格	内径 200mm，壁厚 16mm MPP 管
	电缆管道根数	16 根
	路径长度	1m
	地质条件	100% 普通土
	运距	人力 0.3km，汽车 10km

表 5-47 典型方案 E2-6 设备材料表

序号	物料描述	单位	数量	备注
1	机械挖土	m^3	5.4	

续表

序号	物料描述	单位	数量	备注
2	回填土	m^3	3.5	
3	C15 现浇素混凝土垫层	m^3	0.17	
4	C25 排管包封	m^3	1.49	
5	顶面和底面钢筋网	t	0.02	
6	内径 200mm，壁厚 16mm MPP 管	m	16	

5.10.3　典型方案概算书

典型方案 E2-6 概算书包括总概算汇总表、建筑工程专业汇总表与其他费用概算表，见表 5-48 ~ 表 5-50。

表 5-48　　典型方案 E2-6 总概算汇总表　　金额单位：元

序号	工程或费用名称	建筑工程费	设备购置费	安装工程费	其他费用	基本预备费	合计	各项占静态投资比例（%）
一	配电站、开关站工程							
二	充电站、换电站工程							
三	架空线路工程							
四	电缆线路工程	4178					4178	65.66
五	通信站工程							
六	通信线路工程							
	小计	4178					4178	65.66
七	其他费用				2122		2122	33.35
（一）	建设场地征用及清理费							
（二）	项目建设管理费				432		432	6.8
（三）	项目建设技术服务费				1635		1635	25.7
（四）	生产准备费				54		54	0.85
八	基本预备费					63	63	0.99
九	特殊项目费							
	工程静态投资	4178			2122	63	6363	100

表 5-49　　典型方案 E2-6 建筑工程专业汇总表　　金额单位：元

序号	工程名称	建筑工程费				合计
		金额	其中			
			设备费	未计价材料费	人工费	
	建筑工程	4178		177	252	4178
L	电缆线路工程	4178		177	252	4178
二	构筑物	4178		177	252	4178
5	排管	4178		177	252	4178
5.1	B-1-6-2 排管 4×4 混凝土包封	4178		177	252	4178
	合计	4178		177	252	4178

表 5-50　　典型方案 E2-6 其他费用概算表　　金额单位：元

序号	工程或费用项目名称	编制依据及计算说明	合价
2	项目建设管理费		432
2.1	项目管理经费		130
2.1.2	电缆工程项目管理经费	（电缆建筑工程费 + 电缆安装工程费）×3.1% 若电缆线路工程中建筑工程采用电缆沟、电缆隧道时，电缆线路工程费率乘以 0.8 系数	130
2.2	招标费	（建筑工程费 + 安装工程费 + 设备购置费）× 0.32%	13
2.3	工程监理费	（1）高海拔地区、严寒地区、酷热地区按照本规定乘以 1.1 系数。 （2）如需开展环境监理和水土保持监理时，按照本规定乘以 1.1 系数	290
2.3.2	电缆工程监理费	（电缆建筑工程费 + 电缆安装工程费）×6.93% 若电缆线路工程中建筑工程采用电缆沟、电缆隧道时，电缆线路工程费率乘以 0.8 系数	290
3	项目建设技术服务费		1635
3.1	项目前期工作费		202
3.1.2	电缆工程项目前期工作费	（电缆建筑工程费 + 电缆安装工程费）×4.83% 若电缆线路工程中建筑工程采用电缆沟、电缆隧道时，电缆线路工程费率乘以 0.8 系数	202

续表

序号	工程或费用项目名称	编制依据及计算说明	合价
3.2	勘察设计费		565
3.2.1	勘察费		188
3.2.1.1	一般勘察费	（1）工程勘察只进行测量和设置工程定位点平面坐标及高程等一般性定位测量作业时，费用按照以上标准的 30% 计算。 （2）不需要勘察或不涉及场地变化的不计勘察费	188
3.2.1.1.1	非架空工程勘察费	建筑工程费 ×4.5%	188
3.2.2	设计费		377
3.2.2.1	基本设计费	319.58×100%	320
3.2.2.2	其他设计费		58
3.2.2.2.1	施工图预算编制费	基本设计费 ×10%	32
3.2.2.2.2	竣工图文件编制费	基本设计费 ×8%	26
3.3	设计文件评审费		48
3.3.1	初步设计文件评审费	基本设计费 ×2.2%	22
3.3.2	施工图文件评审费	基本设计费 ×2.6% 其中，施工图预算文件评审费用为施工图文件评审费的 30%	26
3.4	施工过程造价咨询及竣工结算审核费	施工过程造价咨询及竣工结算审核费 ×100% （1）电缆线路工程费率为 1.02%；若电缆线路工程中建筑工程采用电缆沟、电缆隧道时，电缆线路工程费率乘以 0.8 系数。 （2）若只开展竣工结算审核时，其费用按以上规定的 75% 计取。 （3）该项费用低于 800 元时，按照 800 元计列	800
3.5	工程建设检测费		16
3.5.1	工程质量检测费		16
3.5.1.2	电缆工程工程质量检测费	（电缆建筑工程费 + 电缆安装工程费）×0.39% 若电缆线路工程中建筑工程采用电缆沟、电缆隧道时，电缆线路工程费率乘以 0.8 系数	16
3.6	技术经济标准编制费	（建筑工程费 + 安装工程费）×0.1%	4

续表

序号	工程或费用项目名称	编制依据及计算说明	合价
4	生产准备费		54
4.2	电缆工程生产准备费	（电缆建筑工程费＋电缆安装工程费）×1.3% 若电缆线路工程中建筑工程采用电缆沟、电缆隧道时，电缆线路工程费率乘以0.8系数	54
	合计	（建设场地征用及清理费＋项目建设管理费＋项目建设技术服务费＋生产准备费）×100%	2122

5.11　E2-7排管（排管4×5混凝土包封）

5.11.1　典型方案主要内容

本典型方案为10kV新建电缆排管（排管4×5混凝土包封）工程，内容包括：材料运输；基槽开挖及回填；管道敷设；电缆排管垫层、包封混凝土支模及浇筑；电缆警示带敷设、电缆标识桩材料及安装工程量，若发生按实际情况考虑。本模块排管顶部和底部考虑架设钢筋网片，实际工程需按实调整。

5.11.2　典型方案技术条件

典型方案E2-7主要技术条件表和设备材料表见表5-51和表5-52。

表5-51　　典型方案E2-7主要技术条件表

方案名称	工程主要技术条件	
排管4×5混凝土包封	电压等级	10kV
	工作范围	排管4×5混凝土包裹
	地形	100%平地
	电缆管道规格	内径200mm，壁厚16mm MPP管
	电缆管道根数	20根
	路径长度	1m
	地质条件	100%普通土
	运距	人力0.3km，汽车10km

表5-52　　典型方案E2-7设备材料表

序号	物料描述	单位	数量	备注
1	机械挖土	m^3	6.0	

续表

序号	物料描述	单位	数量	备注
2	回填土	m^3	3.7	
3	C15 现浇素混凝土垫层	m^3	0.19	
4	C25 排管包封	m^3	1.76	
5	顶面和底面钢筋网	t	0.02	
6	内径 200mm，壁厚 16mm MPP 管	m	20	

5.11.3　典型方案概算书

典型方案 E2-7 概算书包括总概算汇总表、建筑工程专业汇总表与其他费用概算表，见表 5-53～表 5-55。

表 5-53　　典型方案 E2-7 总概算汇总表　　金额单位：元

序号	工程或费用名称	建筑工程费	设备购置费	安装工程费	其他费用	基本预备费	合计	各项占静态投资比例（%）
一	配电站、开关站工程							
二	充电站、换电站工程							
三	架空线路工程							
四	电缆线路工程	5102					5102	67.3
五	通信站工程							
六	通信线路工程							
	小计	5102					5102	67.3
七	其他费用				2404		2404	31.71
（一）	建设场地征用及清理费							
（二）	项目建设管理费				528		528	6.97
（三）	项目建设技术服务费				1810		1810	23.87
（四）	生产准备费				66		66	0.87
八	基本预备费					75	75	0.99
九	特殊项目费							
	工程静态投资	5102			2404	75	7581	100

表 5-54　　典型方案 E2-7 建筑工程专业汇总表　　金额单位：元

序号	工程名称	建筑工程费				合计
		金额	其中			
			设备费	未计价材料费	人工费	
	建筑工程	5102		220	296	5102
L	电缆线路工程	5102		220	296	5102
二	构筑物	5102		220	296	5102
5	排管	5102		220	296	5102
5.1	B–1–7 排管 4×5 混凝土包封	5102		220	296	5102
	合计	5102		220	296	5102

表 5-55　　典型方案 E2-7 其他费用概算表　　金额单位：元

序号	工程或费用项目名称	编制依据及计算说明	合价
2	项目建设管理费		528
2.1	项目管理经费		158
2.1.2	电缆工程项目管理经费	（电缆建筑工程费＋电缆安装工程费）×3.1% 若电缆线路工程中建筑工程采用电缆沟、电缆隧道时，电缆线路工程费率乘以 0.8 系数	158
2.2	招标费	（建筑工程费＋安装工程费＋设备购置费）×0.32%	16
2.3	工程监理费	（1）高海拔地区、严寒地区、酷热地区按照本规定乘以 1.1 系数。 （2）如需开展环境监理和水土保持监理时，按照本规定乘以 1.1 系数	354
2.3.2	电缆工程监理费	（电缆建筑工程费＋电缆安装工程费）×6.93% 若电缆线路工程中建筑工程采用电缆沟、电缆隧道时，电缆线路工程费率乘以 0.8 系数	354
3	项目建设技术服务费		1810
3.1	项目前期工作费		246
3.1.2	电缆工程项目前期工作费	（电缆建筑工程费＋电缆安装工程费）×4.83% 若电缆线路工程中建筑工程采用电缆沟、电缆隧道时，电缆线路工程费率乘以 0.8 系数	246

续表

序号	工程或费用项目名称	编制依据及计算说明	合价
3.2	勘察设计费		690
3.2.1	勘察费		230
3.2.1.1	一般勘察费	（1）工程勘察只进行测量和设置工程定位点平面坐标及高程等一般性定位测量作业时，费用按照以上标准的 30% 计算。 （2）不需要勘察或不涉及场地变化的不计勘察费	230
3.2.1.1.1	非架空工程勘察费	建筑工程费 ×4.5%	230
3.2.2	设计费		461
3.2.2.1	基本设计费	390.3×100%	390
3.2.2.2	其他设计费		70
3.2.2.2.1	施工图预算编制费	基本设计费 ×10%	39
3.2.2.2.2	竣工图文件编制费	基本设计费 ×8%	31
3.3	设计文件评审费		48
3.3.1	初步设计文件评审费	基本设计费 ×2.2%	22
3.3.2	施工图文件评审费	基本设计费 ×2.6% 其中，施工图预算文件评审费用为施工图文件评审费的 30%	26
3.4	施工过程造价咨询及竣工结算审核费	施工过程造价咨询及竣工结算审核费 ×100% （1）电缆线路工程费率为 1.02%；若电缆线路工程中建筑工程采用电缆沟、电缆隧道时，电缆线路工程费率乘以 0.8 系数。 （2）若只开展竣工结算审核时，其费用按以上规定的 75% 计取。 （3）该项费用低于 800 元时，按照 800 元计列	800
3.5	工程建设检测费		20
3.5.1	工程质量检测费		20
3.5.1.2	电缆工程工程质量检测费	（电缆建筑工程费 + 电缆安装工程费）×0.39% 若电缆线路工程中建筑工程采用电缆沟、电缆隧道时，电缆线路工程费率乘以 0.8 系数	20
3.6	技术经济标准编制费	（建筑工程费 + 安装工程费）×0.1%	5

续表

序号	工程或费用项目名称	编制依据及计算说明	合价
4	生产准备费		66
4.2	电缆工程生产准备费	（电缆建筑工程费＋电缆安装工程费）×1.3% 若电缆线路工程中建筑工程采用电缆沟、电缆隧道时，电缆线路工程费率乘以 0.8 系数	66
	合计	（建设场地征用及清理费＋项目建设管理费＋项目建设技术服务费＋生产准备费）×100%	2404

5.12　E3-1 拉管［非开挖拉管（2 孔）］

5.12.1　典型方案主要内容

本典型方案为 10kV 新建非开挖拉管（2 孔）工程，包含材料及施工器具运输，电缆管道焊接，拉管施工定位、其他费用。

5.12.2　典型方案技术条件

典型方案 E3-1 主要技术条件表和设备材料表见表 5-56 和表 5-57。

表 5-56　　　　典型方案 E3-1 主要技术条件表

方案名称	工程主要技术条件	
非开挖拉管（2 孔）	电压等级	10kV
	工作范围	新建电缆拉管
	地形	100% 平地
	电缆管道规格	MPP 管，DN200
	电缆管道根数	2
	路径长度	1m
	地质条件	100% 普通土
	运距	人力 0.3km，汽车 10km

表 5-57　　　　典型方案 E3-1 设备材料表

序号	物料描述	单位	数量	备注
1	MPP 管，DN200	m	2	

5.12.3　典型方案概算书

典型方案 E3-1 概算书包括总概算汇总表、建筑工程专业汇总表与其他费用概算表，见表 5-58 ~ 表 5-60。

表 5-58　　典型方案 E3-1 总概算汇总表　　金额单位：元

序号	工程或费用名称	建筑工程费	设备购置费	安装工程费	其他费用	基本预备费	合计	各项占静态投资比例（%）
一	配电站、开关站工程							
二	充电站、换电站工程							
三	架空线路工程							
四	电缆线路工程	853					853	43.06
五	通信站工程							
六	通信线路工程							
	小计	853					853	43.06
七	其他费用				1108		1108	55.95
（一）	建设场地征用及清理费							
（二）	项目建设管理费				88		88	4.46
（三）	项目建设技术服务费				1009		1009	50.94
（四）	生产准备费				11		11	0.56
八	基本预备费					20	20	0.99
九	特殊项目费							
	工程静态投资	853			1108	20	1980	100

表 5-59　　典型方案 E3-1 建筑工程专业汇总表　　金额单位：元

序号	工程名称	建筑工程费				合计
		金额	其中			
			设备费	未计价材料费	人工费	
	建筑工程	853		266	52	853
L	电缆线路工程	853		266	52	853
二	构筑物	853		266	52	853

续表

序号	工程名称	建筑工程费				合计
		金额	其中			
			设备费	未计价材料费	人工费	
5	排管	853		266	52	853
5.1	2 孔非开挖拉管	853		266	52	853
	合计	853		266	52	853

表 5-60　　典型方案 E3-1 其他费用概算表　　金额单位：元

序号	工程或费用项目名称	编制依据及计算说明	合价
2	项目建设管理费		88
2.1	项目管理经费		26
2.1.2	电缆工程项目管理经费	（电缆建筑工程费＋电缆安装工程费）×3.1% 若电缆线路工程中建筑工程采用电缆沟、电缆隧道时，电缆线路工程费率乘以 0.8 系数	26
2.2	招标费	（建筑工程费＋安装工程费＋设备购置费）×0.32%	3
2.3	工程监理费	（1）高海拔地区、严寒地区、酷热地区按照本规定乘以 1.1 系数。 （2）如需开展环境监理和水土保持监理时，按照本规定乘以 1.1 系数	59
2.3.2	电缆工程监理费	（电缆建筑工程费＋电缆安装工程费）×6.93% 若电缆线路工程中建筑工程采用电缆沟、电缆隧道时，电缆线路工程费率乘以 0.8 系数	59
3	项目建设技术服务费		1009
3.1	项目前期工作费		41
3.1.2	电缆工程项目前期工作费	（电缆建筑工程费＋电缆安装工程费）×4.83% 若电缆线路工程中建筑工程采用电缆沟、电缆隧道时，电缆线路工程费率乘以 0.8 系数	41
3.2	勘察设计费		115
3.2.1	勘察费		38

续表

序号	工程或费用项目名称	编制依据及计算说明	合价
3.2.1.1	一般勘察费	（1）工程勘察只进行测量和设置工程定位点平面坐标及高程等一般性定位测量作业时，费用按照以上标准的 30% 计算。 （2）不需要勘察或不涉及场地变化的不计勘察费	38
3.2.1.1.1	非架空工程勘察费	建筑工程费 ×4.5%	38
3.2.2	设计费		77
3.2.2.1	基本设计费	65.22×100% 基本设计费低于 1000 元的，按 1000 元计列	65
3.2.2.2	其他设计费		12
3.2.2.2.1	施工图预算编制费	基本设计费 ×10%	7
3.2.2.2.2	竣工图文件编制费	基本设计费 ×8%	5
3.3	设计文件评审费		48
3.3.1	初步设计文件评审费	基本设计费 ×2.2%	22
3.3.2	施工图文件评审费	基本设计费 ×2.6% 其中，施工图预算文件评审费用为施工图文件评审费的 30%	26
3.4	施工过程造价咨询及竣工结算审核费	施工过程造价咨询及竣工结算审核费 ×100% （1）电缆线路工程费率为 1.02%；若电缆线路工程中建筑工程采用电缆沟、电缆隧道时，电缆线路工程费率乘以 0.8 系数。 （2）若只开展竣工结算审核时，其费用按以上规定的 75% 计取。 （3）该项费用低于 800 元时，按照 800 元计列	800
3.5	工程建设检测费		3
3.5.1	工程质量检测费		3
3.5.1.2	电缆工程工程质量检测费	（电缆建筑工程费 + 电缆安装工程费）×0.39% 若电缆线路工程中建筑工程采用电缆沟、电缆隧道时，电缆线路工程费率乘以 0.8 系数	3
3.6	技术经济标准编制费	（建筑工程费 + 安装工程费）×0.1%	1
4	生产准备费		11
4.2	电缆工程生产准备费	（电缆建筑工程费 + 电缆安装工程费）×1.3% 若电缆线路工程中建筑工程采用电缆沟、电缆隧道时，电缆线路工程费率乘以 0.8 系数	11
	合计	（建设场地征用及清理费 + 项目建设管理费 + 项目建设技术服务费 + 生产准备费）×100%	1108

5.13 E3-2 拉管［非开挖拉管（3 孔）］

5.13.1 典型方案主要内容

本典型方案为 10kV 新建非开挖拉管（3 孔）工程，包含材料及施工器具运输，电缆管道焊接，拉管施工定位、其他费用。

5.13.2 典型方案技术条件

典型方案 E3-2 主要技术条件表和设备材料表见表 5-61 和表 5-62。

表 5-61　典型方案 E3-2 主要技术条件表

方案名称	工程主要技术条件	
非开挖拉管（3 孔）	电压等级	10kV
	工作范围	新建电缆拉管
	地形	100% 平地
	电缆管道规格	MPP 管，DN200
	电缆管道根数	3
	路径长度	1m
	地质条件	100% 普通土
	运距	人力 0.3km，汽车 10km

表 5-62　典型方案 E3-2 设备材料表

序号	物料描述	单位	数量	备注
1	MPP 管，DN200	m	3	

5.13.3 典型方案概算书

典型方案 E3-2 概算书包括总概算汇总表、建筑工程专业汇总表与其他费用概算表，见表 5-63 ~ 表 5-65。

表 5-63　典型方案 E3-2 总概算汇总表　金额单位：元

序号	工程或费用名称	建筑工程费	设备购置费	安装工程费	其他费用	基本预备费	合计	各项占静态投资比例（%）
一	配电站、开关站工程							
二	充电站、换电站工程							
三	架空线路工程							

续表

序号	工程或费用名称	建筑工程费	设备购置费	安装工程费	其他费用	基本预备费	合计	各项占静态投资比例（%）
四	电缆线路工程	1111					1111	47.87
五	通信站工程							
六	通信线路工程							
	小计	1111					1111	47.87
七	其他费用				1187		1187	51.14
（一）	建设场地征用及清理费							
（二）	项目建设管理费				115		115	4.95
（三）	项目建设技术服务费				1057		1057	45.56
（四）	生产准备费				14		14	0.62
八	基本预备费					23	23	0.99
九	特殊项目费							
	工程静态投资	1111			1187	23	2321	100

表 5-64　　典型方案 E3-2 建筑工程专业汇总表　　金额单位：元

序号	工程名称	建筑工程费				合计
		金额	其中			
			设备费	未计价材料费	人工费	
	建筑工程	1111		398	61	1111
L	电缆线路工程	1111		398	61	1111
二	构筑物	1111		398	61	1111
5	排管	1111		398	61	1111
5.1	3 孔非开挖拉管	1111		398	61	1111
	合计	1111		398	61	1111

表 5-65　　典型方案 E3-2 其他费用概算表　　金额单位：元

序号	工程或费用项目名称	编制依据及计算说明	合价
2	项目建设管理费		115
2.1	项目管理经费		34
2.1.2	电缆工程项目管理经费	（电缆建筑工程费 + 电缆安装工程费）×3.1% 若电缆线路工程中建筑工程采用电缆沟、电缆隧道时，电缆线路工程费率乘以 0.8 系数	34
2.2	招标费	（建筑工程费 + 安装工程费 + 设备购置费）×0.32%	4
2.3	工程监理费	（1）高海拔地区、严寒地区、酷热地区按照本规定乘以 1.1 系数。 （2）如需开展环境监理和水土保持监理时，按照本规定乘以 1.1 系数	77
2.3.2	电缆工程监理费	（电缆建筑工程费 + 电缆安装工程费）×6.93% 若电缆线路工程中建筑工程采用电缆沟、电缆隧道时，电缆线路工程费率乘以 0.8 系数	77
3	项目建设技术服务费		1057
3.1	项目前期工作费		54
3.1.2	电缆工程项目前期工作费	（电缆建筑工程费 + 电缆安装工程费）×4.83% 若电缆线路工程中建筑工程采用电缆沟、电缆隧道时，电缆线路工程费率乘以 0.8 系数	54
3.2	勘察设计费		150
3.2.1	勘察费		50
3.2.1.1	一般勘察费	（1）工程勘察只进行测量和设置工程定位点平面坐标及高程等一般性定位测量作业时，费用按照以上标准的 30% 计算。 （2）不需要勘察或不涉及场地变化的不计勘察费	50
3.2.1.1.1	非架空工程勘察费	建筑工程费 ×4.5%	50
3.2.2	设计费		100
3.2.2.1	基本设计费	84.98×100% 基本设计费低于 1000 元的，按 1000 元计列	85
3.2.2.2	其他设计费		15
3.2.2.2.1	施工图预算编制费	基本设计费 ×10%	8
3.2.2.2.2	竣工图文件编制费	基本设计费 ×8%	7

续表

序号	工程或费用项目名称	编制依据及计算说明	合价
3.3	设计文件评审费		48
3.3.1	初步设计文件评审费	基本设计费 ×2.2%	22
3.3.2	施工图文件评审费	基本设计费 ×2.6% 其中，施工图预算文件评审费用为施工图文件评审费的 30%	26
3.4	施工过程造价咨询及竣工结算审核费	施工过程造价咨询及竣工结算审核费 ×100% （1）电缆线路工程费率为 1.02%；若电缆线路工程中建筑工程采用电缆沟、电缆隧道时，电缆线路工程费率乘以 0.8 系数。 （2）若只开展竣工结算审核时，其费用按以上规定的 75% 计取。 （3）该项费用低于 800 元时，按照 800 元计列	800
3.5	工程建设检测费		4
3.5.1	工程质量检测费		4
3.5.1.2	电缆工程工程质量检测费	（电缆建筑工程费 + 电缆安装工程费）×0.39% 若电缆线路工程中建筑工程采用电缆沟、电缆隧道时，电缆线路工程费率乘以 0.8 系数	4
3.6	技术经济标准编制费	（建筑工程费 + 安装工程费）×0.1%	1
4	生产准备费		14
4.2	电缆工程生产准备费	（电缆建筑工程费 + 电缆安装工程费）×1.3% 若电缆线路工程中建筑工程采用电缆沟、电缆隧道时，电缆线路工程费率乘以 0.8 系数	14
	合计	（建设场地征用及清理费 + 项目建设管理费 + 项目建设技术服务费 + 生产准备费）×100%	1187

5.14　E3-3 拉管［非开挖拉管（4 孔）］

5.14.1　典型方案主要内容

本典型方案 10kV 新建非开挖拉管（4 孔）工程，包含材料及施工器具运输，电缆管道焊接，拉管施工定位、其他费用。

5.14.2　典型方案技术条件

典型方案 E3-3 主要技术条件表和设备材料表见表 5-66 和表 5-67。

表 5-66　　典型方案 E3-3 主要技术条件表

方案名称	工程主要技术条件	
非开挖拉管（4 孔）	电压等级	10kV
	工作范围	新建电缆拉管
	地形	100% 平地
	电缆管道规格	MPP 管，DN200
	电缆管道根数	4
	路径长度	1m
	地质条件	100% 普通土
	运距	人力 0.3km，汽车 10km

表 5-67　　典型方案 E3-3 设备材料表

序号	物料描述	单位	数量	备注
1	MPP 管，DN200	m	4	

5.14.3 典型方案概算书

典型方案 E3-3 概算书包括总概算汇总表、建筑工程专业汇总表与其他费用概算表，见表 5-68 ~ 表 5-70。

表 5-68　　典型方案 E3-3 总概算汇总表　　金额单位：元

序号	工程或费用名称	建筑工程费	设备购置费	安装工程费	其他费用	基本预备费	合计	各项占静态投资比例（%）
一	配电站、开关站工程							
二	充电站、换电站工程							
三	架空线路工程							
四	电缆线路工程	1244					1244	49.83
五	通信站工程							
六	通信线路工程							
	小计	1244					1244	49.83
七	其他费用				1227		1227	49.18
（一）	建设场地征用及清理费							

续表

序号	工程或费用名称	建筑工程费	设备购置费	安装工程费	其他费用	基本预备费	合计	各项占静态投资比例（%）
（二）	项目建设管理费				129		129	5.16
（三）	项目建设技术服务费				1082		1082	43.37
（四）	生产准备费				16		16	0.65
八	基本预备费					25	25	0.99
九	特殊项目费							
	工程静态投资	1244			1227	25	2496	100

表 5-69　　典型方案 E3-3 建筑工程专业汇总表　　金额单位：元

序号	工程名称	建筑工程费				合计
		金额	其中			
			设备费	未计价材料费	人工费	
	建筑工程	1244		531	61	1244
L	电缆线路工程	1244		531	61	1244
二	构筑物	1244		531	61	1244
5	排管	1244		531	61	1244
5.1	4 孔非开挖拉管	1244		531	61	1244
	合计	1244		531	61	1244

表 5-70　　典型方案 E3-3 其他费用概算表　　金额单位：元

序号	工程或费用项目名称	编制依据及计算说明	合价
2	项目建设管理费		129
2.1	项目管理经费		39
2.1.2	电缆工程项目管理经费	（电缆建筑工程费 + 电缆安装工程费）×3.1% 若电缆线路工程中建筑工程采用电缆沟、电缆隧道时，电缆线路工程费率乘以 0.8 系数	39
2.2	招标费	（建筑工程费 + 安装工程费 + 设备购置费）×0.32%	4

续表

序号	工程或费用项目名称	编制依据及计算说明	合价
2.3	工程监理费	（1）高海拔地区、严寒地区、酷热地区按照本规定乘以 1.1 系数。 （2）如需开展环境监理和水土保持监理时，按照本规定乘以 1.1 系数	86
2.3.2	电缆工程监理费	（电缆建筑工程费 + 电缆安装工程费）×6.93% 若电缆线路工程中建筑工程采用电缆沟、电缆隧道时，电缆线路工程费率乘以 0.8 系数	86
3	项目建设技术服务费		1082
3.1	项目前期工作费		60
3.1.2	电缆工程项目前期工作费	（电缆建筑工程费 + 电缆安装工程费）×4.83% 若电缆线路工程中建筑工程采用电缆沟、电缆隧道时，电缆线路工程费率乘以 0.8 系数	60
3.2	勘察设计费		168
3.2.1	勘察费		56
3.2.1.1	一般勘察费	（1）工程勘察只进行测量和设置工程定位点平面坐标及高程等一般性定位测量作业时，费用按照以上标准的 30% 计算。 （2）不需要勘察或不涉及场地变化的不计勘察费	56
3.2.1.1.1	非架空工程勘察费	建筑工程费 ×4.5%	56
3.2.2	设计费		112
3.2.2.1	基本设计费	95.14×100% 基本设计费低于 1000 元的，按 1000 元计列	95
3.2.2.2	其他设计费		17
3.2.2.2.1	施工图预算编制费	基本设计费 ×10%	10
3.2.2.2.2	竣工图文件编制费	基本设计费 ×8%	8
3.3	设计文件评审费		48
3.3.1	初步设计文件评审费	基本设计费 ×2.2%	22
3.3.2	施工图文件评审费	基本设计费 ×2.6% 其中，施工图预算文件评审费用为施工图文件评审费的 30%	26

续表

序号	工程或费用项目名称	编制依据及计算说明	合价
3.4	施工过程造价咨询及竣工结算审核费	施工过程造价咨询及竣工结算审核费 ×100% （1）电缆线路工程费率为 1.02%；若电缆线路工程中建筑工程采用电缆沟、电缆隧道时，电缆线路工程费率乘以 0.8 系数。 （2）若只开展竣工结算审核时，其费用按以上规定的 75% 计取。 （3）该项费用低于 800 元时，按照 800 元计列	800
3.5	工程建设检测费		5
3.5.1	工程质量检测费		5
3.5.1.2	电缆工程工程质量检测费	（电缆建筑工程费 + 电缆安装工程费）×0.39% 若电缆线路工程中建筑工程采用电缆沟、电缆隧道时，电缆线路工程费率乘以 0.8 系数	5
3.6	技术经济标准编制费	（建筑工程费 + 安装工程费）×0.1%	1
4	生产准备费		16
4.2	电缆工程生产准备费	（电缆建筑工程费 + 电缆安装工程费）×1.3% 若电缆线路工程中建筑工程采用电缆沟、电缆隧道时，电缆线路工程费率乘以 0.8 系数	16
	合计	（建设场地征用及清理费 + 项目建设管理费 + 项目建设技术服务费 + 生产准备费）×100%	1227

5.15　E3-4 拉管［非开挖拉管（5 孔）］

5.15.1　典型方案主要内容

本典型方案为 10kV 新建非开挖拉管（5 孔）工程，包含材料及施工器具运输，电缆管道焊接，拉管施工定位、其他费用。

5.15.2　典型方案技术条件

典型方案 E3-4 主要技术条件表和设备材料表见表 5-71 和表 5-72。

表 5-71　　典型方案 E3-4 主要技术条件表

方案名称	工程主要技术条件	
非开挖拉管（5 孔）	电压等级	10kV
	工作范围	新建电缆拉管
	地形	100% 平地

续表

方案名称	工程主要技术条件	
非开挖拉管（5孔）	电缆管道规格	MPP管，DN200
	电缆管道根数	5
	路径长度	1m
	地质条件	100%普通土
	运距	人力0.3km，汽车10km

表5-72　　典型方案E3-1设备材料表

序号	物料描述	单位	数量	备注
1	MPP管，DN200	m	5	

5.15.3　典型方案概算书

典型方案E3-4概算书包括总概算汇总表、建筑工程专业汇总表与其他费用概算表，见表5-73～表5-75。

表5-73　　典型方案E3-4总概算汇总表　　金额单位：元

序号	工程或费用名称	建筑工程费	设备购置费	安装工程费	其他费用	基本预备费	合计	各项占静态投资比例（%）
一	配电站、开关站工程							
二	充电站、换电站工程							
三	架空线路工程							
四	电缆线路工程	1620					1620	54.15
五	通信站工程							
六	通信线路工程							
	小计	1620					1620	54.15
七	其他费用				1342		1342	44.86
（一）	建设场地征用及清理费							
（二）	项目建设管理费				168		168	5.6
（三）	项目建设技术服务费				1153		1153	38.56
（四）	生产准备费				21		21	0.7

续表

序号	工程或费用名称	建筑工程费	设备购置费	安装工程费	其他费用	基本预备费	合计	各项占静态投资比例（%）
八	基本预备费					30	30	0.99
九	特殊项目费							
	工程静态投资	1620			1342	30	2991	100

表 5-74　　典型方案 E3-4 建筑工程专业汇总表　　金额单位：元

序号	工程名称	建筑工程费				合计
		金额	其中			
			设备费	未计价材料费	人工费	
	建筑工程	1620		664	88	1620
L	电缆线路工程	1620		664	88	1620
二	构筑物	1620		664	88	1620
5	排管	1620		664	88	1620
5.1	5 孔非开挖拉管	1620		664	88	1620
	合计	1620		664	88	1620

表 5-75　　典型方案 E3-4 其他费用概算表　　金额单位：元

序号	工程或费用项目名称	编制依据及计算说明	合价
2	项目建设管理费		168
2.1	项目管理经费		50
2.1.2	电缆工程项目管理经费	（电缆建筑工程费 + 电缆安装工程费）×3.1% 若电缆线路工程中建筑工程采用电缆沟、电缆隧道时，电缆线路工程费率乘以 0.8 系数	50
2.2	招标费	（建筑工程费 + 安装工程费 + 设备购置费）×0.32%	5
2.3	工程监理费	（1）高海拔地区、严寒地区、酷热地区按照本规定乘以 1.1 系数。 （2）如需开展环境监理和水土保持监理时，按照本规定乘以 1.1 系数	112

续表

序号	工程或费用项目名称	编制依据及计算说明	合价
2.3.2	电缆工程监理费	（电缆建筑工程费 + 电缆安装工程费）× 6.93% 若电缆线路工程中建筑工程采用电缆沟、电缆隧道时，电缆线路工程费率乘以 0.8 系数	112
3	项目建设技术服务费		1153
3.1	项目前期工作费		78
3.1.2	电缆工程项目前期工作费	（电缆建筑工程费 + 电缆安装工程费）× 4.83% 若电缆线路工程中建筑工程采用电缆沟、电缆隧道时，电缆线路工程费率乘以 0.8 系数	78
3.2	勘察设计费		219
3.2.1	勘察费		73
3.2.1.1	一般勘察费	（1）工程勘察只进行测量和设置工程定位点平面坐标及高程等一般性定位测量作业时，费用按照以上标准的 30% 计算。 （2）不需要勘察或不涉及场地变化的不计勘察费	73
3.2.1.1.1	非架空工程勘察费	建筑工程费 × 4.5%	73
3.2.2	设计费		146
3.2.2.1	基本设计费	123.9 × 100% 基本设计费低于 1000 元的，按 1000 元计列	124
3.2.2.2	其他设计费		22
3.2.2.2.1	施工图预算编制费	基本设计费 × 10%	12
3.2.2.2.2	竣工图文件编制费	基本设计费 × 8%	10
3.3	设计文件评审费		48
3.3.1	初步设计文件评审费	基本设计费 × 2.2%	22
3.3.2	施工图文件评审费	基本设计费 × 2.6% 其中，施工图预算文件评审费用为施工图文件评审费的 30%	26
3.4	施工过程造价咨询及竣工结算审核费	施工过程造价咨询及竣工结算审核费 × 100% （1）电缆线路工程费率为 1.02%；若电缆线路工程中建筑工程采用电缆沟、电缆隧道时，电缆线路工程费率乘以 0.8 系数。 （2）若只开展竣工结算审核时，其费用按以上规定的 75% 计取。 （3）该项费用低于 800 元时，按照 800 元计列	800

续表

序号	工程或费用项目名称	编制依据及计算说明	合价
3.5	工程建设检测费		6
3.5.1	工程质量检测费		6
3.5.1.2	电缆工程工程质量检测费	（电缆建筑工程费 + 电缆安装工程费）×0.39% 若电缆线路工程中建筑工程采用电缆沟、电缆隧道时，电缆线路工程费率乘以 0.8 系数	6
3.6	技术经济标准编制费	（建筑工程费 + 安装工程费）×0.1%	2
4	生产准备费		21
4.2	电缆工程生产准备费	（电缆建筑工程费 + 电缆安装工程费）×1.3% 若电缆线路工程中建筑工程采用电缆沟、电缆隧道时，电缆线路工程费率乘以 0.8 系数	21
	合计	（建设场地征用及清理费 + 项目建设管理费 + 项目建设技术服务费 + 生产准备费）×100%	1342

5.16　E3-5 拉管［非开挖拉管（6 孔）］

5.16.1　典型方案主要内容

本典型方案为 10kV 新建非开挖拉管（6 孔）工程，包含材料及施工器具运输，电缆管道焊接，拉管施工定位、其他费用。

5.16.2　典型方案技术条件

典型方案 E3-5 主要技术条件表和设备材料表见表 5-76 和表 5-77。

表 5-76　　　典型方案 E3-5 主要技术条件表

方案名称	工程主要技术条件	
非开挖拉管（6 孔）	电压等级	10kV
	工作范围	新建电缆拉管
	地形	100% 平地
	电缆管道规格	MPP 管，DN200
	电缆管道根数	6
	路径长度	1m
	地质条件	100% 普通土
	运距	人力 0.3km，汽车 10km

表 5-77　　典型方案 E3-5 设备材料表

序号	物料描述	单位	数量	备注
1	MPP 管，DN200	m	6	

5.16.3　典型方案概算书

典型方案 E3-5 概算书包括总概算汇总表、建筑工程专业汇总表与其他费用概算表，见表 5-78 ~ 表 5-80。

表 5-78　　典型方案 E3-5 总概算汇总表　　金额单位：元

序号	工程或费用名称	建筑工程费	设备购置费	安装工程费	其他费用	基本预备费	合计	各项占静态投资比例（%）
一	配电站、开关站工程							
二	充电站、换电站工程							
三	架空线路工程							
四	电缆线路工程	1862					1862	56.24
五	通信站工程							
六	通信线路工程							
	小计	1862					1862	56.24
七	其他费用				1416		1416	42.77
（一）	建设场地征用及清理费							
（二）	项目建设管理费				193		193	5.82
（三）	项目建设技术服务费				1199		1199	36.22
（四）	生产准备费				24		24	0.73
八	基本预备费					33	33	0.99
九	特殊项目费							
	工程静态投资	1862			1416	33	3310	100

表 5-79　　典型方案 E3-5 建筑工程专业汇总表　　金额单位：元

序号	工程名称	建筑工程费				合计
		金额	其中			
			设备费	未计价材料费	人工费	
	建筑工程	1862		797	97	1862

续表

序号	工程名称	建筑工程费				合计
		金额	其中			
			设备费	未计价材料费	人工费	
L	电缆线路工程	1862		797	97	1862
二	构筑物	1862		797	97	1862
5	排管	1862		797	97	1862
5.1	6 孔非开挖拉管	1862		797	97	1862
	合计	1862		797	97	1862

表 5-80　　典型方案 E3-5 其他费用概算表　　金额单位：元

序号	工程或费用项目名称	编制依据及计算说明	合价
2	项目建设管理费		193
2.1	项目管理经费		58
2.1.2	电缆工程项目管理经费	（电缆建筑工程费 + 电缆安装工程费）×3.1% 若电缆线路工程中建筑工程采用电缆沟、电缆隧道时，电缆线路工程费率乘以 0.8 系数	58
2.2	招标费	（建筑工程费 + 安装工程费 + 设备购置费）×0.32%	6
2.3	工程监理费	（1）高海拔地区、严寒地区、酷热地区按照本规定乘以 1.1 系数。 （2）如需开展环境监理和水土保持监理时，按照本规定乘以 1.1 系数	129
2.3.2	电缆工程监理费	（电缆建筑工程费 + 电缆安装工程费）×6.93% 若电缆线路工程中建筑工程采用电缆沟、电缆隧道时，电缆线路工程费率乘以 0.8 系数	129
3	项目建设技术服务费		1199
3.1	项目前期工作费		90
3.1.2	电缆工程项目前期工作费	（电缆建筑工程费 + 电缆安装工程费）×4.83% 若电缆线路工程中建筑工程采用电缆沟、电缆隧道时，电缆线路工程费率乘以 0.8 系数	90
3.2	勘察设计费		252

续表

序号	工程或费用项目名称	编制依据及计算说明	合价
3.2.1	勘察费		84
3.2.1.1	一般勘察费	（1）工程勘察只进行测量和设置工程定位点平面坐标及高程等一般性定位测量作业时，费用按照以上标准的 30% 计算。 （2）不需要勘察或不涉及场地变化的不计勘察费	84
3.2.1.1.1	非架空工程勘察费	建筑工程费 ×4.5%	84
3.2.2	设计费		168
3.2.2.1	基本设计费	142.43×100% 基本设计费低于 1000 元的，按 1000 元计列	142
3.2.2.2	其他设计费		26
3.2.2.2.1	施工图预算编制费	基本设计费 ×10%	14
3.2.2.2.2	竣工图文件编制费	基本设计费 ×8%	11
3.3	设计文件评审费		48
3.3.1	初步设计文件评审费	基本设计费 ×2.2%	22
3.3.2	施工图文件评审费	基本设计费 ×2.6% 其中，施工图预算文件评审费用为施工图文件评审费的 30%	26
3.4	施工过程造价咨询及竣工结算审核费	施工过程造价咨询及竣工结算审核费 ×100% （1）电缆线路工程费率为 1.02%；若电缆线路工程中建筑工程采用电缆沟、电缆隧道时，电缆线路工程费率乘以 0.8 系数。 （2）若只开展竣工结算审核时，其费用按以上规定的 75% 计取。 （3）该项费用低于 800 元时，按照 800 元计列	800
3.5	工程建设检测费		7
3.5.1	工程质量检测费		7
3.5.1.2	电缆工程工程质量检测费	（电缆建筑工程费 + 电缆安装工程费）×0.39% 若电缆线路工程中建筑工程采用电缆沟、电缆隧道时，电缆线路工程费率乘以 0.8 系数	7
3.6	技术经济标准编制费	（建筑工程费 + 安装工程费）×0.1%	2

续表

序号	工程或费用项目名称	编制依据及计算说明	合价
4	生产准备费		24
4.2	电缆工程生产准备费	（电缆建筑工程费 + 电缆安装工程费）×1.3% 若电缆线路工程中建筑工程采用电缆沟、电缆隧道时，电缆线路工程费率乘以 0.8 系数	24
	合计	（建设场地征用及清理费 + 项目建设管理费 + 项目建设技术服务费 + 生产准备费）×100%	1416

5.17 E3-6 拉管［非开挖拉管（7 孔）］

5.17.1 典型方案主要内容

本典型方案为 10kV 新建非开挖拉管（7 孔）工程，包含材料及施工器具运输，电缆管道焊接，拉管施工定位、其他费用。

5.17.2 典型方案技术条件

典型方案 E3-6 主要技术条件表和设备材料表见表 5-81 和表 5-82。

表 5-81　　典型方案 E3-6 主要技术条件表

方案名称	工程主要技术条件	
非开挖拉管（7 孔）	电压等级	10kV
	工作范围	新建电缆拉管
	地形	100% 平地
	电缆管道规格	MPP 管，DN200
	电缆管道根数	7
	路径长度	1m
	地质条件	100% 普通土
	运距	人力 0.3km，汽车 10km

表 5-82　　典型方案 E3-6 设备材料表

序号	物料描述	单位	数量	备注
1	MPP 管，DN200	m	7	

5.17.3 典型方案概算书

典型方案 E3-6 概算书包括总概算汇总表、建筑工程专业汇总表与其他费用概算表，见表 5-83 ~ 表 5-85。

表 5-83　　典型方案 E3-6 总概算汇总表　　金额单位：元

序号	工程或费用名称	建筑工程费	设备购置费	安装工程费	其他费用	基本预备费	合计	各项占静态投资比例（%）
一	配电站、开关站工程							
二	充电站、换电站工程							
三	架空线路工程							
四	电缆线路工程	1995					1995	57.23
五	通信站工程							
六	通信线路工程							
	小计	1995					1995	57.23
七	其他费用				1456		1456	41.78
（一）	建设场地征用及清理费							
（二）	项目建设管理费				206		206	5.92
（三）	项目建设技术服务费				1224		1224	35.12
（四）	生产准备费				26		26	0.74
八	基本预备费					35	35	0.99
九	特殊项目费							
	工程静态投资	1995			1456	35	3485	100

表 5-84　　典型方案 E3-6 建筑工程专业汇总表　　金额单位：元

序号	工程名称	建筑工程费				合计
		金额	其中			
			设备费	未计价材料费	人工费	
	建筑工程	1995		930	97	1995
L	电缆线路工程	1995		930	97	1995
二	构筑物	1995		930	97	1995
5	排管	1995		930	97	1995

续表

序号	工程名称	建筑工程费				合计
		金额	其中			
			设备费	未计价材料费	人工费	
5.1	7 孔非开挖拉管	1995		930	97	1995
	合计	1995		930	97	1995

表 5-85　　典型方案 E3-6 其他费用概算表　　金额单位：元

序号	工程或费用项目名称	编制依据及计算说明	合价
2	项目建设管理费		206
2.1	项目管理经费		62
2.1.2	电缆工程项目管理经费	（电缆建筑工程费 + 电缆安装工程费）×3.1% 若电缆线路工程中建筑工程采用电缆沟、电缆隧道时，电缆线路工程费率乘以 0.8 系数	62
2.2	招标费	（建筑工程费 + 安装工程费 + 设备购置费）×0.32%	6
2.3	工程监理费	（1）高海拔地区、严寒地区、酷热地区按照本规定乘以 1.1 系数。 （2）如需开展环境监理和水土保持监理时，按照本规定乘以 1.1 系数	138
2.3.2	电缆工程监理费	（电缆建筑工程费 + 电缆安装工程费）×6.93% 若电缆线路工程中建筑工程采用电缆沟、电缆隧道时，电缆线路工程费率乘以 0.8 系数	138
3	项目建设技术服务费		1224
3.1	项目前期工作费		96
3.1.2	电缆工程项目前期工作费	（电缆建筑工程费 + 电缆安装工程费）×4.83% 若电缆线路工程中建筑工程采用电缆沟、电缆隧道时，电缆线路工程费率乘以 0.8 系数	96
3.2	勘察设计费		270
3.2.1	勘察费		90
3.2.1.1	一般勘察费	（1）工程勘察只进行测量和设置工程定位点平面坐标及高程等一般性定位测量作业时，费用按照以上标准的 30% 计算。 （2）不需要勘察或不涉及场地变化的不计勘察费	90

续表

序号	工程或费用项目名称	编制依据及计算说明	合价
3.2.1.1.1	非架空工程勘察费	建筑工程费 ×4.5%	90
3.2.2	设计费		180
3.2.2.1	基本设计费	152.59×100% 基本设计费低于1000元的，按1000元计列	153
3.2.2.2	其他设计费		27
3.2.2.2.1	施工图预算编制费	基本设计费 ×10%	15
3.2.2.2.2	竣工图文件编制费	基本设计费 ×8%	12
3.3	设计文件评审费		48
3.3.1	初步设计文件评审费	基本设计费 ×2.2%	22
3.3.2	施工图文件评审费	基本设计费 ×2.6% 其中，施工图预算文件评审费用为施工图文件评审费的30%	26
3.4	施工过程造价咨询及竣工结算审核费	施工过程造价咨询及竣工结算审核费 ×100% （1）电缆线路工程费率为1.02%；若电缆线路工程中建筑工程采用电缆沟、电缆隧道时，电缆线路工程费率乘以0.8系数。 （2）若只开展竣工结算审核时，其费用按以上规定的75%计取。 （3）该项费用低于800元时，按照800元计列	800
3.5	工程建设检测费		8
3.5.1	工程质量检测费		8
3.5.1.2	电缆工程工程质量检测费	（电缆建筑工程费＋电缆安装工程费）×0.39% 若电缆线路工程中建筑工程采用电缆沟、电缆隧道时，电缆线路工程费率乘以0.8系数	8
3.6	技术经济标准编制费	（建筑工程费＋安装工程费）×0.1%	2
4	生产准备费		26
4.2	电缆工程生产准备费	（电缆建筑工程费＋电缆安装工程费）×1.3% 若电缆线路工程中建筑工程采用电缆沟、电缆隧道时，电缆线路工程费率乘以0.8系数	26
	合计	（建设场地征用及清理费＋项目建设管理费＋项目建设技术服务费＋生产准备费）×100%	1456

5.18　E4-1 电缆沟（3×350 单侧支架砖砌电缆沟）

5.18.1　典型方案主要内容

本典型方案为新建 3×350 单侧支架砖砌电缆沟工程。具体内容包括：材料运输；基槽开挖及回填；电缆沟垫层及主体砌筑；电缆支架、电缆沟盖板、接地制作及安装。

5.18.2　典型方案技术条件

典型方案 E4-1 主要技术条件表和设备材料表见表 5-86 和表 5-87。

表 5-86　　典型方案 E4-1 主要技术条件表

方案名称	工程主要技术条件	
3×350 单侧支架砖砌电缆沟	电压等级	10kV
	工作范围	新建 1m 电缆沟
	地形	100% 平地
	砖砌电缆沟	非过路处
	地质条件	100% 普通土
	运距	人力 0.3km，汽车 10km

表 5-87　　典型方案 E4-1 设备材料表

序号	物料描述	单位	数量	备注
1	商品混凝土 C15	m^3	0.356	
2	商品混凝土 C30	m^3	0.263	
3	钢筋	kg	21.575	
4	商品混凝土 C25	m^3	0.016	
5	MU15 砖	千块	0.181	
6	M10 水泥砂浆	m^3	0.138	
7	预埋件（支架 + 埋件）	t	0.031	
8	接地材料	t	0.003	

5.18.3　典型方案概算书

典型方案 E4-1 概算书包括总概算汇总表、建筑工程专业汇总表与其他费用概算表，见表 5-88 ~ 表 5-90。

表 5-88　　典型方案 E4-1 总概算汇总表　　金额单位：元

序号	工程或费用名称	建筑工程费	设备购置费	安装工程费	其他费用	基本预备费	合计	各项占静态投资比例（%）
一	配电站、开关站工程							
二	充电站、换电站工程							
三	架空线路工程							
四	电缆线路工程	2029					2029	57.81
五	通信站工程							
六	通信线路工程							
	小计	2029					2029	57.81
七	其他费用				1446		1446	41.2
（一）	建设场地征用及清理费							
（二）	项目建设管理费				189		189	5.38
（三）	项目建设技术服务费				1230		1230	35.06
（四）	生产准备费				26		26	0.75
八	基本预备费					35	35	0.99
九	特殊项目费							
	工程静态投资	2029			1446	35	3509	100

表 5-89　　典型方案 E4-1 建筑工程专业汇总表　　金额单位：元

序号	工程名称	建筑工程费				合计
		金额	其中			
			设备费	未计价材料费	人工费	
	建筑工程	2029		18	343	2029
L	电缆线路工程	2029		18	343	2029
二	构筑物	2029		18	343	2029
3	3×350 单侧支架砖砌电缆沟	2029		18	343	2029
	合计	2029		18	343	2029

表 5-90　　典型方案 E4-1 其他费用概算表　　金额单位：元

序号	工程或费用项目名称	编制依据及计算说明	合价
2	项目建设管理费		189
2.1	项目管理经费		63
2.1.2	电缆工程项目管理经费	（电缆建筑工程费 + 电缆安装工程费）×3.1% 若电缆线路工程中建筑工程采用电缆沟、电缆隧道时，电缆线路工程费率乘以 0.8 系数	63
2.2	招标费	（建筑工程费 + 安装工程费 + 设备购置费）×0.32%	6
2.3	工程监理费	（1）高海拔地区、严寒地区、酷热地区按照本规定乘以 1.1 系数。 （2）如需开展环境监理和水土保持监理时，按照本规定乘以 1.1 系数	120
2.3.2	电缆工程监理费	（电缆建筑工程费 + 电缆安装工程费）×5.8905% 若电缆线路工程中建筑工程采用电缆沟、电缆隧道时，电缆线路工程费率乘以 0.8 系数	120
3	项目建设技术服务费		1230
3.1	项目前期工作费		98
3.1.2	电缆工程项目前期工作费	（电缆建筑工程费 + 电缆安装工程费）×4.83% 若电缆线路工程中建筑工程采用电缆沟、电缆隧道时，电缆线路工程费率乘以 0.8 系数	98
3.2	勘察设计费		274
3.2.1	勘察费		91
3.2.1.1	一般勘察费	（1）工程勘察只进行测量和设置工程定位点平面坐标及高程等一般性定位测量作业时，费用按照以上标准的 30% 计算。 （2）不需要勘察或不涉及场地变化的不计勘察费	91
3.2.1.1.1	非架空工程勘察费	建筑工程费 ×4.5%	91
3.2.2	设计费		183
3.2.2.1	基本设计费	155.21×100%	155
3.2.2.2	其他设计费		28
3.2.2.2.1	施工图预算编制费	基本设计费 ×10%	16
3.2.2.2.2	竣工图文件编制费	基本设计费 ×8%	12
3.3	设计文件评审费		48

续表

序号	工程或费用项目名称	编制依据及计算说明	合价
3.3.1	初步设计文件评审费	基本设计费 ×2.2%	22
3.3.2	施工图文件评审费	基本设计费 ×2.6% 其中，施工图预算文件评审费用为施工图文件评审费的 30%	26
3.4	施工过程造价咨询及竣工结算审核费	施工过程造价咨询及竣工结算审核费 ×100% （1）电缆线路工程费率为 1.02%；若电缆线路工程中建筑工程采用电缆沟、电缆隧道时，电缆线路工程费率乘以 0.8 系数。 （2）若只开展竣工结算审核时，其费用按以上规定的 75% 计取。 （3）该项费用低于 800 元时，按照 800 元计列	800
3.5	工程建设检测费		8
3.5.1	工程质量检测费		8
3.5.1.2	电缆工程工程质量检测费	（电缆建筑工程费 + 电缆安装工程费）×0.39% 若电缆线路工程中建筑工程采用电缆沟、电缆隧道时，电缆线路工程费率乘以 0.8 系数	8
3.6	技术经济标准编制费	（建筑工程费 + 安装工程费）×0.1%	2
4	生产准备费		26
4.2	电缆工程生产准备费	（电缆建筑工程费 + 电缆安装工程费）×1.3% 若电缆线路工程中建筑工程采用电缆沟、电缆隧道时，电缆线路工程费率乘以 0.8 系数	26
	合计	（建设场地征用及清理费 + 项目建设管理费 + 项目建设技术服务费 + 生产准备费）×100%	1446

5.19 E4-2 电缆沟（3×500 单侧支架砖砌电缆沟）

5.19.1 典型方案主要内容

本典型方案为新建 3×500 单侧支架砖砌电缆沟工程。具体内容包括：材料运输；基槽开挖及回填；电缆沟垫层及主体砌筑；电缆支架、电缆沟盖板、接地制作及安装。

5.19.2 典型方案技术条件

典型方案 E4-2 主要技术条件表和设备材料表见表 5-91 和表 5-92。

表 5-91　　典型方案 E4-2 主要技术条件表

方案名称	工程主要技术条件	
新建 3×500 单侧支架砖砌电缆沟	电压等级	10kV
	工作范围	新建 1m 电缆沟
	地形	100% 平地
	砖砌电缆沟	非过路处
	地质条件	100% 普通土
	运距	人力 0.3km，汽车 10km

表 5-92　　典型方案 E4-2 设备材料表

序号	物料描述	单位	数量	备注
1	商品混凝土 C15	m^3	0.356	
2	商品混凝土 C30	m^3	0.275	
3	钢筋	kg	23.382	
4	商品混凝土 C25	m^3	0.016	
5	MU15 砖	千块	0.181	
6	M10 水泥砂浆	m^3	0.138	
7	预埋件（支架 + 埋件）	t	0.036	
8	接地材料	t	0.003	

5.19.3　典型方案概算书

典型方案 E4-2 概算书包括总概算汇总表、建筑工程专业汇总表与其他费用概算表，见表 5-93 ~ 表 5-95。

表 5-93　　典型方案 E4-2 总概算汇总表　　金额单位：元

序号	工程或费用名称	建筑工程费	设备购置费	安装工程费	其他费用	基本预备费	合计	各项占静态投资比例（%）
一	配电站、开关站工程							
二	充电站、换电站工程							
三	架空线路工程							
四	电缆线路工程	2142					2142	58.57

续表

序号	工程或费用名称	建筑工程费	设备购置费	安装工程费	其他费用	基本预备费	合计	各项占静态投资比例（%）
五	通信站工程							
六	通信线路工程							
	小计	2142					2142	58.57
七	其他费用				1479		1479	40.44
（一）	建设场地征用及清理费							
（二）	项目建设管理费				199		199	5.45
（三）	项目建设技术服务费				1252		1252	34.22
（四）	生产准备费				28		28	0.76
八	基本预备费					36	36	0.99
九	特殊项目费							
	工程静态投资	2142			1479	36	3658	100

表 5-94　　典型方案 E4-2 建筑工程专业汇总表　　金额单位：元

序号	工程名称	建筑工程费				合计
		金额	其中			
			设备费	未计价材料费	人工费	
	建筑工程	2142		18	361	2142
L	电缆线路工程	2142		18	361	2142
二	构筑物	2142		18	361	2142
3	3×500 单侧支架砖砌电缆沟	2142		18	361	2142
	合计	2142		18	361	2142

表 5-95　　典型方案 E4-2 其他费用概算表　　金额单位：元

序号	工程或费用项目名称	编制依据及计算说明	合价
2	项目建设管理费		199
2.1	项目管理经费		66

续表

序号	工程或费用项目名称	编制依据及计算说明	合价
2.1.2	电缆工程项目管理经费	（电缆建筑工程费 + 电缆安装工程费）×3.1% 若电缆线路工程中建筑工程采用电缆沟、电缆隧道时，电缆线路工程费率乘以 0.8 系数	66
2.2	招标费	（建筑工程费 + 安装工程费 + 设备购置费）×0.32%	7
2.3	工程监理费	（1）高海拔地区、严寒地区、酷热地区按照本规定乘以 1.1 系数。 （2）如需开展环境监理和水土保持监理时，按照本规定乘以 1.1 系数	126
2.3.2	电缆工程监理费	（电缆建筑工程费 + 电缆安装工程费）×5.8905% 若电缆线路工程中建筑工程采用电缆沟、电缆隧道时，电缆线路工程费率乘以 0.8 系数	126
3	项目建设技术服务费		1252
3.1	项目前期工作费		103
3.1.2	电缆工程项目前期工作费	（电缆建筑工程费 + 电缆安装工程费）×4.83% 若电缆线路工程中建筑工程采用电缆沟、电缆隧道时，电缆线路工程费率乘以 0.8 系数	103
3.2	勘察设计费		290
3.2.1	勘察费		96
3.2.1.1	一般勘察费	（1）工程勘察只进行测量和设置工程定位点平面坐标及高程等一般性定位测量作业时，费用按照以上标准的 30% 计算。 （2）不需要勘察或不涉及场地变化的不计勘察费	96
3.2.1.1.1	非架空工程勘察费	建筑工程费 ×4.5%	96
3.2.2	设计费		193
3.2.2.1	基本设计费	163.89×100%	164
3.2.2.2	其他设计费		30
3.2.2.2.1	施工图预算编制费	基本设计费 ×10%	16
3.2.2.2.2	竣工图文件编制费	基本设计费 ×8%	13
3.3	设计文件评审费		48
3.3.1	初步设计文件评审费	基本设计费 ×2.2%	22

续表

序号	工程或费用项目名称	编制依据及计算说明	合价
3.3.2	施工图文件评审费	基本设计费 ×2.6% 其中，施工图预算文件评审费用为施工图文件评审费的 30%	26
3.4	施工过程造价咨询及竣工结算审核费	施工过程造价咨询及竣工结算审核费 ×100% （1）电缆线路工程费率为 1.02%；若电缆线路工程中建筑工程采用电缆沟、电缆隧道时，电缆线路工程费率乘以 0.8 系数。 （2）若只开展竣工结算审核时，其费用按以上规定的 75% 计取。 （3）该项费用低于 800 元时，按照 800 元计列	800
3.5	工程建设检测费		8
3.5.1	工程质量检测费		8
3.5.1.2	电缆工程工程质量检测费	（电缆建筑工程费 + 电缆安装工程费）×0.39% 若电缆线路工程中建筑工程采用电缆沟、电缆隧道时，电缆线路工程费率乘以 0.8 系数	8
3.6	技术经济标准编制费	（建筑工程费 + 安装工程费）×0.1%	2
4	生产准备费		28
4.2	电缆工程生产准备费	（电缆建筑工程费 + 电缆安装工程费）×1.3% 若电缆线路工程中建筑工程采用电缆沟、电缆隧道时，电缆线路工程费率乘以 0.8 系数	28
	合计	（建设场地征用及清理费 + 项目建设管理费 + 项目建设技术服务费 + 生产准备费）×100%	1479

5.20　E4-3 电缆沟（4×350 单侧支架砖砌电缆沟）

5.20.1　典型方案主要内容

本典型方案为新建 4×350 单侧支架砖砌电缆沟工程。具体内容包括：材料运输；基槽开挖及回填；电缆沟垫层及主体砌筑；电缆支架、电缆沟盖板、接地制作及安装。

5.20.2　典型方案技术条件

典型方案 E4-3 主要技术条件表和设备材料表见表 5-96 和表 5-97。

表 5-96　　典型方案 E4-3 主要技术条件表

方案名称	工程主要技术条件	
4×350 单侧支架砖砌电缆沟	电压等级	10kV

续表

方案名称	工程主要技术条件	
4×350 单侧支架砖砌电缆沟	工作范围	新建 1m 电缆沟
	地形	100% 平地
	砖砌电缆沟	非过路处
	地质条件	100% 普通土
	运距	人力 0.3km，汽车 10km

表 5-97　　典型方案 E4-3 设备材料表

序号	物料描述	单位	数量	备注
1	商品混凝土 C15	m^3	0.336	
2	商品混凝土 C30	m^3	0.263	
3	钢筋	kg	21.575	
4	商品混凝土 C25	m^3	0.016	
5	MU15 砖	千块	0.243	
6	M10 水泥砂浆	m^3	0.17	
7	预埋件（支架 + 埋件）	t	0.039	
8	接地材料	t	0.003	

5.20.3　典型方案概算书

典型方案 E4-3 概算书包括总概算汇总表、建筑工程专业汇总表与其他费用概算表，见表 5-98 ~ 表 5-100。

表 5-98　　典型方案 E4-3 总概算汇总表　　金额单位：元

序号	工程或费用名称	建筑工程费	设备购置费	安装工程费	其他费用	基本预备费	合计	各项占静态投资比例（%）
一	配电站、开关站工程							
二	充电站、换电站工程							
三	架空线路工程							
四	电缆线路工程	2194					2194	58.9
五	通信站工程							

续表

序号	工程或费用名称	建筑工程费	设备购置费	安装工程费	其他费用	基本预备费	合计	各项占静态投资比例（%）
六	通信线路工程							
	小计	2194					2194	58.9
七	其他费用				1494		1494	40.11
（一）	建设场地征用及清理费							
（二）	项目建设管理费				204		204	5.48
（三）	项目建设技术服务费				1262		1262	33.86
（四）	生产准备费				29		29	0.77
八	基本预备费					37	37	0.99
九	特殊项目费							
	工程静态投资	2194			1494	37	3725	100

表 5-99　　典型方案 E4-3 建筑工程专业汇总表　　金额单位：元

序号	工程名称	建筑工程费				合计
		金额	其中			
			设备费	未计价材料费	人工费	
	建筑工程	2194		18	367	2194
L	电缆线路工程	2194		18	367	2194
二	构筑物	2194		18	367	2194
3	4×350 单侧支架砖砌电缆沟	2194		18	367	2194
	合计	2194		18	367	2194

表 5-100　　典型方案 E4-3 其他费用概算表　　金额单位：元

序号	工程或费用项目名称	编制依据及计算说明	合价
2	项目建设管理费		204
2.1	项目管理经费		68
2.1.2	电缆工程项目管理经费	（电缆建筑工程费 + 电缆安装工程费）×3.1% 若电缆线路工程中建筑工程采用电缆沟、电缆隧道时，电缆线路工程费率乘以 0.8 系数	68

续表

序号	工程或费用项目名称	编制依据及计算说明	合价
2.2	招标费	（建筑工程费 + 安装工程费 + 设备购置费）× 0.32%	7
2.3	工程监理费	（1）高海拔地区、严寒地区、酷热地区按照本规定乘以 1.1 系数。 （2）如需开展环境监理和水土保持监理时，按照本规定乘以 1.1 系数	129
2.3.2	电缆工程监理费	（电缆建筑工程费 + 电缆安装工程费）× 5.8905% 若电缆线路工程中建筑工程采用电缆沟、电缆隧道时，电缆线路工程费率乘以 0.8 系数	129
3	项目建设技术服务费		1262
3.1	项目前期工作费		106
3.1.2	电缆工程项目前期工作费	（电缆建筑工程费 + 电缆安装工程费）× 4.83% 若电缆线路工程中建筑工程采用电缆沟、电缆隧道时，电缆线路工程费率乘以 0.8 系数	106
3.2	勘察设计费		297
3.2.1	勘察费		99
3.2.1.1	一般勘察费	（1）工程勘察只进行测量和设置工程定位点平面坐标及高程等一般性定位测量作业时，费用按照以上标准的 30% 计算。 （2）不需要勘察或不涉及场地变化的不计勘察费	99
3.2.1.1.1	非架空工程勘察费	建筑工程费 × 4.5%	99
3.2.2	设计费		198
3.2.2.1	基本设计费	167.85 × 100% 基本设计费低于 1000 元的，按 1000 元计列	168
3.2.2.2	其他设计费		30
3.2.2.2.1	施工图预算编制费	基本设计费 × 10%	17
3.2.2.2.2	竣工图文件编制费	基本设计费 × 8%	13
3.3	设计文件评审费		48
3.3.1	初步设计文件评审费	基本设计费 × 2.2%	22
3.3.2	施工图文件评审费	基本设计费 × 2.6% 其中，施工图预算文件评审费用为施工图文件评审费的 30%	26

续表

序号	工程或费用项目名称	编制依据及计算说明	合价
3.4	施工过程造价咨询及竣工结算审核费	施工过程造价咨询及竣工结算审核费 ×100% （1）电缆线路工程费率为 1.02%；若电缆线路工程中建筑工程采用电缆沟、电缆隧道时，电缆线路工程费率乘以 0.8 系数。 （2）若只开展竣工结算审核时，其费用按以上规定的 75% 计取。 （3）该项费用低于 800 元时，按照 800 元计列	800
3.5	工程建设检测费		9
3.5.1	工程质量检测费		9
3.5.1.2	电缆工程工程质量检测费	（电缆建筑工程费＋电缆安装工程费）×0.39% 若电缆线路工程中建筑工程采用电缆沟、电缆隧道时，电缆线路工程费率乘以 0.8 系数	9
3.6	技术经济标准编制费	（建筑工程费＋安装工程费）×0.1%	2
4	生产准备费		29
4.2	电缆工程生产准备费	（电缆建筑工程费＋电缆安装工程费）×1.3% 若电缆线路工程中建筑工程采用电缆沟、电缆隧道时，电缆线路工程费率乘以 0.8 系数	29
	合计	（建设场地征用及清理费＋项目建设管理费＋项目建设技术服务费＋生产准备费）×100%	1494

5.21 E4-4 电缆沟（4×500 单侧支架砖砌电缆沟）

5.21.1 典型方案主要内容

本典型方案为新建 4×500 单侧支架砖砌电缆沟工程。具体内容包括：材料运输；基槽开挖及回填；电缆沟垫层及主体砌筑；电缆支架、电缆沟盖板、接地制作及安装。

5.21.2 典型方案技术条件

典型方案 E4-4 主要技术条件表和设备材料表见表 5-101 和表 5-102。

表 5-101 典型方案 E4-4 主要技术条件表

方案名称	工程主要技术条件	
4×500 单侧支架砖砌电缆沟	电压等级	10kV
	工作范围	新建 1m 电缆沟
	地形	100% 平地

续表

方案名称	工程主要技术条件	
4×500 单侧支架砖砌电缆沟	砖砌电缆沟	非过路处
	地质条件	100% 普通土
	运距	人力 0.3km，汽车 10km

表 5-102　　典型方案 E4-4 设备材料表

序号	物料描述	单位	数量	备注
1	商品混凝土 C15	m^3	0.356	
2	商品混凝土 C30	m^3	0.275	
3	钢筋	kg	23.382	
4	商品混凝土 C25	m^3	0.016	
5	MU15 砖	千块	0.243	
6	M10 水泥砂浆	m^3	0.172	
7	预埋件（支架 + 埋件）	t	0.044	
8	接地材料	t	0.003	

5.21.3　典型方案概算书

典型方案 E4-4 概算书包括总概算汇总表、建筑工程专业汇总表与其他费用概算表，见表 5-103 ~ 表 5-105。

表 5-103　　典型方案 E4-4 总概算汇总表　　金额单位：元

序号	工程或费用名称	建筑工程费	设备购置费	安装工程费	其他费用	基本预备费	合计	各项占静态投资比例（%）
一	配电站、开关站工程							
二	充电站、换电站工程							
三	架空线路工程							
四	电缆线路工程	2313					2313	59.6
五	通信站工程							
六	通信线路工程							
	小计	2313					2313	59.6

续表

序号	工程或费用名称	建筑工程费	设备购置费	安装工程费	其他费用	基本预备费	合计	各项占静态投资比例（%）
七	其他费用				1529		1529	39.41
（一）	建设场地征用及清理费							
（二）	项目建设管理费				215		215	5.55
（三）	项目建设技术服务费				1284		1284	33.08
（四）	生产准备费				30		30	0.77
八	基本预备费					38	38	0.99
九	特殊项目费							
	工程静态投资	2313			1529	38	3881	100

表 5-104　　典型方案 E4-4 建筑工程专业汇总表　　金额单位：元

序号	工程名称	建筑工程费				合计
		金额	其中			
			设备费	未计价材料费	人工费	
	建筑工程	2313		18	387	2313
L	电缆线路工程	2313		18	387	2313
二	构筑物	2313		18	387	2313
3	4×500 单侧支架砖砌电缆沟	2313		18	387	2313
	合计	2313		18	387	2313

表 5-105　　典型方案 E4-4 其他费用概算表　　金额单位：元

序号	工程或费用项目名称	编制依据及计算说明	合价
2	项目建设管理费		215
2.1	项目管理经费		72
2.1.2	电缆工程项目管理经费	（电缆建筑工程费＋电缆安装工程费）×3.1% 若电缆线路工程中建筑工程采用电缆沟、电缆隧道时，电缆线路工程费率乘以 0.8 系数	72

续表

序号	工程或费用项目名称	编制依据及计算说明	合价
2.2	招标费	（建筑工程费 + 安装工程费 + 设备购置费）× 0.32%	7
2.3	工程监理费	（1）高海拔地区、严寒地区、酷热地区按照本规定乘以 1.1 系数。 （2）如需开展环境监理和水土保持监理时，按照本规定乘以 1.1 系数	136
2.3.2	电缆工程监理费	（电缆建筑工程费 + 电缆安装工程费）× 5.8905% 若电缆线路工程中建筑工程采用电缆沟、电缆隧道时，电缆线路工程费率乘以 0.8 系数	136
3	项目建设技术服务费		1284
3.1	项目前期工作费		112
3.1.2	电缆工程项目前期工作费	（电缆建筑工程费 + 电缆安装工程费）× 4.83% 若电缆线路工程中建筑工程采用电缆沟、电缆隧道时，电缆线路工程费率乘以 0.8 系数	112
3.2	勘察设计费		313
3.2.1	勘察费		104
3.2.1.1	一般勘察费	（1）工程勘察只进行测量和设置工程定位点平面坐标及高程等一般性定位测量作业时，费用按照以上标准的 30% 计算。 （2）不需要勘察或不涉及场地变化的不计勘察费	104
3.2.1.1.1	非架空工程勘察费	建筑工程费 × 4.5%	104
3.2.2	设计费		209
3.2.2.1	基本设计费	176.94 × 100% 基本设计费低于 1000 元的，按 1000 元计列	177
3.2.2.2	其他设计费		32
3.2.2.2.1	施工图预算编制费	基本设计费 × 10%	18
3.2.2.2.2	竣工图文件编制费	基本设计费 × 8%	14
3.3	设计文件评审费		48
3.3.1	初步设计文件评审费	基本设计费 × 2.2%	22
3.3.2	施工图文件评审费	基本设计费 × 2.6% 其中，施工图预算文件评审费用为施工图文件评审费的 30%	26

续表

序号	工程或费用项目名称	编制依据及计算说明	合价
3.4	施工过程造价咨询及竣工结算审核费	施工过程造价咨询及竣工结算审核费 ×100% （1）电缆线路工程费率为 1.02%；若电缆线路工程中建筑工程采用电缆沟、电缆隧道时，电缆线路工程费率乘以 0.8 系数。 （2）若只开展竣工结算审核时，其费用按以上规定的 75% 计取。 （3）该项费用低于 800 元时，按照 800 元计列	800
3.5	工程建设检测费		9
3.5.1	工程质量检测费		9
3.5.1.2	电缆工程工程质量检测费	（电缆建筑工程费 + 电缆安装工程费）×0.39% 若电缆线路工程中建筑工程采用电缆沟、电缆隧道时，电缆线路工程费率乘以 0.8 系数	9
3.6	技术经济标准编制费	（建筑工程费 + 安装工程费）×0.1%	2
4	生产准备费		30
4.2	电缆工程生产准备费	（电缆建筑工程费 + 电缆安装工程费）×1.3% 若电缆线路工程中建筑工程采用电缆沟、电缆隧道时，电缆线路工程费率乘以 0.8 系数	30
	合计	（建设场地征用及清理费 + 项目建设管理费 + 项目建设技术服务费 + 生产准备费）×100%	1529

5.22 E4-5 电缆沟（3×350 双侧支架砖砌电缆沟）

5.22.1 典型方案主要内容

本典型方案为新建 3×350 双侧支架砖砌电缆沟工程。具体内容包括：材料运输；基槽开挖及回填；电缆沟垫层及主体砌筑；电缆支架、电缆沟盖板、接地制作及安装。

5.22.2 典型方案技术条件

典型方案 E4-5 主要技术条件表和设备材料表见表 5-106 和表 5-107。

表 5-106 典型方案 E4-5 主要技术条件表

方案名称	工程主要技术条件	
3×350 双侧支架砖砌电缆沟	电压等级	10kV
	工作范围	新建 1m 电缆沟
	地形	100% 平地

续表

方案名称	工程主要技术条件	
3×350 双侧支架砖砌电缆沟	砖砌电缆沟	非过路处
	地质条件	100% 普通土
	运距	人力 0.3km，汽车 10km

表 5-107　　　　典型方案 E4-5 设备材料表

序号	物料描述	单位	数量	备注
1	商品混凝土 C15	m^3	0.436	
2	商品混凝土 C30	m^3	0.323	
3	钢筋	kg	29.546	
4	商品混凝土 C25	m^3	0.031	
5	MU15 砖	千块	0.172	
6	M10 水泥砂浆	m^3	0.147	
7	预埋件（支架 + 埋件）	t	0.063	
8	接地材料	t	0.005	

5.22.3　典型方案概算书

典型方案 E4–5 概算书包括总概算汇总表、建筑工程专业汇总表与其他费用概算表，见表 5–108 ~ 表 5–110。

表 5-108　　　　典型方案 E4-5 总概算汇总表　　　　金额单位：元

序号	工程或费用名称	建筑工程费	设备购置费	安装工程费	其他费用	基本预备费	合计	各项占静态投资比例（%）
一	配电站、开关站工程							
二	充电站、换电站工程							
三	架空线路工程							
四	电缆线路工程	2724					2724	61.66
五	通信站工程							
六	通信线路工程							
	小计	2724					2724	61.66

续表

序号	工程或费用名称	建筑工程费	设备购置费	安装工程费	其他费用	基本预备费	合计	各项占静态投资比例（%）
七	其他费用				1651		1651	37.35
（一）	建设场地征用及清理费							
（二）	项目建设管理费				254		254	5.74
（三）	项目建设技术服务费				1361		1361	30.81
（四）	生产准备费				35		35	0.8
八	基本预备费					44	44	0.99
九	特殊项目费							
	工程静态投资	2724			1651	44	4419	100

表 5-109　　典型方案 E4-5 建筑工程专业汇总表　　金额单位：元

序号	工程名称	建筑工程费				合计
		金额	其中			
			设备费	未计价材料费	人工费	
	建筑工程	2724		30	454	2724
L	电缆线路工程	2724		30	454	2724
二	构筑物	2724		30	454	2724
3	3×350 双侧支架砖砌电缆沟	2724		30	454	2724
	合计	2724		30	454	2724

表 5-110　　典型方案 E4-5 其他费用概算表　　金额单位：元

序号	工程或费用项目名称	编制依据及计算说明	合价
2	项目建设管理费		254
2.1	项目管理经费		84
2.1.2	电缆工程项目管理经费	（电缆建筑工程费＋电缆安装工程费）×3.1% 若电缆线路工程中建筑工程采用电缆沟、电缆隧道时，电缆线路工程费率乘以 0.8 系数	84
2.2	招标费	（建筑工程费＋安装工程费＋设备购置费）×0.32%	9

续表

序号	工程或费用项目名称	编制依据及计算说明	合价
2.3	工程监理费	（1）高海拔地区、严寒地区、酷热地区按照本规定乘以 1.1 系数。 （2）如需开展环境监理和水土保持监理时，按照本规定乘以 1.1 系数	160
2.3.2	电缆工程监理费	（电缆建筑工程费 + 电缆安装工程费）× 5.8905% 若电缆线路工程中建筑工程采用电缆沟、电缆隧道时，电缆线路工程费率乘以 0.8 系数	160
3	项目建设技术服务费		1361
3.1	项目前期工作费		132
3.1.2	电缆工程项目前期工作费	（电缆建筑工程费 + 电缆安装工程费）× 4.83% 若电缆线路工程中建筑工程采用电缆沟、电缆隧道时，电缆线路工程费率乘以 0.8 系数	132
3.2	勘察设计费		369
3.2.1	勘察费		123
3.2.1.1	一般勘察费	（1）工程勘察只进行测量和设置工程定位点平面坐标及高程等一般性定位测量作业时，费用按照以上标准的 30% 计算。 （2）不需要勘察或不涉及场地变化的不计勘察费	123
3.2.1.1.1	非架空工程勘察费	建筑工程费 × 4.5%	123
3.2.2	设计费		246
3.2.2.1	基本设计费	208.41 × 100% 基本设计费低于 1000 元的，按 1000 元计列	208
3.2.2.2	其他设计费		38
3.2.2.2.1	施工图预算编制费	基本设计费 × 10%	21
3.2.2.2.2	竣工图文件编制费	基本设计费 × 8%	17
3.3	设计文件评审费		48
3.3.1	初步设计文件评审费	基本设计费 × 2.2%	22
3.3.2	施工图文件评审费	基本设计费 × 2.6% 其中，施工图预算文件评审费用为施工图文件评审费的 30%	26

续表

序号	工程或费用项目名称	编制依据及计算说明	合价
3.4	施工过程造价咨询及竣工结算审核费	施工过程造价咨询及竣工结算审核费 ×100% （1）电缆线路工程费率为 1.02%；若电缆线路工程中建筑工程采用电缆沟、电缆隧道时，电缆线路工程费率乘以 0.8 系数。 （2）若只开展竣工结算审核时，其费用按以上规定的 75% 计取。 （3）该项费用低于 800 元时，按照 800 元计列	800
3.5	工程建设检测费		11
3.5.1	工程质量检测费		11
3.5.1.2	电缆工程工程质量检测费	（电缆建筑工程费 + 电缆安装工程费）×0.39% 若电缆线路工程中建筑工程采用电缆沟、电缆隧道时，电缆线路工程费率乘以 0.8 系数	11
3.6	技术经济标准编制费	（建筑工程费 + 安装工程费）×0.1%	3
4	生产准备费		35
4.2	电缆工程生产准备费	（电缆建筑工程费 + 电缆安装工程费）×1.3% 若电缆线路工程中建筑工程采用电缆沟、电缆隧道时，电缆线路工程费率乘以 0.8 系数	35
	合计	（建设场地征用及清理费 + 项目建设管理费 + 项目建设技术服务费 + 生产准备费）×100%	1651

5.23　E4-6 电缆沟（3×500 双侧支架砖砌电缆沟）

5.23.1　典型方案主要内容

本典型方案为新建 3×500 双侧支架砖砌电缆沟工程。具体内容包括：材料运输；基槽开挖及回填；电缆沟垫层及主体砌筑；电缆支架、电缆沟盖板、接地制作及安装。

5.23.2　典型方案技术条件

典型方案 E4-6 主要技术条件表和设备材料表见表 5-111 和表 5-112。

表 5-111　　典型方案 E4-6 主要技术条件表

方案名称	工程主要技术条件	
3×500 双侧支架砖砌电缆沟	电压等级	10kV
	工作范围	新建 1m 电缆沟
	地形	100% 平地

续表

方案名称	工程主要技术条件	
3×500 双侧支架砖砌电缆沟	砖砌电缆沟	非过路处
	地质条件	100% 普通土
	运距	人力 0.3km，汽车 10km

表 5-112　　典型方案 E4-6 设备材料表

序号	物料描述	单位	数量	备注
1	商品混凝土 C15	m^3	0.496	
2	商品混凝土 C30	m^3	0.358	
3	钢筋	kg	34.613	
4	商品混凝土 C25	m^3	0.031	
5	MU15 砖	千块	0.172	
6	M10 水泥砂浆	m^3	0.153	
7	预埋件（支架 + 埋件）	t	0.071	
8	接地材料	t	0.005	

5.23.3　典型方案概算书

典型方案 E4-6 概算书包括总概算汇总表、建筑工程专业汇总表与其他费用概算表，见表 5-113 ~ 表 5-115。

表 5-113　　典型方案 E4-6 总概算汇总表　　金额单位：元

序号	工程或费用名称	建筑工程费	设备购置费	安装工程费	其他费用	基本预备费	合计	各项占静态投资比例（%）
一	配电站、开关站工程							
二	充电站、换电站工程							
三	架空线路工程							
四	电缆线路工程	3024					3024	62.87
五	通信站工程							
六	通信线路工程							
	小计	3024					3024	62.87

续表

序号	工程或费用名称	建筑工程费	设备购置费	安装工程费	其他费用	基本预备费	合计	各项占静态投资比例（%）
七	其他费用				1739		1739	36.14
（一）	建设场地征用及清理费							
（二）	项目建设管理费				282		282	5.85
（三）	项目建设技术服务费				1418		1418	29.47
（四）	生产准备费				39		39	0.82
八	基本预备费					48	48	0.99
九	特殊项目费							
	工程静态投资	3024			1739	48	4811	100

表 5-114　　典型方案 E4-6 建筑工程专业汇总表　　金额单位：元

序号	工程名称	建筑工程费				合计
		金额	其中			
			设备费	未计价材料费	人工费	
	建筑工程	3024		30	501	3024
L	电缆线路工程	3024		30	501	3024
二	构筑物	3024		30	501	3024
3	3×500 双侧支架砖砌电缆沟	3024		30	501	3024
	合计	3024		30	501	3024

表 5-115　　典型方案 E4-6 其他费用概算表　　金额单位：元

序号	工程或费用项目名称	编制依据及计算说明	合价
2	项目建设管理费		282
2.1	项目管理经费		94
2.1.2	电缆工程项目管理经费	（电缆建筑工程费＋电缆安装工程费）×3.1% 若电缆线路工程中建筑工程采用电缆沟、电缆隧道时，电缆线路工程费率乘以 0.8 系数	94
2.2	招标费	（建筑工程费＋安装工程费＋设备购置费）×0.32%	10

续表

序号	工程或费用项目名称	编制依据及计算说明	合价
2.3	工程监理费	（1）高海拔地区、严寒地区、酷热地区按照本规定乘以 1.1 系数。 （2）如需开展环境监理和水土保持监理时，按照本规定乘以 1.1 系数	178
2.3.2	电缆工程监理费	（电缆建筑工程费 + 电缆安装工程费）×5.8905% 若电缆线路工程中建筑工程采用电缆沟、电缆隧道时，电缆线路工程费率乘以 0.8 系数	178
3	项目建设技术服务费		1418
3.1	项目前期工作费		146
3.1.2	电缆工程项目前期工作费	（电缆建筑工程费 + 电缆安装工程费）×4.83% 若电缆线路工程中建筑工程采用电缆沟、电缆隧道时，电缆线路工程费率乘以 0.8 系数	146
3.2	勘察设计费		409
3.2.1	勘察费		136
3.2.1.1	一般勘察费	（1）工程勘察只进行测量和设置工程定位点平面坐标及高程等一般性定位测量作业时，费用按照以上标准的 30% 计算。 （2）不需要勘察或不涉及场地变化的不计勘察费	136
3.2.1.1.1	非架空工程勘察费	建筑工程费 ×4.5%	136
3.2.2	设计费		273
3.2.2.1	基本设计费	231.37×100% 基本设计费低于 1000 元的，按 1000 元计列	231
3.2.2.2	其他设计费		42
3.2.2.2.1	施工图预算编制费	基本设计费 ×10%	23
3.2.2.2.2	竣工图文件编制费	基本设计费 ×8%	19
3.3	设计文件评审费		48
3.3.1	初步设计文件评审费	基本设计费 ×2.2%	22
3.3.2	施工图文件评审费	基本设计费 ×2.6% 其中，施工图预算文件评审费用为施工图文件评审费的 30%	26

续表

序号	工程或费用项目名称	编制依据及计算说明	合价
3.4	施工过程造价咨询及竣工结算审核费	施工过程造价咨询及竣工结算审核费 ×100% （1）电缆线路工程费率为 1.02%；若电缆线路工程中建筑工程采用电缆沟、电缆隧道时，电缆线路工程费率乘以 0.8 系数。 （2）若只开展竣工结算审核时，其费用按以上规定的 75% 计取。 （3）该项费用低于 800 元时，按照 800 元计列	800
3.5	工程建设检测费		12
3.5.1	工程质量检测费		12
3.5.1.2	电缆工程工程质量检测费	（电缆建筑工程费 + 电缆安装工程费）×0.39% 若电缆线路工程中建筑工程采用电缆沟、电缆隧道时，电缆线路工程费率乘以 0.8 系数	12
3.6	技术经济标准编制费	（建筑工程费 + 安装工程费）×0.1%	3
4	生产准备费		39
4.2	电缆工程生产准备费	（电缆建筑工程费 + 电缆安装工程费）×1.3% 若电缆线路工程中建筑工程采用电缆沟、电缆隧道时，电缆线路工程费率乘以 0.8 系数	39
	合计	（建设场地征用及清理费 + 项目建设管理费 + 项目建设技术服务费 + 生产准备费）×100%	1739

5.24 E4-7 电缆沟（4×350 双侧支架砖砌电缆沟）

5.24.1 典型方案主要内容

本典型方案为新建 4×350 双侧支架砖砌电缆沟工程。具体内容包括：材料运输；基槽开挖及回填；电缆沟垫层及主体砌筑；电缆支架、电缆沟盖板、接地制作及安装。

5.24.2 典型方案技术条件

典型方案 E4-7 主要技术条件表和设备材料表见表 5-116 和表 5-117。

表 5-116 典型方案 E4-7 主要技术条件表

方案名称	工程主要技术条件	
4×350 双侧支架砖砌电缆沟	电压等级	10kV
	工作范围	新建 1m 电缆沟
	地形	100% 平地

续表

方案名称	工程主要技术条件	
4×350 双侧支架砖砌电缆沟	砖砌电缆沟	非过路处
	地质条件	100% 普通土
	运距	人力 0.3km，汽车 10km

表 5-117　　典型方案 E4-7 设备材料表

序号	物料描述	单位	数量	备注
1	商品混凝土 C15	m^3	0.436	
2	商品混凝土 C30	m^3	0.323	
3	钢筋	kg	29.546	
4	商品混凝土 C25	m^3	0.031	
5	MU15 砖	千块	0.172	
6	M10 水泥砂浆	m^3	0.167	
7	预埋件（支架 + 埋件）	t	0.077	
8	接地材料	t	0.005	

5.24.3　典型方案概算书

典型方案 E4-7 概算书包括总概算汇总表、建筑工程专业汇总表与其他费用概算表，见表 5-118 ~ 表 5-120。

表 5-118　　典型方案 E4-7 总概算汇总表　　金额单位：元

序号	工程或费用名称	建筑工程费	设备购置费	安装工程费	其他费用	基本预备费	合计	各项占静态投资比例（%）
一	配电站、开关站工程							
二	充电站、换电站工程							
三	架空线路工程							
四	电缆线路工程	2887					2887	62.34
五	通信站工程							
六	通信线路工程							
	小计	2887					2887	62.34

续表

序号	工程或费用名称	建筑工程费	设备购置费	安装工程费	其他费用	基本预备费	合计	各项占静态投资比例（%）
七	其他费用				1698		1698	36.67
（一）	建设场地征用及清理费							
（二）	项目建设管理费				269		269	5.8
（三）	项目建设技术服务费				1392		1392	30.06
（四）	生产准备费				38		38	0.81
八	基本预备费					46	46	0.99
九	特殊项目费							
	工程静态投资	2887			1698	46	4631	100

表 5-119　　典型方案 E4-7 建筑工程专业汇总表　　金额单位：元

序号	工程名称	建筑工程费				合计
		金额	其中			
			设备费	未计价材料费	人工费	
	建筑工程	2887		30	482	2887
L	电缆线路工程	2887		30	482	2887
二	构筑物	2887		30	482	2887
3	4×350 双侧支架砖砌电缆沟	2887		30	482	2887
	合计	2887		30	482	2887

表 5-120　　典型方案 E4-7 其他费用概算表　　金额单位：元

序号	工程或费用项目名称	编制依据及计算说明	合价
2	项目建设管理费		269
2.1	项目管理经费		90
2.1.2	电缆工程项目管理经费	（电缆建筑工程费＋电缆安装工程费）×3.1% 若电缆线路工程中建筑工程采用电缆沟、电缆隧道时，电缆线路工程费率乘以 0.8 系数	90
2.2	招标费	（建筑工程费＋安装工程费＋设备购置费）×0.32%	9

续表

序号	工程或费用项目名称	编制依据及计算说明	合价
2.3	工程监理费	（1）高海拔地区、严寒地区、酷热地区按照本规定乘以 1.1 系数。 （2）如需开展环境监理和水土保持监理时，按照本规定乘以 1.1 系数	170
2.3.2	电缆工程监理费	（电缆建筑工程费 + 电缆安装工程费）× 5.8905% 若电缆线路工程中建筑工程采用电缆沟、电缆隧道时，电缆线路工程费率乘以 0.8 系数	170
3	项目建设技术服务费		1392
3.1	项目前期工作费		139
3.1.2	电缆工程项目前期工作费	（电缆建筑工程费 + 电缆安装工程费）× 4.83% 若电缆线路工程中建筑工程采用电缆沟、电缆隧道时，电缆线路工程费率乘以 0.8 系数	139
3.2	勘察设计费		391
3.2.1	勘察费		130
3.2.1.1	一般勘察费	（1）工程勘察只进行测量和设置工程定位点平面坐标及高程等一般性定位测量作业时，费用按照以上标准的 30% 计算。 （2）不需要勘察或不涉及场地变化的不计勘察费	130
3.2.1.1.1	非架空工程勘察费	建筑工程费 × 4.5%	130
3.2.2	设计费		261
3.2.2.1	基本设计费	220.86 × 100% 基本设计费低于 1000 元的，按 1000 元计列	221
3.2.2.2	其他设计费		40
3.2.2.2.1	施工图预算编制费	基本设计费 × 10%	22
3.2.2.2.2	竣工图文件编制费	基本设计费 × 8%	18
3.3	设计文件评审费		48
3.3.1	初步设计文件评审费	基本设计费 × 2.2%	22
3.3.2	施工图文件评审费	基本设计费 × 2.6% 其中，施工图预算文件评审费用为施工图文件评审费的 30%	26

续表

序号	工程或费用项目名称	编制依据及计算说明	合价
3.4	施工过程造价咨询及竣工结算审核费	施工过程造价咨询及竣工结算审核费 ×100% （1）电缆线路工程费率为1.02%；若电缆线路工程中建筑工程采用电缆沟、电缆隧道时，电缆线路工程费率乘以0.8系数。 （2）若只开展竣工结算审核时，其费用按以上规定的75%计取。 （3）该项费用低于800元时，按照800元计列	800
3.5	工程建设检测费		11
3.5.1	工程质量检测费		11
3.5.1.2	电缆工程工程质量检测费	（电缆建筑工程费＋电缆安装工程费）×0.39% 若电缆线路工程中建筑工程采用电缆沟、电缆隧道时，电缆线路工程费率乘以0.8系数	11
3.6	技术经济标准编制费	（建筑工程费＋安装工程费）×0.1%	3
4	生产准备费		38
4.2	电缆工程生产准备费	（电缆建筑工程费＋电缆安装工程费）×1.3% 若电缆线路工程中建筑工程采用电缆沟、电缆隧道时，电缆线路工程费率乘以0.8系数	38
	合计	（建设场地征用及清理费＋项目建设管理费＋项目建设技术服务费＋生产准备费）×100%	1698

5.25 E4-8 电缆沟（4×500 双侧支架砖砌电缆沟）

5.25.1 典型方案主要内容

本典型方案为新建4×500双侧支架砖砌电缆沟工程。具体内容包括：材料运输；基槽开挖及回填；电缆沟垫层及主体砌筑；电缆支架、电缆沟盖板、接地制作及安装。

5.25.2 典型方案技术条件

典型方案E4-8主要技术条件表和设备材料表见表5-121和表5-122。

表5-121　　典型方案E4-8主要技术条件表

方案名称	工程主要技术条件	
4×500双侧支架砖砌电缆沟	电压等级	10kV
	工作范围	新建1m电缆沟
	地形	100%平地

续表

方案名称	工程主要技术条件	
4×500 双侧支架砖砌电缆沟	砖砌电缆沟	非过路处
	地质条件	100% 普通土
	运距	人力 0.3km，汽车 10km

表 5-122 典型方案 E4-8 设备材料表

序号	物料描述	单位	数量	备注
1	商品混凝土 C15	m^3	0.496	
2	商品混凝土 C30	m^3	0.358	
3	钢筋	kg	34.613	
4	商品混凝土 C25	m^3	0.031	
5	MU15 砖	千块	0.172	
6	M10 水泥砂浆	m^3	0.173	
7	预埋件（支架 + 埋件）	t	0.089	
8	接地材料	t	0.005	

5.25.3 典型方案概算书

典型方案 E4–8 概算书包括总概算汇总表、建筑工程专业汇总表与其他费用概算表，见表 5–123 ~ 表 5–125。

表 5-123 典型方案 E4-8 总概算汇总表 金额单位：元

序号	工程或费用名称	建筑工程费	设备购置费	安装工程费	其他费用	基本预备费	合计	各项占静态投资比例（%）
一	配电站、开关站工程							
二	充电站、换电站工程							
三	架空线路工程							
四	电缆线路工程	3224					3224	63.57
五	通信站工程							
六	通信线路工程							
	小计	3224					3224	63.57

续表

序号	工程或费用名称	建筑工程费	设备购置费	安装工程费	其他费用	基本预备费	合计	各项占静态投资比例（%）
七	其他费用				1798		1798	35.44
（一）	建设场地征用及清理费							
（二）	项目建设管理费				300		300	5.92
（三）	项目建设技术服务费				1456		1456	28.7
（四）	生产准备费				42		42	0.83
八	基本预备费					50	50	0.99
九	特殊项目费							
	工程静态投资	3224			1798	50	5072	100

表 5-124　　典型方案 E4-8 建筑工程专业汇总表　　金额单位：元

序号	工程名称	建筑工程费				合计
		金额	其中			
			设备费	未计价材料费	人工费	
	建筑工程	3224		30	535	3224
L	电缆线路工程	3224		30	535	3224
二	构筑物	3224		30	535	3224
3	4×500 双侧支架砖砌电缆沟	3224		30	535	3224
	合计	3224		30	535	3224

表 5-125　　典型方案 E4-8 其他费用概算表　　金额单位：元

序号	工程或费用项目名称	编制依据及计算说明	合价
2	项目建设管理费		300
2.1	项目管理经费		100
2.1.2	电缆工程项目管理经费	（电缆建筑工程费＋电缆安装工程费）×3.1% 若电缆线路工程中建筑工程采用电缆沟、电缆隧道时，电缆线路工程费率乘以 0.8 系数	100
2.2	招标费	（建筑工程费＋安装工程费＋设备购置费）×0.32%	10

续表

序号	工程或费用项目名称	编制依据及计算说明	合价
2.3	工程监理费	（1）高海拔地区、严寒地区、酷热地区按照本规定乘以 1.1 系数。 （2）如需开展环境监理和水土保持监理时，按照本规定乘以 1.1 系数	190
2.3.2	电缆工程监理费	（电缆建筑工程费 + 电缆安装工程费）×5.8905% 若电缆线路工程中建筑工程采用电缆沟、电缆隧道时，电缆线路工程费率乘以 0.8 系数	190
3	项目建设技术服务费		1456
3.1	项目前期工作费		156
3.1.2	电缆工程项目前期工作费	（电缆建筑工程费 + 电缆安装工程费）×4.83% 若电缆线路工程中建筑工程采用电缆沟、电缆隧道时，电缆线路工程费率乘以 0.8 系数	156
3.2	勘察设计费		436
3.2.1	勘察费		145
3.2.1.1	一般勘察费	（1）工程勘察只进行测量和设置工程定位点平面坐标及高程等一般性定位测量作业时，费用按照以上标准的 30% 计算。 （2）不需要勘察或不涉及场地变化的不计勘察费	145
3.2.1.1.1	非架空工程勘察费	建筑工程费 ×4.5%	145
3.2.2	设计费		291
3.2.2.1	基本设计费	246.65×100% 基本设计费低于 1000 元的，按 1000 元计列	247
3.2.2.2	其他设计费		44
3.2.2.2.1	施工图预算编制费	基本设计费 ×10%	25
3.2.2.2.2	竣工图文件编制费	基本设计费 ×8%	20
3.3	设计文件评审费		48
3.3.1	初步设计文件评审费	基本设计费 ×2.2%	22
3.3.2	施工图文件评审费	基本设计费 ×2.6% 其中，施工图预算文件评审费用为施工图文件评审费的 30%	26

续表

序号	工程或费用项目名称	编制依据及计算说明	合价
3.4	施工过程造价咨询及竣工结算审核费	施工过程造价咨询及竣工结算审核费 ×100% （1）电缆线路工程费率为 1.02%；若电缆线路工程中建筑工程采用电缆沟、电缆隧道时，电缆线路工程费率乘以 0.8 系数。 （2）若只开展竣工结算审核时，其费用按以上规定的 75% 计取。 （3）该项费用低于 800 元时，按照 800 元计列	800
3.5	工程建设检测费		13
3.5.1	工程质量检测费		13
3.5.1.2	电缆工程工程质量检测费	（电缆建筑工程费 + 电缆安装工程费）×0.39% 若电缆线路工程中建筑工程采用电缆沟、电缆隧道时，电缆线路工程费率乘以 0.8 系数	13
3.6	技术经济标准编制费	（建筑工程费 + 安装工程费）×0.1%	3
4	生产准备费		42
4.2	电缆工程生产准备费	（电缆建筑工程费 + 电缆安装工程费）×1.3% 若电缆线路工程中建筑工程采用电缆沟、电缆隧道时，电缆线路工程费率乘以 0.8 系数	42
	合计	（建设场地征用及清理费 + 项目建设管理费 + 项目建设技术服务费 + 生产准备费）×100%	1798

5.26　E4-9 电缆沟（3×500 单侧支架现浇电缆沟）

5.26.1　典型方案主要内容

本典型方案为 10kV 新建 3×500 单侧支架现浇电缆沟，具体内容包括：材料运输；基槽开挖及回填；电缆沟垫层及主体支模浇筑；电缆支架、电缆沟盖板、接地制作及安装。

5.26.2　典型方案技术条件

典型方案 E4-9 主要技术条件表和设备材料表见表 5-126 和表 5-127。

表 5-126　　典型方案 E4-9 主要技术条件表

方案名称	工程主要技术条件	
3×500 单侧支架现浇电缆沟	电压等级	10kV
	工作范围	新建 1m 电缆沟

续表

方案名称	工程主要技术条件	
3×500 单侧支架现浇电缆沟	地形	100% 平地
	钢筋混凝土电缆沟	非过路处
	地质条件	100% 普通土
	运距	人力 0.3km，汽车 10km

表 5-127　　典型方案 E4-9 设备材料表

序号	物料描述	单位	数量	备注
1	商品混凝土 C15	m^3	0.18	
2	商品混凝土 C30	m^3	0.801	
3	钢筋	kg	102.562	
4	M10 水泥砂浆	m^3	0.11	
5	预埋件（支架 + 埋件）	t	0.036	
6	接地材料	t	0.003	

5.26.3　典型方案概算书

典型方案 E4-9 概算书包括总概算汇总表、建筑工程专业汇总表与其他费用概算表，见表 5-128 ~ 表 5-130。

表 5-128　　典型方案 E4-9 总概算汇总表　　金额单位：元

序号	工程或费用名称	建筑工程费	设备购置费	安装工程费	其他费用	基本预备费	合计	各项占静态投资比例（%）
一	配电站、开关站工程							
二	充电站、换电站工程							
三	架空线路工程							
四	电缆线路工程	2614					2614	61.16
五	通信站工程							
六	通信线路工程							
	小计	2614					2614	61.16

续表

序号	工程或费用名称	建筑工程费	设备购置费	安装工程费	其他费用	基本预备费	合计	各项占静态投资比例（%）
七	其他费用				1618		1618	37.85
（一）	建设场地征用及清理费							
（二）	项目建设管理费				243		243	5.69
（三）	项目建设技术服务费				1341		1341	31.36
（四）	生产准备费				34		34	0.8
八	基本预备费					42	42	0.99
九	特殊项目费							
	工程静态投资	2614			1618	42	4275	100

表 5-129　　典型方案 E4-9 建筑工程专业汇总表　　金额单位：元

序号	工程名称	建筑工程费				合计
		金额	其中			
			设备费	未计价材料费	人工费	
	建筑工程	2614		18	393	2614
L	电缆线路工程	2614		18	393	2614
二	构筑物	2614		18	393	2614
3	3×500 单侧支架现浇电缆沟	2614		18	393	2614
	合计	2614		18	393	2614

表 5-130　　典型方案 E4-9 其他费用概算表　　金额单位：元

序号	工程或费用项目名称	编制依据及计算说明	合价
2	项目建设管理费		243
2.1	项目管理经费		81
2.1.2	电缆工程项目管理经费	（电缆建筑工程费 + 电缆安装工程费）×3.1% 若电缆线路工程中建筑工程采用电缆沟、电缆隧道时，电缆线路工程费率乘以 0.8 系数	81
2.2	招标费	（建筑工程费 + 安装工程费 + 设备购置费）×0.32%	8

续表

序号	工程或费用项目名称	编制依据及计算说明	合价
2.3	工程监理费	（1）高海拔地区、严寒地区、酷热地区按照本规定乘以 1.1 系数。 （2）如需开展环境监理和水土保持监理时，按照本规定乘以 1.1 系数	154
2.3.2	电缆工程监理费	（电缆建筑工程费 + 电缆安装工程费）× 5.8905% 若电缆线路工程中建筑工程采用电缆沟、电缆隧道时，电缆线路工程费率乘以 0.8 系数	154
3	项目建设技术服务费		1341
3.1	项目前期工作费		126
3.1.2	电缆工程项目前期工作费	（电缆建筑工程费 + 电缆安装工程费）× 4.83% 若电缆线路工程中建筑工程采用电缆沟、电缆隧道时，电缆线路工程费率乘以 0.8 系数	126
3.2	勘察设计费		354
3.2.1	勘察费		118
3.2.1.1	一般勘察费	（1）工程勘察只进行测量和设置工程定位点平面坐标及高程等一般性定位测量作业时，费用按照以上标准的 30% 计算。 （2）不需要勘察或不涉及场地变化的不计勘察费	118
3.2.1.1.1	非架空工程勘察费	建筑工程费 × 4.5%	118
3.2.2	设计费		236
3.2.2.1	基本设计费	200 × 100% 基本设计费低于 1000 元的，按 1000 元计列	200
3.2.2.2	其他设计费		36
3.2.2.2.1	施工图预算编制费	基本设计费 × 10%	20
3.2.2.2.2	竣工图文件编制费	基本设计费 × 8%	16
3.3	设计文件评审费		48
3.3.1	初步设计文件评审费	基本设计费 × 2.2%	22
3.3.2	施工图文件评审费	基本设计费 × 2.6% 其中，施工图预算文件评审费用为施工图文件评审费的 30%	26

续表

序号	工程或费用项目名称	编制依据及计算说明	合价
3.4	施工过程造价咨询及竣工结算审核费	施工过程造价咨询及竣工结算审核费 ×100% （1）电缆线路工程费率为 1.02%；若电缆线路工程中建筑工程采用电缆沟、电缆隧道时，电缆线路工程费率乘以 0.8 系数。 （2）若只开展竣工结算审核时，其费用按以上规定的 75% 计取。 （3）该项费用低于 800 元时，按照 800 元计列	800
3.5	工程建设检测费		10
3.5.1	工程质量检测费		10
3.5.1.2	电缆工程工程质量检测费	（电缆建筑工程费 + 电缆安装工程费）×0.39% 若电缆线路工程中建筑工程采用电缆沟、电缆隧道时，电缆线路工程费率乘以 0.8 系数	10
3.6	技术经济标准编制费	（建筑工程费 + 安装工程费）×0.1%	3
4	生产准备费		34
4.2	电缆工程生产准备费	（电缆建筑工程费 + 电缆安装工程费）×1.3% 若电缆线路工程中建筑工程采用电缆沟、电缆隧道时，电缆线路工程费率乘以 0.8 系数	34
	合计	（建设场地征用及清理费 + 项目建设管理费 + 项目建设技术服务费 + 生产准备费）×100%	1618

5.27　E4-10 电缆沟（4×500 单侧支架现浇电缆沟）

5.27.1　典型方案主要内容

本典型方案为 10kV 新建 4×500 单侧支架现浇电缆沟，具体内容包括：材料运输；基槽开挖及回填；电缆沟垫层及主体支模浇筑；电缆支架、电缆沟盖板、接地制作及安装。

5.27.2　典型方案技术条件

典型方案 E4-10 主要技术条件表设备材料表见表 5-131 和表 5-132。

表 5-131　　典型方案 E4-10 主要技术条件表

方案名称	工程主要技术条件	
4×500 单侧支架现浇电缆沟	电压等级	10kV
	工作范围	新建 1m 电缆沟

续表

方案名称	工程主要技术条件	
4×500 单侧支架现浇电缆沟	地形	100% 平地
	钢筋混凝土电缆沟	非过路处
	地质条件	100% 普通土
	运距	人力 0.3km，汽车 10km

表 5-132　　　　典型方案 E4-10 设备材料表

序号	物料描述	单位	数量	备注
1	商品混凝土 C15	m^3	0.18	
2	商品混凝土 C30	m^3	0.914	
3	钢筋	kg	103.262	
4	M10 水泥砂浆	m^3	0.116	
5	预埋件（支架 + 埋件）	t	0.036	
6	接地材料	t	0.003	

5.27.3　典型方案概算书

典型方案 E4-10 概算书包括总概算汇总表、建筑工程专业汇总表与其他费用概算表，见表 5-133 ~ 表 5-135。

表 5-133　　　　典型方案 E4-10 总概算汇总表　　　　金额单位：元

序号	工程或费用名称	建筑工程费	设备购置费	安装工程费	其他费用	基本预备费	合计	各项占静态投资比例（%）
一	配电站、开关站工程							
二	充电站、换电站工程							
三	架空线路工程							
四	电缆线路工程	2861					2861	62.23
五	通信站工程							
六	通信线路工程							
	小计	2861					2861	62.23

续表

序号	工程或费用名称	建筑工程费	设备购置费	安装工程费	其他费用	基本预备费	合计	各项占静态投资比例（%）
七	其他费用				1691		1691	36.78
（一）	建设场地征用及清理费							
（二）	项目建设管理费				266		266	5.79
（三）	项目建设技术服务费				1387		1387	30.17
（四）	生产准备费				37		37	0.81
八	基本预备费					46	46	0.99
九	特殊项目费							
	工程静态投资	2861			1691	46	4597	100

表 5-134　　典型方案 E4-10 建筑工程专业汇总表　　金额单位：元

序号	工程名称	建筑工程费				合计
		金额	其中			
			设备费	未计价材料费	人工费	
	建筑工程	2861		18	431	2861
L	电缆线路工程	2861		18	431	2861
二	构筑物	2861		18	431	2861
3	4×500 单侧支架现浇电缆沟	2861		18	431	2861
	合计	2861		18	431	2861

表 5-135　　典型方案 E4-10 其他费用概算表　　金额单位：元

序号	工程或费用项目名称	编制依据及计算说明	合价
2	项目建设管理费		266
2.1	项目管理经费		89
2.1.2	电缆工程项目管理经费	（电缆建筑工程费 + 电缆安装工程费）×3.1% 若电缆线路工程中建筑工程采用电缆沟、电缆隧道时，电缆线路工程费率乘以 0.8 系数	89
2.2	招标费	（建筑工程费 + 安装工程费 + 设备购置费）×0.32%	9

续表

序号	工程或费用项目名称	编制依据及计算说明	合价
2.3	工程监理费	（1）高海拔地区、严寒地区、酷热地区按照本规定乘以 1.1 系数。 （2）如需开展环境监理和水土保持监理时，按照本规定乘以 1.1 系数	169
2.3.2	电缆工程监理费	（电缆建筑工程费 + 电缆安装工程费）×5.8905% 若电缆线路工程中建筑工程采用电缆沟、电缆隧道时，电缆线路工程费率乘以 0.8 系数	169
3	项目建设技术服务费		1387
3.1	项目前期工作费		138
3.1.2	电缆工程项目前期工作费	（电缆建筑工程费 + 电缆安装工程费）×4.83% 若电缆线路工程中建筑工程采用电缆沟、电缆隧道时，电缆线路工程费率乘以 0.8 系数	138
3.2	勘察设计费		387
3.2.1	勘察费		129
3.2.1.1	一般勘察费	（1）工程勘察只进行测量和设置工程定位点平面坐标及高程等一般性定位测量作业时，费用按照以上标准的 30% 计算。 （2）不需要勘察或不涉及场地变化的不计勘察费	129
3.2.1.1.1	非架空工程勘察费	建筑工程费 ×4.5%	129
3.2.2	设计费		258
3.2.2.1	基本设计费	218.87×100% 基本设计费低于 1000 元的，按 1000 元计列	219
3.2.2.2	其他设计费		39
3.2.2.2.1	施工图预算编制费	基本设计费 ×10%	22
3.2.2.2.2	竣工图文件编制费	基本设计费 ×8%	18
3.3	设计文件评审费		48
3.3.1	初步设计文件评审费	基本设计费 ×2.2%	22
3.3.2	施工图文件评审费	基本设计费 ×2.6% 其中，施工图预算文件评审费用为施工图文件评审费的 30%	26

续表

序号	工程或费用项目名称	编制依据及计算说明	合价
3.4	施工过程造价咨询及竣工结算审核费	施工过程造价咨询及竣工结算审核费 ×100% （1）电缆线路工程费率为 1.02%；若电缆线路工程中建筑工程采用电缆沟、电缆隧道时，电缆线路工程费率乘以 0.8 系数。 （2）若只开展竣工结算审核时，其费用按以上规定的 75% 计取。 （3）该项费用低于 800 元时，按照 800 元计列	800
3.5	工程建设检测费		11
3.5.1	工程质量检测费		11
3.5.1.2	电缆工程工程质量检测费	（电缆建筑工程费 + 电缆安装工程费）×0.39% 若电缆线路工程中建筑工程采用电缆沟、电缆隧道时，电缆线路工程费率乘以 0.8 系数	11
3.6	技术经济标准编制费	（建筑工程费 + 安装工程费）×0.1%	3
4	生产准备费		37
4.2	电缆工程生产准备费	（电缆建筑工程费 + 电缆安装工程费）×1.3% 若电缆线路工程中建筑工程采用电缆沟、电缆隧道时，电缆线路工程费率乘以 0.8 系数	37
	合计	（建设场地征用及清理费 + 项目建设管理费 + 项目建设技术服务费 + 生产准备费）×100%	1691

5.28　E4-11 电缆沟（5×500 单侧支架现浇电缆沟）

5.28.1　典型方案主要内容

本典型方案为 10kV 新建 5×500 单侧支架现浇电缆沟，具体内容包括：材料运输；基槽开挖及回填；电缆沟垫层及主体支模浇筑；电缆支架、电缆沟盖板、接地制作及安装。

5.28.2　典型方案技术条件

典型方案 E4-11 主要技术条件表和设备材料表见表 5-136 和表 5-137。

表 5-136　　典型方案 E4-11 主要技术条件表

方案名称	工程主要技术条件	
5×500 单侧支架现浇电缆沟	电压等级	10kV
	工作范围	新建 1m 电缆沟

续表

方案名称	工程主要技术条件	
5×500 单侧支架现浇电缆沟	地形	100% 平地
	钢筋混凝土电缆沟	非过路处
	地质条件	100% 普通土
	运距	人力 0.3km，汽车 10km

表 5-137　　典型方案 E4-11 设备材料表

序号	物料描述	单位	数量	备注
1	商品混凝土 C15	m^3	0.18	
2	商品混凝土 C30	m^3	1.001	
3	钢筋	kg	115.772	
4	M10 水泥砂浆	m^3	0.15	
5	预埋件（支架 + 埋件）	t	0.054	
6	接地材料	t	0.003	

5.28.3　典型方案概算书

典型方案 E4-11 概算书包括总概算汇总表、建筑工程专业汇总表与其他费用概算表，见表 5-138 ~ 表 5-140。

表 5-138　　典型方案 E4-11 总概算汇总表　　金额单位：元

序号	工程或费用名称	建筑工程费	设备购置费	安装工程费	其他费用	基本预备费	合计	各项占静态投资比例（%）
一	配电站、开关站工程							
二	充电站、换电站工程							
三	架空线路工程							
四	电缆线路工程	3108					3108	63.17
五	通信站工程							
六	通信线路工程							
	小计	3108					3108	63.17

续表

序号	工程或费用名称	建筑工程费	设备购置费	安装工程费	其他费用	基本预备费	合计	各项占静态投资比例（%）
七	其他费用				1764		1764	35.84
（一）	建设场地征用及清理费							
（二）	项目建设管理费				289		289	5.88
（三）	项目建设技术服务费				1434		1434	29.14
（四）	生产准备费				40		40	0.82
八	基本预备费					49	49	0.99
九	特殊项目费							
	工程静态投资	3108			1764	49	4921	100

表 5-139　　典型方案 E4-11 建筑工程专业汇总表　　金额单位：元

序号	工程名称	建筑工程费				合计
		金额	其中			
			设备费	未计价材料费	人工费	
	建筑工程	3108		18	472	3108
L	电缆线路工程	3108		18	472	3108
二	构筑物	3108		18	472	3108
3	5×500 单侧支架现浇电缆沟	3108		18	472	3108
	合计	3108		18	472	3108

表 5-140　　典型方案 E4-11 其他费用概算表　　金额单位：元

序号	工程或费用项目名称	编制依据及计算说明	合价
2	项目建设管理费		289
2.1	项目管理经费		96
2.1.2	电缆工程项目管理经费	（电缆建筑工程费 + 电缆安装工程费）×3.1% 若电缆线路工程中建筑工程采用电缆沟、电缆隧道时，电缆线路工程费率乘以 0.8 系数	96
2.2	招标费	（建筑工程费 + 安装工程费 + 设备购置费）×0.32%	10

续表

序号	工程或费用项目名称	编制依据及计算说明	合价
2.3	工程监理费	（1）高海拔地区、严寒地区、酷热地区按照本规定乘以 1.1 系数。 （2）如需开展环境监理和水土保持监理时，按照本规定乘以 1.1 系数	183
2.3.2	电缆工程监理费	（电缆建筑工程费 + 电缆安装工程费）×5.8905% 若电缆线路工程中建筑工程采用电缆沟、电缆隧道时，电缆线路工程费率乘以 0.8 系数	183
3	项目建设技术服务费		1434
3.1	项目前期工作费		150
3.1.2	电缆工程项目前期工作费	（电缆建筑工程费 + 电缆安装工程费）×4.83% 若电缆线路工程中建筑工程采用电缆沟、电缆隧道时，电缆线路工程费率乘以 0.8 系数	150
3.2	勘察设计费		420
3.2.1	勘察费		140
3.2.1.1	一般勘察费	（1）工程勘察只进行测量和设置工程定位点平面坐标及高程等一般性定位测量作业时，费用按照以上标准的 30% 计算。 （2）不需要勘察或不涉及场地变化的不计勘察费	140
3.2.1.1.1	非架空工程勘察费	建筑工程费 ×4.5%	140
3.2.2	设计费		281
3.2.2.1	基本设计费	237.79×100% 基本设计费低于 1000 元的，按 1000 元计列	238
3.2.2.2	其他设计费		43
3.2.2.2.1	施工图预算编制费	基本设计费 ×10%	24
3.2.2.2.2	竣工图文件编制费	基本设计费 ×8%	19
3.3	设计文件评审费		48
3.3.1	初步设计文件评审费	基本设计费 ×2.2%	22
3.3.2	施工图文件评审费	基本设计费 ×2.6% 其中，施工图预算文件评审费用为施工图文件评审费的 30%	26

续表

序号	工程或费用项目名称	编制依据及计算说明	合价
3.4	施工过程造价咨询及竣工结算审核费	施工过程造价咨询及竣工结算审核费 ×100% （1）电缆线路工程费率为 1.02%；若电缆线路工程中建筑工程采用电缆沟、电缆隧道时，电缆线路工程费率乘以 0.8 系数。 （2）若只开展竣工结算审核时，其费用按以上规定的 75% 计取。 （3）该项费用低于 800 元时，按照 800 元计列	800
3.5	工程建设检测费		12
3.5.1	工程质量检测费		12
3.5.1.2	电缆工程工程质量检测费	（电缆建筑工程费 + 电缆安装工程费）×0.39% 若电缆线路工程中建筑工程采用电缆沟、电缆隧道时，电缆线路工程费率乘以 0.8 系数	12
3.6	技术经济标准编制费	（建筑工程费 + 安装工程费）×0.1%	3
4	生产准备费		40
4.2	电缆工程生产准备费	（电缆建筑工程费 + 电缆安装工程费）×1.3% 若电缆线路工程中建筑工程采用电缆沟、电缆隧道时，电缆线路工程费率乘以 0.8 系数	40
	合计	（建设场地征用及清理费 + 项目建设管理费 + 项目建设技术服务费 + 生产准备费）×100%	1764

5.29 E4-12 电缆沟（3×500 双侧支架现浇电缆沟）

5.29.1 典型方案主要内容

本典型方案为 10kV 新建 3×500 双侧支架现浇电缆沟，具体内容包括：材料运输；基槽开挖及回填；电缆沟垫层及主体支模浇筑；电缆支架、电缆沟盖板、接地制作及安装。

5.29.2 典型方案技术条件

典型方案 E4-12 主要技术条件表和设备材料表见表 5-141 和表 5-142。

表 5-141　　典型方案 E4-12 主要技术条件表

方案名称	工程主要技术条件	
3×500 双侧支架现浇电缆沟	电压等级	10kV
	工作范围	新建 1m 电缆沟

续表

方案名称	工程主要技术条件	
3×500 双侧支架现浇电缆沟	地形	100% 平地
	钢筋混凝土电缆沟	非过路处
	地质条件	100% 普通土
	运距	人力 0.3km，汽车 10km

表 5-142　　典型方案 E4-12 设备材料表

序号	物料描述	单位	数量	备注
1	商品混凝土 C15	m^3	0.25	
2	商品混凝土 C30	m^3	1.023	
3	钢筋	kg	129.913	
4	M10 水泥砂浆	m^3	0.124	
5	预埋件（支架 + 埋件）	t	0.071	
6	接地材料	t	0.005	

5.29.3　典型方案概算书

典型方案 E4-12 概算书包括总概算汇总表、建筑工程专业汇总表与其他费用概算表，见表 5-143 ~ 表 5-145。

表 5-143　　典型方案 E4-12 总概算汇总表　　金额单位：元

序号	工程或费用名称	建筑工程费	设备购置费	安装工程费	其他费用	基本预备费	合计	各项占静态投资比例（%）
一	配电站、开关站工程							
二	充电站、换电站工程							
三	架空线路工程							
四	电缆线路工程	3613					3613	64.74
五	通信站工程							
六	通信线路工程							
	小计	3613					3613	64.74

续表

序号	工程或费用名称	建筑工程费	设备购置费	安装工程费	其他费用	基本预备费	合计	各项占静态投资比例（%）
七	其他费用				1912		1912	34.27
（一）	建设场地征用及清理费							
（二）	项目建设管理费				336		336	6.03
（三）	项目建设技术服务费				1529		1529	27.4
（四）	生产准备费				47		47	0.84
八	基本预备费					55	55	0.99
九	特殊项目费							
	工程静态投资	3613			1912	55	5580	100

表 5-144　　典型方案 E4-12 建筑工程专业汇总表　　金额单位：元

序号	工程名称	建筑工程费				合计
		金额	其中			
			设备费	未计价材料费	人工费	
	建筑工程	3613		30	538	3613
L	电缆线路工程	3613		30	538	3613
二	构筑物	3613		30	538	3613
3	3×500 双侧支架现浇电缆沟	3613		30	538	3613
	合计	3613		30	538	3613

表 5-145　　典型方案 E4-12 其他费用概算表　　金额单位：元

序号	工程或费用项目名称	编制依据及计算说明	合价
2	项目建设管理费		336
2.1	项目管理经费		112
2.1.2	电缆工程项目管理经费	（电缆建筑工程费+电缆安装工程费）×3.1% 若电缆线路工程中建筑工程采用电缆沟、电缆隧道时，电缆线路工程费率乘以 0.8 系数	112
2.2	招标费	（建筑工程费+安装工程费+设备购置费）×0.32%	12

续表

序号	工程或费用项目名称	编制依据及计算说明	合价
2.3	工程监理费	（1）高海拔地区、严寒地区、酷热地区按照本规定乘以 1.1 系数。 （2）如需开展环境监理和水土保持监理时，按照本规定乘以 1.1 系数	213
2.3.2	电缆工程监理费	（电缆建筑工程费 + 电缆安装工程费）×5.8905% 若电缆线路工程中建筑工程采用电缆沟、电缆隧道时，电缆线路工程费率乘以 0.8 系数	213
3	项目建设技术服务费		1529
3.1	项目前期工作费		174
3.1.2	电缆工程项目前期工作费	（电缆建筑工程费 + 电缆安装工程费）×4.83% 若电缆线路工程中建筑工程采用电缆沟、电缆隧道时，电缆线路工程费率乘以 0.8 系数	174
3.2	勘察设计费		489
3.2.1	勘察费		163
3.2.1.1	一般勘察费	（1）工程勘察只进行测量和设置工程定位点平面坐标及高程等一般性定位测量作业时，费用按照以上标准的 30% 计算。 （2）不需要勘察或不涉及场地变化的不计勘察费	163
3.2.1.1.1	非架空工程勘察费	建筑工程费 ×4.5%	163
3.2.2	设计费		326
3.2.2.1	基本设计费	276.38×100% 基本设计费低于 1000 元的，按 1000 元计列	276
3.2.2.2	其他设计费		50
3.2.2.2.1	施工图预算编制费	基本设计费 ×10%	28
3.2.2.2.2	竣工图文件编制费	基本设计费 ×8%	22
3.3	设计文件评审费		48
3.3.1	初步设计文件评审费	基本设计费 ×2.2%	22
3.3.2	施工图文件评审费	基本设计费 ×2.6% 其中，施工图预算文件评审费用为施工图文件评审费的 30%	26

续表

序号	工程或费用项目名称	编制依据及计算说明	合价
3.4	施工过程造价咨询及竣工结算审核费	施工过程造价咨询及竣工结算审核费 ×100% （1）电缆线路工程费率为 1.02%；若电缆线路工程中建筑工程采用电缆沟、电缆隧道时，电缆线路工程费率乘以 0.8 系数。 （2）若只开展竣工结算审核时，其费用按以上规定的 75% 计取。 （3）该项费用低于 800 元时，按照 800 元计列	800
3.5	工程建设检测费		14
3.5.1	工程质量检测费		14
3.5.1.2	电缆工程工程质量检测费	（电缆建筑工程费 + 电缆安装工程费）×0.39% 若电缆线路工程中建筑工程采用电缆沟、电缆隧道时，电缆线路工程费率乘以 0.8 系数	14
3.6	技术经济标准编制费	（建筑工程费 + 安装工程费）×0.1%	4
4	生产准备费		47
4.2	电缆工程生产准备费	（电缆建筑工程费 + 电缆安装工程费）×1.3% 若电缆线路工程中建筑工程采用电缆沟、电缆隧道时，电缆线路工程费率乘以 0.8 系数	47
	合计	（建设场地征用及清理费 + 项目建设管理费 + 项目建设技术服务费 + 生产准备费）×100%	1912

5.30 E4-13 电缆沟（4×500 双侧支架现浇电缆沟）

5.30.1 典型方案主要内容

本典型方案为 10kV 新建 4×500 双侧支架现浇电缆沟，具体内容包括：材料运输；基槽开挖及回填；电缆沟垫层及主体支模浇筑；电缆支架、电缆沟盖板、接地制作及安装。

5.30.2 典型方案技术条件

典型方案 E4-13 主要技术条件表和设备材料表见表 5-146 和表 5-147。

表 5-146　　典型方案 E4-13 主要技术条件表

方案名称	工程主要技术条件	
4×500 双侧支架现浇电缆沟	电压等级	10kV
	工作范围	新建 1m 电缆沟

续表

方案名称	工程主要技术条件	
4×500 双侧支架现浇电缆沟	地形	100% 平地
	钢筋混凝土电缆沟	非过路处
	地质条件	100% 普通土
	运距	人力 0.3km，汽车 10km

表 5-147　　　　典型方案 E4-13 设备材料表

序号	物料描述	单位	数量	备注
1	商品混凝土 C15	m^3	0.25	
2	商品混凝土 C30	m^3	1.123	
3	钢筋	kg	137.213	
4	M10 水泥砂浆	m^3	0.144	
5	预埋件（支架 + 埋件）	t	0.089	
6	接地材料	t	0.005	

5.30.3　典型方案概算书

典型方案 E4-13 概算书包括总概算汇总表、建筑工程专业汇总表与其他费用概算表，见表 5-148 ~ 表 5-150。

表 5-148　　　　典型方案 E4-13 总概算汇总表　　　　金额单位：元

序号	工程或费用名称	建筑工程费	设备购置费	安装工程费	其他费用	基本预备费	合计	各项占静态投资比例（%）
一	配电站、开关站工程							
二	充电站、换电站工程							
三	架空线路工程							
四	电缆线路工程	3951					3951	65.61
五	通信站工程							
六	通信线路工程							
	小计	3951					3951	65.61

续表

序号	工程或费用名称	建筑工程费	设备购置费	安装工程费	其他费用	基本预备费	合计	各项占静态投资比例（%）
七	其他费用				2012		2012	33.4
（一）	建设场地征用及清理费							
（二）	项目建设管理费				368		368	6.11
（三）	项目建设技术服务费				1593		1593	26.44
（四）	生产准备费				51		51	0.85
八	基本预备费					60	60	0.99
九	特殊项目费							
	工程静态投资	3951			2012	60	6023	100

表 5-149　典型方案 E4-13 建筑工程专业汇总表　金额单位：元

序号	工程名称	建筑工程费				合计
		金额	其中			
			设备费	未计价材料费	人工费	
	建筑工程	3951		30	592	3951
L	电缆线路工程	3951		30	592	3951
二	构筑物	3951		30	592	3951
3	4×500 双侧支架现浇电缆沟	3951		30	592	3951
	合计	3951		30	592	3951

表 5-150　典型方案 E4-13 其他费用概算表　金额单位：元

序号	工程或费用项目名称	编制依据及计算说明	合价
2	项目建设管理费		368
2.1	项目管理经费		122
2.1.2	电缆工程项目管理经费	（电缆建筑工程费＋电缆安装工程费）×3.1% 若电缆线路工程中建筑工程采用电缆沟、电缆隧道时，电缆线路工程费率乘以 0.8 系数	122
2.2	招标费	（建筑工程费＋安装工程费＋设备购置费）×0.32%	13

续表

序号	工程或费用项目名称	编制依据及计算说明	合价
2.3	工程监理费	（1）高海拔地区、严寒地区、酷热地区按照本规定乘以 1.1 系数。 （2）如需开展环境监理和水土保持监理时，按照本规定乘以 1.1 系数	233
2.3.2	电缆工程监理费	（电缆建筑工程费 + 电缆安装工程费）×5.8905% 若电缆线路工程中建筑工程采用电缆沟、电缆隧道时，电缆线路工程费率乘以 0.8 系数	233
3	项目建设技术服务费		1593
3.1	项目前期工作费		191
3.1.2	电缆工程项目前期工作费	（电缆建筑工程费 + 电缆安装工程费）×4.83% 若电缆线路工程中建筑工程采用电缆沟、电缆隧道时，电缆线路工程费率乘以 0.8 系数	191
3.2	勘察设计费		535
3.2.1	勘察费		178
3.2.1.1	一般勘察费	（1）工程勘察只进行测量和设置工程定位点平面坐标及高程等一般性定位测量作业时，费用按照以上标准的 30% 计算。 （2）不需要勘察或不涉及场地变化的不计勘察费	178
3.2.1.1.1	非架空工程勘察费	建筑工程费 ×4.5%	178
3.2.2	设计费		357
3.2.2.1	基本设计费	302.29×100% 基本设计费低于 1000 元的，按 1000 元计列	302
3.2.2.2	其他设计费		54
3.2.2.2.1	施工图预算编制费	基本设计费 ×10%	30
3.2.2.2.2	竣工图文件编制费	基本设计费 ×8%	24
3.3	设计文件评审费		48
3.3.1	初步设计文件评审费	基本设计费 ×2.2%	22
3.3.2	施工图文件评审费	基本设计费 ×2.6% 其中，施工图预算文件评审费用为施工图文件评审费的 30%	26

续表

序号	工程或费用项目名称	编制依据及计算说明	合价
3.4	施工过程造价咨询及竣工结算审核费	施工过程造价咨询及竣工结算审核费 ×100% （1）电缆线路工程费率为1.02%；若电缆线路工程中建筑工程采用电缆沟、电缆隧道时，电缆线路工程费率乘以0.8系数。 （2）若只开展竣工结算审核时，其费用按以上规定的75%计取。 （3）该项费用低于800元时，按照800元计列	800
3.5	工程建设检测费		15
3.5.1	工程质量检测费		15
3.5.1.2	电缆工程工程质量检测费	（电缆建筑工程费＋电缆安装工程费）×0.39% 若电缆线路工程中建筑工程采用电缆沟、电缆隧道时，电缆线路工程费率乘以0.8系数	15
3.6	技术经济标准编制费	（建筑工程费＋安装工程费）×0.1%	4
4	生产准备费		51
4.2	电缆工程生产准备费	（电缆建筑工程费＋电缆安装工程费）×1.3% 若电缆线路工程中建筑工程采用电缆沟、电缆隧道时，电缆线路工程费率乘以0.8系数	51
	合计	（建设场地征用及清理费＋项目建设管理费＋项目建设技术服务费＋生产准备费）×100%	2012

5.31 E4-14 电缆沟（5×500 双侧支架现浇电缆沟）

5.31.1 典型方案主要内容

本典型方案为10kV新建5×500双侧支架现浇电缆沟，具体内容包括：材料运输；基槽开挖及回填；电缆沟垫层及主体支模浇筑；电缆支架、电缆沟盖板、接地制作及安装。

5.31.2 典型方案技术条件

典型方案E4-14主要技术条件表和设备材料表见表5-151和表5-152。

表5-151　典型方案E4-14主要技术条件表

方案名称	工程主要技术条件	
5×500双侧支架现浇电缆沟	电压等级	10kV
	工作范围	新建1m电缆沟

续表

方案名称	工程主要技术条件	
5×500 双侧支架现浇电缆沟	地形	100% 平地
	钢筋混凝土电缆沟	非过路处
	地质条件	100% 普通土
	运距	人力 0.3km，汽车 10km

表 5-152　　典型方案 E4-14 设备材料表

序号	物料描述	单位	数量	备注
1	商品混凝土 C15	m^3	0.25	
2	商品混凝土 C30	m^3	1.223	
3	钢筋	kg	143.213	
4	M10 水泥砂浆	m^3	0.164	
5	预埋件（支架 + 埋件）	t	0.108	
6	接地材料	t	0.005	

5.31.3　典型方案概算书

典型方案 E4-14 概算书包括总概算汇总表、建筑工程专业汇总表与其他费用概算表，见表 5-153 ~ 表 5-155。

表 5-153　　典型方案 E4-14 总概算汇总表　　金额单位：元

序号	工程或费用名称	建筑工程费	设备购置费	安装工程费	其他费用	基本预备费	合计	各项占静态投资比例（%）
一	配电站、开关站工程							
二	充电站、换电站工程							
三	架空线路工程							
四	电缆线路工程	4288					4288	66.34
五	通信站工程							
六	通信线路工程							
	小计	4288					4288	66.34

续表

序号	工程或费用名称	建筑工程费	设备购置费	安装工程费	其他费用	基本预备费	合计	各项占静态投资比例（%）
七	其他费用				2111		2111	32.66
（一）	建设场地征用及清理费							
（二）	项目建设管理费				399		399	6.18
（三）	项目建设技术服务费				1656		1656	25.63
（四）	生产准备费				56		56	0.86
八	基本预备费					64	64	0.99
九	特殊项目费							
	工程静态投资	4288			2111	64	6463	100

表 5-154　　典型方案 E4-14 建筑工程专业汇总表　　金额单位：元

序号	工程名称	建筑工程费				合计
		金额	其中			
			设备费	未计价材料费	人工费	
	建筑工程	4288		30	647	4288
L	电缆线路工程	4288		30	647	4288
二	构筑物	4288		30	647	4288
3	5×500 双侧支架现浇电缆沟	4288		30	647	4288
	合计	4288		30	647	4288

表 5-155　　典型方案 E4-14 其他费用概算表　　金额单位：元

序号	工程或费用项目名称	编制依据及计算说明	合价
2	项目建设管理费		399
2.1	项目管理经费		133
2.1.2	电缆工程项目管理经费	（电缆建筑工程费＋电缆安装工程费）×3.1% 若电缆线路工程中建筑工程采用电缆沟、电缆隧道时，电缆线路工程费率乘以 0.8 系数	133
2.2	招标费	（建筑工程费＋安装工程费＋设备购置费）×0.32%	14

续表

序号	工程或费用项目名称	编制依据及计算说明	合价
2.3	工程监理费	（1）高海拔地区、严寒地区、酷热地区按照本规定乘以 1.1 系数。 （2）如需开展环境监理和水土保持监理时，按照本规定乘以 1.1 系数	253
2.3.2	电缆工程监理费	（电缆建筑工程费 + 电缆安装工程费）× 5.8905% 若电缆线路工程中建筑工程采用电缆沟、电缆隧道时，电缆线路工程费率乘以 0.8 系数	253
3	项目建设技术服务费		1656
3.1	项目前期工作费		207
3.1.2	电缆工程项目前期工作费	（电缆建筑工程费 + 电缆安装工程费）× 4.83% 若电缆线路工程中建筑工程采用电缆沟、电缆隧道时，电缆线路工程费率乘以 0.8 系数	207
3.2	勘察设计费		580
3.2.1	勘察费		193
3.2.1.1	一般勘察费	（1）工程勘察只进行测量和设置工程定位点平面坐标及高程等一般性定位测量作业时，费用按照以上标准的 30% 计算。 （2）不需要勘察或不涉及场地变化的不计勘察费	193
3.2.1.1.1	非架空工程勘察费	建筑工程费 × 4.5%	193
3.2.2	设计费		387
3.2.2.1	基本设计费	328.01 × 100% 基本设计费低于 1000 元的，按 1000 元计列	328
3.2.2.2	其他设计费		59
3.2.2.2.1	施工图预算编制费	基本设计费 × 10%	33
3.2.2.2.2	竣工图文件编制费	基本设计费 × 8%	26
3.3	设计文件评审费		48
3.3.1	初步设计文件评审费	基本设计费 × 2.2%	22
3.3.2	施工图文件评审费	基本设计费 × 2.6% 其中，施工图预算文件评审费用为施工图文件评审费的 30%	26

续表

序号	工程或费用项目名称	编制依据及计算说明	合价
3.4	施工过程造价咨询及竣工结算审核费	施工过程造价咨询及竣工结算审核费 ×100% （1）电缆线路工程费率为 1.02%；若电缆线路工程中建筑工程采用电缆沟、电缆隧道时，电缆线路工程费率乘以 0.8 系数。 （2）若只开展竣工结算审核时，其费用按以上规定的 75% 计取。 （3）该项费用低于 800 元时，按照 800 元计列	800
3.5	工程建设检测费		17
3.5.1	工程质量检测费		17
3.5.1.2	电缆工程工程质量检测费	（电缆建筑工程费 + 电缆安装工程费）×0.39% 若电缆线路工程中建筑工程采用电缆沟、电缆隧道时，电缆线路工程费率乘以 0.8 系数	17
3.6	技术经济标准编制费	（建筑工程费 + 安装工程费）×0.1%	4
4	生产准备费		56
4.2	电缆工程生产准备费	（电缆建筑工程费 + 电缆安装工程费）×1.3% 若电缆线路工程中建筑工程采用电缆沟、电缆隧道时，电缆线路工程费率乘以 0.8 系数	56
	合计	（建设场地征用及清理费 + 项目建设管理费 + 项目建设技术服务费 + 生产准备费）×100%	2111

5.32 E5-1 电缆井［3×1.6×1.9（人孔）砖砌，直线井］

5.32.1 典型方案主要内容

本典型方案为新建 10kV 电缆井［3×1.6×1.9（人孔）砖砌，直线井］工程，仅考虑非过路工况。具体内容包括：材料运输；基槽开挖及回填；电缆井垫层及主体砌筑；电缆支架、开启式工井盖板、接地制作及安装。

5.32.2 典型方案技术条件

典型方案 E5-1 主要技术条件表设备材料表见表 5-156 和表 5-157。

表 5-156 典型方案 E5-1 主要技术条件表

方案名称	工程主要技术条件	
电缆井 ［3×1.6×1.9（人孔）砖砌，直线井］	电压等级	10kV
	工作范围	新建 1 座电缆井

续表

方案名称	工程主要技术条件	
电缆井［3×1.6×1.9（人孔）砖砌，直线井］	地形	100% 平地
	砖砌电缆井	非过路处
	地质条件	100% 普通土
	运距	人力 0.3km，汽车 10km

表 5-157　　典型方案 E5-1 设备材料表

序号	物料描述	单位	数量	备注
1	铸铁井盖	套	2	
2	角钢支架	付	6	
3	圆钢　10 以上	t	0.51	
4	圆钢　10 以下	t	0.10	
5	商品混凝土 C25	m^3	5.60	
6	商品混凝土 C15	m^3	1.63	
7	水泥	t	0.24	
8	砂	t	0.42	
9	MU10 红砖	千块	4.94	
10	工井铁附件　综合	t	0.02	
11	D300 混凝土管	m	0.5	

5.32.3　典型方案概算书

典型方案 E5-1 概算书包括总概算汇总表、建筑工程专业汇总表、安装工程专业汇总表与其他费用概算表，见表 5-158 ~ 表 5-161。

表 5-158　　典型方案 E5-1 总概算汇总表　　金额单位：元

序号	工程或费用名称	建筑工程费	设备购置费	安装工程费	其他费用	基本预备费	合计	各项占静态投资比例（%）
一	配电站、开关站工程							
二	充电站、换电站工程							
三	架空线路工程							

续表

序号	工程或费用名称	建筑工程费	设备购置费	安装工程费	其他费用	基本预备费	合计	各项占静态投资比例（%）
四	电缆线路工程	21773		1644			23417	74.49
五	通信站工程							
六	通信线路工程							
	小计	21773		1644			23417	74.49
七	其他费用				7710		7710	24.52
（一）	建设场地征用及清理费							
（二）	项目建设管理费				2180		2180	6.93
（三）	项目建设技术服务费				5225		5225	16.62
（四）	生产准备费				304		304	0.97
八	基本预备费					311	311	0.99
九	特殊项目费							
	工程静态投资	21773		1644	7710	311	31438	100

表 5-159　　典型方案 E5-1 建筑工程专业汇总表　　金额单位：元

序号	工程名称	建筑工程费				合计
		金额	其中			
			设备费	未计价材料费	人工费	
	建筑工程	21773			2288	21773
L	电缆线路工程	21773			2288	21773
二	构筑物	21773			2288	21773
4	E-1-1　3×1.6×1.9 砖砌直通井（人孔）	21773			2288	21773
	合计	21773			2288	21773

表 5-160　　典型方案 E5-1 安装工程专业汇总表　　金额单位：元

序号	工程名称	设备购置费	安装工程费			合计
			金额	其中		
				未计价材料费	人工费	
	安装工程		1644	686	357	1644
L	电缆线路工程		1644	686	357	1644
七	电缆附件		1644	686	357	1644
1	工作井		1644	686	357	1644
1.1	E-1-1　3×1.6×1.9 砖砌直通井（人孔）		1644	686	357	1644
	合计		1644	686	357	1644

表 5-161　　典型方案 E5-1 其他费用概算表　　金额单位：元

序号	工程或费用项目名称	编制依据及计算说明	合价
2	项目建设管理费		2180
2.1	项目管理经费		726
2.1.2	电缆工程项目管理经费	（电缆建筑工程费＋电缆安装工程费）×3.1% 若电缆线路工程中建筑工程采用电缆沟、电缆隧道时，电缆线路工程费率乘以 0.8 系数	726
2.2	招标费	（建筑工程费＋安装工程费＋设备购置费）×0.32%	75
2.3	工程监理费	（1）高海拔地区、严寒地区、酷热地区按照本规定乘以 1.1 系数。 （2）如需开展环境监理和水土保持监理时，按照本规定乘以 1.1 系数	1379
2.3.2	电缆工程监理费	（电缆建筑工程费＋电缆安装工程费）×5.8905% 若电缆线路工程中建筑工程采用电缆沟、电缆隧道时，电缆线路工程费率乘以 0.8 系数	1379
3	项目建设技术服务费		5225
3.1	项目前期工作费		1131
3.1.2	电缆工程项目前期工作费	（电缆建筑工程费＋电缆安装工程费）×4.83% 若电缆线路工程中建筑工程采用电缆沟、电缆隧道时，电缆线路工程费率乘以 0.8 系数	1131

续表

序号	工程或费用项目名称	编制依据及计算说明	合价
3.2	勘察设计费		3094
3.2.1	勘察费		980
3.2.1.1	一般勘察费	（1）工程勘察只进行测量和设置工程定位点平面坐标及高程等一般性定位测量作业时，费用按照以上标准的 30% 计算。 （2）不需要勘察或不涉及场地变化的不计勘察费	980
3.2.1.1.1	非架空工程勘察费	建筑工程费 ×4.5%	980
3.2.2	设计费		2114
3.2.2.1	基本设计费	基本设计费 ×100% 基本设计费低于 1000 元的，按 1000 元计列	1791
3.2.2.2	其他设计费		322
3.2.2.2.1	施工图预算编制费	基本设计费 ×10%	179
3.2.2.2.2	竣工图文件编制费	基本设计费 ×8%	143
3.3	设计文件评审费		86
3.3.1	初步设计文件评审费	基本设计费 ×2.2%	39
3.3.2	施工图文件评审费	基本设计费 ×2.6% 其中，施工图预算文件评审费用为施工图文件评审费的 30%	47
3.4	施工过程造价咨询及竣工结算审核费	施工过程造价咨询及竣工结算审核费 ×100% （1）电缆线路工程费率为 1.02%；若电缆线路工程中建筑工程采用电缆沟、电缆隧道时，电缆线路工程费率乘以 0.8 系数。 （2）若只开展竣工结算审核时，其费用按以上规定的 75% 计取。 （3）该项费用低于 800 元时，按照 800 元计列	800
3.5	工程建设检测费		91
3.5.1	工程质量检测费		91
3.5.1.2	电缆工程工程质量检测费	（电缆建筑工程费 + 电缆安装工程费）×0.39% 若电缆线路工程中建筑工程采用电缆沟、电缆隧道时，电缆线路工程费率乘以 0.8 系数	91
3.6	技术经济标准编制费	（建筑工程费 + 安装工程费）×0.1%	23

续表

序号	工程或费用项目名称	编制依据及计算说明	合价
4	生产准备费		304
4.2	电缆工程生产准备费	（电缆建筑工程费 + 电缆安装工程费）× 1.3% 若电缆线路工程中建筑工程采用电缆沟、电缆隧道时，电缆线路工程费率乘以 0.8 系数	304
	合计	（建设场地征用及清理费 + 项目建设管理费 + 项目建设技术服务费 + 生产准备费）× 100%	7710

5.33　E5-2 电缆井［3×1.2×1.5（全开启）砖砌，直线井］

5.33.1　典型方案主要内容

本典型方案为新建 10kV 电缆井［3 × 1.2 × 1.5（全开启）砖砌，直线井］工程，仅考虑非过路工况。具体内容包括：材料运输；基槽开挖及回填；电缆井垫层及主体砌筑；电缆支架、开启式工井盖板、接地制作及安装。

5.33.2　典型方案技术条件

典型方案 E5-2 主要技术条件表和设备材料表见表 5-162 和表 5-163。

表 5-162　　典型方案 E5-2 主要技术条件表

方案名称	工程主要技术条件	
电缆井［3 × 1.2 × 1.5（全开启）砖砌，直线井］	电压等级	10kV
	工作范围	新建 1 座电缆井
	地形	100% 平地
	砖砌电缆井	非过路处
	地质条件	100% 普通土
	运距	人力 0.3km，汽车 10km

表 5-163　　典型方案 E5-2 设备材料表

序号	物料描述	单位	数量	备注
1	角钢支架	套	3	
2	角钢（盖板）	付	0.22	
3	圆钢　10 以上	t	0.17	

续表

序号	物料描述	单位	数量	备注
4	圆钢　10 以下	t	0.01	
5	商品混凝土 C30	t	2.28	
6	商品混凝土 C20	m^3	0.96	
7	水泥	t	0.16	
8	砂	t	0.57	
9	碎石	t	1.55	
10	MU10 红砖	千块	3.44	
11	工井铁附件　综合	t	0.01	
12	D300 混凝土管	m	0.5	

5.33.3　典型方案概算书

典型方案 E5-2 概算书包括总概算汇总表、建筑工程专业汇总表、安装工程专业汇总表与其他费用概算表，见表 5-164 ~ 表 5-167。

表 5-164　　典型方案 E5-2 总概算汇总表　　金额单位：元

序号	工程或费用名称	建筑工程费	设备购置费	安装工程费	其他费用	基本预备费	合计	各项占静态投资比例（%）
一	配电站、开关站工程							
二	充电站、换电站工程							
三	架空线路工程							
四	电缆线路工程	12290		1598			13888	73.3
五	通信站工程							
六	通信线路工程							
	小计	12290		1598			13888	73.3
七	其他费用				4870		4870	25.71
（一）	建设场地征用及清理费							
（二）	项目建设管理费				1293		1293	6.82
（三）	项目建设技术服务费				3396		3396	17.93

续表

序号	工程或费用名称	建筑工程费	设备购置费	安装工程费	其他费用	基本预备费	合计	各项占静态投资比例（%）
（四）	生产准备费				181		181	0.95
八	基本预备费					188	188	0.99
九	特殊项目费							
	工程静态投资	12290		1598	4870	188	18945	100

表 5-165　　典型方案 E5-2 建筑工程专业汇总表　　金额单位：元

序号	工程名称	建筑工程费				合计
		金额	其中			
			设备费	未计价材料费	人工费	
	建筑工程	12290			1905	12290
L	电缆线路工程	12290			1905	12290
二	构筑物	12290			1905	12290
4	E-1-2　3×1.2×1.5 砖砌直通井	12290			1905	12290
	合计	12290			1905	12290

表 5-166　　典型方案 E5-2 安装工程专业汇总表　　金额单位：元

序号	工程名称	设备购置费	安装工程费			合计
			金额	其中		
				未计价材料费	人工费	
	安装工程		1598	673	343	1598
L	电缆线路工程		1598	673	343	1598
七	电缆附件		1598	673	343	1598
1	工作井		1598	673	343	1598
1.1	E-1-2　3×1.2×1.5 砖砌直通井		1598	673	343	1598
	合计		1598	673	343	1598

表 5-167 典型方案 E5-2 其他费用概算表 金额单位：元

序号	工程或费用项目名称	编制依据及计算说明	合价
2	项目建设管理费		1293
2.1	项目管理经费		431
2.1.2	电缆工程项目管理经费	（电缆建筑工程费 + 电缆安装工程费）× 3.1% 若电缆线路工程中建筑工程采用电缆沟、电缆隧道时，电缆线路工程费率乘以 0.8 系数	431
2.2	招标费	（建筑工程费 + 安装工程费 + 设备购置费）× 0.32%	44
2.3	工程监理费	（1）高海拔地区、严寒地区、酷热地区按照本规定乘以 1.1 系数。 （2）如需开展环境监理和水土保持监理时，按照本规定乘以 1.1 系数	818
2.3.2	电缆工程监理费	（电缆建筑工程费 + 电缆安装工程费）× 5.8905% 若电缆线路工程中建筑工程采用电缆沟、电缆隧道时，电缆线路工程费率乘以 0.8 系数	818
3	项目建设技术服务费		3396
3.1	项目前期工作费		671
3.1.2	电缆工程项目前期工作费	（电缆建筑工程费 + 电缆安装工程费）× 4.83% 若电缆线路工程中建筑工程采用电缆沟、电缆隧道时，电缆线路工程费率乘以 0.8 系数	671
3.2	勘察设计费		1807
3.2.1	勘察费		553
3.2.1.1	一般勘察费	（1）工程勘察只进行测量和设置工程定位点平面坐标及高程等一般性定位测量作业时，费用按照以上标准的 30% 计算。 （2）不需要勘察或不涉及场地变化的不计勘察费	553
3.2.1.1.1	非架空工程勘察费	建筑工程费 × 4.5%	553
3.2.2	设计费		1254
3.2.2.1	基本设计费	基本设计费 × 100% 基本设计费低于 1000 元的，按 1000 元计列	1062
3.2.2.2	其他设计费		191
3.2.2.2.1	施工图预算编制费	基本设计费 × 10%	106
3.2.2.2.2	竣工图文件编制费	基本设计费 × 8%	85

续表

序号	工程或费用项目名称	编制依据及计算说明	合价
3.3	设计文件评审费		51
3.3.1	初步设计文件评审费	基本设计费 ×2.2%	23
3.3.2	施工图文件评审费	基本设计费 ×2.6% 其中，施工图预算文件评审费用为施工图文件评审费的 30%	28
3.4	施工过程造价咨询及竣工结算审核费	施工过程造价咨询及竣工结算审核费 ×100% （1）电缆线路工程费率为 1.02%；若电缆线路工程中建筑工程采用电缆沟、电缆隧道时，电缆线路工程费率乘以 0.8 系数。 （2）若只开展竣工结算审核时，其费用按以上规定的 75% 计取。 （3）该项费用低于 800 元时，按照 800 元计列	800
3.5	工程建设检测费		54
3.5.1	工程质量检测费		54
3.5.1.2	电缆工程工程质量检测费	（电缆建筑工程费 + 电缆安装工程费）×0.39% 若电缆线路工程中建筑工程采用电缆沟、电缆隧道时，电缆线路工程费率乘以 0.8 系数	54
3.6	技术经济标准编制费	（建筑工程费 + 安装工程费）×0.1%	14
4	生产准备费		181
4.2	电缆工程生产准备费	（电缆建筑工程费 + 电缆安装工程费）×1.3% 若电缆线路工程中建筑工程采用电缆沟、电缆隧道时，电缆线路工程费率乘以 0.8 系数	181
	合计	（建设场地征用及清理费 + 项目建设管理费 + 项目建设技术服务费 + 生产准备费）×100%	4870

5.34　E5-3 电缆井［3×1.6×1.9（人孔）钢混，直线井］

5.34.1　典型方案主要内容

本典型方案为新建 10kV 电缆井［3×1.6×1.9（人孔）钢混，直线井］工程，按过路工况设计，兼用于非过路处。具体内容包括：材料运输；基槽开挖及回填；电缆井垫层及主体支模浇筑；电缆支架、开启式工井盖板、接地制作及安装。

5.34.2　典型方案技术条件

典型方案 E5-3 主要技术条件表和设备材料表见表 5-168 和表 5-169。

表 5-168　　　　　典型方案 E5-3 主要技术条件表

方案名称	工程主要技术条件	
电缆井［3×1.6×1.9（人孔）钢混，直线井］	电压等级	10kV
	工作范围	新建 1 座电缆井
	地形	100% 平地
	钢筋混凝土电缆井（人孔）	过路兼非过路
	地质条件	100% 普通土
	运距	人力 0.3km，汽车 10km

表 5-169　　　　　典型方案 E5-3 设备材料表

序号	物料描述	单位	数量	备注
1	铸铁井盖	套	2	
2	角钢支架	付	6	
3	圆钢　10 以上	t	0.09	
4	圆钢　10 以下	t	0.01	
5	商品混凝土 C30	m^3	8.93	
6	商品混凝土 C15	m^3	0.85	
7	水泥	t	0.24	
8	砂	t	0.42	
9	工井铁附件　综合	t	0.01	
10	D300 混凝土管	m	0.5	

5.34.3　典型方案概算书

典型方案 E5-3 概算书包括总概算汇总表、建筑工程专业汇总表、安装工程专业汇总表与其他费用概算表，见表 5-170 ~ 5-173。

表 5-170　　　　　典型方案 E5-3 总概算汇总表　　　　　金额单位：元

序号	工程或费用名称	建筑工程费	设备购置费	安装工程费	其他费用	基本预备费	合计	各项占静态投资比例（%）
一	配电站、开关站工程							
二	充电站、换电站工程							

续表

序号	工程或费用名称	建筑工程费	设备购置费	安装工程费	其他费用	基本预备费	合计	各项占静态投资比例（%）
三	架空线路工程							
四	电缆线路工程	16769		17778			34547	76.26
五	通信站工程							
六	通信线路工程							
	小计	16769		17778			34547	76.26
七	其他费用				10304		10304	22.75
（一）	建设场地征用及清理费							
（二）	项目建设管理费				3217		3217	7.1
（三）	项目建设技术服务费				6638		6638	14.65
（四）	生产准备费				449		449	0.99
八	基本预备费					449	449	0.99
九	特殊项目费							
	工程静态投资	16769		17778	10304	449	45299	100

表 5-171　　典型方案 E5-3 建筑工程专业汇总表　　金额单位：元

序号	工程名称	建筑工程费				合计
		金额	其中			
			设备费	未计价材料费	人工费	
	建筑工程	16769			1977	16769
L	电缆线路工程	16769			1977	16769
二	构筑物	16769			1977	16769
4	E-1-9　3×1.6×1.9 钢混直通井（人孔）	16769			1977	16769
	合计	16769			1977	16769

表 5-172　　典型方案 E5-3 安装工程专业汇总表　　金额单位：元

序号	工程名称	设备购置费	安装工程费			合计
			金额	其中		
				未计价材料费	人工费	
	安装工程		17778		1977	17778
L	电缆线路工程		17778		1977	17778
七	电缆附件		17778		1977	17778
1	工作井		17778		1977	17778
1.1	E-1-9　3×1.6×1.9 钢混直通井（人孔）		17778		1977	17778
	合计		17778		1977	17778

表 5-173　　典型方案 E5-3 其他费用概算表　　金额单位：元

序号	工程或费用项目名称	编制依据及计算说明	合价
2	项目建设管理费		3217
2.1	项目管理经费		1071
2.1.2	电缆工程项目管理经费	（电缆建筑工程费＋电缆安装工程费）×3.1% 若电缆线路工程中建筑工程采用电缆沟、电缆隧道时，电缆线路工程费率乘以 0.8 系数	1071
2.2	招标费	（建筑工程费＋安装工程费＋设备购置费）×0.32%	111
2.3	工程监理费	（1）高海拔地区、严寒地区、酷热地区按照本规定乘以 1.1 系数。 （2）如需开展环境监理和水土保持监理时，按照本规定乘以 1.1 系数	2035
2.3.2	电缆工程监理费	（电缆建筑工程费＋电缆安装工程费）×5.8905% 若电缆线路工程中建筑工程采用电缆沟、电缆隧道时，电缆线路工程费率乘以 0.8 系数	2035
3	项目建设技术服务费		6638
3.1	项目前期工作费		1669
3.1.2	电缆工程项目前期工作费	（电缆建筑工程费＋电缆安装工程费）×4.83% 若电缆线路工程中建筑工程采用电缆沟、电缆隧道时，电缆线路工程费率乘以 0.8 系数	1669

续表

序号	工程或费用项目名称	编制依据及计算说明	合价
3.2	勘察设计费		3873
3.2.1	勘察费		755
3.2.1.1	一般勘察费	（1）工程勘察只进行测量和设置工程定位点平面坐标及高程等一般性定位测量作业时，费用按照以上标准的 30% 计算。 （2）不需要勘察或不涉及场地变化的不计勘察费	755
3.2.1.1.1	非架空工程勘察费	建筑工程费 ×4.5%	755
3.2.2	设计费		3119
3.2.2.1	基本设计费	基本设计费 ×100% 基本设计费低于 1000 元的，按 1000 元计列	2643
3.2.2.2	其他设计费		476
3.2.2.2.1	施工图预算编制费	基本设计费 ×10%	264
3.2.2.2.2	竣工图文件编制费	基本设计费 ×8%	211
3.3	设计文件评审费		127
3.3.1	初步设计文件评审费	基本设计费 ×2.2%	58
3.3.2	施工图文件评审费	基本设计费 ×2.6% 其中，施工图预算文件评审费用为施工图文件评审费的 30%	69
3.4	施工过程造价咨询及竣工结算审核费	施工过程造价咨询及竣工结算审核费 ×100% （1）电缆线路工程费率为 1.02%；若电缆线路工程中建筑工程采用电缆沟、电缆隧道时，电缆线路工程费率乘以 0.8 系数。 （2）若只开展竣工结算审核时，其费用按以上规定的 75% 计取。 （3）该项费用低于 800 元时，按照 800 元计列	800
3.5	工程建设检测费		135
3.5.1	工程质量检测费		135
3.5.1.2	电缆工程工程质量检测费	（电缆建筑工程费 + 电缆安装工程费）×0.39% 若电缆线路工程中建筑工程采用电缆沟、电缆隧道时，电缆线路工程费率乘以 0.8 系数	135
3.6	技术经济标准编制费	（建筑工程费 + 安装工程费）×0.1%	35

续表

序号	工程或费用项目名称	编制依据及计算说明	合价
4	生产准备费		449
4.2	电缆工程生产准备费	（电缆建筑工程费 + 电缆安装工程费）× 1.3% 若电缆线路工程中建筑工程采用电缆沟、电缆隧道时，电缆线路工程费率乘以 0.8 系数	449
	合计	（建设场地征用及清理费 + 项目建设管理费 + 项目建设技术服务费 + 生产准备费）× 100%	10304

5.35　E5-4 电缆井［3×1.3×1.5（全开启）钢混，直线井，非过路］

5.35.1　典型方案主要内容

本典型方案为新建 10kV 电缆井［3 × 1.3 × 1.5（全开启）钢混，直线井，非过路］工程，考虑非过路工况。具体内容包括：材料运输；基槽开挖及回填；电缆井垫层及主体支模浇筑；电缆支架、开启式工井盖板、接地制作及安装。

5.35.2　典型方案技术条件

典型方案 E5-4 主要技术条件表和设备材料表见表 5-174 和表 5-175。

表 5-174　　典型方案 E5-4 主要技术条件表

方案名称	工程主要技术条件	
电缆井［3 × 1.3 × 1.5（全开启）钢混，直线井，非过路］	电压等级	10kV
	工作范围	新建 1 座电缆井
	地形	100% 平地
	钢筋混凝土电缆井（开启式盖板）	非过路处
	地质条件	100% 普通土
	运距	人力 0.3km，汽车 10km

表 5-175　　典型方案 E5-4 设备材料表

序号	物料描述	单位	数量	备注
1	角钢支架	付	3	
2	角钢（盖板）	t	0.23	
3	圆钢　10 以上	t	0.40	

续表

序号	物料描述	单位	数量	备注
4	商品混凝土 C30	m^3	4.51	
5	商品混凝土 C20	m^3	0.68	
6	水泥	t	0.17	
7	砂	t	0.50	
8	碎石	t	1.11	
9	D300 混凝土管	m	0.5	

5.35.3　典型方案概算书

典型方案 E5-4 概算书包括总概算汇总表、建筑工程专业汇总表、安装工程专业汇总表与其他费用概算表，见表 5-176 ~ 表 5-179。

表 5-176　　典型方案 E5-4 总概算汇总表　　金额单位：元

序号	工程或费用名称	建筑工程费	设备购置费	安装工程费	其他费用	基本预备费	合计	各项占静态投资比例（%）
一	配电站、开关站工程							
二	充电站、换电站工程							
三	架空线路工程							
四	电缆线路工程	10281		2039			12320	72.72
五	通信站工程							
六	通信线路工程							
	小计	10281		2039			12320	72.72
七	其他费用				4453		4453	26.29
（一）	建设场地征用及清理费							
（二）	项目建设管理费				1147		1147	6.77
（三）	项目建设技术服务费				3146		3146	18.57
（四）	生产准备费				160		160	0.95
八	基本预备费					168	168	0.99
九	特殊项目费							
	工程静态投资	10281		2039	4453	168	16941	100

表 5-177　　　　典型方案 E5-4 建筑工程专业汇总表　　　　金额单位：元

序号	工程名称	建筑工程费				合计
		金额	其中			
			设备费	未计价材料费	人工费	
	建筑工程	10281			1530	10281
L	电缆线路工程	10281			1530	10281
二	构筑物	10281			1530	10281
4	E-1-10　3×1.3×1.5 钢混直通井（非过路）	10281			1530	10281
	合计	10281			1530	10281

表 5-178　　　　典型方案 E5-4 安装工程专业汇总表　　　　金额单位：元

序号	工程名称	设备购置费	安装工程费			合计
			金额	其中		
				未计价材料费	人工费	
	安装工程		2039	791	477	2039
L	电缆线路工程		2039	791	477	2039
七	电缆附件		2039	791	477	2039
1	工作井		2039	791	477	2039
1.1	E-1-10　3×1.3×1.5 钢混直通井（非过路）		2039	791	477	2039
	合计		2039	791	477	2039

表 5-179　　　　典型方案 E5-4 其他费用概算表　　　　金额单位：元

序号	工程或费用项目名称	编制依据及计算说明	合价
2	项目建设管理费		1147
2.1	项目管理经费		382
2.1.2	电缆工程项目管理经费	（电缆建筑工程费＋电缆安装工程费）×3.1% 若电缆线路工程中建筑工程采用电缆沟、电缆隧道时，电缆线路工程费率乘以 0.8 系数	382

续表

序号	工程或费用项目名称	编制依据及计算说明	合价
2.2	招标费	（建筑工程费 + 安装工程费 + 设备购置费）× 0.32%	39
2.3	工程监理费	（1）高海拔地区、严寒地区、酷热地区按照本规定乘以 1.1 系数。 （2）如需开展环境监理和水土保持监理时，按照本规定乘以 1.1 系数	726
2.3.2	电缆工程监理费	（电缆建筑工程费 + 电缆安装工程费）× 5.8905% 若电缆线路工程中建筑工程采用电缆沟、电缆隧道时，电缆线路工程费率乘以 0.8 系数	726
3	项目建设技术服务费		3146
3.1	项目前期工作费		595
3.1.2	电缆工程项目前期工作费	（电缆建筑工程费 + 电缆安装工程费）× 4.83% 若电缆线路工程中建筑工程采用电缆沟、电缆隧道时，电缆线路工程费率乘以 0.8 系数	595
3.2	勘察设计费		1643
3.2.1	勘察费		463
3.2.1.1	一般勘察费	（1）工程勘察只进行测量和设置工程定位点平面坐标及高程等一般性定位测量作业时，费用按照以上标准的 30% 计算。 （2）不需要勘察或不涉及场地变化的不计勘察费	463
3.2.1.1.1	非架空工程勘察费	建筑工程费 × 4.5%	463
3.2.2	设计费		1180
3.2.2.1	基本设计费	基本设计费 × 100% 基本设计费低于 1000 元的，按 1000 元计列	1000
3.2.2.2	其他设计费		180
3.2.2.2.1	施工图预算编制费	基本设计费 × 10%	100
3.2.2.2.2	竣工图文件编制费	基本设计费 × 8%	80
3.3	设计文件评审费		48
3.3.1	初步设计文件评审费	基本设计费 × 2.2%	22
3.3.2	施工图文件评审费	基本设计费 × 2.6% 其中，施工图预算文件评审费用为施工图文件评审费的 30%	26

续表

序号	工程或费用项目名称	编制依据及计算说明	合价
3.4	施工过程造价咨询及竣工结算审核费	施工过程造价咨询及竣工结算审核费 ×100% （1）电缆线路工程费率为1.02%；若电缆线路工程中建筑工程采用电缆沟、电缆隧道时，电缆线路工程费率乘以0.8系数。 （2）若只开展竣工结算审核时，其费用按以上规定的75%计取。 （3）该项费用低于800元时，按照800元计列	800
3.5	工程建设检测费		48
3.5.1	工程质量检测费		48
3.5.1.2	电缆工程工程质量检测费	（电缆建筑工程费+电缆安装工程费）×0.39% 若电缆线路工程中建筑工程采用电缆沟、电缆隧道时，电缆线路工程费率乘以0.8系数	48
3.6	技术经济标准编制费	（建筑工程费+安装工程费）×0.1%	12
4	生产准备费		160
4.2	电缆工程生产准备费	（电缆建筑工程费+电缆安装工程费）×1.3% 若电缆线路工程中建筑工程采用电缆沟、电缆隧道时，电缆线路工程费率乘以0.8系数	160
	合计	（建设场地征用及清理费+项目建设管理费+项目建设技术服务费+生产准备费）×100%	4453

5.36　E5-5 电缆井［3×1.3×1.5（全开启）钢混，直线井，过路］

5.36.1　典型方案主要内容

本典型方案为新建10kV电缆井［3×1.3×1.5（全开启）钢混，直线井，过路］工程，考虑过路工况。具体内容包括：材料运输；基槽开挖及回填；电缆井垫层及主体支模浇筑；电缆支架、开启式工井盖板、接地制作及安装。

5.36.2　典型方案技术条件

典型方案E5-5主要技术条件表和设备材料表见表5-180和表5-181。

表5-180　　典型方案E5-5主要技术条件表

方案名称	工程主要技术条件	
电缆井［3×1.3×1.5（全开启）钢混，直线井，过路］	电压等级	10kV
	工作范围	新建1座电缆井

续表

方案名称	工程主要技术条件	
电缆井［3×1.3×1.5（全开启）钢混，直线井，过路］	地形	100% 平地
	钢筋混凝土电缆井（开启式盖板）	过路处
	地质条件	100% 普通土
	运距	人力 0.3km，汽车 10km

表 5-181　　典型方案 E5-5 设备材料表

序号	物料描述	单位	数量	备注
1	角钢支架	付	3	
2	角钢（盖板）	t	0.23	
3	圆钢　10 以上	t	0.47	
4	商品混凝土 C30	m^3	4.98	
5	商品混凝土 C20	m^3	0.68	
6	水泥	t	0.17	
7	砂	t	0.50	
8	碎石	t	1.11	
9	D300 混凝土管	m	0.5	

5.36.3 典型方案概算书

典型方案 E5-5 概算书包括总概算汇总表、建筑工程专业汇总表、安装工程专业汇总表与其他费用概算表，见表 5-182～表 5-185。

表 5-182　　典型方案 E5-5 总概算汇总表　　金额单位：元

序号	工程或费用名称	建筑工程费	设备购置费	安装工程费	其他费用	基本预备费	合计	各项占静态投资比例（%）
一	配电站、开关站工程							
二	充电站、换电站工程							
三	架空线路工程							
四	电缆线路工程	12908		2039			14947	73.58
五	通信站工程							

续表

序号	工程或费用名称	建筑工程费	设备购置费	安装工程费	其他费用	基本预备费	合计	各项占静态投资比例（%）
六	通信线路工程							
	小计	12908		2039			14947	73.58
七	其他费用				5166		5166	25.43
（一）	建设场地征用及清理费							
（二）	项目建设管理费				1392		1392	6.85
（三）	项目建设技术服务费				3580		3580	17.62
（四）	生产准备费				194		194	0.96
八	基本预备费					201	201	0.99
九	特殊项目费							
	工程静态投资	12908		2039	5166	201	20315	100

表 5-183　　典型方案 E5-5 建筑工程专业汇总表　　金额单位：元

序号	工程名称	建筑工程费				合计
		金额	其中			
			设备费	未计价材料费	人工费	
	建筑工程	12908			1981	12908
L	电缆线路工程	12908			1981	12908
二	构筑物	12908			1981	12908
4	E-1-10　3×1.3×1.5 钢混直通井（过路）	12908			1981	12908
	合计	12908			1981	12908

表 5-184　　典型方案 E5-5 安装工程专业汇总表　　金额单位：元

序号	工程名称	设备购置费	安装工程费			合计
			金额	其中		
				未计价材料费	人工费	
	安装工程		2039	791	477	2039

续表

序号	工程名称	设备购置费	安装工程费			合计
			金额	其中		
				未计价材料费	人工费	
L	电缆线路工程		2039	791	477	2039
七	电缆附件		2039	791	477	2039
1	工作井		2039	791	477	2039
1.1	E-1-10　3×1.3×1.5 钢混直通井（过路）		2039	791	477	2039
	合计		2039	791	477	2039

表 5-185　　典型方案 E5-5 其他费用概算表　　金额单位：元

序号	工程或费用项目名称	编制依据及计算说明	合价
2	项目建设管理费		1392
2.1	项目管理经费		463
2.1.2	电缆工程项目管理经费	（电缆建筑工程费 + 电缆安装工程费）×3.1% 若电缆线路工程中建筑工程采用电缆沟、电缆隧道时，电缆线路工程费率乘以 0.8 系数	463
2.2	招标费	（建筑工程费 + 安装工程费 + 设备购置费）×0.32%	48
2.3	工程监理费	（1）高海拔地区、严寒地区、酷热地区按照本规定乘以 1.1 系数。 （2）如需开展环境监理和水土保持监理时，按照本规定乘以 1.1 系数	880
2.3.2	电缆工程监理费	（电缆建筑工程费 + 电缆安装工程费）×5.8905% 若电缆线路工程中建筑工程采用电缆沟、电缆隧道时，电缆线路工程费率乘以 0.8 系数	880
3	项目建设技术服务费		3580
3.1	项目前期工作费		722
3.1.2	电缆工程项目前期工作费	（电缆建筑工程费 + 电缆安装工程费）×4.83% 若电缆线路工程中建筑工程采用电缆沟、电缆隧道时，电缆线路工程费率乘以 0.8 系数	722
3.2	勘察设计费		1930

续表

序号	工程或费用项目名称	编制依据及计算说明	合价
3.2.1	勘察费		581
3.2.1.1	一般勘察费	（1）工程勘察只进行测量和设置工程定位点平面坐标及高程等一般性定位测量作业时，费用按照以上标准的 30% 计算。 （2）不需要勘察或不涉及场地变化的不计勘察费	581
3.2.1.1.1	非架空工程勘察费	建筑工程费 ×4.5%	581
3.2.2	设计费		1349
3.2.2.1	基本设计费	基本设计费 ×100% 基本设计费低于 1000 元的，按 1000 元计列	1143
3.2.2.2	其他设计费		206
3.2.2.2.1	施工图预算编制费	基本设计费 ×10%	114
3.2.2.2.2	竣工图文件编制费	基本设计费 ×8%	91
3.3	设计文件评审费		55
3.3.1	初步设计文件评审费	基本设计费 ×2.2%	25
3.3.2	施工图文件评审费	基本设计费 ×2.6% 其中，施工图预算文件评审费用为施工图文件评审费的 30%	30
3.4	施工过程造价咨询及竣工结算审核费	施工过程造价咨询及竣工结算审核费 ×100% （1）电缆线路工程费率为 1.02%；若电缆线路工程中建筑工程采用电缆沟、电缆隧道时，电缆线路工程费率乘以 0.8 系数。 （2）若只开展竣工结算审核时，其费用按以上规定的 75% 计取。 （3）该项费用低于 800 元时，按照 800 元计列	800
3.5	工程建设检测费		58
3.5.1	工程质量检测费		58
3.5.1.2	电缆工程工程质量检测费	（电缆建筑工程费 + 电缆安装工程费）×0.39% 若电缆线路工程中建筑工程采用电缆沟、电缆隧道时，电缆线路工程费率乘以 0.8 系数	58
3.6	技术经济标准编制费	（建筑工程费 + 安装工程费）×0.1%	15

续表

序号	工程或费用项目名称	编制依据及计算说明	合价
4	生产准备费		194
4.2	电缆工程生产准备费	（电缆建筑工程费 + 电缆安装工程费）× 1.3% 若电缆线路工程中建筑工程采用电缆沟、电缆隧道时，电缆线路工程费率乘以 0.8 系数	194
	合计	（建设场地征用及清理费 + 项目建设管理费 + 项目建设技术服务费 + 生产准备费）× 100%	5166

5.37　E5-6 电缆井［3×1.3×1.8（全开启）钢混，直线井，非过路］

5.37.1　典型方案主要内容

本典型方案为新建 10kV 电缆井［3 × 1.3 × 1.8（全开启）钢混，直线井，非过路］工程，考虑非过路工况。具体内容包括：材料运输；基槽开挖及回填；电缆井垫层及主体支模浇筑；电缆支架、开启式工井盖板、接地制作及安装。

5.37.2　典型方案技术条件

典型方案 E5-6 主要技术条件表和设备材料表见表 5-186 和表 5-187。

表 5-186　　典型方案 E5-6 主要技术条件表

方案名称	工程主要技术条件	
电缆井［3 × 1.3 × 1.8（全开启）钢混，直线井，非过路］	电压等级	10kV
	工作范围	新建 1 座电缆井
	地形	100% 平地
	钢筋混凝土电缆井（开启式盖板）	过非过路处
	地质条件	100% 普通土
	运距	人力 0.3km，汽车 10km

表 5-187　　典型方案 E5-6 设备材料表

序号	物料描述	单位	数量	备注
1	角钢支架	付	3	
2	角钢（盖板）	t	0.23	
3	圆钢　10 以上	t	0.47	

续表

序号	物料描述	单位	数量	备注
4	商品混凝土 C30	m^3	5.08	
5	商品混凝土 C20	m^3	0.68	
6	水泥	t	0.20	
7	砂	t	0.56	
8	碎石	t	1.11	
9	D300 混凝土管	m	0.5	

5.37.3 典型方案概算书

典型方案 E5-6 概算书包括总概算汇总表、建筑工程专业汇总表、安装工程专业汇总表与其他费用概算表，见表 5-188～表 5-191。

表 5-188　　典型方案 E5-6 总概算汇总表　　金额单位：元

序号	工程或费用名称	建筑工程费	设备购置费	安装工程费	其他费用	基本预备费	合计	各项占静态投资比例（%）
一	配电站、开关站工程							
二	充电站、换电站工程							
三	架空线路工程							
四	电缆线路工程	11446		2039			13485	73.3
五	通信站工程							
六	通信线路工程							
	小计	11446		2039			13485	73.3
七	其他费用				4730		4730	25.71
（一）	建设场地征用及清理费							
（二）	项目建设管理费				1255		1255	6.82
（三）	项目建设技术服务费				3299		3299	17.93
（四）	生产准备费				175		175	0.95
八	基本预备费					182	182	0.99
九	特殊项目费							
	工程静态投资	11446		2039	4730	182	18397	100

表 5-189　　典型方案 E5-6 建筑工程专业汇总表　　金额单位：元

序号	工程名称	建筑工程费				合计
		金额	其中			
			设备费	未计价材料费	人工费	
	建筑工程	11446			1696	11446
L	电缆线路工程	11446			1696	11446
二	构筑物	11446			1696	11446
4	E-1-17　3×1.3×1.8 钢混直通井（非过路）	11446			1696	11446
	合计	11446			1696	11446

表 5-190　　典型方案 E5-6 安装工程专业汇总表　　金额单位：元

序号	工程名称	设备购置费	安装工程费			合计
			金额	其中		
				未计价材料费	人工费	
	安装工程		2039	791	477	2039
L	电缆线路工程		2039	791	477	2039
七	电缆附件		2039	791	477	2039
1	工作井		2039	791	477	2039
1.1	E-1-17　3×1.3×1.8 钢混直通井（非过路）		2039	791	477	2039
	合计		2039	791	477	2039

表 5-191　　典型方案 E5-6 其他费用概算表　　金额单位：元

序号	工程或费用项目名称	编制依据及计算说明	合价
2	项目建设管理费		1255
2.1	项目管理经费		418
2.1.2	电缆工程项目管理经费	（电缆建筑工程费＋电缆安装工程费）×3.1% 若电缆线路工程中建筑工程采用电缆沟、电缆隧道时，电缆线路工程费率乘以 0.8 系数	418

续表

序号	工程或费用项目名称	编制依据及计算说明	合价
2.2	招标费	（建筑工程费 + 安装工程费 + 设备购置费）× 0.32%	43
2.3	工程监理费	（1）高海拔地区、严寒地区、酷热地区按照本规定乘以 1.1 系数。 （2）如需开展环境监理和水土保持监理时，按照本规定乘以 1.1 系数	794
2.3.2	电缆工程监理费	（电缆建筑工程费 + 电缆安装工程费）× 5.8905% 若电缆线路工程中建筑工程采用电缆沟、电缆隧道时，电缆线路工程费率乘以 0.8 系数	794
3	项目建设技术服务费		3299
3.1	项目前期工作费		651
3.1.2	电缆工程项目前期工作费	（电缆建筑工程费 + 电缆安装工程费）× 4.83% 若电缆线路工程中建筑工程采用电缆沟、电缆隧道时，电缆线路工程费率乘以 0.8 系数	651
3.2	勘察设计费		1732
3.2.1	勘察费		515
3.2.1.1	一般勘察费	（1）工程勘察只进行测量和设置工程定位点平面坐标及高程等一般性定位测量作业时，费用按照以上标准的 30% 计算。 （2）不需要勘察或不涉及场地变化的不计勘察费	515
3.2.1.1.1	非架空工程勘察费	建筑工程费 × 4.5%	515
3.2.2	设计费		1217
3.2.2.1	基本设计费	基本设计费 × 100% 基本设计费低于 1000 元的，按 1000 元计列	1032
3.2.2.2	其他设计费		186
3.2.2.2.1	施工图预算编制费	基本设计费 × 10%	103
3.2.2.2.2	竣工图文件编制费	基本设计费 × 8%	83
3.3	设计文件评审费		50
3.3.1	初步设计文件评审费	基本设计费 × 2.2%	23
3.3.2	施工图文件评审费	基本设计费 × 2.6% 其中，施工图预算文件评审费用为施工图文件评审费的 30%	27

续表

序号	工程或费用项目名称	编制依据及计算说明	合价
3.4	施工过程造价咨询及竣工结算审核费	施工过程造价咨询及竣工结算审核费 ×100% （1）电缆线路工程费率为 1.02%；若电缆线路工程中建筑工程采用电缆沟、电缆隧道时，电缆线路工程费率乘以 0.8 系数。 （2）若只开展竣工结算审核时，其费用按以上规定的 75% 计取。 （3）该项费用低于 800 元时，按照 800 元计列	800
3.5	工程建设检测费		53
3.5.1	工程质量检测费		53
3.5.1.2	电缆工程工程质量检测费	（电缆建筑工程费 + 电缆安装工程费）×0.39% 若电缆线路工程中建筑工程采用电缆沟、电缆隧道时，电缆线路工程费率乘以 0.8 系数	53
3.6	技术经济标准编制费	（建筑工程费 + 安装工程费）×0.1%	13
4	生产准备费		175
4.2	电缆工程生产准备费	（电缆建筑工程费 + 电缆安装工程费）×1.3% 若电缆线路工程中建筑工程采用电缆沟、电缆隧道时，电缆线路工程费率乘以 0.8 系数	175
	合计	（建设场地征用及清理费 + 项目建设管理费 + 项目建设技术服务费 + 生产准备费）×100%	4730

5.38　E5-7 电缆井［3×1.3×1.8（全开启）钢混，直线井，过路］

5.38.1　典型方案主要内容

本典型方案为新建 10kV 电缆井［3×1.3×1.8（全开启）钢混，直线井，过路］工程，考虑过路工况。具体内容包括：材料运输；基槽开挖及回填；电缆井垫层及主体支模浇筑；电缆支架、开启式工井盖板、接地制作及安装。

5.38.2　典型方案技术条件

典型方案 E5-7 主要技术条件表和设备材料表见表 5-192 和表 5-193。

表 5-192　　典型方案 E5-7 主要技术条件表

方案名称	工程主要技术条件	
电缆井［3×1.3×1.8（全开启）钢混，直线井，过路］	电压等级	10kV
	工作范围	新建 1 座电缆井

续表

方案名称	工程主要技术条件	
电缆井［3×1.3×1.8（全开启）钢混，直线井，过路］	地形	100% 平地
	钢筋混凝土电缆井（开启式盖板）	过路处
	地质条件	100% 普通土
	运距	人力 0.3km，汽车 10km

表 5-193 典型方案 E5-7 设备材料表

序号	物料描述	单位	数量	备注
1	角钢支架	付	3	
2	角钢（盖板）	t	0.23	
3	圆钢 10 以上	t	0.54	
4	商品混凝土 C30	m^3	5.54	
5	商品混凝土 C20	m^3	0.68	
6	水泥	t	0.20	
7	砂	t	0.56	
8	碎石	t	1.11	
9	D300 混凝土管	m	0.5	

5.38.3 典型方案概算书

典型方案 E5-7 概算书包括总概算汇总表、建筑工程专业汇总表、安装工程专业汇总表与其他费用概算表，见表 5-194～表 5-197。

表 5-194 典型方案 E5-7 总概算汇总表 金额单位：元

序号	工程或费用名称	建筑工程费	设备购置费	安装工程费	其他费用	基本预备费	合计	各项占静态投资比例（%）
一	配电站、开关站工程							
二	充电站、换电站工程							
三	架空线路工程							
四	电缆线路工程	14073		2039			16112	73.77
五	通信站工程							

续表

序号	工程或费用名称	建筑工程费	设备购置费	安装工程费	其他费用	基本预备费	合计	各项占静态投资比例（%）
六	通信线路工程							
	小计	14073		2039			16112	73.77
七	其他费用				5514		5514	25.24
（一）	建设场地征用及清理费							
（二）	项目建设管理费				1500		1500	6.87
（三）	项目建设技术服务费				3804		3804	17.42
（四）	生产准备费				209		209	0.96
八	基本预备费					216	216	0.99
九	特殊项目费							
	工程静态投资	14073		2039	5514	216	21842	100

表 5-195　　典型方案 E5-7 建筑工程专业汇总表　　金额单位：元

序号	工程名称	建筑工程费				合计
		金额	其中			
			设备费	未计价材料费	人工费	
	建筑工程	14073			2147	14073
L	电缆线路工程	14073			2147	14073
二	构筑物	14073			2147	14073
4	E-1-17　3×1.3×1.8 钢混直通井（过路）	14073			2147	14073
	合计	14073			2147	14073

表 5-196　　典型方案 E5-7 安装工程专业汇总表　　金额单位：元

序号	工程名称	设备购置费	安装工程费			合计
			金额	其中		
				未计价材料费	人工费	
	安装工程		2039	791	477	2039

续表

序号	工程名称		设备购置费	安装工程费			合计
				金额	其中		
					未计价材料费	人工费	
L	电缆线路工程			2039	791	477	2039
七	电缆附件			2039	791	477	2039
1	工作井			2039	791	477	2039
1.1	E–1–17	3×1.3×1.8 钢混直通井（过路）		2039	791	477	2039
	合计			2039	791	477	2039

表 5–197 典型方案 E5–7 其他费用概算表 金额单位：元

序号	工程或费用项目名称	编制依据及计算说明	合价
2	项目建设管理费		1500
2.1	项目管理经费		499
2.1.2	电缆工程项目管理经费	（电缆建筑工程费 + 电缆安装工程费）×3.1% 若电缆线路工程中建筑工程采用电缆沟、电缆隧道时，电缆线路工程费率乘以 0.8 系数	499
2.2	招标费	（建筑工程费 + 安装工程费 + 设备购置费）×0.32%	52
2.3	工程监理费	（1）高海拔地区、严寒地区、酷热地区按照本规定乘以 1.1 系数。 （2）如需开展环境监理和水土保持监理时，按照本规定乘以 1.1 系数	949
2.3.2	电缆工程监理费	（电缆建筑工程费 + 电缆安装工程费）×5.8905% 若电缆线路工程中建筑工程采用电缆沟、电缆隧道时，电缆线路工程费率乘以 0.8 系数	949
3	项目建设技术服务费		3804
3.1	项目前期工作费		778
3.1.2	电缆工程项目前期工作费	（电缆建筑工程费 + 电缆安装工程费）×4.83% 若电缆线路工程中建筑工程采用电缆沟、电缆隧道时，电缆线路工程费率乘以 0.8 系数	778
3.2	勘察设计费		2088

续表

序号	工程或费用项目名称	编制依据及计算说明	合价
3.2.1	勘察费		633
3.2.1.1	一般勘察费	（1）工程勘察只进行测量和设置工程定位点平面坐标及高程等一般性定位测量作业时，费用按照以上标准的30%计算。 （2）不需要勘察或不涉及场地变化的不计勘察费	633
3.2.1.1.1	非架空工程勘察费	建筑工程费 ×4.5%	633
3.2.2	设计费		1454
3.2.2.1	基本设计费	基本设计费 ×100% 基本设计费低于1000元的，按1000元计列	1233
3.2.2.2	其他设计费		222
3.2.2.2.1	施工图预算编制费	基本设计费 ×10%	123
3.2.2.2.2	竣工图文件编制费	基本设计费 ×8%	99
3.3	设计文件评审费		59
3.3.1	初步设计文件评审费	基本设计费 ×2.2%	27
3.3.2	施工图文件评审费	基本设计费 ×2.6% 其中，施工图预算文件评审费用为施工图文件评审费的30%	32
3.4	施工过程造价咨询及竣工结算审核费	施工过程造价咨询及竣工结算审核费 ×100% （1）电缆线路工程费率为1.02%；若电缆线路工程中建筑工程采用电缆沟、电缆隧道时，电缆线路工程费率乘以0.8系数。 （2）若只开展竣工结算审核时，其费用按以上规定的75%计取。 （3）该项费用低于800元时，按照800元计列	800
3.5	工程建设检测费		63
3.5.1	工程质量检测费		63
3.5.1.2	电缆工程工程质量检测费	（电缆建筑工程费 + 电缆安装工程费）×0.39% 若电缆线路工程中建筑工程采用电缆沟、电缆隧道时，电缆线路工程费率乘以0.8系数	63
3.6	技术经济标准编制费	（建筑工程费 + 安装工程费）×0.1%	16

续表

序号	工程或费用项目名称	编制依据及计算说明	合价
4	生产准备费		209
4.2	电缆工程生产准备费	（电缆建筑工程费＋电缆安装工程费）×1.3% 若电缆线路工程中建筑工程采用电缆沟、电缆隧道时，电缆线路工程费率乘以0.8系数	209
	合计	（建设场地征用及清理费＋项目建设管理费＋项目建设技术服务费＋生产准备费）×100%	5514

5.39　E5-8 电缆井［（6~10）×1.2×1.5（全开启）砖砌，转角井］

5.39.1　典型方案主要内容

本典型方案为新建10kV电缆井［（6~10）×1.2×1.5（全开启）砖砌，转角井］工程，考虑非过路工况。具体内容包括：材料运输；基槽开挖及回填；电缆井垫层及主体砌筑；电缆支架、开启式工井盖板、接地制作及安装。

5.39.2　典型方案技术条件

典型方案E5-8主要技术条件表和设备材料表见表5-198和表5-199。

表5-198　　典型方案E5-8主要技术条件表

方案名称	工程主要技术条件	
电缆井［（6~10）×1.2×1.5（全开启）砖砌，转角井］	电压等级	10kV
	工作范围	新建1座电缆井
	地形	100%平地
	砖砌电缆井	非过路
	地质条件	100%普通土
	运距	人力0.3km，汽车10km

表5-199　　典型方案E5-8设备材料表

序号	物料描述	单位	数量	备注
1	角钢支架	套	12	
2	角钢（盖板）	付	0.45	
3	圆钢　10以上	t	0.47	

续表

序号	物料描述	单位	数量	备注
4	圆钢　10 以下	t	0.03	
5	商品混凝土 C30	t	6.45	
6	商品混凝土 C20	m^3	2.58	
7	水泥	t	0.51	
8	砂	t	1.65	
9	碎石	t	4.19	
10	MU10 红砖	千块	8.28	
11	工井铁附件　综合	t	0.03	
12	D300 混凝土管	m	0.5	

5.39.3　典型方案概算书

典型方案 E5–8 概算书包括总概算汇总表、建筑工程专业汇总表、安装工程专业汇总表与其他费用概算表，见表 5–200 ~ 表 5–203。

表 5–200　　典型方案 E5–8 总概算汇总表　　金额单位：元

序号	工程或费用名称	建筑工程费	设备购置费	安装工程费	其他费用	基本预备费	合计	各项占静态投资比例（%）
一	配电站、开关站工程							
二	充电站、换电站工程							
三	架空线路工程							
四	电缆线路工程	33023		2410			35433	75.13
五	通信站工程							
六	通信线路工程							
	小计	33023		2410			35433	75.13
七	其他费用				11259		11259	23.88
（一）	建设场地征用及清理费							
（二）	项目建设管理费				3299		3299	7
（三）	项目建设技术服务费				7500		7500	15.9

续表

序号	工程或费用名称	建筑工程费	设备购置费	安装工程费	其他费用	基本预备费	合计	各项占静态投资比例（%）
（四）	生产准备费				461		461	0.98
八	基本预备费					467	467	0.99
九	特殊项目费							
	工程静态投资	33023		2410	11259	467	47159	100

表 5-201　　典型方案 E5-8 建筑工程专业汇总表　　金额单位：元

序号	工程名称	建筑工程费				合计
		金额	其中			
			设备费	未计价材料费	人工费	
	建筑工程	33023			5054	33023
L	电缆线路工程	33023			5054	33023
二	构筑物	33023			5054	33023
4	E-2-1　10×1.2×1.5 砖砌转角井	33023			5054	33023
	合计	33023			5054	33023

表 5-202　　典型方案 E5-8 安装工程专业汇总表　　金额单位：元

序号	工程名称	设备购置费	安装工程费			合计
			金额	其中		
				未计价材料费	人工费	
	安装工程		2410	889	590	2410
L	电缆线路工程		2410	889	590	2410
七	电缆附件		2410	889	590	2410
1	工作井		2410	889	590	2410
1.1	E-2-1　10×1.2×1.5 砖砌转角井		2410	889	590	2410
	合计		2410	889	590	2410

表 5-203　　典型方案 E5-8 其他费用概算表　　金额单位：元

序号	工程或费用项目名称	编制依据及计算说明	合价
2	项目建设管理费		3299
2.1	项目管理经费		1098
2.1.2	电缆工程项目管理经费	（电缆建筑工程费 + 电缆安装工程费）×3.1% 若电缆线路工程中建筑工程采用电缆沟、电缆隧道时，电缆线路工程费率乘以 0.8 系数	1098
2.2	招标费	（建筑工程费 + 安装工程费 + 设备购置费）×0.32%	113
2.3	工程监理费	（1）高海拔地区、严寒地区、酷热地区按照本规定乘以 1.1 系数。 （2）如需开展环境监理和水土保持监理时，按照本规定乘以 1.1 系数	2087
2.3.2	电缆工程监理费	（电缆建筑工程费 + 电缆安装工程费）×5.8905% 若电缆线路工程中建筑工程采用电缆沟、电缆隧道时，电缆线路工程费率乘以 0.8 系数	2087
3	项目建设技术服务费		7500
3.1	项目前期工作费		1711
3.1.2	电缆工程项目前期工作费	（电缆建筑工程费 + 电缆安装工程费）×4.83% 若电缆线路工程中建筑工程采用电缆沟、电缆隧道时，电缆线路工程费率乘以 0.8 系数	1711
3.2	勘察设计费		4685
3.2.1	勘察费		1486
3.2.1.1	一般勘察费	（1）工程勘察只进行测量和设置工程定位点平面坐标及高程等一般性定位测量作业时，费用按照以上标准的 30% 计算。 （2）不需要勘察或不涉及场地变化的不计勘察费	1486
3.2.1.1.1	非架空工程勘察费	建筑工程费 ×4.5%	1486
3.2.2	设计费		3199
3.2.2.1	基本设计费	基本设计费 ×100% 基本设计费低于 1000 元的，按 1000 元计列	2711
3.2.2.2	其他设计费		488
3.2.2.2.1	施工图预算编制费	基本设计费 ×10%	271
3.2.2.2.2	竣工图文件编制费	基本设计费 ×8%	217

续表

序号	工程或费用项目名称	编制依据及计算说明	合价
3.3	设计文件评审费		130
3.3.1	初步设计文件评审费	基本设计费 ×2.2%	60
3.3.2	施工图文件评审费	基本设计费 ×2.6% 其中，施工图预算文件评审费用为施工图文件评审费的 30%	70
3.4	施工过程造价咨询及竣工结算审核费	施工过程造价咨询及竣工结算审核费 ×100% （1）电缆线路工程费率为 1.02%；若电缆线路工程中建筑工程采用电缆沟、电缆隧道时，电缆线路工程费率乘以 0.8 系数。 （2）若只开展竣工结算审核时，其费用按以上规定的 75% 计取。 （3）该项费用低于 800 元时，按照 800 元计列	800
3.5	工程建设检测费		138
3.5.1	工程质量检测费		138
3.5.1.2	电缆工程工程质量检测费	（电缆建筑工程费 + 电缆安装工程费）×0.39% 若电缆线路工程中建筑工程采用电缆沟、电缆隧道时，电缆线路工程费率乘以 0.8 系数	138
3.6	技术经济标准编制费	（建筑工程费 + 安装工程费）×0.1%	35
4	生产准备费		461
4.2	电缆工程生产准备费	（电缆建筑工程费 + 电缆安装工程费）×1.3% 若电缆线路工程中建筑工程采用电缆沟、电缆隧道时，电缆线路工程费率乘以 0.8 系数	461
	合计	（建设场地征用及清理费 + 项目建设管理费 + 项目建设技术服务费 + 生产准备费）×100%	11259

5.40　E5-9 电缆井［（6~10）×1.3×1.5（全开启）钢混，转角井，非过路］

5.40.1　典型方案主要内容

本典型方案为新建 10kV 电缆井［（6~10）×1.3×1.5（全开启）钢混，转角井，非过路］工程，考虑非过路工况。具体内容包括：材料运输；基槽开挖及回填；电缆井垫层及主体支模浇筑；电缆支架、开启式工井盖板、接地制作及安装。

5.40.2　典型方案技术条件

典型方案 E5-9 主要技术条件表和设备材料表见表 5-204 和表 5-205。

表 5-204　　典型方案 E5-9 主要技术条件表

方案名称	工程主要技术条件	
电缆井［（6～10）×1.3×1.5（全开启）钢混，转角井，非过路］	电压等级	10kV
	工作范围	新建 1 座电缆井
	地形	100% 平地
	钢筋混凝土电缆井（开启式盖板）	非过路处
	地质条件	100% 普通土
	运距	人力 0.3km，汽车 10km

表 5-205　　典型方案 E5-9 设备材料表

序号	物料描述	单位	数量	备注
1	角钢支架	付	12	
2	角钢（盖板）	t	0.72	
3	圆钢　10 以上	t	0.68	
4	商品混凝土 C30	m^3	12.52	
5	商品混凝土 C20	m^3	2.01	
6	水泥	t	0.52	
7	砂	t	1.51	
8	碎石	t	3.27	
9	D300 混凝土管	m	0.5	

5.40.3　典型方案概算书

典型方案 E5-9 概算书包括总概算汇总表、建筑工程专业汇总表、安装工程专业汇总表与其他费用概算表，见表 5-206～表 5-209。

表 5-206　　典型方案 E5-9 总概算汇总表　　金额单位：元

序号	工程或费用名称	建筑工程费	设备购置费	安装工程费	其他费用	基本预备费	合计	各项占静态投资比例（%）
一	配电站、开关站工程							
二	充电站、换电站工程							
三	架空线路工程							

续表

序号	工程或费用名称	建筑工程费	设备购置费	安装工程费	其他费用	基本预备费	合计	各项占静态投资比例（%）
四	电缆线路工程	26456		2863			29319	74.94
五	通信站工程							
六	通信线路工程							
	小计	26456		2863			29319	74.94
七	其他费用				9415		9415	24.07
（一）	建设场地征用及清理费							
（二）	项目建设管理费				2730		2730	6.98
（三）	项目建设技术服务费				6305		6305	16.12
（四）	生产准备费				381		381	0.97
八	基本预备费					387	387	0.99
九	特殊项目费							
	工程静态投资	26456		2863	9415	387	39121	100

表 5-207 典型方案 E5-9 建筑工程专业汇总表 金额单位：元

序号	工程名称	建筑工程费				合计
		金额	其中			
			设备费	未计价材料费	人工费	
	建筑工程	26456			4031	26456
L	电缆线路工程	26456			4031	26456
二	构筑物	26456			4031	26456
4	E-2-4 10×1.3×1.5 钢混转角井（非过路）	26456			4031	26456
	合计	26456			4031	26456

表 5-208　　典型方案 E5-9 安装工程专业汇总表　　金额单位：元

序号	工程名称	设备购置费	安装工程费			合计
			金额	其中		
				未计价材料费	人工费	
	安装工程		2863	1010	728	2863
L	电缆线路工程		2863	1010	728	2863
七	电缆附件		2863	1010	728	2863
1	工作井		2863	1010	728	2863
1.1	E-2-4　10×1.3×1.5 钢混转角井（非过路）		2863	1010	728	2863
	合计		2863	1010	728	2863

表 5-209　　典型方案 E5-9 其他费用概算表　　金额单位：元

序号	工程或费用项目名称	编制依据及计算说明	合价
2	项目建设管理费		2730
2.1	项目管理经费		909
2.1.2	电缆工程项目管理经费	（电缆建筑工程费＋电缆安装工程费）×3.1% 若电缆线路工程中建筑工程采用电缆沟、电缆隧道时，电缆线路工程费率乘以 0.8 系数	909
2.2	招标费	（建筑工程费＋安装工程费＋设备购置费）×0.32%	94
2.3	工程监理费	（1）高海拔地区、严寒地区、酷热地区按照本规定乘以 1.1 系数。 （2）如需开展环境监理和水土保持监理时，按照本规定乘以 1.1 系数	1727
2.3.2	电缆工程监理费	（电缆建筑工程费＋电缆安装工程费）×5.8905% 若电缆线路工程中建筑工程采用电缆沟、电缆隧道时，电缆线路工程费率乘以 0.8 系数	1727
3	项目建设技术服务费		6305
3.1	项目前期工作费		1416
3.1.2	电缆工程项目前期工作费	（电缆建筑工程费＋电缆安装工程费）×4.83% 若电缆线路工程中建筑工程采用电缆沟、电缆隧道时，电缆线路工程费率乘以 0.8 系数	1416

续表

序号	工程或费用项目名称	编制依据及计算说明	合价
3.2	勘察设计费		3837
3.2.1	勘察费		1191
3.2.1.1	一般勘察费	（1）工程勘察只进行测量和设置工程定位点平面坐标及高程等一般性定位测量作业时，费用按照以上标准的 30% 计算。 （2）不需要勘察或不涉及场地变化的不计勘察费	1191
3.2.1.1.1	非架空工程勘察费	建筑工程费 ×4.5%	1191
3.2.2	设计费		2647
3.2.2.1	基本设计费	基本设计费 ×100% 基本设计费低于 1000 元的，按 1000 元计列	2243
3.2.2.2	其他设计费		404
3.2.2.2.1	施工图预算编制费	基本设计费 ×10%	224
3.2.2.2.2	竣工图文件编制费	基本设计费 ×8%	179
3.3	设计文件评审费		108
3.3.1	初步设计文件评审费	基本设计费 ×2.2%	49
3.3.2	施工图文件评审费	基本设计费 ×2.6% 其中，施工图预算文件评审费用为施工图文件评审费的 30%	58
3.4	施工过程造价咨询及竣工结算审核费	施工过程造价咨询及竣工结算审核费 ×100% （1）电缆线路工程费率为 1.02%；若电缆线路工程中建筑工程采用电缆沟、电缆隧道时，电缆线路工程费率乘以 0.8 系数。 （2）若只开展竣工结算审核时，其费用按以上规定的 75% 计取。 （3）该项费用低于 800 元时，按照 800 元计列	800
3.5	工程建设检测费		114
3.5.1	工程质量检测费		114
3.5.1.2	电缆工程工程质量检测费	（电缆建筑工程费 + 电缆安装工程费）×0.39% 若电缆线路工程中建筑工程采用电缆沟、电缆隧道时，电缆线路工程费率乘以 0.8 系数	114
3.6	技术经济标准编制费	（建筑工程费 + 安装工程费）×0.1%	29

续表

序号	工程或费用项目名称	编制依据及计算说明	合价
4	生产准备费		381
4.2	电缆工程生产准备费	（电缆建筑工程费 + 电缆安装工程费）× 1.3% 若电缆线路工程中建筑工程采用电缆沟、电缆隧道时，电缆线路工程费率乘以 0.8 系数	381
	合计	（建设场地征用及清理费 + 项目建设管理费 + 项目建设技术服务费 + 生产准备费）× 100%	9415

5.41　E5-10 电缆井 [（6 ~ 10）×1.3×1.5（全开启）钢混，转角井，过路]

5.41.1　典型方案主要内容

本典型方案为新建 10kV 电缆井 [（6 ~ 10）× 1.3 × 1.5（全开启）钢混，转角井，过路] 工程，考虑过路工况。具体内容包括：材料运输；基槽开挖及回填；电缆井垫层及主体支模浇筑；电缆支架、开启式工井盖板、接地制作及安装。

5.41.2　典型方案技术条件

典型方案 E5-10 主要技术条件表和设备材料表见表 5-210 和表 5-211。

表 5-210　　典型方案 E5-10 主要技术条件表

方案名称	工程主要技术条件	
电缆井 [（6 ~ 10）× 1.3 × 1.5（全开启）钢混，转角井，过路]	电压等级	10kV
	工作范围	新建 1 座电缆井
	地形	100% 平地
	钢筋混凝土电缆井（开启式盖板）	过路处
	地质条件	100% 普通土
	运距	人力 0.3km，汽车 10km

表 5-211　　典型方案 E5-10 设备材料表

序号	物料描述	单位	数量	备注
1	角钢支架	付	12	
2	角钢（盖板）	t	0.72	
3	圆钢　10 以上	t	0.90	
4	商品混凝土 C30	m^3	13.94	

续表

序号	物料描述	单位	数量	备注
5	商品混凝土 C20	m^3	2.01	
6	水泥	t	0.52	
7	砂	t	1.51	
8	碎石	t	3.27	
9	D300 混凝土管	m	0.5	

5.41.3　典型方案概算书

典型方案 E5-10 概算书包括总概算汇总表、建筑工程专业汇总表、安装工程专业汇总表与其他费用概算表，见表 5-212 ~ 表 5-215。

表 5-212　　典型方案 E5-10 总概算汇总表　　金额单位：元

序号	工程或费用名称	建筑工程费	设备购置费	安装工程费	其他费用	基本预备费	合计	各项占静态投资比例（%）
一	配电站、开关站工程							
二	充电站、换电站工程							
三	架空线路工程							
四	电缆线路工程	33947		2863			36810	75.21
五	通信站工程							
六	通信线路工程							
	小计	33947		2863			36810	75.21
七	其他费用				11649		11649	23.8
（一）	建设场地征用及清理费							
（二）	项目建设管理费				3427		3427	7
（三）	项目建设技术服务费				7744		7744	15.82
（四）	生产准备费				479		479	0.98
八	基本预备费					485	485	0.99
九	特殊项目费							
	工程静态投资	33947		2863	11649	485	48944	100

表 5-213　　典型方案 E5-10 建筑工程专业汇总表　　金额单位：元

序号	工程名称	建筑工程费				合计
		金额	其中			
			设备费	未计价材料费	人工费	
	建筑工程	33947			5302	33947
L	电缆线路工程	33947			5302	33947
二	构筑物	33947			5302	33947
4	E-2-4　10×1.3×1.5 钢混转角井（过路）	33947			5302	33947
	合计	33947			5302	33947

表 5-214　　典型方案 E5-10 安装工程专业汇总表　　金额单位：元

序号	工程名称	设备购置费	安装工程费			合计
			金额	其中		
				未计价材料费	人工费	
	安装工程		2863	1010	728	2863
L	电缆线路工程		2863	1010	728	2863
七	电缆附件		2863	1010	728	2863
1	工作井		2863	1010	728	2863
1.1	E-2-4　10×1.3×1.5 钢混转角井（过路）		2863	1010	728	2863
	合计		2863	1010	728	2863

表 5-215　　典型方案 E5-10 其他费用概算表　　金额单位：元

序号	工程或费用项目名称	编制依据及计算说明	合价
2	项目建设管理费		3427
2.1	项目管理经费		1141
2.1.2	电缆工程项目管理经费	（电缆建筑工程费＋电缆安装工程费）×3.1% 若电缆线路工程中建筑工程采用电缆沟、电缆隧道时，电缆线路工程费率乘以 0.8 系数	1141
2.2	招标费	（建筑工程费＋安装工程费＋设备购置费）×0.32%	118

续表

序号	工程或费用项目名称	编制依据及计算说明	合价
2.3	工程监理费	（1）高海拔地区、严寒地区、酷热地区按照本规定乘以1.1系数。 （2）如需开展环境监理和水土保持监理时，按照本规定乘以1.1系数	2168
2.3.2	电缆工程监理费	（电缆建筑工程费＋电缆安装工程费）×5.8905% 若电缆线路工程中建筑工程采用电缆沟、电缆隧道时，电缆线路工程费率乘以0.8系数	2168
3	项目建设技术服务费		7744
3.1	项目前期工作费		1778
3.1.2	电缆工程项目前期工作费	（电缆建筑工程费＋电缆安装工程费）×4.83% 若电缆线路工程中建筑工程采用电缆沟、电缆隧道时，电缆线路工程费率乘以0.8系数	1778
3.2	勘察设计费		4850
3.2.1	勘察费		1528
3.2.1.1	一般勘察费	（1）工程勘察只进行测量和设置工程定位点平面坐标及高程等一般性定位测量作业时，费用按照以上标准的30%计算。 （2）不需要勘察或不涉及场地变化的不计勘察费	1528
3.2.1.1.1	非架空工程勘察费	建筑工程费×4.5%	1528
3.2.2	设计费		3323
3.2.2.1	基本设计费	基本设计费×100% 基本设计费低于1000元的，按1000元计列	2816
3.2.2.2	其他设计费		507
3.2.2.2.1	施工图预算编制费	基本设计费×10%	282
3.2.2.2.2	竣工图文件编制费	基本设计费×8%	225
3.3	设计文件评审费		135
3.3.1	初步设计文件评审费	基本设计费×2.2%	62
3.3.2	施工图文件评审费	基本设计费×2.6% 其中，施工图预算文件评审费用为施工图文件评审费的30%	73

续表

序号	工程或费用项目名称	编制依据及计算说明	合价
3.4	施工过程造价咨询及竣工结算审核费	施工过程造价咨询及竣工结算审核费 ×100% （1）电缆线路工程费率为 1.02%；若电缆线路工程中建筑工程采用电缆沟、电缆隧道时，电缆线路工程费率乘以 0.8 系数。 （2）若只开展竣工结算审核时，其费用按以上规定的 75% 计取。 （3）该项费用低于 800 元时，按照 800 元计列	800
3.5	工程建设检测费		144
3.5.1	工程质量检测费		144
3.5.1.2	电缆工程工程质量检测费	（电缆建筑工程费 + 电缆安装工程费）×0.39% 若电缆线路工程中建筑工程采用电缆沟、电缆隧道时，电缆线路工程费率乘以 0.8 系数	144
3.6	技术经济标准编制费	（建筑工程费 + 安装工程费）×0.1%	37
4	生产准备费		479
4.2	电缆工程生产准备费	（电缆建筑工程费 + 电缆安装工程费）×1.3% 若电缆线路工程中建筑工程采用电缆沟、电缆隧道时，电缆线路工程费率乘以 0.8 系数	479
	合计	（建设场地征用及清理费 + 项目建设管理费 + 项目建设技术服务费 + 生产准备费）×100%	11649

5.42　E5-11 电缆井［6×1.2×1.5（全开启）砖砌，三通井］

5.42.1　典型方案主要内容

本典型方案为新建 10kV 电缆井［6×1.2×1.5（全开启）砖砌，三通井］工程，考虑非过路工况。具体内容包括：材料运输；基槽开挖及回填；电缆井垫层及主体砌筑；电缆支架、开启式工井盖板、接地制作及安装。

5.42.2　典型方案技术条件

典型方案 E5-11 主要技术条件表和设备材料表见表 5-216 和表 5-217。

表 5-216　　　　典型方案 E5-11 主要技术条件表

方案名称	工程主要技术条件	
电缆井［6×1.2×1.5（全开启）砖砌，三通井］	电压等级	10kV
	工作范围	新建 1 座电缆井

续表

方案名称	工程主要技术条件	
电缆井［6×1.2×1.5（全开启）砖砌，三通井］	地形	100% 平地
	砖砌电缆井	非过路处
	地质条件	100% 普通土
	运距	人力 0.3km，汽车 10km

表 5-217　　典型方案 E5-11 设备材料表

序号	物料描述	单位	数量	备注
1	角钢支架	套	15	
2	角钢（盖板）	付	0.58	
3	圆钢　10 以上	t	0.36	
4	圆钢　10 以下	t	0.02	
5	商品混凝土 C30	t	3.06	
6	商品混凝土 C20	m^3	2.50	
7	水泥	t	0.37	
8	砂	t	1.38	
9	碎石	t	4.06	
10	MU10 红砖	千块	6.17	
11	工井铁附件　综合	t	0.02	
12	D300 混凝土管	m	0.5	

5.42.3 典型方案概算书

典型方案 E5-11 概算书包括总概算汇总表、建筑工程专业汇总表、安装工程专业汇总表与其他费用概算表，见表 5-218 ~ 表 5-221。

表 5-218　　典型方案 E5-11 总概算汇总表　　金额单位：元

序号	工程或费用名称	建筑工程费	设备购置费	安装工程费	其他费用	基本预备费	合计	各项占静态投资比例（%）
一	配电站、开关站工程							

续表

序号	工程或费用名称	建筑工程费	设备购置费	安装工程费	其他费用	基本预备费	合计	各项占静态投资比例（%）
二	充电站、换电站工程							
三	架空线路工程							
四	电缆线路工程	25425		1946			27372	74.77
五	通信站工程							
六	通信线路工程							
	小计	25425		1946			27372	74.77
七	其他费用				8876		8876	24.24
（一）	建设场地征用及清理费							
（二）	项目建设管理费				2548		2548	6.96
（三）	项目建设技术服务费				5972		5972	16.31
（四）	生产准备费				356		356	0.97
八	基本预备费					362	362	0.99
九	特殊项目费							
	工程静态投资	25425		1946	8876	362	36610	100

表 5-219　典型方案 E5-11 建筑工程专业汇总表　金额单位：元

序号	工程名称	建筑工程费				合计
		金额	其中			
			设备费	未计价材料费	人工费	
	建筑工程	25425			3882	25425
L	电缆线路工程	25425			3882	25425
二	构筑物	25425			3882	25425
4	E-3-1　6×1.2×1.5 砖砌三通井	25425			3882	25425
	合计	25425			3882	25425

表 5-220 典型方案 E5-11 安装工程专业汇总表 金额单位：元

序号	工程名称	设备购置费	安装工程费			合计
			金额	其中		
				未计价材料费	人工费	
	安装工程		1946	766	449	1946
L	电缆线路工程		1946	766	449	1946
七	电缆附件		1946	766	449	1946
1	工作井		1946	766	449	1946
1.1	E-3-1 6×1.2×1.5 砖砌三通井		1946	766	449	1946
	合计		1946	766	449	1946

表 5-221 典型方案 E5-11 其他费用概算表 金额单位：元

序号	工程或费用项目名称	编制依据及计算说明	合价
2	项目建设管理费		2548
2.1	项目管理经费		849
2.1.2	电缆工程项目管理经费	（电缆建筑工程费＋电缆安装工程费）×3.1% 若电缆线路工程中建筑工程采用电缆沟、电缆隧道时，电缆线路工程费率乘以 0.8 系数	849
2.2	招标费	（建筑工程费＋安装工程费＋设备购置费）×0.32%	88
2.3	工程监理费	（1）高海拔地区、严寒地区、酷热地区按照本规定乘以 1.1 系数。 （2）如需开展环境监理和水土保持监理时，按照本规定乘以 1.1 系数	1612
2.3.2	电缆工程监理费	（电缆建筑工程费＋电缆安装工程费）×5.8905% 若电缆线路工程中建筑工程采用电缆沟、电缆隧道时，电缆线路工程费率乘以 0.8 系数	1612
3	项目建设技术服务费		5972
3.1	项目前期工作费		1322
3.1.2	电缆工程项目前期工作费	（电缆建筑工程费＋电缆安装工程费）×4.83% 若电缆线路工程中建筑工程采用电缆沟、电缆隧道时，电缆线路工程费率乘以 0.8 系数	1322
3.2	勘察设计费		3615

续表

序号	工程或费用项目名称	编制依据及计算说明	合价
3.2.1	勘察费		1144
3.2.1.1	一般勘察费	（1）工程勘察只进行测量和设置工程定位点平面坐标及高程等一般性定位测量作业时，费用按照以上标准的 30% 计算。 （2）不需要勘察或不涉及场地变化的不计勘察费	1144
3.2.1.1.1	非架空工程勘察费	建筑工程费 ×4.5%	1144
3.2.2	设计费		2471
3.2.2.1	基本设计费	基本设计费 ×100% 基本设计费低于 1000 元的，按 1000 元计列	2094
3.2.2.2	其他设计费		377
3.2.2.2.1	施工图预算编制费	基本设计费 ×10%	209
3.2.2.2.2	竣工图文件编制费	基本设计费 ×8%	168
3.3	设计文件评审费		101
3.3.1	初步设计文件评审费	基本设计费 ×2.2%	46
3.3.2	施工图文件评审费	基本设计费 ×2.6% 其中，施工图预算文件评审费用为施工图文件评审费的 30%	54
3.4	施工过程造价咨询及竣工结算审核费	施工过程造价咨询及竣工结算审核费 ×100% （1）电缆线路工程费率为 1.02%；若电缆线路工程中建筑工程采用电缆沟、电缆隧道时，电缆线路工程费率乘以 0.8 系数。 （2）若只开展竣工结算审核时，其费用按以上规定的 75% 计取。 （3）该项费用低于 800 元时，按照 800 元计列	800
3.5	工程建设检测费		107
3.5.1	工程质量检测费		107
3.5.1.2	电缆工程工程质量检测费	（电缆建筑工程费 + 电缆安装工程费）×0.39% 若电缆线路工程中建筑工程采用电缆沟、电缆隧道时，电缆线路工程费率乘以 0.8 系数	107
3.6	技术经济标准编制费	（建筑工程费 + 安装工程费）×0.1%	27
4	生产准备费		356

续表

序号	工程或费用项目名称	编制依据及计算说明	合价
4.2	电缆工程生产准备费	（电缆建筑工程费 + 电缆安装工程费）× 1.3% 若电缆线路工程中建筑工程采用电缆沟、电缆隧道时，电缆线路工程费率乘以 0.8 系数	356
	合计	（建设场地征用及清理费 + 项目建设管理费 + 项目建设技术服务费 + 生产准备费）× 100%	8876

5.43 E5-12 电缆井［6×1.3×1.5（全开启）钢混，三通井，非过路］

5.43.1 典型方案主要内容

本典型方案为新建 10kV 电缆井［6×1.2×1.5（全开启）钢混，三通井，过路］工程，考虑非过路工况。具体内容包括：材料运输；基槽开挖及回填；电缆井垫层及主体支模浇筑；电缆支架、开启式工井盖板、接地制作及安装。

5.43.2 典型方案技术条件

典型方案 E5-12 主要技术条件表和设备材料表见表 5-222和表5-223。

表 5-222　　典型方案 E5-12 主要技术条件表

方案名称	工程主要技术条件	
电缆井［6×1.2×1.5（全开启）钢混，三通井，过路］	电压等级	10kV
	工作范围	新建 1 座电缆井
	地形	100% 平地
	钢筋混凝土电缆井（开启式盖板）	过路处
	地质条件	100% 普通土
	运距	人力 0.3km，汽车 10km

表 5-223　　典型方案 E5-12 设备材料表

序号	物料描述	单位	数量	备注
1	角钢支架	付	15	
2	角钢（盖板）	t	0.52	
3	圆钢　10 以上	t	0.99	
4	商品混凝土 C30	m^3	9.56	

续表

序号	物料描述	单位	数量	备注
5	商品混凝土 C20	m^3	1.54	
6	水泥	t	0.48	
7	砂	t	1.31	
8	碎石	t	2.50	
9	过梁钢筋	t	0.01	
10	D300 混凝土管	m	0.5	

5.43.3　典型方案概算书

典型方案 E5-12 概算书包括总概算汇总表、建筑工程专业汇总表、安装工程专业汇总表与其他费用概算表，见表 5-224～表 5-227。

表 5-224　　典型方案 E5-12 总概算汇总表　　金额单位：元

序号	工程或费用名称	建筑工程费	设备购置费	安装工程费	其他费用	基本预备费	合计	各项占静态投资比例（%）
一	配电站、开关站工程							
二	充电站、换电站工程							
三	架空线路工程							
四	电缆线路工程	23065		24751			47817	76.65
五	通信站工程							
六	通信线路工程							
	小计	23065		24751			47817	76.65
七	其他费用				13947		13947	22.36
（一）	建设场地征用及清理费							
（二）	项目建设管理费				4452		4452	7.14
（三）	项目建设技术服务费				8874		8874	14.22
（四）	生产准备费				622		622	1
八	基本预备费					618	618	0.99
九	特殊项目费							
	工程静态投资	23065		24751	13947	618	62382	100

表 5-225　　典型方案 E5-12 建筑工程专业汇总表　　金额单位：元

序号	工程名称	建筑工程费				合计
		金额	其中			
			设备费	未计价材料费	人工费	
	建筑工程	23065			3415	23065
L	电缆线路工程	23065			3415	23065
二	构筑物	23065			3415	23065
4	E-3-4　6×1.3×1.5 钢混三通井（非过路）	23065			3415	23065
	合计	23065			3415	23065

表 5-226　　典型方案 E5-12 安装工程专业汇总表　　金额单位：元

序号	工程名称	设备购置费	安装工程费			合计
			金额	其中		
				未计价材料费	人工费	
	安装工程		24751		3415	24751
L	电缆线路工程		24751		3415	24751
七	电缆附件		24751		3415	24751
1	工作井		24751		3415	24751
1.1	E-3-4　6×1.3×1.5 钢混三通井（非过路）		24751		3415	24751
	合计		24751		3415	24751

表 5-227　　典型方案 E5-12 其他费用概算表　　金额单位：元

序号	工程或费用项目名称	编制依据及计算说明	合价
2	项目建设管理费		4452
2.1	项目管理经费		1482
2.1.2	电缆工程项目管理经费	（电缆建筑工程费＋电缆安装工程费）×3.1% 若电缆线路工程中建筑工程采用电缆沟、电缆隧道时，电缆线路工程费率乘以 0.8 系数	1482
2.2	招标费	（建筑工程费＋安装工程费＋设备购置费）×0.32%	153

续表

序号	工程或费用项目名称	编制依据及计算说明	合价
2.3	工程监理费	（1）高海拔地区、严寒地区、酷热地区按照本规定乘以 1.1 系数。 （2）如需开展环境监理和水土保持监理时，按照本规定乘以 1.1 系数	2817
2.3.2	电缆工程监理费	（电缆建筑工程费 + 电缆安装工程费）×5.8905% 若电缆线路工程中建筑工程采用电缆沟、电缆隧道时，电缆线路工程费率乘以 0.8 系数	2817
3	项目建设技术服务费		8874
3.1	项目前期工作费		2310
3.1.2	电缆工程项目前期工作费	（电缆建筑工程费 + 电缆安装工程费）×4.83% 若电缆线路工程中建筑工程采用电缆沟、电缆隧道时，电缆线路工程费率乘以 0.8 系数	2310
3.2	勘察设计费		5354
3.2.1	勘察费		1038
3.2.1.1	一般勘察费	（1）工程勘察只进行测量和设置工程定位点平面坐标及高程等一般性定位测量作业时，费用按照以上标准的 30% 计算。 （2）不需要勘察或不涉及场地变化的不计勘察费	1038
3.2.1.1.1	非架空工程勘察费	建筑工程费 ×4.5%	1038
3.2.2	设计费		4316
3.2.2.1	基本设计费	基本设计费 ×100% 基本设计费低于 1000 元的，按 1000 元计列	3658
3.2.2.2	其他设计费		658
3.2.2.2.1	施工图预算编制费	基本设计费 ×10%	366
3.2.2.2.2	竣工图文件编制费	基本设计费 ×8%	293
3.3	设计文件评审费		176
3.3.1	初步设计文件评审费	基本设计费 ×2.2%	80
3.3.2	施工图文件评审费	基本设计费 ×2.6% 其中，施工图预算文件评审费用为施工图文件评审费的 30%	95

续表

序号	工程或费用项目名称	编制依据及计算说明	合价
3.4	施工过程造价咨询及竣工结算审核费	施工过程造价咨询及竣工结算审核费 ×100% （1）电缆线路工程费率为 1.02%；若电缆线路工程中建筑工程采用电缆沟、电缆隧道时，电缆线路工程费率乘以 0.8 系数。 （2）若只开展竣工结算审核时，其费用按以上规定的 75% 计取。 （3）该项费用低于 800 元时，按照 800 元计列	800
3.5	工程建设检测费		186
3.5.1	工程质量检测费		186
3.5.1.2	电缆工程工程质量检测费	（电缆建筑工程费 + 电缆安装工程费）×0.39% 若电缆线路工程中建筑工程采用电缆沟、电缆隧道时，电缆线路工程费率乘以 0.8 系数	186
3.6	技术经济标准编制费	（建筑工程费 + 安装工程费）×0.1%	48
4	生产准备费		622
4.2	电缆工程生产准备费	（电缆建筑工程费 + 电缆安装工程费）×1.3% 若电缆线路工程中建筑工程采用电缆沟、电缆隧道时，电缆线路工程费率乘以 0.8 系数	622
	合计	（建设场地征用及清理费 + 项目建设管理费 + 项目建设技术服务费 + 生产准备费）×100%	13947

5.44　E5-13 电缆井［6×1.3×1.5（全开启）钢混，三通井，过路］

5.44.1　典型方案主要内容

本典型方案为新建 10kV 电缆井［6×1.2×1.5（全开启）钢混，三通井，过路］工程，考虑过路工况。具体内容包括：材料运输；基槽开挖及回填；电缆井垫层及主体支模浇筑；电缆支架、开启式工井盖板、接地制作及安装。

5.44.2　典型方案技术条件

典型方案 E5-13 主要技术条件和设备材料表见表 5-228 和表 5-229。

表 5-228　　典型方案 E5-13 主要技术条件表

方案名称	工程主要技术条件	
电缆井［6×1.2×1.5（全开启）钢混，三通井，过路］	电压等级	10kV
	工作范围	新建 1 座电缆井

续表

方案名称	工程主要技术条件	
电缆井［6×1.2×1.5（全开启）钢混，三通井，过路］	地形	100% 平地
	钢筋混凝土电缆井（开启式盖板）	过路处
	地质条件	100% 普通土
	运距	人力 0.3km，汽车 10km

表 5-229　　典型方案 E5-13 设备材料表

序号	物料描述	单位	数量	备注
1	角钢支架	付	15	
2	角钢（盖板）	t	0.52	
3	圆钢　10 以上	t	1.15	
4	商品混凝土 C30	m^3	10.64	
5	商品混凝土 C20	m^3	1.54	
6	水泥	t	0.48	
7	砂	t	1.31	
8	碎石	t	2.50	
9	过梁钢筋	t	0.01	
10	D300 混凝土管	m	0.5	

5.44.3　典型方案概算书

典型方案 E5-13 概算书包括总概算汇总表、建筑工程专业汇总表、安装工程专业汇总表与其他费用概算表，见表 5-230 ~ 表 5-233。

表 5-230　　典型方案 E5-13 总概算汇总表　　金额单位：元

序号	工程或费用名称	建筑工程费	设备购置费	安装工程费	其他费用	基本预备费	合计	各项占静态投资比例（%）
一	配电站、开关站工程							
二	充电站、换电站工程							
三	架空线路工程							
四	电缆线路工程	28879		2624			31503	75.01

续表

序号	工程或费用名称	建筑工程费	设备购置费	安装工程费	其他费用	基本预备费	合计	各项占静态投资比例（%）
五	通信站工程							
六	通信线路工程							
	小计	28879		2624			31503	75.01
七	其他费用				10077		10077	24
（一）	建设场地征用及清理费							
（二）	项目建设管理费				2933		2933	6.98
（三）	项目建设技术服务费				6735		6735	16.04
（四）	生产准备费				410		410	0.98
八	基本预备费					416	416	0.99
九	特殊项目费							
	工程静态投资	28879		2624	10077	416	41996	100

表 5-231　　典型方案 E5-13 建筑工程专业汇总表　　金额单位：元

序号	工程名称	建筑工程费				合计
		金额	其中			
			设备费	未计价材料费	人工费	
	建筑工程	28879			4409	28879
L	电缆线路工程	28879			4409	28879
二	构筑物	28879			4409	28879
4	E-3-4　6×1.3×1.5 钢混三通井（过路）	28879			4409	28879
	合计	28879			4409	28879

表 5-232　　典型方案 E5-13 安装工程专业汇总表　　金额单位：元

序号	工程名称	设备购置费	安装工程费			合计
			金额	其中		
				未计价材料费	人工费	
	安装工程		2624	946	655	2624

续表

序号	工程名称	设备购置费	安装工程费			合计
			金额	其中		
				未计价材料费	人工费	
L	电缆线路工程		2624	946	655	2624
七	电缆附件		2624	946	655	2624
1	工作井		2624	946	655	2624
1.1	E-3-4　6×1.3×1.5 钢混三通井（过路）		2624	946	655	2624
	合计		2624	946	655	2624

表 5-233　　典型方案 E5-13 其他费用概算表　　金额单位：元

序号	工程或费用项目名称	编制依据及计算说明	合价
2	项目建设管理费		2933
2.1	项目管理经费		977
2.1.2	电缆工程项目管理经费	（电缆建筑工程费＋电缆安装工程费）×3.1% 若电缆线路工程中建筑工程采用电缆沟、电缆隧道时，电缆线路工程费率乘以 0.8 系数	977
2.2	招标费	（建筑工程费＋安装工程费＋设备购置费）×0.32%	101
2.3	工程监理费	（1）高海拔地区、严寒地区、酷热地区按照本规定乘以 1.1 系数。 （2）如需开展环境监理和水土保持监理时，按照本规定乘以 1.1 系数	1856
2.3.2	电缆工程监理费	（电缆建筑工程费＋电缆安装工程费）×5.8905% 若电缆线路工程中建筑工程采用电缆沟、电缆隧道时，电缆线路工程费率乘以 0.8 系数	1856
3	项目建设技术服务费		6735
3.1	项目前期工作费		1522
3.1.2	电缆工程项目前期工作费	（电缆建筑工程费＋电缆安装工程费）×4.83% 若电缆线路工程中建筑工程采用电缆沟、电缆隧道时，电缆线路工程费率乘以 0.8 系数	1522
3.2	勘察设计费		4143

续表

序号	工程或费用项目名称	编制依据及计算说明	合价
3.2.1	勘察费		1300
3.2.1.1	一般勘察费	（1）工程勘察只进行测量和设置工程定位点平面坐标及高程等一般性定位测量作业时，费用按照以上标准的 30% 计算。 （2）不需要勘察或不涉及场地变化的不计勘察费	1300
3.2.1.1.1	非架空工程勘察费	建筑工程费 ×4.5%	1300
3.2.2	设计费		2844
3.2.2.1	基本设计费	基本设计费 ×100% 基本设计费低于 1000 元的，按 1000 元计列	2410
3.2.2.2	其他设计费		434
3.2.2.2.1	施工图预算编制费	基本设计费 ×10%	241
3.2.2.2.2	竣工图文件编制费	基本设计费 ×8%	193
3.3	设计文件评审费		116
3.3.1	初步设计文件评审费	基本设计费 ×2.2%	53
3.3.2	施工图文件评审费	基本设计费 ×2.6% 其中，施工图预算文件评审费用为施工图文件评审费的 30%	63
3.4	施工过程造价咨询及竣工结算审核费	施工过程造价咨询及竣工结算审核费 ×100% （1）电缆线路工程费率为 1.02%；若电缆线路工程中建筑工程采用电缆沟、电缆隧道时，电缆线路工程费率乘以 0.8 系数。 （2）若只开展竣工结算审核时，其费用按以上规定的 75% 计取。 （3）该项费用低于 800 元时，按照 800 元计列	800
3.5	工程建设检测费		123
3.5.1	工程质量检测费		123
3.5.1.2	电缆工程工程质量检测费	（电缆建筑工程费 + 电缆安装工程费）×0.39% 若电缆线路工程中建筑工程采用电缆沟、电缆隧道时，电缆线路工程费率乘以 0.8 系数	123
3.6	技术经济标准编制费	（建筑工程费 + 安装工程费）×0.1%	32

续表

序号	工程或费用项目名称	编制依据及计算说明	合价
4	生产准备费		410
4.2	电缆工程生产准备费	（电缆建筑工程费 + 电缆安装工程费）× 1.3% 若电缆线路工程中建筑工程采用电缆沟、电缆隧道时，电缆线路工程费率乘以 0.8 系数	410
	合计	（建设场地征用及清理费 + 项目建设管理费 + 项目建设技术服务费 + 生产准备费）× 100%	10077

5.45　E5-14 电缆井［5×2.0×1.9（人孔）钢混，三通井］

5.45.1　典型方案主要内容

本典型方案为新建 10kV 电缆井［5×2.0×1.9（人孔）钢混，三通井］工程，考虑过路兼非过路工况。具体内容包括：材料运输；基槽开挖及回填；电缆井垫层及主体支模浇筑；电缆支架、开启式工井盖板、接地制作及安装。

5.45.2　典型方案技术条件

典型方案 E5-14 主要技术条件表和设备材料表见表 5-234 和表 5-235。

表 5-234　　典型方案 E5-14 主要技术条件表

方案名称	工程主要技术条件	
电缆井［5×2.0×1.9（人孔）钢混，三通井］	电压等级	10kV
	工作范围	新建 1 座电缆井
	地形	100% 平地
	钢筋混凝土电缆井（人孔）	过路兼非过路
	地质条件	100% 普通土
	运距	人力 0.3km，汽车 10km

表 5-235　　典型方案 E5-14 设备材料表

序号	物料描述	单位	数量	备注
1	铸铁井盖	套	2	
2	角钢支架	付	8	
3	圆钢　10 以上	t	0.07	

续表

序号	物料描述	单位	数量	备注
4	圆钢 10以下	t	0.00	
5	商品混凝土 C30	m^3	23.59	
6	商品混凝土 C15	m^3	2.49	
7	水泥	t	0.55	
8	砂	t	0.98	
9	工井铁附件 综合	t	0.02	
10	D300 混凝土管	m	0.5	

5.45.3 典型方案概算书

典型方案 E5-14 概算书包括总概算汇总表、建筑工程专业汇总表、安装工程专业汇总表与其他费用概算表，见表 5-236 ~ 表 5-239。

表 5-236 典型方案 E5-14 总概算汇总表 金额单位：元

序号	工程或费用名称	建筑工程费	设备购置费	安装工程费	其他费用	基本预备费	合计	各项占静态投资比例（%）
一	配电站、开关站工程							
二	充电站、换电站工程							
三	架空线路工程							
四	电缆线路工程	33626		2502			36128	75.16
五	通信站工程							
六	通信线路工程							
	小计	33626		2502			36128	75.16
七	其他费用				11463		11463	23.85
（一）	建设场地征用及清理费							
（二）	项目建设管理费				3364		3364	7
（三）	项目建设技术服务费				7629		7629	15.87
（四）	生产准备费				470		470	0.98
八	基本预备费					476	476	0.99
九	特殊项目费							
	工程静态投资	33626		2502	11463	476	48067	100

表 5-237　　典型方案 E5-14 建筑工程专业汇总表　　金额单位：元

序号	工程名称	建筑工程费				合计
		金额	其中			
			设备费	未计价材料费	人工费	
	建筑工程	33626			4324	33626
L	电缆线路工程	33626			4324	33626
二	构筑物	33626			4324	33626
4	E-3-5　5×2×1.9 钢混三通井（过路、非过路）	33626			4324	33626
	合计	33626			4324	33626

表 5-238　　典型方案 E5-14 安装工程专业汇总表　　金额单位：元

序号	工程名称	设备购置费	安装工程费			合计
			金额	其中		
				未计价材料费	人工费	
	安装工程		2502	914	618	2502
L	电缆线路工程		2502	914	618	2502
七	电缆附件		2502	914	618	2502
1	工作井		2502	914	618	2502
1.1	E-3-5　5×2×1.9 钢混三通井（过路、非过路）		2502	914	618	2502
	合计		2502	914	618	2502

表 5-239　　典型方案 E5-14 其他费用概算表　　金额单位：元

序号	工程或费用项目名称	编制依据及计算说明	合价
2	项目建设管理费		3364
2.1	项目管理经费		1120
2.1.2	电缆工程项目管理经费	（电缆建筑工程费 + 电缆安装工程费）×3.1% 若电缆线路工程中建筑工程采用电缆沟、电缆隧道时，电缆线路工程费率乘以 0.8 系数	1120
2.2	招标费	（建筑工程费 + 安装工程费 + 设备购置费）×0.32%	116

续表

序号	工程或费用项目名称	编制依据及计算说明	合价
2.3	工程监理费	（1）高海拔地区、严寒地区、酷热地区按照本规定乘以 1.1 系数。 （2）如需开展环境监理和水土保持监理时，按照本规定乘以 1.1 系数。	2128
2.3.2	电缆工程监理费	（电缆建筑工程费 + 电缆安装工程费）× 5.8905% 若电缆线路工程中建筑工程采用电缆沟、电缆隧道时，电缆线路工程费率乘以 0.8 系数	2128
3	项目建设技术服务费		7629
3.1	项目前期工作费		1745
3.1.2	电缆工程项目前期工作费	（电缆建筑工程费 + 电缆安装工程费）× 4.83% 若电缆线路工程中建筑工程采用电缆沟、电缆隧道时，电缆线路工程费率乘以 0.8 系数	1745
3.2	勘察设计费		4774
3.2.1	勘察费		1513
3.2.1.1	一般勘察费	（1）工程勘察只进行测量和设置工程定位点平面坐标及高程等一般性定位测量作业时，费用按照以上标准的 30% 计算。 （2）不需要勘察或不涉及场地变化的不计勘察费	1513
3.2.1.1.1	非架空工程勘察费	建筑工程费 × 4.5%	1513
3.2.2	设计费		3261
3.2.2.1	基本设计费	基本设计费 × 100% 基本设计费低于 1000 元的，按 1000 元计列	2764
3.2.2.2	其他设计费		497
3.2.2.2.1	施工图预算编制费	基本设计费 × 10%	276
3.2.2.2.2	竣工图文件编制费	基本设计费 × 8%	221
3.3	设计文件评审费		133
3.3.1	初步设计文件评审费	基本设计费 × 2.2%	61
3.3.2	施工图文件评审费	基本设计费 × 2.6% 其中，施工图预算文件评审费用为施工图文件评审费的 30%	72

续表

序号	工程或费用项目名称	编制依据及计算说明	合价
3.4	施工过程造价咨询及竣工结算审核费	施工过程造价咨询及竣工结算审核费 ×100% （1）电缆线路工程费率为 1.02%；若电缆线路工程中建筑工程采用电缆沟、电缆隧道时，电缆线路工程费率乘以 0.8 系数。 （2）若只开展竣工结算审核时，其费用按以上规定的 75% 计取。 （3）该项费用低于 800 元时，按照 800 元计列	800
3.5	工程建设检测费		141
3.5.1	工程质量检测费		141
3.5.1.2	电缆工程工程质量检测费	（电缆建筑工程费 + 电缆安装工程费）×0.39% 若电缆线路工程中建筑工程采用电缆沟、电缆隧道时，电缆线路工程费率乘以 0.8 系数	141
3.6	技术经济标准编制费	（建筑工程费 + 安装工程费）×0.1%	36
4	生产准备费		470
4.2	电缆工程生产准备费	（电缆建筑工程费 + 电缆安装工程费）×1.3% 若电缆线路工程中建筑工程采用电缆沟、电缆隧道时，电缆线路工程费率乘以 0.8 系数	470
	合计	（建设场地征用及清理费 + 项目建设管理费 + 项目建设技术服务费 + 生产准备费）×100%	11463

5.46　E5-15 电缆井［6×1.3×1.8（全开启）钢混，三通井，非过路］

5.46.1　典型方案主要内容

本典型方案为新建 10kV 电缆井［6×1.3×1.8（全开启）钢混，三通井，非过路］工程，考虑非过路工况。具体内容包括：材料运输；基槽开挖及回填；电缆井垫层及主体支模浇筑；电缆支架、开启式工井盖板、接地制作及安装。

5.46.2　典型方案技术条件

典型方案 E5-15 主要技术条件表和设备材料表见表 5-240 和表 5-241。

表 5-240　　　　典型方案 E5-15 主要技术条件表

方案名称	工程主要技术条件	
电缆井［6×1.3×1.8（全开启）钢混，三通井，非过路］	电压等级	10kV
	工作范围	新建 1 座电缆井

续表

方案名称	工程主要技术条件	
电缆井［6×1.3×1.8（全开启）钢混，三通井，非过路］	地形	100% 平地
	钢筋混凝土电缆井（开启式盖板）	非过路处
	地质条件	100% 普通土
	运距	人力 0.3km，汽车 10km

表 5-241　　典型方案 E5-15 设备材料表

序号	物料描述	单位	数量	备注
1	角钢支架	付	15	
2	角钢（盖板）	t	0.52	
3	圆钢　10 以上	t	1.08	
4	商品混凝土 C30	m^3	10.67	
5	商品混凝土 C20	m^3	1.54	
6	水泥	t	0.57	
7	砂	t	1.45	
8	碎石	t	2.50	
9	过梁钢筋	t	0.01	
10	D300 混凝土管	m	0.5	

5.46.3　典型方案概算书

典型方案 E5-15 概算书包括总概算汇总表、建筑工程专业汇总表、安装工程专业汇总表与其他费用概算表，见表 5-242 ~ 表 5-245。

表 5-242　　典型方案 E5-15 总概算汇总表　　金额单位：元

序号	工程或费用名称	建筑工程费	设备购置费	安装工程费	其他费用	基本预备费	合计	各项占静态投资比例（%）
一	配电站、开关站工程							
二	充电站、换电站工程							

续表

序号	工程或费用名称	建筑工程费	设备购置费	安装工程费	其他费用	基本预备费	合计	各项占静态投资比例（%）
三	架空线路工程							
四	电缆线路工程	25079		2624			27703	74.85
五	通信站工程							
六	通信线路工程							
	小计	25079		2624			27703	74.85
七	其他费用				8944		8944	24.16
（一）	建设场地征用及清理费							
（二）	项目建设管理费				2579		2579	6.97
（三）	项目建设技术服务费				6005		6005	16.22
（四）	生产准备费				360		360	0.97
八	基本预备费					366	366	0.99
九	特殊项目费							
	工程静态投资	25079		2624	8944	366	37013	100

表 5-243　　典型方案 E5-15 建筑工程专业汇总表　　金额单位：元

序号	工程名称	建筑工程费				合计
		金额	其中			
			设备费	未计价材料费	人工费	
	建筑工程	25079			3720	25079
L	电缆线路工程	25079			3720	25079
二	构筑物	25079			3720	25079
4	E-3-7　6×1.3×1.8 钢混三通井（非过路）	25079			3720	25079
	合计	25079			3720	25079

表 5-244　　典型方案 E5-15 安装工程专业汇总表　　金额单位：元

序号	工程名称	设备购置费	安装工程费			合计
			金额	其中		
				未计价材料费	人工费	
	安装工程		2624	946	655	2624
L	电缆线路工程		2624	946	655	2624
七	电缆附件		2624	946	655	2624
1	工作井		2624	946	655	2624
1.1	E-3-7　6×1.3×1.8 钢混三通井（非过路）		2624	946	655	2624
	合计		2624	946	655	2624

表 5-245　　典型方案 E5-15 其他费用概算表　　金额单位：元

序号	工程或费用项目名称	编制依据及计算说明	合价
2	项目建设管理费		2579
2.1	项目管理经费		859
2.1.2	电缆工程项目管理经费	（电缆建筑工程费 + 电缆安装工程费）×3.1% 若电缆线路工程中建筑工程采用电缆沟、电缆隧道时，电缆线路工程费率乘以 0.8 系数	859
2.2	招标费	（建筑工程费 + 安装工程费 + 设备购置费）×0.32%	89
2.3	工程监理费	（1）高海拔地区、严寒地区、酷热地区按照本规定乘以 1.1 系数。 （2）如需开展环境监理和水土保持监理时，按照本规定乘以 1.1 系数	1632
2.3.2	电缆工程监理费	（电缆建筑工程费 + 电缆安装工程费）×5.8905% 若电缆线路工程中建筑工程采用电缆沟、电缆隧道时，电缆线路工程费率乘以 0.8 系数	1632
3	项目建设技术服务费		6005
3.1	项目前期工作费		1338
3.1.2	电缆工程项目前期工作费	（电缆建筑工程费 + 电缆安装工程费）×4.83% 若电缆线路工程中建筑工程采用电缆沟、电缆隧道时，电缆线路工程费率乘以 0.8 系数	1338

续表

序号	工程或费用项目名称	编制依据及计算说明	合价
3.2	勘察设计费		3629
3.2.1	勘察费		1129
3.2.1.1	一般勘察费	（1）工程勘察只进行测量和设置工程定位点平面坐标及高程等一般性定位测量作业时，费用按照以上标准的 30% 计算。 （2）不需要勘察或不涉及场地变化的不计勘察费	1129
3.2.1.1.1	非架空工程勘察费	建筑工程费 ×4.5%	1129
3.2.2	设计费		2501
3.2.2.1	基本设计费	基本设计费 ×100% 基本设计费低于 1000 元的，按 1000 元计列	2119
3.2.2.2	其他设计费		381
3.2.2.2.1	施工图预算编制费	基本设计费 ×10%	212
3.2.2.2.2	竣工图文件编制费	基本设计费 ×8%	170
3.3	设计文件评审费		102
3.3.1	初步设计文件评审费	基本设计费 ×2.2%	47
3.3.2	施工图文件评审费	基本设计费 ×2.6% 其中，施工图预算文件评审费用为施工图文件评审费的 30%	55
3.4	施工过程造价咨询及竣工结算审核费	施工过程造价咨询及竣工结算审核费 ×100% （1）电缆线路工程费率为 1.02%；若电缆线路工程中建筑工程采用电缆沟、电缆隧道时，电缆线路工程费率乘以 0.8 系数。 （2）若只开展竣工结算审核时，其费用按以上规定的 75% 计取。 （3）该项费用低于 800 元时，按照 800 元计列	800
3.5	工程建设检测费		108
3.5.1	工程质量检测费		108
3.5.1.2	电缆工程工程质量检测费	（电缆建筑工程费 + 电缆安装工程费）×0.39% 若电缆线路工程中建筑工程采用电缆沟、电缆隧道时，电缆线路工程费率乘以 0.8 系数	108
3.6	技术经济标准编制费	（建筑工程费 + 安装工程费）×0.1%	28

续表

序号	工程或费用项目名称	编制依据及计算说明	合价
4	生产准备费		360
4.2	电缆工程生产准备费	（电缆建筑工程费 + 电缆安装工程费）× 1.3% 若电缆线路工程中建筑工程采用电缆沟、电缆隧道时，电缆线路工程费率乘以 0.8 系数	360
	合计	（建设场地征用及清理费 + 项目建设管理费 + 项目建设技术服务费 + 生产准备费）× 100%	8944

5.47　E5-16 电缆井［6×1.3×1.8（全开启）钢混，三通井，过路］

5.47.1　典型方案主要内容

本典型方案为新建 10kV 电缆井［6×1.3×1.8（全开启）钢混，三通井，过路］工程，考虑过路工况。具体内容包括：材料运输；基槽开挖及回填；电缆井垫层及主体支模浇筑；电缆支架、开启式工井盖板、接地制作及安装。

5.47.2　典型方案技术条件

典型方案 E5-16 主要技术条件表和设备材料表见表 5-246 和表 5-247。

表 5-246　　典型方案 E5-16 主要技术条件表

方案名称	工程主要技术条件	
电缆井［6×1.3×1.8（全开启）钢混，三通井，过路］	电压等级	10kV
	工作范围	新建电缆井
	地形	100% 平地
	钢筋混凝土电缆井（开启式盖板）	过路处
	地质条件	100% 普通土
	运距	人力 0.3km，汽车 10km

表 5-247　　典型方案 E5-16 设备材料表

序号	物料描述	单位	数量	备注
1	角钢支架	付	15	
2	角钢（盖板）	t	0.52	
3	圆钢　10 以上	t	1.24	

续表

序号	物料描述	单位	数量	备注
4	商品混凝土 C30	m^3	11.74	
5	商品混凝土 C20	m^3	1.54	
6	水泥	t	0.57	
7	砂	t	1.45	
8	碎石	t	2.50	
9	过梁钢筋	t	0.01	
10	D300 混凝土管	m	0.5	

5.47.3　典型方案概算书

典型方案 E5-16 概算书包括总概算汇总表、建筑工程专业汇总表、安装工程专业汇总表与其他费用概算表，见表 5-248 ~ 表 5-251。

表 5-248　　典型方案 E5-16 总概算汇总表　　金额单位：元

序号	工程或费用名称	建筑工程费	设备购置费	安装工程费	其他费用	基本预备费	合计	各项占静态投资比例（%）
一	配电站、开关站工程							
二	充电站、换电站工程							
三	架空线路工程							
四	电缆线路工程	30892		2624			33516	75.09
五	通信站工程							
六	通信线路工程							
	小计	30892		2624			33516	75.09
七	其他费用				10678		10678	23.92
（一）	建设场地征用及清理费							
（二）	项目建设管理费				3121		3121	6.99
（三）	项目建设技术服务费				7122		7122	15.96
（四）	生产准备费				436		436	0.98
八	基本预备费					442	442	0.99
九	特殊项目费							
	工程静态投资	30892		2624	10678	442	44636	100

表 5-249　　典型方案 E5-16 建筑工程专业汇总表　　金额单位：元

序号	工程名称	建筑工程费				合计
		金额	其中			
			设备费	未计价材料费	人工费	
	建筑工程	30892			4713	30892
L	电缆线路工程	30892			4713	30892
二	构筑物	30892			4713	30892
4	E-3-7　6×1.3×1.8 钢混三通井（过路）	30892			4713	30892
	合计	30892			4713	30892

表 5-250　　典型方案 E5-16 安装工程专业汇总表　　金额单位：元

序号	工程名称	设备购置费	安装工程费			合计
			金额	其中		
				未计价材料费	人工费	
	安装工程		2624	946	655	2624
L	电缆线路工程		2624	946	655	2624
七	电缆附件		2624	946	655	2624
1	工作井		2624	946	655	2624
1.1	E-3-7　6×1.3×1.8 钢混三通井（过路）		2624	946	655	2624
	合计		2624	946	655	2624

表 5-251　　典型方案 E5-16 其他费用概算表　　金额单位：元

序号	工程或费用项目名称	编制依据及计算说明	合价
2	项目建设管理费		3121
2.1	项目管理经费		1039
2.1.2	电缆工程项目管理经费	（电缆建筑工程费＋电缆安装工程费）×3.1% 若电缆线路工程中建筑工程采用电缆沟、电缆隧道时，电缆线路工程费率乘以 0.8 系数	1039
2.2	招标费	（建筑工程费＋安装工程费＋设备购置费）×0.32%	107

续表

序号	工程或费用项目名称	编制依据及计算说明	合价
2.3	工程监理费	（1）高海拔地区、严寒地区、酷热地区按照本规定乘以 1.1 系数。 （2）如需开展环境监理和水土保持监理时，按照本规定乘以 1.1 系数	1974
2.3.2	电缆工程监理费	（电缆建筑工程费 + 电缆安装工程费）× 5.8905% 若电缆线路工程中建筑工程采用电缆沟、电缆隧道时，电缆线路工程费率乘以 0.8 系数	1974
3	项目建设技术服务费		7122
3.1	项目前期工作费		1619
3.1.2	电缆工程项目前期工作费	（电缆建筑工程费 + 电缆安装工程费）× 4.83% 若电缆线路工程中建筑工程采用电缆沟、电缆隧道时，电缆线路工程费率乘以 0.8 系数	1619
3.2	勘察设计费		4416
3.2.1	勘察费		1390
3.2.1.1	一般勘察费	（1）工程勘察只进行测量和设置工程定位点平面坐标及高程等一般性定位测量作业时，费用按照以上标准的 30% 计算。 （2）不需要勘察或不涉及场地变化的不计勘察费	1390
3.2.1.1.1	非架空工程勘察费	建筑工程费 × 4.5%	1390
3.2.2	设计费		3026
3.2.2.1	基本设计费	基本设计费 × 100% 基本设计费低于 1000 元的，按 1000 元计列	2564
3.2.2.2	其他设计费		462
3.2.2.2.1	施工图预算编制费	基本设计费 × 10%	256
3.2.2.2.2	竣工图文件编制费	基本设计费 × 8%	205
3.3	设计文件评审费		123
3.3.1	初步设计文件评审费	基本设计费 × 2.2%	56
3.3.2	施工图文件评审费	基本设计费 × 2.6% 其中，施工图预算文件评审费用为施工图文件评审费的 30%	67

续表

序号	工程或费用项目名称	编制依据及计算说明	合价
3.4	施工过程造价咨询及竣工结算审核费	施工过程造价咨询及竣工结算审核费 ×100% （1）电缆线路工程费率为 1.02%；若电缆线路工程中建筑工程采用电缆沟、电缆隧道时，电缆线路工程费率乘以 0.8 系数。 （2）若只开展竣工结算审核时，其费用按以上规定的 75% 计取。 （3）该项费用低于 800 元时，按照 800 元计列	800
3.5	工程建设检测费		131
3.5.1	工程质量检测费		131
3.5.1.2	电缆工程工程质量检测费	（电缆建筑工程费 + 电缆安装工程费）×0.39% 若电缆线路工程中建筑工程采用电缆沟、电缆隧道时，电缆线路工程费率乘以 0.8 系数	131
3.6	技术经济标准编制费	（建筑工程费 + 安装工程费）×0.1%	34
4	生产准备费		436
4.2	电缆工程生产准备费	（电缆建筑工程费 + 电缆安装工程费）×1.3% 若电缆线路工程中建筑工程采用电缆沟、电缆隧道时，电缆线路工程费率乘以 0.8 系数	436
	合计	（建设场地征用及清理费 + 项目建设管理费 + 项目建设技术服务费 + 生产准备费）×100%	10678

5.48　E5-17 电缆井［6×（1.2/1.2）×1.5（全开启）砖砌，四通井］

5.48.1　典型方案主要内容

本典型方案为新建 10kV 电缆井［6×（1.2/1.2）×1.5（全开启）砖砌，四通井］工程，考虑非过路工况。具体内容包括：材料运输；基槽开挖及回填；电缆井垫层及主体砌筑；电缆支架、开启式工井盖板、接地制作及安装。

5.48.2　典型方案技术条件

典型方案 E5-17 主要技术条件表和设备材料表见表 5-252 和表 5-253。

表 5-252　　典型方案 E5-17 主要技术条件表

方案名称	工程主要技术条件	
电缆井［6×（1.2/1.2）×1.5（全开启）砖砌，四通井］	电压等级	10kV
	工作范围	新建 1 座电缆井

续表

方案名称	工程主要技术条件	
电缆井［6×（1.2/1.2）×1.5（全开启）砖砌，四通井］	地形	100% 平地
	砖砌电缆井	非过路处
	地质条件	100% 普通土
	运距	人力 0.3km，汽车 10km

表 5-253　　典型方案 E5-17 设备材料表

序号	物料描述	单位	数量	备注
1	角钢支架	套	22	
2	角钢（盖板）	付	0.58	
3	圆钢　10 以上	t	0.44	
4	圆钢　10 以下	t	0.03	
5	商品混凝土 C30	t	3.61	
6	商品混凝土 C20	m^3	2.35	
7	水泥	t	0.43	
8	砂	t	1.45	
9	碎石	t	3.81	
10	MU10 红砖	千块	7.02	
11	工井铁附件　综合	t	0.03	
12	D300 混凝土管	m	0.5	

5.48.3　典型方案概算书

典型方案 E5-17 概算书包括总概算汇总表、建筑工程专业汇总表、安装工程专业汇总表与其他费用概算表，见表 5-254 ~ 表 5-257。

表 5-254　　典型方案 E5-17 总概算汇总表　　金额单位：元

序号	工程或费用名称	建筑工程费	设备购置费	安装工程费	其他费用	基本预备费	合计	各项占静态投资比例（%）
一	配电站、开关站工程							

续表

序号	工程或费用名称	建筑工程费	设备购置费	安装工程费	其他费用	基本预备费	合计	各项占静态投资比例（%）
二	充电站、换电站工程							
三	架空线路工程							
四	电缆线路工程	29757		1946			31704	74.97
五	通信站工程							
六	通信线路工程							
	小计	29757		1946			31704	74.97
七	其他费用				10168		10168	24.04
（一）	建设场地征用及清理费							
（二）	项目建设管理费				2952		2952	6.98
（三）	项目建设技术服务费				6804		6804	16.09
（四）	生产准备费				412		412	0.97
八	基本预备费					419	419	0.99
九	特殊项目费							
	工程静态投资	29757		1946	10168	419	42290	100

表 5-255　　典型方案 E5-17 建筑工程专业汇总表　　金额单位：元

序号	工程名称	建筑工程费				合计
		金额	其中			
			设备费	未计价材料费	人工费	
	建筑工程	29757			4517	29757
L	电缆线路工程	29757			4517	29757
二	构筑物	29757			4517	29757
4	E-4-1　6×1.2×1.5 砖砌四通井	29757			4517	29757
	合计	29757			4517	29757

表 5-256　　典型方案 E5-17 安装工程专业汇总表　　金额单位：元

序号	工程名称	设备购置费	安装工程费			合计
			金额	其中		
				未计价材料费	人工费	
	安装工程		1946	766	449	1946
L	电缆线路工程		1946	766	449	1946
七	电缆附件		1946	766	449	1946
1	工作井		1946	766	449	1946
1.1	E-4-1　6×1.2×1.5 砖砌四通井		1946	766	449	1946
	合计		1946	766	449	1946

表 5-257　　典型方案 E5-17 其他费用概算表　　金额单位：元

序号	工程或费用项目名称	编制依据及计算说明	合价
2	项目建设管理费		2952
2.1	项目管理经费		983
2.1.2	电缆工程项目管理经费	（电缆建筑工程费＋电缆安装工程费）×3.1% 若电缆线路工程中建筑工程采用电缆沟、电缆隧道时，电缆线路工程费率乘以 0.8 系数	983
2.2	招标费	（建筑工程费＋安装工程费＋设备购置费）×0.32%	101
2.3	工程监理费	（1）高海拔地区、严寒地区、酷热地区按照本规定乘以 1.1 系数。 （2）如需开展环境监理和水土保持监理时，按照本规定乘以 1.1 系数	1868
2.3.2	电缆工程监理费	（电缆建筑工程费＋电缆安装工程费）×5.8905% 若电缆线路工程中建筑工程采用电缆沟、电缆隧道时，电缆线路工程费率乘以 0.8 系数	1868
3	项目建设技术服务费		6804
3.1	项目前期工作费		1531
3.1.2	电缆工程项目前期工作费	（电缆建筑工程费＋电缆安装工程费）×4.83% 若电缆线路工程中建筑工程采用电缆沟、电缆隧道时，电缆线路工程费率乘以 0.8 系数	1531
3.2	勘察设计费		4201

续表

序号	工程或费用项目名称	编制依据及计算说明	合价
3.2.1	勘察费		1339
3.2.1.1	一般勘察费	（1）工程勘察只进行测量和设置工程定位点平面坐标及高程等一般性定位测量作业时，费用按照以上标准的 30% 计算。 （2）不需要勘察或不涉及场地变化的不计勘察费	1339
3.2.1.1.1	非架空工程勘察费	建筑工程费 ×4.5%	1339
3.2.2	设计费		2862
3.2.2.1	基本设计费	基本设计费 ×100% 基本设计费低于 1000 元的，按 1000 元计列	2425
3.2.2.2	其他设计费		437
3.2.2.2.1	施工图预算编制费	基本设计费 ×10%	243
3.2.2.2.2	竣工图文件编制费	基本设计费 ×8%	194
3.3	设计文件评审费		116
3.3.1	初步设计文件评审费	基本设计费 ×2.2%	53
3.3.2	施工图文件评审费	基本设计费 ×2.6% 其中，施工图预算文件评审费用为施工图文件评审费的 30%	63
3.4	施工过程造价咨询及竣工结算审核费	施工过程造价咨询及竣工结算审核费 ×100% （1）电缆线路工程费率为 1.02%；若电缆线路工程中建筑工程采用电缆沟、电缆隧道时，电缆线路工程费率乘以 0.8 系数。 （2）若只开展竣工结算审核时，其费用按以上规定的 75% 计取。 （3）该项费用低于 800 元时，按照 800 元计列	800
3.5	工程建设检测费		124
3.5.1	工程质量检测费		124
3.5.1.2	电缆工程工程质量检测费	（电缆建筑工程费 + 电缆安装工程费）×0.39% 若电缆线路工程中建筑工程采用电缆沟、电缆隧道时，电缆线路工程费率乘以 0.8 系数	124
3.6	技术经济标准编制费	（建筑工程费 + 安装工程费）×0.1%	32

续表

序号	工程或费用项目名称	编制依据及计算说明	合价
4	生产准备费		412
4.2	电缆工程生产准备费	（电缆建筑工程费 + 电缆安装工程费）×1.3% 若电缆线路工程中建筑工程采用电缆沟、电缆隧道时，电缆线路工程费率乘以 0.8 系数	412
	合计	（建设场地征用及清理费 + 项目建设管理费 + 项目建设技术服务费 + 生产准备费）×100%	10168

5.49　E5-18 电缆井［6×（1.3/1.3）×1.5（全开启）钢混，四通井，非过路］

5.49.1　典型方案主要内容

本典型方案为新建 10kV 电缆井［6×（1.3/1.3）×1.5（全开启）钢混，四通井，非过路］工程，考虑非过路工况。具体内容包括：材料运输；基槽开挖及回填；电缆井垫层及主体支模浇筑；电缆支架、开启式工井盖板、接地制作及安装。

5.49.2　典型方案技术条件

典型方案 E5-18 主要技术条件表和设备材料表见表 5-258 和表 5-259。

表 5-258　　典型方案 E5-18 主要技术条件表

方案名称	工程主要技术条件	
电缆井［6×（1.3/1.3）×1.5（全开启）钢混，四通井，非过路］	电压等级	10kV
	工作范围	新建 1 座电缆井
	地形	100% 平地
	钢筋混凝土电缆井（开启式盖板）	非过路处
	地质条件	100% 普通土
	运距	人力 0.3km，汽车 10km

表 5-259　　典型方案 E5-18 设备材料表

序号	物料描述	单位	数量	备注
1	角钢支架	付	22	
2	角钢（盖板）	t	0.59	
3	圆钢　10 以上	t	1.22	
4	商品混凝土 C30	m^3	11.26	

续表

序号	物料描述	单位	数量	备注
5	商品混凝土 C20	m^3	1.82	
6	水泥	t	0.45	
7	砂	t	1.32	
8	碎石	t	2.96	
9	过梁钢筋	t	0.01	
10	D300 混凝土管	m	0.5	

5.49.3 典型方案概算书

典型方案 E5-18 概算书包括总概算汇总表、建筑工程专业汇总表、安装工程专业汇总表与其他费用概算表，见表 5-260 ~ 表 5-263。

表 5-260 典型方案 E5-18 总概算汇总表 金额单位：元

序号	工程或费用名称	建筑工程费	设备购置费	安装工程费	其他费用	基本预备费	合计	各项占静态投资比例（%）
一	配电站、开关站工程							
二	充电站、换电站工程							
三	架空线路工程							
四	电缆线路工程	27007		2807			29814	74.96
五	通信站工程							
六	通信线路工程							
	小计	27007		2807			29814	74.96
七	其他费用				9566		9566	24.05
（一）	建设场地征用及清理费							
（二）	项目建设管理费				2776		2776	6.98
（三）	项目建设技术服务费				6402		6402	16.1
（四）	生产准备费				388		388	0.97
八	基本预备费					394	394	0.99
九	特殊项目费							
	工程静态投资	27007		2807	9566	394	39773	100

表 5-261　　典型方案 E5-18 建筑工程专业汇总表　　金额单位：元

序号	工程名称	建筑工程费				合计
		金额	其中			
			设备费	未计价材料费	人工费	
	建筑工程	27007			3974	27007
L	电缆线路工程	27007			3974	27007
二	构筑物	27007			3974	27007
4	E-4-4　6×1.3×1.5 钢混四通井（非过路）	27007			3974	27007
	合计	27007			3974	27007

表 5-262　　典型方案 E5-18 安装工程专业汇总表　　金额单位：元

序号	工程名称	设备购置费	安装工程费			合计
			金额	其中		
				未计价材料费	人工费	
	安装工程		2807	995	711	2807
L	电缆线路工程		2807	995	711	2807
七	电缆附件		2807	995	711	2807
1	工作井		2807	995	711	2807
1.1	E-4-4　6×1.3×1.5 钢混四通井（非过路）		2807	995	711	2807
	合计		2807	995	711	2807

表 5-263　　典型方案 E5-18 其他费用概算表　　金额单位：元

序号	工程或费用项目名称	编制依据及计算说明	合价
2	项目建设管理费		2776
2.1	项目管理经费		924
2.1.2	电缆工程项目管理经费	（电缆建筑工程费＋电缆安装工程费）×3.1% 若电缆线路工程中建筑工程采用电缆沟、电缆隧道时，电缆线路工程费率乘以 0.8 系数	924
2.2	招标费	（建筑工程费＋安装工程费＋设备购置费）×0.32%	95

续表

序号	工程或费用项目名称	编制依据及计算说明	合价
2.3	工程监理费	（1）高海拔地区、严寒地区、酷热地区按照本规定乘以 1.1 系数。 （2）如需开展环境监理和水土保持监理时，按照本规定乘以 1.1 系数	1756
2.3.2	电缆工程监理费	（电缆建筑工程费 + 电缆安装工程费）×5.8905% 若电缆线路工程中建筑工程采用电缆沟、电缆隧道时，电缆线路工程费率乘以 0.8 系数	1756
3	项目建设技术服务费		6402
3.1	项目前期工作费		1440
3.1.2	电缆工程项目前期工作费	（电缆建筑工程费 + 电缆安装工程费）×4.83% 若电缆线路工程中建筑工程采用电缆沟、电缆隧道时，电缆线路工程费率乘以 0.8 系数	1440
3.2	勘察设计费		3907
3.2.1	勘察费		1215
3.2.1.1	一般勘察费	（1）工程勘察只进行测量和设置工程定位点平面坐标及高程等一般性定位测量作业时，费用按照以上标准的 30% 计算。 （2）不需要勘察或不涉及场地变化的不计勘察费	1215
3.2.1.1.1	非架空工程勘察费	建筑工程费 ×4.5%	1215
3.2.2	设计费		2691
3.2.2.1	基本设计费	基本设计费 ×100% 基本设计费低于 1000 元的，按 1000 元计列	2281
3.2.2.2	其他设计费		411
3.2.2.2.1	施工图预算编制费	基本设计费 ×10%	228
3.2.2.2.2	竣工图文件编制费	基本设计费 ×8%	182
3.3	设计文件评审费		109
3.3.1	初步设计文件评审费	基本设计费 ×2.2%	50
3.3.2	施工图文件评审费	基本设计费 ×2.6% 其中，施工图预算文件评审费用为施工图文件评审费的 30%	59

续表

序号	工程或费用项目名称	编制依据及计算说明	合价
3.4	施工过程造价咨询及竣工结算审核费	施工过程造价咨询及竣工结算审核费 ×100% （1）电缆线路工程费率为 1.02%；若电缆线路工程中建筑工程采用电缆沟、电缆隧道时，电缆线路工程费率乘以 0.8 系数。 （2）若只开展竣工结算审核时，其费用按以上规定的 75% 计取。 （3）该项费用低于 800 元时，按照 800 元计列	800
3.5	工程建设检测费		116
3.5.1	工程质量检测费		116
3.5.1.2	电缆工程工程质量检测费	（电缆建筑工程费 + 电缆安装工程费）×0.39% 若电缆线路工程中建筑工程采用电缆沟、电缆隧道时，电缆线路工程费率乘以 0.8 系数	116
3.6	技术经济标准编制费	（建筑工程费 + 安装工程费）×0.1%	30
4	生产准备费		388
4.2	电缆工程生产准备费	（电缆建筑工程费 + 电缆安装工程费）×1.3% 若电缆线路工程中建筑工程采用电缆沟、电缆隧道时，电缆线路工程费率乘以 0.8 系数	388
	合计	（建设场地征用及清理费 + 项目建设管理费 + 项目建设技术服务费 + 生产准备费）×100%	9566

5.50 E5-19 电缆井［6×（1.3/1.3）×1.5（全开启）钢混，四通井，过路］

5.50.1 典型方案主要内容

本典型方案为新建 10kV 电缆井［6×（1.3/1.3）×1.5（全开启）钢混，四通井，过路］工程，考虑过路工况。具体内容包括：材料运输；基槽开挖及回填；电缆井垫层及主体支模浇筑；电缆支架、开启式工井盖板、接地制作及安装。

5.50.2 典型方案技术条件

典型方案 E5-19 主要技术条件表和设备材料表见表 5-264 和表 5-265。

表 5-264　　　　典型方案 E5-19 主要技术条件表

方案名称	工程主要技术条件	
电缆井［6×（1.3/1.3）×1.5（全开启）钢混，四通井，过路］	电压等级	10kV
	工作范围	新建 1 座电缆井

续表

方案名称	工程主要技术条件	
电缆井［6×（1.3/1.3）×1.5（全开启）钢混，四通井，过路］	地形	100% 平地
	钢筋混凝土电缆井（开启式盖板）	过路处
	地质条件	100% 普通土
	运距	人力 0.3km，汽车 10km

表 5-265　　典型方案 E5-19 设备材料表

序号	物料描述	单位	数量	备注
1	角钢支架	付	22	
2	角钢（盖板）	t	0.59	
3	圆钢　10 以上	t	1.41	
4	商品混凝土 C30	m^3	12.54	
5	商品混凝土 C20	m^3	1.82	
6	水泥	t	0.45	
7	砂	t	1.32	
8	碎石	t	2.96	
9	过梁钢筋	t	0.01	
10	D300 混凝土管	m	0.5	

5.50.3　典型方案概算书

典型方案 E5-19 概算书包括总概算汇总表、建筑工程专业汇总表、安装工程专业汇总表与其他费用概算表，见表 5-266 ~ 表 5-269。

表 5-266　　典型方案 E5-19 总概算汇总表　　金额单位：元

序号	工程或费用名称	建筑工程费	设备购置费	安装工程费	其他费用	基本预备费	合计	各项占静态投资比例（%）
一	配电站、开关站工程							
二	充电站、换电站工程							
三	架空线路工程							

续表

序号	工程或费用名称	建筑工程费	设备购置费	安装工程费	其他费用	基本预备费	合计	各项占静态投资比例（%）
四	电缆线路工程	33883		2807			36689	75.2
五	通信站工程							
六	通信线路工程							
	小计	33883		2807			36689	75.2
七	其他费用				11616		11616	23.81
（一）	建设场地征用及清理费							
（二）	项目建设管理费				3416		3416	7
（三）	项目建设技术服务费				7723		7723	15.83
（四）	生产准备费				477		477	0.98
八	基本预备费					483	483	0.99
九	特殊项目费							
	工程静态投资	33883		2807	11616	483	48789	100

表 5-267　　典型方案 E5-19 建筑工程专业汇总表　　金额单位：元

序号	工程名称	建筑工程费				合计
		金额	其中			
			设备费	未计价材料费	人工费	
	建筑工程	33883			5149	33883
L	电缆线路工程	33883			5149	33883
二	构筑物	33883			5149	33883
4	E-4-4　6×1.3×1.5 钢混四通井（过路）	33883			5149	33883
	合计	33883			5149	33883

表 5-268 典型方案 E5-19 安装工程专业汇总表 金额单位：元

序号	工程名称	设备购置费	安装工程费			合计
			金额	其中		
				未计价材料费	人工费	
	安装工程		2807	995	711	2807
L	电缆线路工程		2807	995	711	2807
七	电缆附件		2807	995	711	2807
1	工作井		2807	995	711	2807
1.1	E-4-4 6×1.3×1.5 钢混四通井（过路）		2807	995	711	2807
	合计		2807	995	711	2807

表 5-269 典型方案 E5-19 其他费用概算表 金额单位：元

序号	工程或费用项目名称	编制依据及计算说明	合价
2	项目建设管理费		3416
2.1	项目管理经费		1137
2.1.2	电缆工程项目管理经费	（电缆建筑工程费 + 电缆安装工程费）×3.1% 若电缆线路工程中建筑工程采用电缆沟、电缆隧道时，电缆线路工程费率乘以 0.8 系数	1137
2.2	招标费	（建筑工程费 + 安装工程费 + 设备购置费）×0.32%	117
2.3	工程监理费	（1）高海拔地区、严寒地区、酷热地区按照本规定乘以 1.1 系数。 （2）如需开展环境监理和水土保持监理时，按照本规定乘以 1.1 系数	2161
2.3.2	电缆工程监理费	（电缆建筑工程费 + 电缆安装工程费）×5.8905% 若电缆线路工程中建筑工程采用电缆沟、电缆隧道时，电缆线路工程费率乘以 0.8 系数	2161
3	项目建设技术服务费		7723
3.1	项目前期工作费		1772
3.1.2	电缆工程项目前期工作费	（电缆建筑工程费 + 电缆安装工程费）×4.83% 若电缆线路工程中建筑工程采用电缆沟、电缆隧道时，电缆线路工程费率乘以 0.8 系数	1772

续表

序号	工程或费用项目名称	编制依据及计算说明	合价
3.2	勘察设计费		4837
3.2.1	勘察费		1525
3.2.1.1	一般勘察费	（1）工程勘察只进行测量和设置工程定位点平面坐标及高程等一般性定位测量作业时，费用按照以上标准的 30% 计算。 （2）不需要勘察或不涉及场地变化的不计勘察费	1525
3.2.1.1.1	非架空工程勘察费	建筑工程费 ×4.5%	1525
3.2.2	设计费		3312
3.2.2.1	基本设计费	基本设计费 ×100% 基本设计费低于 1000 元的，按 1000 元计列	2807
3.2.2.2	其他设计费		505
3.2.2.2.1	施工图预算编制费	基本设计费 ×10%	281
3.2.2.2.2	竣工图文件编制费	基本设计费 ×8%	225
3.3	设计文件评审费		135
3.3.1	初步设计文件评审费	基本设计费 ×2.2%	62
3.3.2	施工图文件评审费	基本设计费 ×2.6% 其中，施工图预算文件评审费用为施工图文件评审费的 30%	73
3.4	施工过程造价咨询及竣工结算审核费	施工过程造价咨询及竣工结算审核费 ×100% （1）电缆线路工程费率为 1.02%；若电缆线路工程中建筑工程采用电缆沟、电缆隧道时，电缆线路工程费率乘以 0.8 系数。 （2）若只开展竣工结算审核时，其费用按以上规定的 75% 计取 （3）该项费用低于 800 元时，按照 800 元计列	800
3.5	工程建设检测费		143
3.5.1	工程质量检测费		143
3.5.1.2	电缆工程工程质量检测费	（电缆建筑工程费 + 电缆安装工程费）×0.39% 若电缆线路工程中建筑工程采用电缆沟、电缆隧道时，电缆线路工程费率乘以 0.8 系数	143
3.6	技术经济标准编制费	（建筑工程费 + 安装工程费）×0.1%	37

续表

序号	工程或费用项目名称	编制依据及计算说明	合价
4	生产准备费		477
4.2	电缆工程生产准备费	（电缆建筑工程费＋电缆安装工程费）×1.3% 若电缆线路工程中建筑工程采用电缆沟、电缆隧道时，电缆线路工程费率乘以 0.8 系数	477
	合计	（建设场地征用及清理费＋项目建设管理费＋项目建设技术服务费＋生产准备费）×100%	11616

5.51　E5-20 电缆井［6×（1.9/1.9）×1.8（全开启）钢混，四通井，非过路］

5.51.1　典型方案主要内容

本典型方案为新建 10kV 电缆井［6×（1.9/1.9）×1.8（全开启）钢混，四通井，非过路］工程，考虑非过路工况。具体内容包括：材料运输；基槽开挖及回填；电缆井垫层及主体支模浇筑；电缆支架、开启式工井盖板、接地制作及安装。

5.51.2　典型方案技术条件

典型方案 E5-20 主要技术条件表和设备材料表见表 5-270～表 5-271。

表 5-270　　典型方案 E5-20 主要技术条件表

方案名称	工程主要技术条件	
电缆井［6×（1.9/1.9）×1.8（全开启）钢混，四通井，非过路］	电压等级	10kV
	工作范围	新建 1 座电缆井
	地形	100% 平地
	钢筋混凝土电缆井（开启式盖板）	非过路处
	地质条件	100% 普通土
	运距	人力 0.3km，汽车 10km

表 5-271　　典型方案 E5-20 设备材料表

序号	物料描述	单位	数量	备注
1	角钢支架	付	22	
2	角钢（盖板）	t	0.59	
3	圆钢 10 以上	t	1.61	

续表

序号	物料描述	单位	数量	备注
4	商品混凝土 C30	m^3	14.78	
5	商品混凝土 C20	m^3	2.40	
6	水泥	t	0.61	
7	砂	t	1.78	
8	碎石	t	3.90	
9	过梁钢筋	t	0.01	
10	D300 混凝土管	m	0.5	

5.51.3　典型方案概算书

典型方案 E5-20 概算书包括总概算汇总表、建筑工程专业汇总表、安装工程专业汇总表与其他费用概算表，见表 5-272 ~ 表 5-275。

表 5-272　　典型方案 E5-20 总概算汇总表　　金额单位：元

序号	工程或费用名称	建筑工程费	设备购置费	安装工程费	其他费用	基本预备费	合计	各项占静态投资比例（%）
一	配电站、开关站工程							
二	充电站、换电站工程							
三	架空线路工程							
四	电缆线路工程	36003		2879			38882	75.26
五	通信站工程							
六	通信线路工程							
	小计	36003		2879			38882	75.26
七	其他费用				12267		12267	23.75
（一）	建设场地征用及清理费							
（二）	项目建设管理费				3620		3620	7.01
（三）	项目建设技术服务费				8141		8141	15.76
（四）	生产准备费				505		505	0.98
八	基本预备费					511	511	0.99
九	特殊项目费							
	工程静态投资	36003		2879	12267	511	51661	100

表 5-273　　典型方案 E5-20 建筑工程专业汇总表　　金额单位：元

序号	工程名称	建筑工程费				合计
		金额	其中			
			设备费	未计价材料费	人工费	
	建筑工程	36003			5220	36003
L	电缆线路工程	36003			5220	36003
二	构筑物	36003			5220	36003
4	E-4-11　6×1.9×1.8 钢混四通井（非过路）	36003			5220	36003
	合计	36003			5220	36003

表 5-274　　典型方案 E5-20 安装工程专业汇总表　　金额单位：元

序号	工程名称	设备购置费	安装工程费			合计
			金额	其中		
				未计价材料费	人工费	
	安装工程		2879	1014	733	2879
L	电缆线路工程		2879	1014	733	2879
七	电缆附件		2879	1014	733	2879
1	工作井		2879	1014	733	2879
1.1	E-4-11　6×1.9×1.8 钢混四通井（非过路）		2879	1014	733	2879
	合计		2879	1014	733	2879

表 5-275　　典型方案 E5-20 其他费用概算表　　金额单位：元

序号	工程或费用项目名称	编制依据及计算说明	合价
2	项目建设管理费		3620
2.1	项目管理经费		1205
2.1.2	电缆工程项目管理经费	（电缆建筑工程费＋电缆安装工程费）×3.1% 若电缆线路工程中建筑工程采用电缆沟、电缆隧道时，电缆线路工程费率乘以 0.8 系数	1205
2.2	招标费	（建筑工程费＋安装工程费＋设备购置费）×0.32%	124

续表

序号	工程或费用项目名称	编制依据及计算说明	合价
2.3	工程监理费	（1）高海拔地区、严寒地区、酷热地区按照本规定乘以 1.1 系数。 （2）如需开展环境监理和水土保持监理时，按照本规定乘以 1.1 系数	2290
2.3.2	电缆工程监理费	（电缆建筑工程费 + 电缆安装工程费）×5.8905% 若电缆线路工程中建筑工程采用电缆沟、电缆隧道时，电缆线路工程费率乘以 0.8 系数	2290
3	项目建设技术服务费		8141
3.1	项目前期工作费		1878
3.1.2	电缆工程项目前期工作费	（电缆建筑工程费 + 电缆安装工程费）×4.83% 若电缆线路工程中建筑工程采用电缆沟、电缆隧道时，电缆线路工程费率乘以 0.8 系数	1878
3.2	勘察设计费		5130
3.2.1	勘察费		1620
3.2.1.1	一般勘察费	（1）工程勘察只进行测量和设置工程定位点平面坐标及高程等一般性定位测量作业时，费用按照以上标准的 30% 计算。 （2）不需要勘察或不涉及场地变化的不计勘察费	1620
3.2.1.1.1	非架空工程勘察费	建筑工程费 ×4.5%	1620
3.2.2	设计费		3510
3.2.2.1	基本设计费	基本设计费 ×100% 基本设计费低于 1000 元的，按 1000 元计列	2975
3.2.2.2	其他设计费		535
3.2.2.2.1	施工图预算编制费	基本设计费 ×10%	297
3.2.2.2.2	竣工图文件编制费	基本设计费 ×8%	238
3.3	设计文件评审费		143
3.3.1	初步设计文件评审费	基本设计费 ×2.2%	65
3.3.2	施工图文件评审费	基本设计费 ×2.6% 其中，施工图预算文件评审费用为施工图文件评审费的 30%	77

续表

序号	工程或费用项目名称	编制依据及计算说明	合价
3.4	施工过程造价咨询及竣工结算审核费	施工过程造价咨询及竣工结算审核费 ×100% （1）电缆线路工程费率为 1.02%；若电缆线路工程中建筑工程采用电缆沟、电缆隧道时，电缆线路工程费率乘以 0.8 系数。 （2）若只开展竣工结算审核时，其费用按以上规定的 75% 计取。 （3）该项费用低于 800 元时，按照 800 元计列	800
3.5	工程建设检测费		152
3.5.1	工程质量检测费		152
3.5.1.2	电缆工程工程质量检测费	（电缆建筑工程费 + 电缆安装工程费）×0.39% 若电缆线路工程中建筑工程采用电缆沟、电缆隧道时，电缆线路工程费率乘以 0.8 系数	152
3.6	技术经济标准编制费	（建筑工程费 + 安装工程费）×0.1%	39
4	生产准备费		505
4.2	电缆工程生产准备费	（电缆建筑工程费 + 电缆安装工程费）×1.3% 若电缆线路工程中建筑工程采用电缆沟、电缆隧道时，电缆线路工程费率乘以 0.8 系数	505
	合计	（建设场地征用及清理费 + 项目建设管理费 + 项目建设技术服务费 + 生产准备费）×100%	12267

5.52 E5-21 电缆井［6×（1.9/1.9）×1.8（全开启）钢混，四通井，过路］

5.52.1 典型方案主要内容

本典型方案为新建 10kV 电缆井［6×（1.9/1.9）×1.8（全开启）钢混，四通井，过路］工程，考虑过路工况。具体内容包括：材料运输；基槽开挖及回填；电缆井垫层及主体支模浇筑；电缆支架、开启式工井盖板、接地制作及安装。

5.52.2 典型方案技术条件

典型方案 E5-21 主要技术条件表和设备材料表见表 5-276 和表 5-277。

表 5-276　　典型方案 E5-21 主要技术条件表

方案名称	工程主要技术条件	
电缆井［6×（1.9/1.9）×1.8（全开启）钢混，四通井，过路］	电压等级	10kV
	工作范围	新建 1 座电缆井

续表

方案名称	工程主要技术条件	
电缆井［6×（1.9/1.9）×1.8（全开启）钢混，四通井，过路］	地形	100% 平地
	钢筋混凝土电缆井（开启式盖板）	过路处
	地质条件	100% 普通土
	运距	人力 0.3km，汽车 10km

表 5-277　　典型方案 E5-21 设备材料表

序号	物料描述	单位	数量	备注
1	角钢支架	付	22	
2	角钢（盖板）	t	0.59	
3	圆钢　10 以上	t	1.87	
4	商品混凝土 C30	m^3	16.51	
5	商品混凝土 C20	m^3	2.40	
6	水泥	t	0.61	
7	砂	t	1.78	
8	碎石	t	3.90	
9	过梁钢筋	t	0.01	
10	D300 混凝土管	m	0.5	

5.52.3　典型方案概算书

典型方案 E5-21 概算书包括总概算汇总表、建筑工程专业汇总表、安装工程专业汇总表与其他费用概算表，见表 5-278 ~ 表 5-281。

表 5-278　　典型方案 E5-21 总概算汇总表　　金额单位：元

序号	工程或费用名称	建筑工程费	设备购置费	安装工程费	其他费用	基本预备费	合计	各项占静态投资比例（%）
一	配电站、开关站工程							
二	充电站、换电站工程							
三	架空线路工程							

续表

序号	工程或费用名称	建筑工程费	设备购置费	安装工程费	其他费用	基本预备费	合计	各项占静态投资比例（%）
四	电缆线路工程	45065		2879			47944	75.45
五	通信站工程							
六	通信线路工程							
	小计	45065		2879			47944	75.45
七	其他费用				14970		14970	23.56
（一）	建设场地征用及清理费							
（二）	项目建设管理费				4464		4464	7.02
（三）	项目建设技术服务费				9882		9882	15.55
（四）	生产准备费				623		623	0.98
八	基本预备费					629	629	0.99
九	特殊项目费							
	工程静态投资	45065		2879	14970	629	63543	100

表 5-279　　典型方案 E5-21 建筑工程专业汇总表　　金额单位：元

序号	工程名称	建筑工程费				合计
		金额	其中			
			设备费	未计价材料费	人工费	
	建筑工程	45065			6762	45065
L	电缆线路工程	45065			6762	45065
二	构筑物	45065			6762	45065
4	E-4-11　6×1.9×1.8 钢混四通井（过路）	45065			6762	45065
	合计	45065			6762	45065

表 5-280　　典型方案 E5-21 安装工程专业汇总表　　金额单位：元

序号	工程名称	设备购置费	安装工程费			合计
			金额	其中		
				未计价材料费	人工费	
	安装工程		2879	1014	733	2879
L	电缆线路工程		2879	1014	733	2879
七	电缆附件		2879	1014	733	2879
1	工作井		2879	1014	733	2879
1.1	E-4-11　6×1.9×1.8 钢混四通井（过路）		2879	1014	733	2879
	合计		2879	1014	733	2879

表 5-281　　典型方案 E5-21 其他费用概算表　　金额单位：元

序号	工程或费用项目名称	编制依据及计算说明	合价
2	项目建设管理费		4464
2.1	项目管理经费		1486
2.1.2	电缆工程项目管理经费	（电缆建筑工程费 + 电缆安装工程费）×3.1% 若电缆线路工程中建筑工程采用电缆沟、电缆隧道时，电缆线路工程费率乘以 0.8 系数	1486
2.2	招标费	（建筑工程费 + 安装工程费 + 设备购置费）×0.32%	153
2.3	工程监理费	（1）高海拔地区、严寒地区、酷热地区按照本规定乘以 1.1 系数。 （2）如需开展环境监理和水土保持监理时，按照本规定乘以 1.1 系数	2824
2.3.2	电缆工程监理费	（电缆建筑工程费 + 电缆安装工程费）×5.8905% 若电缆线路工程中建筑工程采用电缆沟、电缆隧道时，电缆线路工程费率乘以 0.8 系数	2824
3	项目建设技术服务费		9882
3.1	项目前期工作费		2316
3.1.2	电缆工程项目前期工作费	（电缆建筑工程费 + 电缆安装工程费）×4.83% 若电缆线路工程中建筑工程采用电缆沟、电缆隧道时，电缆线路工程费率乘以 0.8 系数	2316

续表

序号	工程或费用项目名称	编制依据及计算说明	合价
3.2	勘察设计费		6356
3.2.1	勘察费		2028
3.2.1.1	一般勘察费	（1）工程勘察只进行测量和设置工程定位点平面坐标及高程等一般性定位测量作业时，费用按照以上标准的 30% 计算。 （2）不需要勘察或不涉及场地变化的不计勘察费	2028
3.2.1.1.1	非架空工程勘察费	建筑工程费 ×4.5%	2028
3.2.2	设计费		4328
3.2.2.1	基本设计费	基本设计费 ×100% 基本设计费低于 1000 元的，按 1000 元计列	3668
3.2.2.2	其他设计费		660
3.2.2.2.1	施工图预算编制费	基本设计费 ×10%	367
3.2.2.2.2	竣工图文件编制费	基本设计费 ×8%	293
3.3	设计文件评审费		176
3.3.1	初步设计文件评审费	基本设计费 ×2.2%	81
3.3.2	施工图文件评审费	基本设计费 ×2.6% 其中，施工图预算文件评审费用为施工图文件评审费的 30%	95
3.4	施工过程造价咨询及竣工结算审核费	施工过程造价咨询及竣工结算审核费 ×100% （1）电缆线路工程费率为 1.02%；若电缆线路工程中建筑工程采用电缆沟、电缆隧道时，电缆线路工程费率乘以 0.8 系数。 （2）若只开展竣工结算审核时，其费用按以上规定的 75% 计取。 （3）该项费用低于 800 元时，按照 800 元计列	800
3.5	工程建设检测费		187
3.5.1	工程质量检测费		187
3.5.1.2	电缆工程工程质量检测费	（电缆建筑工程费 + 电缆安装工程费）×0.39% 若电缆线路工程中建筑工程采用电缆沟、电缆隧道时，电缆线路工程费率乘以 0.8 系数	187
3.6	技术经济标准编制费	（建筑工程费 + 安装工程费）×0.1%	48

续表

序号	工程或费用项目名称	编制依据及计算说明	合价
4	生产准备费		623
4.2	电缆工程生产准备费	（电缆建筑工程费 + 电缆安装工程费）× 1.3% 若电缆线路工程中建筑工程采用电缆沟、电缆隧道时，电缆线路工程费率乘以 0.8 系数	623
	合计	（建设场地征用及清理费 + 项目建设管理费 + 项目建设技术服务费 + 生产准备费）× 100%	14970

5.53 E5-22 电缆井（7×5.57×10 钢混，沉井）

5.53.1 典型方案主要内容

本典型方案为 10kV 新建 17×5.57×10 钢混沉井工程，配合方案 E3-12～15 选用，具体内容包括：材料运输；基坑开挖及回填；电缆井垫层及主体支模浇筑；沉井下沉及封底等（沉井下沉工艺、井内钢爬梯等零星构配件、材料按实际考虑）。

5.53.2 典型方案技术条件

典型方案 E5-22 主要技术条件表和设备材料表见表 5-282 和表 5-283。

表 5-282 典型方案 E5-22 主要技术条件表

方案名称	工程主要技术条件	
电缆井（7×5.57×10 钢混，沉井）	电压等级	10kV
	工作范围	新建 1 座电缆沉井
	地形	100% 平地
	使用场地	非过路处
	地质条件	100% 普通土
	运距	人力 0.3km，汽车 10km

表 5-283 典型方案 E5-22 设备材料表

序号	物料描述	单位	数量	备注
1	商品混凝土 C30	m^3	295.294	
2	M10 水泥砂浆	m^3	16.281	
3	钢筋	t	10	

5.53.3 典型方案概算书

典型方案 E5-22 概算书包括总概算汇总表、建筑工程专业汇总表与其他费用概算表，见表 5-284～表 5-286。

表 5-284　　典型方案 E5-22 总概算汇总表　　金额单位：元

序号	工程或费用名称	建筑工程费	设备购置费	安装工程费	其他费用	基本预备费	合计	各项占静态投资比例（%）
一	配电站、开关站工程							
二	充电站、换电站工程							
三	架空线路工程							
四	电缆线路工程	367629					367629	75.68
五	通信站工程							
六	通信线路工程							
	小计	367629					367629	75.68
七	其他费用				113333		113333	23.33
（一）	建设场地征用及清理费							
（二）	项目建设管理费				38050		38050	7.83
（三）	项目建设技术服务费				70504		70504	14.51
（四）	生产准备费				4779		4779	0.98
八	基本预备费					4810	4810	0.99
九	特殊项目费							
	工程静态投资	367629			113333	4810	485772	100

表 5-285　　典型方案 E5-22 建筑工程专业汇总表　　金额单位：元

序号	工程名称	建筑工程费				合计
		金额	其中			
			设备费	未计价材料费	人工费	
	建筑工程	367629			58910	367629
L	电缆线路工程	367629			58910	367629
二	构筑物	367629			58910	367629

续表

序号	工程名称	建筑工程费				合计
		金额	其中			
			设备费	未计价材料费	人工费	
4	排管	367629			58910	367629
4.1	沉井	367629			58910	367629
4.1.1	7×5.57×10 钢混，沉井	367629			58910	367629
	合计	367629			58910	367629

表 5-286　　典型方案 E5-22 其他费用概算表　　金额单位：元

序号	工程或费用项目名称	编制依据及计算说明	合价
2	项目建设管理费		38050
2.1	项目管理经费		11397
2.1.2	电缆工程项目管理经费	（电缆建筑工程费 + 电缆安装工程费）×3.1% 若电缆线路工程中建筑工程采用电缆沟、电缆隧道时，电缆线路工程费率乘以 0.8 系数	11397
2.2	招标费	（建筑工程费 + 安装工程费 + 设备购置费）×0.32%	1176
2.3	工程监理费	（1）高海拔地区、严寒地区、酷热地区按照本规定乘以 1.1 系数。 （2）如需开展环境监理和水土保持监理时，按照本规定乘以 1.1 系数	25477
2.3.2	电缆工程监理费	（电缆建筑工程费 + 电缆安装工程费）×6.93% 若电缆线路工程中建筑工程采用电缆沟、电缆隧道时，电缆线路工程费率乘以 0.8 系数	25477
3	项目建设技术服务费		70504
3.1	项目前期工作费		17756
3.1.2	电缆工程项目前期工作费	（电缆建筑工程费 + 电缆安装工程费）×4.83% 若电缆线路工程中建筑工程采用电缆沟、电缆隧道时，电缆线路工程费率乘以 0.8 系数	17756
3.2	勘察设计费		45999
3.2.1	勘察费		16543

续表

序号	工程或费用项目名称	编制依据及计算说明	合价
3.2.1.1	一般勘察费	（1）工程勘察只进行测量和设置工程定位点平面坐标及高程等一般性定位测量作业时，费用按照以上标准的30%计算。 （2）不需要勘察或不涉及场地变化的不计勘察费	16543
3.2.1.1.1	非架空工程勘察费	建筑工程费 ×4.5%	16543
3.2.2	设计费		29455
3.2.2.1	基本设计费	基本设计费 ×100% 基本设计费低于1000元的，按1000元计列	24962
3.2.2.2	其他设计费		4493
3.2.2.2.1	施工图预算编制费	基本设计费 ×10%	2496
3.2.2.2.2	竣工图文件编制费	基本设计费 ×8%	1997
3.3	设计文件评审费		1198
3.3.1	初步设计文件评审费	基本设计费 ×2.2%	549
3.3.2	施工图文件评审费	基本设计费 ×2.6% 其中，施工图预算文件评审费用为施工图文件评审费的30%	649
3.4	施工过程造价咨询及竣工结算审核费	施工过程造价咨询及竣工结算审核费 ×100% （1）电缆线路工程费率为1.02%；若电缆线路工程中建筑工程采用电缆沟、电缆隧道时，电缆线路工程费率乘以0.8系数。 （2）若只开展竣工结算审核时，其费用按以上规定的75%计取。 （3）该项费用低于800元时，按照800元计列	3750
3.5	工程建设检测费		1434
3.5.1	工程质量检测费		1434
3.5.1.2	电缆工程工程质量检测费	（电缆建筑工程费 + 电缆安装工程费）×0.39% 若电缆线路工程中建筑工程采用电缆沟、电缆隧道时，电缆线路工程费率乘以0.8系数	1434
3.6	技术经济标准编制费	（建筑工程费 + 安装工程费）×0.1%	368
4	生产准备费		4779
4.2	电缆工程生产准备费	（电缆建筑工程费 + 电缆安装工程费）×1.3% 若电缆线路工程中建筑工程采用电缆沟、电缆隧道时，电缆线路工程费率乘以0.8系数	4779
	合计	（建设场地征用及清理费 + 项目建设管理费 + 项目建设技术服务费 + 生产准备费）×100%	113333

5.54　E5-23 电缆井（7×5.57×12 钢混，沉井）

5.54.1　典型方案主要内容

本典型方案为 10kV 新建 7×5.57×12 钢混沉井工程，配合方案 E3-12～15 选用，具体内容包括：材料运输；基坑开挖及回填；电缆井垫层及主体支模浇筑；沉井下沉及封底等（沉井下沉工艺、井内钢爬梯等零星构配件、材料按实际考虑）。

5.54.2　典型方案技术条件

典型方案 E5-23 主要技术条件表和设备材料表见表 5-287 和表 5-288。

表 5-287　　典型方案 E5-23 主要技术条件表

方案名称	工程主要技术条件	
电缆井（7×5.57×12 钢混，沉井）	电压等级	10kV
	工作范围	新建电缆沉井
	地形	100% 平地
	使用场地	非过路处
	地质条件	100% 普通土
	运距	人力 0.3km，汽车 10km

表 5-288　　典型方案 E5-23 设备材料表

序号	物料描述	单位	数量	备注
1	商品混凝土 C30	m^3	345.758	
2	M10 水泥砂浆	m^3	18.804	
3	钢筋	t	12	

5.54.3　典型方案概算书

典型方案 E5-23 概算书包括总概算汇总表、建筑工程专业汇总表与其他费用概算表，见表 5-289 和表 5-291。

表 5-289　　典型方案 E5-23 总概算汇总表　　金额单位：元

序号	工程或费用名称	建筑工程费	设备购置费	安装工程费	其他费用	基本预备费	合计	各项占静态投资比例（%）
一	配电站、开关站工程							
二	充电站、换电站工程							

续表

序号	工程或费用名称	建筑工程费	设备购置费	安装工程费	其他费用	基本预备费	合计	各项占静态投资比例（%）
三	架空线路工程							
四	电缆线路工程	432154					432154	75.82
五	通信站工程							
六	通信线路工程							
	小计	432154					432154	75.82
七	其他费用				132164		132164	23.19
（一）	建设场地征用及清理费							
（二）	项目建设管理费				44728		44728	7.85
（三）	项目建设技术服务费				81818		81818	14.35
（四）	生产准备费				5618		5618	0.99
八	基本预备费					5643	5643	0.99
九	特殊项目费							
	工程静态投资	432154			132164	5643	569960	100

表 5-290　　典型方案 E5-23 建筑工程专业汇总表　　金额单位：元

序号	工程名称	建筑工程费				合计
		金额	其中			
			设备费	未计价材料费	人工费	
	建筑工程	432154			69194	432154
L	电缆线路工程	432154			69194	432154
二	构筑物	432154			69194	432154
4	排管	432154			69194	432154
4.1	沉井	432154			69194	432154
4.1.1	7×5.57×12 钢混，沉井	432154			69194	432154
	合计	432154			69194	432154

表 5-291　　典型方案 E5-23 其他费用概算表　　金额单位：元

序号	工程或费用项目名称	编制依据及计算说明	合价
2	项目建设管理费		44728
2.1	项目管理经费		13397
2.1.2	电缆工程项目管理经费	（电缆建筑工程费 + 电缆安装工程费）×3.1% 若电缆线路工程中建筑工程采用电缆沟、电缆隧道时，电缆线路工程费率乘以 0.8 系数	13397
2.2	招标费	（建筑工程费 + 安装工程费 + 设备购置费）×0.32%	1383
2.3	工程监理费	（1）高海拔地区、严寒地区、酷热地区按照本规定乘以 1.1 系数。 （2）如需开展环境监理和水土保持监理时，按照本规定乘以 1.1 系数	29948
2.3.2	电缆工程监理费	（电缆建筑工程费 + 电缆安装工程费）×6.93% 若电缆线路工程中建筑工程采用电缆沟、电缆隧道时，电缆线路工程费率乘以 0.8 系数	29948
3	项目建设技术服务费		81818
3.1	项目前期工作费		20873
3.1.2	电缆工程项目前期工作费	（电缆建筑工程费 + 电缆安装工程费）×4.83% 若电缆线路工程中建筑工程采用电缆沟、电缆隧道时，电缆线路工程费率乘以 0.8 系数	20873
3.2	勘察设计费		53052
3.2.1	勘察费		19447
3.2.1.1	一般勘察费	（1）工程勘察只进行测量和设置工程定位点平面坐标及高程等一般性定位测量作业时，费用按照以上标准的 30% 计算。 （2）不需要勘察或不涉及场地变化的不计勘察费	19447
3.2.1.1.1	非架空工程勘察费	建筑工程费 ×4.5%	19447
3.2.2	设计费		33605
3.2.2.1	基本设计费	基本设计费 ×100% 基本设计费低于 1000 元的，按 1000 元计列	28479
3.2.2.2	其他设计费		5126
3.2.2.2.1	施工图预算编制费	基本设计费 ×10%	2848
3.2.2.2.2	竣工图文件编制费	基本设计费 ×8%	2278

续表

序号	工程或费用项目名称	编制依据及计算说明	合价
3.3	设计文件评审费		1367
3.3.1	初步设计文件评审费	基本设计费 ×2.2%	627
3.3.2	施工图文件评审费	基本设计费 ×2.6% 其中，施工图预算文件评审费用为施工图文件评审费的 30%	740
3.4	施工过程造价咨询及竣工结算审核费	施工过程造价咨询及竣工结算审核费 ×100% （1）电缆线路工程费率为 1.02%；若电缆线路工程中建筑工程采用电缆沟、电缆隧道时，电缆线路工程费率乘以 0.8 系数。 （2）若只开展竣工结算审核时，其费用按以上规定的 75% 计取。 （3）该项费用低于 800 元时，按照 800 元计列	4408
3.5	工程建设检测费		1685
3.5.1	工程质量检测费		1685
3.5.1.2	电缆工程工程质量检测费	（电缆建筑工程费 + 电缆安装工程费）×0.39% 若电缆线路工程中建筑工程采用电缆沟、电缆隧道时，电缆线路工程费率乘以 0.8 系数	1685
3.6	技术经济标准编制费	（建筑工程费 + 安装工程费）×0.1%	432
4	生产准备费		5618
4.2	电缆工程生产准备费	（电缆建筑工程费 + 电缆安装工程费）×1.3% 若电缆线路工程中建筑工程采用电缆沟、电缆隧道时，电缆线路工程费率乘以 0.8 系数	5618
	合计	（建设场地征用及清理费 + 项目建设管理费 + 项目建设技术服务费 + 生产准备费）×100%	132164

5.55 F1-1 铜芯电缆（电力电缆，AC10kV，YJV，400，3，22，ZC，无阻水）

5.55.1 典型方案主要内容

本典型方案为新建 1km 10kV 单回 400mm^2 电力电缆。内容包含电缆、电缆终端头、电缆中间接头、电缆防火、标识牌等所有电气设备材料及安装及调试、其他费、建场费。

5.55.2 典型方案技术条件

典型方案 F1-1 主要技术条件表和设备材料表见表 5-292 和表 5-293。

表 5-292　　典型方案 F1-1 主要技术条件表

方案名称	工程主要技术条件	
10kV 单回 $400mm^2$ 电力电缆	电压等级	10kV
	工作范围	新建 1km 10kV 电力电缆
	电缆型号	AC10kV，YJV，400，3，22，ZC，无阻水
	敷设方式	直埋、电缆沟、排管及电缆井
	地形	100% 平地
	最高环境温度	45℃
	最低环境温度	-40℃
	建场费	8000 元 /km
	其他费用	

表 5-293　　典型方案 F1-1 设备材料表

序号	设备材料名称	单位	数量	备注
1	电力电缆，AC10kV，YJV，400，3，22，ZC，无阻水	m	1000	
2	10kV 电缆中间接头，3×400，直通接头，冷缩，铜	套	1	
3	10kV 电缆终端，3×400，户外终端，冷缩，铜	套	2	
4	电缆接线端子，铜镀锡，$400mm^2$，双孔	只	6	
5	电缆故障指示器	组	2	
6	防火封堵泥	t	0.02	
7	不锈钢电缆标识牌	个	20	

5.55.3　典型方案概算书

典型方案 F1-1 概算书包括总概算汇总表、安装工程专业汇总表与其他费用概算表，见表 5-294 ~ 表 5-296。

表 5-294　　典型方案 F1-1 总概算汇总表　　金额单位：元

序号	工程或费用名称	建筑工程费	设备购置费	安装工程费	其他费用	基本预备费	合计	各项占静态投资比例（%）
一	配电站、开关站工程							

续表

序号	工程或费用名称	建筑工程费	设备购置费	安装工程费	其他费用	基本预备费	合计	各项占静态投资比例（%）
二	充电站、换电站工程							
三	架空线路工程							
四	电缆线路工程		1031506	51312			1082818	95.03
五	通信站工程							
六	通信线路工程							
	小计		1031506	51312			1082818	95.03
七	其他费用				45365		45365	3.98
（一）	建设场地征用及清理费							
（二）	项目建设管理费				8078		8078	0.71
（三）	项目建设技术服务费				36619		36619	3.21
（四）	生产准备费				667		667	0.06
八	基本预备费					11282	11282	0.99
九	特殊项目费							
	工程静态投资		1031506	51312	45365	11282	1139465	100

表 5-295　　典型方案 F1-1 安装工程专业汇总表　　金额单位：元

序号	工程名称	设备购置费	安装工程费			合计
			金额	其中		
				未计价材料费	人工费	
	安装工程	1031506	51312	2781	13095	1082818
L	电缆线路工程	1031506	51312	2781	13095	1082818
二	电缆敷设	1031506	51312	2781	13095	1082818
4	F1-1	1031506	51312	2781	13095	1082818
	合计	1031506	51312	2781	13095	1082818

表 5-296　　典型方案 F1-1 其他费用概算表　　金额单位：元

序号	工程或费用项目名称	编制依据及计算说明	合价
2	项目建设管理费		8078
2.1	项目管理经费		1591
2.1.2	电缆工程项目管理经费	（电缆建筑工程费 + 电缆安装工程费）×3.1% 若电缆线路工程中建筑工程采用电缆沟、电缆隧道时，电缆线路工程费率乘以 0.8 系数	1591
2.2	招标费	（建筑工程费 + 安装工程费 + 设备购置费）×0.32%	3465
2.3	工程监理费	（1）高海拔地区、严寒地区、酷热地区按照本规定乘以 1.1 系数。 （2）如需开展环境监理和水土保持监理时，按照本规定乘以 1.1 系数	3023
2.3.2	电缆工程监理费	（电缆建筑工程费 + 电缆安装工程费）×5.8905% 若电缆线路工程中建筑工程采用电缆沟、电缆隧道时，电缆线路工程费率乘以 0.8 系数	3023
3	项目建设技术服务费		36619
3.1	项目前期工作费		2478
3.1.2	电缆工程项目前期工作费	（电缆建筑工程费 + 电缆安装工程费）×4.83% 若电缆线路工程中建筑工程采用电缆沟、电缆隧道时，电缆线路工程费率乘以 0.8 系数	2478
3.2	勘察设计费		31796
3.2.2	设计费		31796
3.2.2.1	基本设计费	基本设计费 ×100% 基本设计费低于 1000 元的，按 1000 元计列	26946
3.2.2.2	其他设计费		4850
3.2.2.2.1	施工图预算编制费	基本设计费 ×10%	2695
3.2.2.2.2	竣工图文件编制费	基本设计费 ×8%	2156
3.3	设计文件评审费		1293
3.3.1	初步设计文件评审费	基本设计费 ×2.2%	593
3.3.2	施工图文件评审费	基本设计费 ×2.6% 其中，施工图预算文件评审费用为施工图文件评审费的 30%	701

续表

序号	工程或费用项目名称	编制依据及计算说明	合价
3.4	施工过程造价咨询及竣工结算审核费	施工过程造价咨询及竣工结算审核费 ×100% （1）电缆线路工程费率为 1.02%；若电缆线路工程中建筑工程采用电缆沟、电缆隧道时，电缆线路工程费率乘以 0.8 系数。 （2）若只开展竣工结算审核时，其费用按以上规定的 75% 计取。 （3）该项费用低于 800 元时，按照 800 元计列	800
3.5	工程建设检测费		200
3.5.1	工程质量检测费		200
3.5.1.2	电缆工程工程质量检测费	（电缆建筑工程费 + 电缆安装工程费）×0.39% 若电缆线路工程中建筑工程采用电缆沟、电缆隧道时，电缆线路工程费率乘以 0.8 系数	200
3.6	技术经济标准编制费	（建筑工程费 + 安装工程费）×0.1%	51
4	生产准备费		667
4.2	电缆工程生产准备费	（电缆建筑工程费 + 电缆安装工程费）×1.3% 若电缆线路工程中建筑工程采用电缆沟、电缆隧道时，电缆线路工程费率乘以 0.8 系数	667
	合计	（建设场地征用及清理费 + 项目建设管理费 + 项目建设技术服务费 + 生产准备费）×100%	45365

5.56　F1-2 铜芯电缆（电力电缆，AC10kV，YJV，300，3，22，ZC，无阻水）

5.56.1　典型方案主要内容

本典型方案为新建 1km 10kV 单回 300mm^2 电力电缆。内容包含电缆、电缆终端头、电缆中间接头、电缆防火、标识牌等所有电气设备材料及安装及调试、其他费、建场费。

5.56.2　典型方案技术条件

典型方案 F1-2 主要技术条件表和设备材料表见表 5-297 和表 5-298。

表 5-297　　典型方案 F1-2 主要技术条件表

方案名称	工程主要技术条件	
10kV 单回 300mm^2 电力电缆	电压等级	10kV
	工作范围	新建 1km 10kV 电力电缆

续表

方案名称	工程主要技术条件	
10kV 单回 300mm² 电力电缆	电缆型号	AC10kV，YJV，300，3，22，ZC，无阻水
	敷设方式	直埋、电缆沟、排管及电缆井
	地形	100% 平地
	最高环境温度	45℃
	最低环境温度	-40℃
	建场费	8000 元 /km
	其他费用	

表 5-298　　典型方案 F1-2 设备材料表

序号	设备材料名称	单位	数量	备注
1	电力电缆，AC10kV，YJV，300，3，22，ZC，无阻水	m	1000	
2	10kV 电缆中间接头，3×300，直通接头，冷缩，铜	套	1	
3	10kV 电缆终端，3×300，户外终端，冷缩，铜	套	2	
4	电缆接线端子，铜镀锡，300mm²，双孔	只	6	
5	电缆故障指示器	组	2	
6	防火封堵泥	t	0.02	
7	不锈钢电缆标识牌	个	20	

5.56.3　典型方案概算书

典型方案 F1-2 概算书包括总概算汇总表、安装工程专业汇总表与其他费用概算表，见表 5-299～表 5-301。

表 5-299　　典型方案 F1-2 总概算汇总表　　金额单位：元

序号	工程或费用名称	建筑工程费	设备购置费	安装工程费	其他费用	基本预备费	合计	各项占静态投资比例（%）
一	配电站、开关站工程							
二	充电站、换电站工程							

续表

序号	工程或费用名称	建筑工程费	设备购置费	安装工程费	其他费用	基本预备费	合计	各项占静态投资比例（%）
三	架空线路工程							
四	电缆线路工程		816249	49062			865311	94.12
五	通信站工程							
六	通信线路工程							
	小计		816249	49062			865311	94.12
七	其他费用				44967		44967	4.89
（一）	建设场地征用及清理费							
（二）	项目建设管理费				7180		7180	0.78
（三）	项目建设技术服务费				37150		37150	4.04
（四）	生产准备费				638		638	0.07
八	基本预备费					9103	9103	0.99
九	特殊项目费							
	工程静态投资		816249	49062	44967	9103	919381	100

表 5-300　　典型方案 F1-2 安装工程专业汇总表　　金额单位：元

序号	工程名称	设备购置费	安装工程费			合计
			金额	其中		
				未计价材料费	人工费	
	安装工程	816249	49062	2781	12313	865311
L	电缆线路工程	816249	49062	2781	12313	865311
二	电缆敷设	816249	49062	2781	12313	865311
4	F1-2	816249	49062	2781	12313	865311
	合计	816249	49062	2781	12313	865311

表 5-301　典型方案 F1-2 其他费用概算表　金额单位：元

序号	工程或费用项目名称	编制依据及计算说明	合价
2	项目建设管理费		7180
2.1	项目管理经费		1521
2.1.2	电缆工程项目管理经费	（电缆建筑工程费 + 电缆安装工程费）× 3.1% 若电缆线路工程中建筑工程采用电缆沟、电缆隧道时，电缆线路工程费率乘以 0.8 系数	1521
2.2	招标费	（建筑工程费 + 安装工程费 + 设备购置费）× 0.32%	2769
2.3	工程监理费	（1）高海拔地区、严寒地区、酷热地区按照本规定乘以 1.1 系数。 （2）如需开展环境监理和水土保持监理时，按照本规定乘以 1.1 系数	2890
2.3.2	电缆工程监理费	（电缆建筑工程费 + 电缆安装工程费）× 5.8905% 若电缆线路工程中建筑工程采用电缆沟、电缆隧道时，电缆线路工程费率乘以 0.8 系数	2890
3	项目建设技术服务费		37150
3.1	项目前期工作费		2370
3.1.2	电缆工程项目前期工作费	（电缆建筑工程费 + 电缆安装工程费）× 4.83% 若电缆线路工程中建筑工程采用电缆沟、电缆隧道时，电缆线路工程费率乘以 0.8 系数	2370
3.2	勘察设计费		32421
3.2.2	设计费		32421
3.2.2.1	基本设计费	基本设计费 × 100% 基本设计费低于 1000 元的，按 1000 元计列	27475
3.2.2.2	其他设计费		4946
3.2.2.2.1	施工图预算编制费	基本设计费 × 10%	2748
3.2.2.2.2	竣工图文件编制费	基本设计费 × 8%	2198
3.3	设计文件评审费		1319
3.3.1	初步设计文件评审费	基本设计费 × 2.2%	604
3.3.2	施工图文件评审费	基本设计费 × 2.6% 其中，施工图预算文件评审费用为施工图文件评审费的 30%	714

续表

序号	工程或费用项目名称	编制依据及计算说明	合价
3.4	施工过程造价咨询及竣工结算审核费	施工过程造价咨询及竣工结算审核费 ×100% （1）电缆线路工程费率为 1.02%；若电缆线路工程中建筑工程采用电缆沟、电缆隧道时，电缆线路工程费率乘以 0.8 系数。 （2）若只开展竣工结算审核时，其费用按以上规定的 75% 计取。 （3）该项费用低于 800 元时，按照 800 元计列	800
3.5	工程建设检测费		191
3.5.1	工程质量检测费		191
3.5.1.2	电缆工程工程质量检测费	（电缆建筑工程费 + 电缆安装工程费）×0.39% 若电缆线路工程中建筑工程采用电缆沟、电缆隧道时，电缆线路工程费率乘以 0.8 系数	191
3.6	技术经济标准编制费	（建筑工程费 + 安装工程费）×0.1%	49
4	生产准备费		638
4.2	电缆工程生产准备费	（电缆建筑工程费 + 电缆安装工程费）×1.3% 若电缆线路工程中建筑工程采用电缆沟、电缆隧道时，电缆线路工程费率乘以 0.8 系数	638
	合计	（建设场地征用及清理费 + 项目建设管理费 + 项目建设技术服务费 + 生产准备费）×100%	44967

5.57 F1-3 铜芯电缆（电力电缆，AC10kV，YJV，240，3，22，ZC，无阻水）

5.57.1 典型方案主要内容

本典型方案为新建 1km 10kV 单回 240mm^2 电力电缆。内容包括：包含电缆、电缆终端头、电缆中间接头、电缆防火、标识牌等所有电气设备材料及安装及调试，其他费需包含建场费。

5.57.2 典型方案技术条件

典型方案 F1-3 主要技术条件表和设备材料表见表 5-302 和表 5-303。

表 5-302 典型方案 F1-3 主要技术条件表

方案名称	工程主要技术条件	
10kV 单回 240mm^2 电力电缆	电压等级	10kV
	工作范围	新建 1km 10kV 电力电缆

续表

方案名称	工程主要技术条件	
10kV 单回 $240mm^2$ 电力电缆	电缆型号	AC10kV，YJV，240，3，22，ZC，无阻水
	敷设方式	直埋、电缆沟、排管及电缆井
	地形	100% 平地
	最高环境温度	45℃
	最低环境温度	-40℃
	建场费	8000 元 /km
	其他费用	

表 5-303　　典型方案 F1-3 设备材料表

序号	设备材料名称	单位	数量	备注
1	电力电缆，AC10kV，YJV，240，3，22，ZC，无阻水	m	1000	
2	10kV 电缆中间接头，3×240，直通接头，冷缩，铜	套	1	
3	10kV 电缆终端，3×240，户外终端，冷缩，铜	套	2	
4	电缆接线端子，铜镀锡，$240mm^2$，双孔	只	6	
5	电缆故障指示器	组	2	
6	防火封堵泥	t	0.02	
7	不锈钢电缆标识牌	个	20	

5.57.3　典型方案概算书

典型方案 F1-3 概算书包括总概算汇总表、安装工程专业汇总表与其他费用概算表，见表 5-304～表 5-306。

表 5-304　　典型方案 F1-3 总概算汇总表　　金额单位：元

序号	工程或费用名称	建筑工程费	设备购置费	安装工程费	其他费用	基本预备费	合计	各项占静态投资比例（%）
一	配电站、开关站工程							
二	充电站、换电站工程							

续表

序号	工程或费用名称	建筑工程费	设备购置费	安装工程费	其他费用	基本预备费	合计	各项占静态投资比例（%）
三	架空线路工程							
四	电缆线路工程		662599	43986			706585	93.45
五	通信站工程							
六	通信线路工程							
	小计		662599	43986			706585	93.45
七	其他费用				42037		42037	5.56
（一）	建设场地征用及清理费							
（二）	项目建设管理费				6216		6216	0.82
（三）	项目建设技术服务费				35250		35250	4.66
（四）	生产准备费				572		572	0.08
八	基本预备费					7486	7486	0.99
九	特殊项目费							
	工程静态投资		662599	43986	42037	7486	756109	100

表 5-305　　典型方案 F1-3 安装工程专业汇总表　　金额单位：元

序号	工程名称	设备购置费	安装工程费			合计
			金额	其中		
				未计价材料费	人工费	
	安装工程	662599	43986	2781	10437	706585
L	电缆线路工程	662599	43986	2781	10437	706585
二	电缆敷设	662599	43986	2781	10437	706585
4	F1-3	662599	43986	2781	10437	706585
	合计	662599	43986	2781	10437	706585

表 5-306　　典型方案 F1-3 其他费用概算表　　金额单位：元

序号	工程或费用项目名称	编制依据及计算说明	合价
2	项目建设管理费		6216
2.1	项目管理经费		1364
2.1.2	电缆工程项目管理经费	（电缆建筑工程费 + 电缆安装工程费）×3.1% 若电缆线路工程中建筑工程采用电缆沟、电缆隧道时，电缆线路工程费率乘以 0.8 系数	1364
2.2	招标费	（建筑工程费 + 安装工程费 + 设备购置费）×0.32%	2261
2.3	工程监理费	（1）高海拔地区、严寒地区、酷热地区按照本规定乘以 1.1 系数。 （2）如需开展环境监理和水土保持监理时，按照本规定乘以 1.1 系数	2591
2.3.2	电缆工程监理费	（电缆建筑工程费 + 电缆安装工程费）×5.8905% 若电缆线路工程中建筑工程采用电缆沟、电缆隧道时，电缆线路工程费率乘以 0.8 系数	2591
3	项目建设技术服务费		35250
3.1	项目前期工作费		2125
3.1.2	电缆工程项目前期工作费	（电缆建筑工程费 + 电缆安装工程费）×4.83% 若电缆线路工程中建筑工程采用电缆沟、电缆隧道时，电缆线路工程费率乘以 0.8 系数	2125
3.2	勘察设计费		30855
3.2.2	设计费		30855
3.2.2.1	基本设计费	基本设计费 ×100% 基本设计费低于 1000 元的，按 1000 元计列	26148
3.2.2.2	其他设计费		4707
3.2.2.2.1	施工图预算编制费	基本设计费 ×10%	2615
3.2.2.2.2	竣工图文件编制费	基本设计费 ×8%	2092
3.3	设计文件评审费		1255
3.3.1	初步设计文件评审费	基本设计费 ×2.2%	575
3.3.2	施工图文件评审费	基本设计费 ×2.6% 其中，施工图预算文件评审费用为施工图文件评审费的 30%	680

续表

序号	工程或费用项目名称	编制依据及计算说明	合价
3.4	施工过程造价咨询及竣工结算审核费	施工过程造价咨询及竣工结算审核费 ×100% （1）电缆线路工程费率为 1.02%；若电缆线路工程中建筑工程采用电缆沟、电缆隧道时，电缆线路工程费率乘以 0.8 系数 （2）若只开展竣工结算审核时，其费用按以上规定的 75% 计取。 （3）该项费用低于 800 元时，按照 800 元计列	800
3.5	工程建设检测费		172
3.5.1	工程质量检测费		172
3.5.1.2	电缆工程工程质量检测费	（电缆建筑工程费 + 电缆安装工程费）×0.39% 若电缆线路工程中建筑工程采用电缆沟、电缆隧道时，电缆线路工程费率乘以 0.8 系数	172
3.6	技术经济标准编制费	（建筑工程费 + 安装工程费）×0.1%	44
4	生产准备费		572
4.2	电缆工程生产准备费	（电缆建筑工程费 + 电缆安装工程费）×1.3% 若电缆线路工程中建筑工程采用电缆沟、电缆隧道时，电缆线路工程费率乘以 0.8 系数	572
	合计	（建设场地征用及清理费 + 项目建设管理费 + 项目建设技术服务费 + 生产准备费）×100%	42037

5.58 F1-4 铜芯电缆（电力电缆，AC10kV，YJV，150，3，22，ZC，无阻水）

5.58.1 典型方案主要内容

本典型方案为新建 1km 10kV 单回 150mm² 电力电缆。内容包括：包含电缆、电缆终端头、电缆中间接头、电缆防火、标识牌等所有电气设备材料及安装及调试，其他费需包含建场费。

5.58.2 典型方案技术条件

典型方案 F1-4 主要技术条件表和设备材料表见表 5-307 和表 5-308。

表 5-307　　典型方案 F1-4 主要技术条件表

方案名称	工程主要技术条件	
10kV 单回 150mm² 电力电缆	电压等级	10kV
	工作范围	新建 1km 10kV 电力电缆

续表

方案名称	工程主要技术条件	
10kV 单回 150mm² 电力电缆	电缆型号	AC10kV，YJV，150，3，22，ZC，无阻水
	敷设方式	直埋、电缆沟、排管及电缆井
	地形	100% 平地
	最高环境温度	45℃
	最低环境温度	-40℃
	建场费	8000 元 /km
	其他费用	

表 5-308　　典型方案 F1-4 设备材料表

序号	设备材料名称	单位	数量	备注
1	电力电缆，AC10kV，YJV，150，3，22，ZC，无阻水	m	1000	
2	10kV 电缆中间接头，3×150，直通接头，冷缩，铜	套	1	
3	10kV 电缆终端，3×150，户外终端，冷缩，铜	套	2	
4	电缆接线端子，铜镀锡，150mm²，双孔	只	6	
5	电缆故障指示器	组	2	
6	防火封堵泥	t	0.02	
7	不锈钢电缆标识牌	个	20	

5.58.3　典型方案概算书

典型方案 F1-4 概算书包括总概算汇总表、安装工程专业汇总表与其他费用概算表，见表 5-309 ~ 表 5-311。

表 5-309　　典型方案 F1-4 总概算汇总表　　金额单位：元

序号	工程或费用名称	建筑工程费	设备购置费	安装工程费	其他费用	基本预备费	合计	各项占静态投资比例（%）
一	配电站、开关站工程							
二	充电站、换电站工程							

续表

序号	工程或费用名称	建筑工程费	设备购置费	安装工程费	其他费用	基本预备费	合计	各项占静态投资比例（%）
三	架空线路工程							
四	电缆线路工程		426208	43986			470193	90.52
五	通信站工程							
六	通信线路工程							
	小计		426208	43986			470193	90.52
七	其他费用				44100		44100	8.49
（一）	建设场地征用及清理费							
（二）	项目建设管理费				5459		5459	1.05
（三）	项目建设技术服务费				38069		38069	7.33
（四）	生产准备费				572		572	0.11
八	基本预备费					5143	5143	0.99
九	特殊项目费							
	工程静态投资		426208	43986	44100	5143	519437	100

表 5-310　　典型方案 F1-4 安装工程专业汇总表　　金额单位：元

序号	工程名称	设备购置费	安装工程费			合计
			金额	其中		
				未计价材料费	人工费	
	安装工程	426208	43986	2781	10437	470193
L	电缆线路工程	426208	43986	2781	10437	470193
二	电缆敷设	426208	43986	2781	10437	470193
4	F1-4	426208	43986	2781	10437	470193
	合计	426208	43986	2781	10437	470193

表 5-311　　典型方案 F1-4 其他费用概算表　　金额单位：元

序号	工程或费用项目名称	编制依据及计算说明	合价
2	项目建设管理费		5459
2.1	项目管理经费		1364
2.1.2	电缆工程项目管理经费	（电缆建筑工程费 + 电缆安装工程费）×3.1% 若电缆线路工程中建筑工程采用电缆沟、电缆隧道时，电缆线路工程费率乘以 0.8 系数	1364
2.2	招标费	（建筑工程费 + 安装工程费 + 设备购置费）×0.32%	1505
2.3	工程监理费	（1）高海拔地区、严寒地区、酷热地区按照本规定乘以 1.1 系数。 （2）如需开展环境监理和水土保持监理时，按照本规定乘以 1.1 系数	2591
2.3.2	电缆工程监理费	（电缆建筑工程费 + 电缆安装工程费）×5.8905% 若电缆线路工程中建筑工程采用电缆沟、电缆隧道时，电缆线路工程费率乘以 0.8 系数	2591
3	项目建设技术服务费		38069
3.1	项目前期工作费		2125
3.1.2	电缆工程项目前期工作费	（电缆建筑工程费 + 电缆安装工程费）×4.83% 若电缆线路工程中建筑工程采用电缆沟、电缆隧道时，电缆线路工程费率乘以 0.8 系数	2125
3.2	勘察设计费		33564
3.2.2	设计费		33564
3.2.2.1	基本设计费	基本设计费 ×100% 基本设计费低于 1000 元的，按 1000 元计列	28444
3.2.2.2	其他设计费		5120
3.2.2.2.1	施工图预算编制费	基本设计费 ×10%	2844
3.2.2.2.2	竣工图文件编制费	基本设计费 ×8%	2276
3.3	设计文件评审费		1365
3.3.1	初步设计文件评审费	基本设计费 ×2.2%	626
3.3.2	施工图文件评审费	基本设计费 ×2.6% 其中，施工图预算文件评审费用为施工图文件评审费的 30%	740

续表

序号	工程或费用项目名称	编制依据及计算说明	合价
3.4	施工过程造价咨询及竣工结算审核费	施工过程造价咨询及竣工结算审核费 ×100% （1）电缆线路工程费率为 1.02%；若电缆线路工程中建筑工程采用电缆沟、电缆隧道时，电缆线路工程费率乘以 0.8 系数。 （2）若只开展竣工结算审核时，其费用按以上规定的 75% 计取。 （3）该项费用低于 800 元时，按照 800 元计列	800
3.5	工程建设检测费		172
3.5.1	工程质量检测费		172
3.5.1.2	电缆工程工程质量检测费	（电缆建筑工程费 + 电缆安装工程费）×0.39% 若电缆线路工程中建筑工程采用电缆沟、电缆隧道时，电缆线路工程费率乘以 0.8 系数	172
3.6	技术经济标准编制费	（建筑工程费 + 安装工程费）×0.1%	44
4	生产准备费		572
4.2	电缆工程生产准备费	（电缆建筑工程费 + 电缆安装工程费）×1.3% 若电缆线路工程中建筑工程采用电缆沟、电缆隧道时，电缆线路工程费率乘以 0.8 系数	572
	合计	（建设场地征用及清理费 + 项目建设管理费 + 项目建设技术服务费 + 生产准备费）×100%	44100

5.59　F1-5 铜芯电缆（电力电缆，AC10kV，YJV，70，3，22，ZC，无阻水）

5.59.1　典型方案主要内容

本典型方案为新建 1km 10kV 单回 70mm^2 电力电缆。内容包括：包含电缆、电缆终端头、电缆中间接头、电缆防火、标识牌等所有电气设备材料及安装及调试，其他费需包含建场费。

5.59.2　典型方案技术条件

典型方案 F1-5 主要技术条件表和设备材料表见表 5-312 和表 5-313。

表 5-312　　　　典型方案 F1-5 主要技术条件表

方案名称	工程主要技术条件	
10kV 单回 70mm^2 电力电缆	电压等级	10kV
	工作范围	新建 1km 10kV 电力电缆

续表

方案名称	工程主要技术条件	
10kV 单回 70mm² 电力电缆	电缆型号	AC10kV，YJV，70，3，22，ZC，无阻水
	敷设方式	直埋、电缆沟、排管及电缆井
	地形	100% 平地
	最高环境温度	45℃
	最低环境温度	−40℃
	建场费	8000 元 /km
	其他费用	

表 5-313　　典型方案 F1-5 设备材料表

序号	设备材料名称	单位	数量	备注
1	电力电缆，AC10kV，YJV，70，3，22，ZC，无阻水	m	1000	
2	10kV 电缆中间接头，3×70，直通接头，冷缩，铜	套	1	
3	10kV 电缆终端，3×70，户外终端，冷缩，铜	套	2	
4	电缆接线端子，铜镀锡，70mm²，双孔	只	6	
5	电缆故障指示器	组	2	
6	防火封堵泥	t	0.02	
7	不锈钢电缆标识牌	个	20	

5.59.3　典型方案概算书

典型方案 F1-5 概算书包括总概算汇总表、安装工程专业汇总表与其他费用概算表，见表 5-314～表 5-316。

表 5-314　　典型方案 F1-5 总概算汇总表　　金额单位：元

序号	工程或费用名称	建筑工程费	设备购置费	安装工程费	其他费用	基本预备费	合计	各项占静态投资比例（%）
一	配电站、开关站工程							
二	充电站、换电站工程							

续表

序号	工程或费用名称	建筑工程费	设备购置费	安装工程费	其他费用	基本预备费	合计	各项占静态投资比例（%）
三	架空线路工程							
四	电缆线路工程		225195	27827			253022	89.08
五	通信站工程							
六	通信线路工程							
	小计		225195	27827			253022	89.08
七	其他费用				28201		28201	9.93
（一）	建设场地征用及清理费							
（二）	项目建设管理费				3311		3311	1.17
（三）	项目建设技术服务费				24527		24527	8.64
（四）	生产准备费				362		362	0.13
八	基本预备费					2812	2812	0.99
九	特殊项目费							
	工程静态投资		225195	27827	28201	2812	284035	100

表 5-315　　典型方案 F1-5 安装工程专业汇总表　　金额单位：元

序号	工程名称	设备购置费	安装工程费			合计
			金额	其中		
				未计价材料费	人工费	
	安装工程	225195	27827	2781	5530	253022
L	电缆线路工程	225195	27827	2781	5530	253022
二	电缆敷设	225195	27827	2781	5530	253022
4	F1-5	225195	27827	2781	5530	253022
	合计	225195	27827	2781	5530	253022

表 5-316　　典型方案 F1-5 其他费用概算表　　金额单位：元

序号	工程或费用项目名称	编制依据及计算说明	合价
2	项目建设管理费		3311
2.1	项目管理经费		863
2.1.2	电缆工程项目管理经费	（电缆建筑工程费 + 电缆安装工程费）×3.1% 若电缆线路工程中建筑工程采用电缆沟、电缆隧道时，电缆线路工程费率乘以 0.8 系数	863
2.2	招标费	（建筑工程费 + 安装工程费 + 设备购置费）×0.32%	810
2.3	工程监理费	（1）高海拔地区、严寒地区、酷热地区按照本规定乘以 1.1 系数。 （2）如需开展环境监理和水土保持监理时，按照本规定乘以 1.1 系数	1639
2.3.2	电缆工程监理费	（电缆建筑工程费 + 电缆安装工程费）×5.8905% 若电缆线路工程中建筑工程采用电缆沟、电缆隧道时，电缆线路工程费率乘以 0.8 系数	1639
3	项目建设技术服务费		24527
3.1	项目前期工作费		1344
3.1.2	电缆工程项目前期工作费	（电缆建筑工程费 + 电缆安装工程费）×4.83% 若电缆线路工程中建筑工程采用电缆沟、电缆隧道时，电缆线路工程费率乘以 0.8 系数	1344
3.2	勘察设计费		21377
3.2.2	设计费		21377
3.2.2.1	基本设计费	基本设计费 ×100% 基本设计费低于 1000 元的，按 1000 元计列	18116
3.2.2.2	其他设计费		3261
3.2.2.2.1	施工图预算编制费	基本设计费 ×10%	1812
3.2.2.2.2	竣工图文件编制费	基本设计费 ×8%	1449
3.3	设计文件评审费		870
3.3.1	初步设计文件评审费	基本设计费 ×2.2%	399
3.3.2	施工图文件评审费	基本设计费 ×2.6% 其中，施工图预算文件评审费用为施工图文件评审费的 30%	471

续表

序号	工程或费用项目名称	编制依据及计算说明	合价
3.4	施工过程造价咨询及竣工结算审核费	施工过程造价咨询及竣工结算审核费 ×100% （1）电缆线路工程费率为 1.02%；若电缆线路工程中建筑工程采用电缆沟、电缆隧道时，电缆线路工程费率乘以 0.8 系数。 （2）若只开展竣工结算审核时，其费用按以上规定的 75% 计取。 （3）该项费用低于 800 元时，按照 800 元计列	800
3.5	工程建设检测费		109
3.5.1	工程质量检测费		109
3.5.1.2	电缆工程工程质量检测费	（电缆建筑工程费 + 电缆安装工程费）×0.39% 若电缆线路工程中建筑工程采用电缆沟、电缆隧道时，电缆线路工程费率乘以 0.8 系数	109
3.6	技术经济标准编制费	（建筑工程费 + 安装工程费）×0.1%	28
4	生产准备费		362
4.2	电缆工程生产准备费	（电缆建筑工程费 + 电缆安装工程费）×1.3% 若电缆线路工程中建筑工程采用电缆沟、电缆隧道时，电缆线路工程费率乘以 0.8 系数	362
	合计	（建设场地征用及清理费 + 项目建设管理费 + 项目建设技术服务费 + 生产准备费）×100%	28201

第四部分

配电工程

第6章 配电工程典型方案典型造价

开关站共2个典型方案，环网箱安装及基础共2个典型方案，箱式变电站安装及基础共6个典型方案，配电变台方案共2个典型方案。

6.1 G1-1开关站（KB-1-A）

6.1.1 典型方案主要内容

本典型方案为新建1座10kV开关站KB-1-A。内容包括：建筑结构、排水、消防、通风、照明、防雷接地、设备基础及电缆沟槽、一二次设备材料、安装及调试。

6.1.2 典型方案技术条件

典型方案G1-1主要技术条件表和设备材料表见表6-1和表6-2。

表6-1　　典型方案G1-1主要技术条件表

方案名称	工程主要技术条件	
开关站KB-1-A	电压等级	10kV
	工作范围	新建开关站1座
	开关站类型	单母线分段独立开关站
	规格型号	KB-1-A
	地震烈度	7度
	进出线回路	2回进线，12回馈线
	设备选型	金属铠装移开式开关柜
	地基承载力	f_{ak}=150kPa，无地下水影响
	结构形式	钢筋混凝土框架结构

表 6-2　　典型方案 G1-1 设备材料表

序号	物料描述	单位	数量	备注
1	高压开关柜，AC10kV，进线开关柜，小车式，1250A，31.5kA，真空	台	2	
2	高压开关柜，AC10kV，馈线开关柜，小车式，1250A，31.5kA，真空	台	12	
3	高压开关柜，AC10kV，母线设备柜，小车式，1250A，无开关，无	台	2	
4	高压开关柜，AC10kV，分段断路器柜，小车式，1250A，31.5kA，真空	台	1	
5	高压开关柜，AC10kV，分段隔离柜，小车式，1250A，无开关，无	台	1	
6	高压开关柜，AC10kV，站用变开关柜，小车式，1250A，无开关，无	台	2	
7	开关柜检修小车，800mm	只	1	
8	开关柜接地小车，800mm，1250A	只	2	
9	开关柜验电小车，800mm	只	2	
10	智能一体化电源系统，DC220V，50A	套	1	
11	配电终端，站所终端（DTU）	套	1	
12	分光器，一分八，均分	个	1	
13	电力电缆，AC10kV，YJV，400，3，22，ZC，无阻水	km	0.07	
14	10kV 电缆终端，3×400，户内终端，冷缩，铜	套	4	
15	电缆接线端子，铜镀锡，400mm^2，双孔	只	12	
16	变电站监控系统，AC10kV	套	1	
17	图像监控系统	套	1	
18	火灾报警系统	套	1	
19	光网络单元设备（ONU），直流输入，2，4，无，4，无，户外	套	1	
20	光纤配线架（ODF），≤ 72 芯	套	1	

6.1.3　典型方案概算书

典型方案 G1-1 概算书包括总概算汇总表、建筑工程专业汇总表、安装工程专业汇总表与其他费用概算表，见表 6-3 ~ 表 6-6。

表 6-3 典型方案 G1-1 总概算汇总表 金额单位：元

序号	工程或费用名称	建筑工程费	设备购置费	安装工程费	其他费用	基本预备费	合计	各项占静态投资比例（%）
一	配电站、开关站工程	37337	1710076	423562			2170975	94.68
二	充电站、换电站工程							
三	架空线路工程							
四	电缆线路工程							
五	通信站工程							
六	通信线路工程							
	小计	37337	1710076	423562			2170975	94.68
七	其他费用				99339		99339	4.33
（一）	建设场地征用及清理费							
（二）	项目建设管理费				22913		22913	1
（三）	项目建设技术服务费				74122		74122	3.23
（四）	生产准备费				2304		2304	0.1
八	基本预备费					22703	22703	0.99
九	特殊项目费							
	工程静态投资	37337	1710076	423562	99339	22703	2293017	100
	各项占静态投资的比例（%）	2	75	18	4	1	100	

表 6-4 典型方案 G1-1 建筑工程专业汇总表 金额单位：元

序号	工程名称	建筑工程费				合计
		金额	其中			
			设备费	未计价材料费	人工费	
	建筑工程	37337	34519	1416		37337
D	配电站、开关站工程	37337	34519	1416		37337

续表

序号	工程名称	建筑工程费				合计
		金额	其中			
			设备费	未计价材料费	人工费	
一	主要生产工程	37337	34519	1416		37337
1	配电站、开关站	37337	34519	1416		37337
1.1	KB-1-A 开闭所模块部分	37337	34519	1416		37337
	合计	37337	34519	1416		37337

表 6-5　　典型方案 G1-1 安装工程专业汇总表　　金额单位：元

序号	工程名称	设备购置费	安装工程费			合计
			金额	其中		
				未计价材料费	人工费	
	安装工程	1710076	423562	262934	51051	2133638
D	配电站、开关站工程	1710076	423562	262934	51051	2133638
一	主要生产工程	1710076	423562	262934	51051	2133638
1	配电站、开关站	1710076	423562	262934	51051	2133638
1.1	KB-1-A 开闭所模块部分	1710076	423562	262934	51051	2133638
	合计	1710076	423562	262934	51051	2133638

表 6-6　　典型方案 G1-1 其他费用概算表　　金额单位：元

序号	工程或费用项目名称	编制依据及计算说明	合价
2	项目建设管理费		22913
2.1	项目管理经费		5623
2.1.1	非电缆工程项目管理经费	［建筑工程费 + 安装工程费 -（电缆建筑工程费 + 电缆安装工程费）］×1.22%	5623
2.2	招标费	（建筑工程费 + 安装工程费 + 设备购置费）×0.32%	6947
2.3	工程监理费	（1）高海拔地区、严寒地区、酷热地区按照本规定乘以 1.1 系数。 （2）如需开展环境监理和水土保持监理时，按照本规定乘以 1.1 系数	10343

续表

序号	工程或费用项目名称	编制依据及计算说明	合价
2.3.1	非电缆工程监理费	［建筑工程费＋安装工程费－（电缆建筑工程费＋电缆安装工程费）］×2.244%	10343
3	项目建设技术服务费		74122
3.1	项目前期工作费		10555
3.1.1	非电缆工程项目前期工作费	［建筑工程费＋安装工程费－（电缆建筑工程费＋电缆安装工程费）］×2.29%	10555
3.2	勘察设计费		57782
3.2.1	勘察费		1680
3.2.1.1	一般勘察费	（1）工程勘察只进行测量和设置工程定位点平面坐标及高程等一般性定位测量作业时，费用按照以上标准的30%计算。 （2）不需要勘察或不涉及场地变化的不计勘察费	1680
3.2.1.1.1	非架空工程勘察费	建筑工程费 ×4.5%	1680
3.2.2	设计费		56102
3.2.2.1	基本设计费	基本设计费 ×100% 基本设计费低于1000元的，按1000元计列	47544
3.2.2.2	其他设计费		8558
3.2.2.2.1	施工图预算编制费	基本设计费 ×10%	4754
3.2.2.2.2	竣工图文件编制费	基本设计费 ×8%	3804
3.3	设计文件评审费		2282
3.3.1	初步设计文件评审费	基本设计费 ×2.2%	1046
3.3.2	施工图文件评审费	基本设计费 ×2.6% 其中，施工图预算文件评审费用为施工图文件评审费的30%	1236
3.4	施工过程造价咨询及竣工结算审核费	施工过程造价咨询及竣工结算审核费 ×100% （1）电缆线路工程费率为1.02%；若电缆线路工程中建筑工程采用电缆沟、电缆隧道时，电缆线路工程费率乘以0.8系数。 （2）若只开展竣工结算审核时，其费用按以上规定的75%计取。 （3）该项费用低于800元时，按照800元计列	2351
3.5	工程建设检测费		691

续表

序号	工程或费用项目名称	编制依据及计算说明	合价
3.5.1	工程质量检测费		691
3.5.1.1	非电缆工程工程质量检测费	［建筑工程费＋安装工程费－（电缆建筑工程费＋电缆安装工程费）］×0.15%	691
3.6	技术经济标准编制费	（建筑工程费＋安装工程费）×0.1%	461
4	生产准备费		2304
4.1	非电缆工程生产准备费	［建筑工程费＋安装工程费－（电缆建筑工程费＋电缆安装工程费）］×0.5%	2304
	合计	（建设场地征用及清理费＋项目建设管理费＋项目建设技术服务费＋生产准备费）×100%	99339

6.2　G1–2 开关站（KB–1–B）

6.2.1　典型方案主要内容

本典型方案为新建 1 座 10kV 开关站 KB–1–B。内容包括：建筑结构、排水、消防、通风、照明、防雷接地、设备基础及电缆沟槽、一二次设备材料、安装及调试。

6.2.2　典型方案技术条件

典型方案 G1–2 主要技术条件表和设备材料表见表 6–7 和表 6–8。

表 6–7　　　　典型方案 G1–2 主要技术条件表

方案名称	工程主要技术条件	
开关站（KB–1–B）	电压等级	10kV
	工作范围	新建开关站 1 座
	开关站类型	两段独立母线独立开关站
	规格型号	KB–1–B
	地震烈度	7 度
	进出线回路	4 回进线，12 回馈线
	设备选型	金属铠装移开式开关柜
	地基承载力	f_{ak}=150kPa，无地下水影响
	结构形式	钢筋混凝土框架结构

表 6-8 典型方案 G1-2 设备材料表

序号	物料编码	物料描述	单位	数量
1	500002582	高压开关柜，AC10kV，进线开关柜，小车式，1250A，31.5kA，真空	台	4
2	500002584	高压开关柜，AC10kV，馈线开关柜，小车式，1250A，31.5kA，真空	台	12
3	500099478	高压开关柜，AC10kV，母线设备柜，小车式，1250A，无开关，无	台	2
4	500109954	高压开关柜，AC10kV，站用变开关柜，小车式，1250A，无开关，无	台	2
5	500008890	消谐装置，AC10kV	套	2
6	500140602	开关柜检修小车，800mm	只	1
7	500140625	开关柜接地小车，800mm，1250A	只	2
8	500140609	开关柜验电小车，800mm	只	2
9	500102776	智能一体化电源系统，DC220V，50A	套	1
10	500082249	配电终端，站所终端（DTU）	套	1
11	500072065	分光器，一分八，均分	个	1
12	500008902	变电站监控系统，AC10kV	套	1
13	500010592	图像监控系统	套	1
14	500010595	火灾报警系统	套	1
15	500117707	光网络单元设备（ONU），直流输入，2，4，无，4，无，户外	套	1
16	500009695	光纤配线架（ODF），≤ 72 芯	套	1
17		低压电力电缆 $10mm^2$ 以内	km	0.3
18		控制电缆	km	1
19		防火隔板	m^2	50
20		防火包	t	0.3
21		轴流式通风机	台	4
22		柜式空调	台	2
23		除湿机	台	1

续表

序号	物料编码	物料描述	单位	数量
24		干粉灭火器（4kg）	台	8

6.2.3　典型方案概算书

典型方案 G1–2 概算书包括总概算汇总表、建筑工程专业汇总表、安装工程专业汇总表与其他费用概算表，见表 6–9 ~ 表 6–12。

表 6–9　　典型方案 G1–2 总概算汇总表　　金额单位：元

序号	工程或费用名称	建筑工程费	设备购置费	安装工程费	其他费用	基本预备费	合计	各项占静态投资比例（%）
一	配电站、开关站工程	37337	1739899	425989			2203225	94.7
二	充电站、换电站工程							
三	架空线路工程							
四	电缆线路工程							
五	通信站工程							
六	通信线路工程							
	小计	37337	1739899	425989			2203225	94.7
七	其他费用				100209		100209	4.31
（一）	建设场地征用及清理费							
（二）	项目建设管理费				23100		23100	0.99
（三）	项目建设技术服务费				74793		74793	3.21
（四）	生产准备费				2317		2317	0.1
八	基本预备费					23034	23034	0.99
九	特殊项目费							
	工程静态投资	37337	1739899	425989	100209	23034	2326469	100
	各项占静态投资的比例（%）	2	75	18	4	1	100	

表 6-10 典型方案 G1-2 建筑工程专业汇总表 金额单位：元

序号	工程名称	建筑工程费				合计
		金额	其中			
			设备费	未计价材料费	人工费	
	建筑工程	37337	34519	1416		37337
D	配电站、开关站工程	37337	34519	1416		37337
一	主要生产工程	37337	34519	1416		37337
1	配电站、开关站	37337	34519	1416		37337
1.1	KB-1-B 开闭所模块部分	37337	34519	1416		37337
	合计	37337	34519	1416		37337

表 6-11 典型方案 G1-2 安装工程专业汇总表 金额单位：元

序号	工程名称	设备购置费	安装工程费			合计
			金额	其中		
				未计价材料费	人工费	
	安装工程	1739899	425989	262934	51870	2165889
D	配电站、开关站工程	1739899	425989	262934	51870	2165889
一	主要生产工程	1739899	425989	262934	51870	2165889
1	配电站、开关站	1739899	425989	262934	51870	2165889
1.1	KB-1-B 开闭所模块部分	1739899	425989	262934	51870	2165889
	合计	1739899	425989	262934	51870	2165889

表 6-12 典型方案 G1-2 其他费用概算表 金额单位：元

序号	工程或费用项目名称	编制依据及计算说明	合价
2	项目建设管理费		23100
2.1	项目管理经费		5653
2.1.1	非电缆工程项目管理经费	[建筑工程费＋安装工程费－（电缆建筑工程费＋电缆安装工程费）]×1.22%	5653
2.2	招标费	（建筑工程费＋安装工程费＋设备购置费）×0.32%	7050

续表

序号	工程或费用项目名称	编制依据及计算说明	合价
2.3	工程监理费	（1）高海拔地区、严寒地区、酷热地区按照本规定乘以 1.1 系数。 （2）如需开展环境监理和水土保持监理时，按照本规定乘以 1.1 系数	10397
2.3.1	非电缆工程监理费	［建筑工程费 + 安装工程费 –（电缆建筑工程费 + 电缆安装工程费）］× 2.244%	10397
3	项目建设技术服务费		74793
3.1	项目前期工作费		10610
3.1.1	非电缆工程项目前期工作费	［建筑工程费 + 安装工程费 –（电缆建筑工程费 + 电缆安装工程费）］× 2.29%	10610
3.2	勘察设计费		58356
3.2.1	勘察费		1680
3.2.1.1	一般勘察费	（1）工程勘察只进行测量和设置工程定位点平面坐标及高程等一般性定位测量作业时，费用按照以上标准的 30% 计算。 （2）不需要勘察或不涉及场地变化的不计勘察费	1680
3.2.1.1.1	非架空工程勘察费	建筑工程费 × 4.5%	1680
3.2.2	设计费		56676
3.2.2.1	基本设计费	基本设计费 × 100% 基本设计费低于 1000 元的，按 1000 元计列	48030
3.2.2.2	其他设计费		8645
3.2.2.2.1	施工图预算编制费	基本设计费 × 10%	4803
3.2.2.2.2	竣工图文件编制费	基本设计费 × 8%	3842
3.3	设计文件评审费		2305
3.3.1	初步设计文件评审费	基本设计费 × 2.2%	1057
3.3.2	施工图文件评审费	基本设计费 × 2.6% 其中，施工图预算文件评审费用为施工图文件评审费的 30%	1249
3.4	施工过程造价咨询及竣工结算审核费	施工过程造价咨询及竣工结算审核费 × 100% （1）电缆线路工程费率为 1.02%；若电缆线路工程中建筑工程采用电缆沟、电缆隧道时，电缆线路工程费率乘以 0.8 系数。 （2）若只开展竣工结算审核时，其费用按以上规定的 75% 计取。 （3）该项费用低于 800 元时，按照 800 元计列	2363

续表

序号	工程或费用项目名称	编制依据及计算说明	合价
3.5	工程建设检测费		695
3.5.1	工程质量检测费		695
3.5.1.1	非电缆工程工程质量检测费	［建筑工程费 + 安装工程费 –（电缆建筑工程费 + 电缆安装工程费）］× 0.15%	695
3.6	技术经济标准编制费	（建筑工程费 + 安装工程费）× 0.1%	463
4	生产准备费		2317
4.1	非电缆工程生产准备费	［建筑工程费 + 安装工程费 –（电缆建筑工程费 + 电缆安装工程费）］× 0.5%	2317
	合计	（建设场地征用及清理费 + 项目建设管理费 + 项目建设技术服务费 + 生产准备费）× 100%	100209

6.3　G2-1 环网箱（HA-2）

6.3.1　典型方案主要内容

本典型方案为新建 1 座 10kV 环网箱 HA-2。内容包括：设备接地、成套设备安装及调试。材料运输；基槽开挖及回填；垫层浇筑，基础支模及浇筑；管孔预留；防水工程、围栏及铁附件制作安装等。

6.3.2　典型方案技术条件

典型方案 G2-1 主要技术条件表和设备材料表见表 6-13 和表 6-14。

表 6-13　　典型方案 G2-1 主要技术条件表

方案名称	工程主要技术条件	
环网箱 HA-2	电压等级	10kV
	工作范围	新建环网箱 1 台
	设备类型	单母线环网箱
	规格型号	HA-2
	地震烈度	7 度
	进出线回路	2 回进线，4 回馈线
	设备选型	SF_6 气体绝缘共箱式断路器柜
	地基承载力	f_{ak}=150kPa，无地下水影响

续表

方案名称	工程主要技术条件	
环网箱 HA-2	地形	100% 平地
	地质条件	100% 普通土
	运距	人力 0.3km，汽车 10km

表 6-14　　典型方案 G2-1 设备材料表

序号	物料编码	物料描述	单位	数量	备注
1	500138329	一二次融合成套环网箱，AC10kV，630A，SF6，二进四出	套	1	集中式 DTU
					分散式 DTU
2	500118948	铁构件	t	0.1162	接地装置
3		∠ 50×5×2500 镀锌角钢	根	4	37.7kg
4		-5×50 镀锌扁钢	m	40	78.5kg
5		圆钢 ϕ10 以下	t	0.18	
6		圆钢 ϕ10 以上	t	0.79	
7		不锈钢围栏	m^2	47.60	
8		槽钢 综合	t	0.07	
9		现浇混凝土 C15	m^3	1.25	
10		现浇混凝土 C25	m^3	12.13	
11		防水砂浆	m^3	1.16	
12		成品铸铁井盖　900×900	块	1.00	
13		单层百叶风口	m^2	0.72	
14		铸铁油箅子	t	0.01	

6.3.3　典型方案概算书

典型方案 G2-1 概算书包括总概算汇总表、建筑工程专业汇总表、安装工程专业汇总表与其他费用概算表，见表 6-15 ~ 表 6-18。

表 6-15 典型方案 G2-1 总概算汇总表 金额单位：元

序号	工程或费用名称	建筑工程费	设备购置费	安装工程费	其他费用	基本预备费	合计	各项占静态投资比例（%）
一	配电站、开关站工程	43861	319593	11317			374772	93.24
二	充电站、换电站工程							
三	架空线路工程							
四	电缆线路工程							
五	通信站工程							
六	通信线路工程							
	小计	43861	319593	11317			374772	93.24
七	其他费用				23209		23209	5.77
（一）	建设场地征用及清理费							
（二）	项目建设管理费				3111		3111	0.77
（三）	项目建设技术服务费				19823		19823	4.93
（四）	生产准备费				276		276	0.07
八	基本预备费					3980	3980	0.99
九	特殊项目费							
	工程静态投资	43861	319593	11317	23209	3980	401961	100
	各项占静态投资的比例（%）	11	80	3	6	1	100	

表 6-16 典型方案 G2-1 建筑工程专业汇总表 金额单位：元

序号	工程名称	建筑工程费				合计
		金额	其中			
			设备费	未计价材料费	人工费	
	建筑工程	43861		19416	2800	43861
D	配电站、开关站工程	43861		19416	2800	43861
一	主要生产工程	43861		19416	2800	43861
1	配电站、开关站	43861		19416	2800	43861
1.1	HA-2 环网柜模块部分	43861		19416	2800	43861
	合计	43861		19416	2800	43861

表 6-17　　典型方案 G2-1 安装工程专业汇总表　　金额单位：元

序号	工程名称	设备购置费	安装工程费			合计
			金额	其中		
				未计价材料费	人工费	
	安装工程	319593	11317	915	3418	330910
D	配电站、开关站工程	319593	11317	915	3418	330910
一	主要生产工程	319593	11317	915	3418	330910
1	配电站、开关站	319593	11317	915	3418	330910
1.1	HA-2 环网柜模块部分	319593	11317	915	3418	330910
	合计	319593	11317	915	3418	330910

表 6-18　　典型方案 G2-1 其他费用概算表　　金额单位：元

序号	工程或费用项目名称	编制依据及计算说明	合价
2	项目建设管理费		3111
2.1	项目管理经费		673
2.1.1	非电缆工程项目管理经费	［建筑工程费 + 安装工程费 -（电缆建筑工程费 + 电缆安装工程费）］× 1.22%	673
2.2	招标费	（建筑工程费 + 安装工程费 + 设备购置费）× 0.32%	1199
2.3	工程监理费	（1）高海拔地区、严寒地区、酷热地区按照本规定乘以 1.1 系数。 （2）如需开展环境监理和水土保持监理时，按照本规定乘以 1.1 系数。	1238
2.3.1	非电缆工程监理费	［建筑工程费 + 安装工程费 -（电缆建筑工程费 + 电缆安装工程费）］× 2.244%	1238
3	项目建设技术服务费		19823
3.1	项目前期工作费		1264
3.1.1	非电缆工程项目前期工作费	［建筑工程费 + 安装工程费 -（电缆建筑工程费 + 电缆安装工程费）］× 2.29%	1264
3.2	勘察设计费		17010
3.2.1	勘察费		1974

续表

序号	工程或费用项目名称	编制依据及计算说明	合价
3.2.1.1	一般勘察费	（1）工程勘察只进行测量和设置工程定位点平面坐标及高程等一般性定位测量作业时，费用按照以上标准的30%计算。 （2）不需要勘察或不涉及场地变化的不计勘察费	1974
3.2.1.1.1	非架空工程勘察费	建筑工程费 ×4.5%	1974
3.2.2	设计费		15036
3.2.2.1	基本设计费	基本设计费 ×100% 基本设计费低于1000元的，按1000元计列	12742
3.2.2.2	其他设计费		2294
3.2.2.2.1	施工图预算编制费	基本设计费 ×10%	1274
3.2.2.2.2	竣工图文件编制费	基本设计费 ×8%	1019
3.3	设计文件评审费		612
3.3.1	初步设计文件评审费	基本设计费 ×2.2%	280
3.3.2	施工图文件评审费	基本设计费 ×2.6% 其中，施工图预算文件评审费用为施工图文件评审费的30%	331
3.4	施工过程造价咨询及竣工结算审核费	施工过程造价咨询及竣工结算审核费 ×100% （1）电缆线路工程费率为1.02%；若电缆线路工程中建筑工程采用电缆沟、电缆隧道时，电缆线路工程费率乘以0.8系数。 （2）若只开展竣工结算审核时，其费用按以上规定的75%计取。 （3）该项费用低于800元时，按照800元计列	800
3.5	工程建设检测费		83
3.5.1	工程质量检测费		83
3.5.1.1	非电缆工程工程质量检测费	［建筑工程费＋安装工程费－（电缆建筑工程费＋电缆安装工程费）］×0.15%	83
3.6	技术经济标准编制费	（建筑工程费＋安装工程费）×0.1%	55
4	生产准备费		276
4.1	非电缆工程生产准备费	［建筑工程费＋安装工程费－（电缆建筑工程费＋电缆安装工程费）］×0.5%	276
	合计	（建设场地征用及清理费＋项目建设管理费＋项目建设技术服务费＋生产准备费）×100%	23209

6.4 G3-1 箱式变电站（美式，500kVA）

6.4.1 典型方案主要内容

本典型方案为新建 1 座 10kV 箱式变电站 XA-1。内容包括：设备接地、成套设备安装及调试。

6.4.2 典型方案技术条件

典型方案 G3-1 主要技术条件表和设备材料表见表 6-19 和表 6-20。

表 6-19　　典型方案 G3-1 主要技术条件表

方案名称	工程主要技术条件	
箱式变电站（美式，500kVA）	电压等级	10kV
	工作范围	新建箱式变电站 1 座
	设备类型	500kVA 美式箱式变电站
	规格型号	XA-1
	地震烈度	7 度
	进出线回路	10kV 进线 1 回，0.4kV 出线 6 回
	设备选型	高压侧负荷开关，低压侧空气断路器
	地基承载力	f_{ak}=150kPa，无地下水影响

表 6-20　　典型方案 G3-1 设备材料表

序号	物料编码	物料描述	单位	数量	备注
1	500001038	10kV 箱式变电站，500kVA，美式，硅钢片，普通，无环网柜	套	1	
2	500118948	铁构件	t	0.1162	接地装置
3		∠ 50×5×2500 镀锌角钢	根	4	37.7kg
4		-5×50 镀锌扁钢	m	40	78.5kg

6.4.3 典型方案概算书

典型方案 G3-1 概算书包括总概算汇总表、建筑工程专业汇总表、安装工程专业汇总表与其他费用概算表，见表 6-21 ~ 表 6-24。

表 6-21　　典型方案 G3-1 总概算汇总表　　金额单位：元

序号	工程或费用名称	建筑工程费	设备购置费	安装工程费	其他费用	基本预备费	合计	各项占静态投资比例（%）	单位投资
一	配电站、开关站工程	49580	190570	12717			252867	92.03	
二	充电站、换电站工程								
三	架空线路工程								
四	电缆线路工程								
五	通信站工程								
六	通信线路工程								
	小计	49580	190570	12717			252867	92.03	
七	其他费用				19164		19164	6.98	
（一）	建设场地征用及清理费								
（二）	项目建设管理费				2967		2967	1.08	
（三）	项目建设技术服务费				15885		15885	5.78	
（四）	生产准备费				311		311	0.11	
八	基本预备费					2720	2720	0.99	
九	特殊项目费								
	工程静态投资	49580	190570	12717	19164	2720	274752	100	
	各项占静态投资的比例（%）	18	69	5	7	1	100		
十	工程动态费用								
（一）	价差预备费								
（二）	建设期贷款利息								
	工程动态投资	49580	190570	12717	19164	2720	274752		
	各项占动态投资的比例（%）	18	69	5	7	1	100		
	生产期可抵扣增值税								

表 6-22　　典型方案 G3-1 建筑工程专业汇总表　　金额单位：元

序号	工程名称	建筑工程费				合计	技术经济指标		
		金额	其中				单位	数量	指标
			设备费	未计价材料费	人工费				
	建筑工程	49580		19416	3311	49580			
D	配电站、开关站工程	49580		19416	3311	49580			
一	主要生产工程	49580		19416	3311	49580			
1	配电站、开关站	49580		19416	3311	49580			
1.1	XA-1 箱变模块部分	49580		19416	3311	49580			
	合计	49580		19416	3311	49580			

表 6-23　　典型方案 G3-1 安装工程专业汇总表　　金额单位：元

序号	工程名称	设备购置费	安装工程费			合计	技术经济指标		
			金额	其中			单位	数量	指标
				未计价材料费	人工费				
	安装工程	190570	12717	915	3609	203287			
D	配电站、开关站工程	190570	12717	915	3609	203287			
一	主要生产工程	190570	12717	915	3609	203287			
1	配电站、开关站	190570	12717	915	3609	203287			
1.1	XA-1 箱变模块部分	190570	12717	915	3609	203287	元 /kVA		
	合计	190570	12717	915	3609	203287			

表 6-24　　典型方案 G3-1 其他费用概算表　　金额单位：元

序号	工程或费用项目名称	编制依据及计算说明	合价
2	项目建设管理费		2967

续表

序号	工程或费用项目名称	编制依据及计算说明	合价
2.1	项目管理经费		760
2.1.1	非电缆工程项目管理经费	［建筑工程费＋安装工程费－（电缆建筑工程费＋电缆安装工程费）］×1.22%	760
2.2	招标费	（建筑工程费＋安装工程费＋设备购置费）×0.32%	809
2.3	工程监理费	（1）高海拔地区、严寒地区、酷热地区按照本规定乘以 1.1 系数。 （2）如需开展环境监理和水土保持监理时，按照本规定乘以 1.1 系数	1398
2.3.1	非电缆工程监理费	［建筑工程费＋安装工程费－（电缆建筑工程费＋电缆安装工程费）］×2.244%	1398
3	项目建设技术服务费		15885
3.1	项目前期工作费		1427
3.1.1	非电缆工程项目前期工作费	［建筑工程费＋安装工程费－（电缆建筑工程费＋电缆安装工程费）］×2.29%	1427
3.2	勘察设计费		13062
3.2.1	勘察费		2231
3.2.1.1	一般勘察费	（1）工程勘察只进行测量和设置工程定位点平面坐标及高程等一般性定位测量作业时，费用按照以上标准的 30% 计算。 （2）不需要勘察或不涉及场地变化的不计勘察费	2231
3.2.1.1.1	非架空工程勘察费	建筑工程费 ×4.5%	2231
3.2.2	设计费		10831
3.2.2.1	基本设计费	基本设计费 ×100% 基本设计费低于 1000 元的，按 1000 元计列	9179
3.2.2.2	其他设计费		1652
3.2.2.2.1	施工图预算编制费	基本设计费 ×10%	918
3.2.2.2.2	竣工图文件编制费	基本设计费 ×8%	734
3.3	设计文件评审费		441
3.3.1	初步设计文件评审费	基本设计费 ×2.2%	202
3.3.2	施工图文件评审费	基本设计费 ×2.6% 其中，施工图预算文件评审费用为施工图文件评审费的 30%	239

续表

序号	工程或费用项目名称	编制依据及计算说明	合价
3.4	施工过程造价咨询及竣工结算审核费	施工过程造价咨询及竣工结算审核费 ×100% （1）电缆线路工程费率为 1.02%；若电缆线路工程中建筑工程采用电缆沟、电缆隧道时，电缆线路工程费率乘以 0.8 系数。 （2）若只开展竣工结算审核时，其费用按以上规定的 75% 计取。 （3）该项费用低于 800 元时，按照 800 元计列	800
3.5	工程建设检测费		93
3.5.1	工程质量检测费		93
3.5.1.1	非电缆工程工程质量检测费	[建筑工程费 + 安装工程费 –（电缆建筑工程费 + 电缆安装工程费）] ×0.15%	93
3.6	技术经济标准编制费	（建筑工程费 + 安装工程费）×0.1%	62
4	生产准备费		311
4.1	非电缆工程生产准备费	[建筑工程费 + 安装工程费 –（电缆建筑工程费 + 电缆安装工程费）] ×0.5%	311
	合计	（建设场地征用及清理费 + 项目建设管理费 + 项目建设技术服务费 + 生产准备费）×100%	19164

6.5　G3–2 箱式变电站（欧式，630kVA）

6.5.1　典型方案主要内容

本典型方案为新建 1 座 10kV 箱式变电站 XA–2。内容包括：设备接地、成套设备安装及调试。

6.5.2　典型方案技术条件

典型方案 G3–2 主要技术条件表和设备材料表见表 6–25 和表 6–26。

表 6–25　　典型方案 G3–2 主要技术条件表

方案名称	工程主要技术条件	
箱式变电站安装（欧式，630kVA）	电压等级	10kV
	工作范围	新建箱式变电站 1 座
	设备类型	630kVA 欧式箱式变电站
	规格型号	XA–2

续表

方案名称	工程主要技术条件	
箱式变电站安装（欧式，630kVA）	地震烈度	7度
	进出线回路	10kV 进线 1 回、馈线 1 回，0.4kV 出线 6 回
	设备选型	高压侧负荷开关、负荷开关 + 熔断器 低压侧空气断路器
	地基承载力	f_{ak}=150kPa，无地下水影响

表 6-26　　典型方案 G3-2 设备材料表

序号	物料编码	物料描述	单位	数量	备注
1	500061873	10kV 箱式变电站，630kVA，欧式，硅钢片，普通，有环网柜	套	1	
2	500118948	铁构件	t	0.1162	接地装置
3		∠ 50 × 5 × 2500 镀锌角钢	根	4	37.7kg
4		−5 × 50 镀锌扁钢	m	40	78.5kg

6.5.3　典型方案概算书

典型方案 G3-2 概算书包括总概算汇总表、建筑工程专业汇总表、安装工程专业汇总表与其他费用概算表，见表 6-27 ~ 表 6-30。

表 6-27　　典型方案 G3-2 总概算汇总表　　金额单位：元

序号	工程或费用名称	建筑工程费	设备购置费	安装工程费	其他费用	基本预备费	合计	各项占静态投资比例（%）	单位投资
一	配电站、开关站工程	49580	274456	12717			336754	92.8	
二	充电站、换电站工程								
三	架空线路工程								
四	电缆线路工程								
五	通信站工程								

续表

序号	工程或费用名称	建筑工程费	设备购置费	安装工程费	其他费用	基本预备费	合计	各项占静态投资比例（%）	单位投资
六	通信线路工程								
	小计	49580	274456	12717			336754	92.8	
七	其他费用				22552		22552	6.21	
（一）	建设场地征用及清理费								
（二）	项目建设管理费				3236		3236	0.89	
（三）	项目建设技术服务费				19004		19004	5.24	
（四）	生产准备费				311		311	0.09	
八	基本预备费					3593	3593	0.99	
九	特殊项目费								
	工程静态投资	49580	274456	12717	22552	3593	362898	100	
	各项占静态投资的比例（%）	14	76	4	6	1	100		
十	工程动态费用								
（一）	价差预备费								
（二）	建设期贷款利息								
	工程动态投资	49580	274456	12717	22552	3593	362898		
	各项占动态投资的比例（%）	14	76	4	6	1	100		
	生产期可抵扣增值税								

表 6-28　　典型方案 G3-2 建筑工程专业汇总表　　金额单位：元

序号	工程名称	建筑工程费				合计	技术经济指标		
		金额	其中				单位	数量	指标
			设备费	未计价材料费	人工费				
	建筑工程	49580		19416	3311	49580			
D	配电站、开关站工程	49580		19416	3311	49580			
一	主要生产工程	49580		19416	3311	49580			
1	配电站、开关站	49580		19416	3311	49580			
1.1	XA-2 箱变模块部分	49580		19416	3311	49580			
	合计	49580		19416	3311	49580			

表 6-29　　典型方案 G3-2 安装工程专业汇总表　　金额单位：元

序号	工程名称	设备购置费	安装工程费			合计	技术经济指标		
			金额	其中			单位	数量	指标
				未计价材料费	人工费				
	安装工程	274456	12717	915	3609	287173			
D	配电站、开关站工程	274456	12717	915	3609	287173			
一	主要生产工程	274456	12717	915	3609	287173			
1	配电站、开关站	274456	12717	915	3609	287173			
1.1	XA-2 箱变模块部分	274456	12717	915	3609	287173	元 /kVA		
	合计	274456	12717	915	3609	287173			

表 6-30　　典型方案 G3-2 其他费用概算表　　金额单位：元

序号	工程或费用项目名称	编制依据及计算说明	合价
2	项目建设管理费		3236
2.1	项目管理经费		760

续表

序号	工程或费用项目名称	编制依据及计算说明	合价
2.1.1	非电缆工程项目管理经费	［建筑工程费 + 安装工程费 –（电缆建筑工程费 + 电缆安装工程费）］× 1.22%	760
2.2	招标费	（建筑工程费 + 安装工程费 + 设备购置费）× 0.32%	1078
2.3	工程监理费	（1）高海拔地区、严寒地区、酷热地区按照本规定乘以 1.1 系数。 （2）如需开展环境监理和水土保持监理时，按照本规定乘以 1.1 系数	1398
2.3.1	非电缆工程监理费	［建筑工程费 + 安装工程费 –（电缆建筑工程费 + 电缆安装工程费）］× 2.244%	1398
3	项目建设技术服务费		19004
3.1	项目前期工作费		1427
3.1.1	非电缆工程项目前期工作费	［建筑工程费 + 安装工程费 –（电缆建筑工程费 + 电缆安装工程费）］× 2.29%	1427
3.2	勘察设计费		16060
3.2.1	勘察费		2231
3.2.1.1	一般勘察费	（1）工程勘察只进行测量和设置工程定位点平面坐标及高程等一般性定位测量作业时，费用按照以上标准的 30% 计算。 （2）不需要勘察或不涉及场地变化的不计勘察费	2231
3.2.1.1.1	非架空工程勘察费	建筑工程费 × 4.5%	2231
3.2.2	设计费		13828
3.2.2.1	基本设计费	基本设计费 × 100% 基本设计费低于 1000 元的，按 1000 元计列	11719
3.2.2.2	其他设计费		2109
3.2.2.2.1	施工图预算编制费	基本设计费 × 10%	1172
3.2.2.2.2	竣工图文件编制费	基本设计费 × 8%	938
3.3	设计文件评审费		563
3.3.1	初步设计文件评审费	基本设计费 × 2.2%	258
3.3.2	施工图文件评审费	基本设计费 × 2.6% 其中，施工图预算文件评审费用为施工图文件评审费的 30%	305

续表

序号	工程或费用项目名称	编制依据及计算说明	合价
3.4	施工过程造价咨询及竣工结算审核费	施工过程造价咨询及竣工结算审核费 ×100% （1）电缆线路工程费率为 1.02%；若电缆线路工程中建筑工程采用电缆沟、电缆隧道时，电缆线路工程费率乘以 0.8 系数。 （2）若只开展竣工结算审核时，其费用按以上规定的 75% 计取。 （3）该项费用低于 800 元时，按照 800 元计列	800
3.5	工程建设检测费		93
3.5.1	工程质量检测费		93
3.5.1.1	非电缆工程工程质量检测费	［建筑工程费 + 安装工程费 –（电缆建筑工程费 + 电缆安装工程费）］×0.15%	93
3.6	技术经济标准编制费	（建筑工程费 + 安装工程费）×0.1%	62
4	生产准备费		311
4.1	非电缆工程生产准备费	［建筑工程费 + 安装工程费 –（电缆建筑工程费 + 电缆安装工程费）］×0.5%	311
	合计	（建设场地征用及清理费 + 项目建设管理费 + 项目建设技术服务费 + 生产准备费）×100%	22552

6.6　G5-2-1 配电变台（ZA-1-ZX，200kVA，15m）

6.6.1　典型方案主要内容

本典型方案为新建 1 套 10kV 配电变台 ZA-1-ZX，200kVA，15m。内容包括：材料运输；新建杆测量及分坑；基础开挖及回填；底盘、卡盘吊装；杆塔组立；接地槽挖方及回填；接地极安装；接地体敷设；变压器、避雷器、熔断器、低压综合配电箱、高压引下线、低压出线电缆、配电自动化设备的安装及调试。

6.6.2　典型方案技术条件

典型方案 G5-2-1 主要技术条件表和设备材料表见表 6-31 和表 6-32。

表 6-31　　　　典型方案 G5-2-1 主要技术条件表

方案名称	工程主要技术条件	
配电变台 ZA-1-ZX，200kVA，15m	电压等级	10kV
	工作范围	新建配电变台

续表

方案名称	工程主要技术条件	
配电变台 ZA-1-ZX，200kVA，15m	设备类型	变压器正装，架空绝缘线正面引下
	规格型号	ZA-1-ZX，200kVA，15m
	地形	100% 平地
	安装方式	杆上安装
	地质条件	100% 普通土
	基础	底盘 2 块、卡盘 4 块
	运距	人力 0.3km，汽车 10km

表 6-32　　典型方案 G5-2-1 设备材料表

序号	物料描述	单位	数量	备注
1	锥形水泥杆，非预应力，整根杆，15m，190mm，M	根	2	
2	水泥制品，底盘，800 × 800	块	2	
3	水泥制品，卡盘，300 × 1200	块	4	
4	卡盘 U 型抱箍，U22-370	只	4	
5	10kV 变压器，200kVA，普通，硅钢片，油浸，成套	台	1	S20
6	跌落式熔断器，100A，成套	只	3	
7	可装卸式避雷器，HY5WS5-17/50，成套	台	3	
8	JP 柜，400kVA，三回，有补偿，成套	面	1	
9	高压绝缘线，JKRYJ-10/35，成套	m	8	
10	高压绝缘线，JKLYJ-10/50，成套	m	30	
11	高压接线粧头，SBJ-1-M12，成套	只	3	
12	柱式绝缘子，R5ET105L，成套	只	15	
13	熔断器安装架，RJ7-170，成套	块	3	
14	变压器双杆支持架，[14-3000，成套	副	1	
15	双头螺杆，M20 × 400，成套	根	4	
16	双头螺杆，M16 × 200，成套	根	4	
17	接线端子，DT-50，铜镀锡，成套	个	3	

续表

序号	物料描述	单位	数量	备注
18	接线端子，DT-35，成套	只	21	
19	低压电缆（可选），ZC-YJV-0.6/1kV-1×300，成套	m	24	
20	绝缘保护管，内径 100，成套	m	1.5	
21	接线端子，DT-300，成套	个	8	
22	低压电缆终端，1×300，户内终端，冷缩，成套	个	8	
23	绝缘压接线夹，LH11-/35，成套	个	3	
24	绝缘穿刺接地线夹，成套	副	3	
25	接地装置，成套	副	1	
26	横担抱箍，HBG6-300，成套	块	1	
27	抱箍，BG6-300，成套	块	1	
28	压板，YB5-740J，成套	块	4	
29	横担抱箍，HBG6-220，成套	块	2	
30	抱箍，BG6-220，成套	块	2	
31	双杆熔丝具架，SRJ6-3000，成套	块	4	
32	横担抱箍，HBG6-260，成套	块	2	
33	抱箍，BG6-260，成套	块	2	
34	横担抱箍，HBG6-280，成套	块	2	
35	抱箍，BG6-280，成套	块	2	
36	横担抱箍，HBG6-300，成套	块	2	
37	抱箍，BG6-300，成套	块	2	
38	抱箍，BG8-320，成套	块	4	
39	布电线，BV-35，成套	m	15	
40	高压绝缘罩，10kV，成套	只	3	
41	低压绝缘罩，1kV，成套	只	4	
42	杆上电缆固定架，DLJ6-165，成套	块	2	
43	电缆卡抱，成套	块	2	
44	横担抱箍，HBG6-320，成套	块	1	

续表

序号	物料描述	单位	数量	备注
45	抱箍，BG6-320，成套	块	1	
46	螺栓，M16×45，成套	件	24	
47	螺栓，M16×70，成套	件	36	
48	螺母，M16，成套	个	36	
49	垫圈，M16，成套	个	72	
50	螺栓，M14×40，成套	件	4	
51	垫圈，M14，成套	个	8	
52	螺栓，M18×70，成套	件	4	
53	垫圈，M18，成套	个	8	
54	螺母，M18，成套	件	4	
55	螺栓，M12×40，成套	件	40	
56	夹接续金具－异型并沟线夹，JBL-50-240	副	6	
57	杆上电缆护管，DLHG-114A	副	2	
58	杆上电缆固定架，DLJ6-165	块	10	
59	电缆卡抱，—5×50	块	10	
60	横担抱箍，HBG6-320	块	2	
61	抱箍，BG6-320	块	2	
62	横担抱箍，HBG6-300	块	2	
63	抱箍，BG6-300	块	2	
64	横担抱箍，HBG6-280	块	2	
65	抱箍，BG6-280	块	2	
66	横担抱箍，HBG6-260	块	2	
67	抱箍，BG6-260	块	2	
68	横担抱箍，HBG6-240	块	2	
69	抱箍，BG6-240	块	2	
70	横担抱箍，HBG6-240	块	4	
71	横担，HD6-1500	块	4	

续表

序号	物料描述	单位	数量	备注
72	挂线联铁，LT7-560G	块	8	
73	低压耐张串	串	8	
74	低压电力电缆，YJV，铜，240，4芯，ZC，无铠装，普通	m	25	
75	1kV电缆终端，4×240，户外终端，冷缩，铜	套	4	
76	电缆接线端子，铜，240mm^2，双孔	个	8	
77	夹接续金具－异型并沟线夹，JBTL-50-240	只	16	
78	设备线夹－变压器线夹，M20	只	3	
79	设备线夹－变压器线夹，M12	只	1	
80	螺栓，M16×70	件	24	
81	螺母，M16	个	24	
82	垫圈，M16	个	48	
83	螺栓，M14×40	件	24	
84	垫圈，M14	个	48	
85	配电终端，配变终端（TTU）	套	1	

6.6.3 典型方案概算书

典型方案G5-2-1概算书包括总概算汇总表、安装工程专业汇总表与其他费用概算表，见表6-33～表6-35。

表6-33　　典型方案G5-2-1总概算汇总表　　金额单位：元

序号	工程或费用名称	建筑工程费	设备购置费	安装工程费	其他费用	基本预备费	合计	各项占静态投资比例（%）	单位投资
一	配电站、开关站工程								
二	充电站、换电站工程								
三	架空线路工程		9.14	2.36			11.5	72.13	
四	电缆线路工程		2.31	0.33			2.64	16.54	
五	通信站工程								

续表

序号	工程或费用名称	建筑工程费	设备购置费	安装工程费	其他费用	基本预备费	合计	各项占静态投资比例（%）	单位投资
六	通信线路工程								
	小计		11.44	2.69			14.14	88.68	
七	其他费用				1.65		1.65	10.33	
（一）	建设场地征用及清理费								
（二）	项目建设管理费				0.17		0.17	1.06	
（三）	项目建设技术服务费				1.46		1.46	9.18	
（四）	生产准备费				0.02		0.02	0.1	
八	基本预备费					0.16	0.16	0.99	
九	特殊项目费								
	工程静态投资		11.44	2.69	1.65	0.16	15.94	100	
	各项占静态投资的比例（%）		71.78	16.89	10.33	0.99	100		
十	工程动态费用				0.22		0.22		
（一）	价差预备费								
（二）	建设期贷款利息				0.22		0.22		
	工程动态投资		11.44	2.69	1.86	0.16	16.16		
	施工费						1.55		
	各项占动态投资的比例（%）		70.82	16.67	11.53	0.98	100		
	生产期可抵扣增值税								

表6-34　典型方案G5-2-1安装工程专业汇总表　金额单位：元

序号	工程名称	设备购置费	安装工程费			合计	技术经济指标		
			金额	其中			单位	数量	指标
				未计价材料费	人工费				
	安装工程	114448	26936	13832	3889	141383			

续表

序号	工程名称	设备购置费	安装工程费			合计	技术经济指标		
			金额	其中			单位	数量	指标
				未计价材料费	人工费				
X	架空线路工程	91387	23617	12584	3162	115004			
一	架空线路本体工程	91387	23617	12584	3162	115004	元 /km		
1	基础工程		4480	2068	550	4480			
1.1	土石方工程		1884		381	1884			
1.2	基础砌筑		2596	2068	169	2596			
2	杆塔工程		12950	10516	624	12950			
4	杆上变配电装置	91387	5735		1848	97122			
5	接地工程		452		141	452			
L	电缆线路工程	23061	3318	1248	727	26379			
二	电缆敷设	22181	541		205	22722	元 /km		
4	1kV 电缆敷设	22181	541		205	22722	元 /km		
三	电缆附件	880	2523	1248	416	3403			
七	调试与试验		253		105	253			
	合计	114448	26936	13832	3889	141383			

表 6-35　　　　典型方案 G5-2-1 其他费用概算表　　　　金额单位：元

序号	工程或费用项目名称	编制依据及计算说明	合价
2	项目建设管理费		1683
2.1	项目管理经费		391
2.1.1	非电缆工程项目管理经费	［建筑工程费 + 安装工程费 –（电缆建筑工程费 + 电缆安装工程费）］× 1.22%	288
2.1.2	电缆工程项目管理经费	（电缆建筑工程费 + 电缆安装工程费）× 3.1% 若电缆线路工程中建筑工程采用电缆沟、电缆隧道时，电缆线路工程费率乘以 0.8 系数	103
2.2	招标费	（建筑工程费 + 安装工程费 + 设备购置费）× 0.32%	452

续表

序号	工程或费用项目名称	编制依据及计算说明	合价
2.3	工程监理费	（1）高海拔地区、严寒地区、酷热地区按照本规定乘以 1.1 系数。 （2）如需开展环境监理和水土保持监理时，按照本规定乘以 1.1 系数	725
2.3.1	非电缆工程监理费	［建筑工程费＋安装工程费－（电缆建筑工程费＋电缆安装工程费）］×2.64%×0.85	530
2.3.2	电缆工程监理费	（电缆建筑工程费＋电缆安装工程费）×6.93%×0.85 若电缆线路工程中建筑工程采用电缆沟、电缆隧道时，电缆线路工程费率乘以 0.8 系数	195
2.4	工程保险费	（建筑工程费＋安装工程费＋设备购置费）×0.00081×100%	115
3	项目建设技术服务费		14633
3.1	项目前期工作费		701
3.1.1	非电缆工程项目前期工作费	［建筑工程费＋安装工程费－（电缆建筑工程费＋电缆安装工程费）］×2.29%	541
3.1.2	电缆工程项目前期工作费	（电缆建筑工程费＋电缆安装工程费）×4.83% 若电缆线路工程中建筑工程采用电缆沟、电缆隧道时，电缆线路工程费率乘以 0.8 系数	160
3.2	勘察设计费		12546
3.2.2	设计费		12546
3.2.2.1	基本设计费	基本设计费 ×100% 基本设计费低于 1000 元的，按 1000 元计列	10632
3.2.2.2	其他设计费		1914
3.2.2.2.1	施工图预算编制费	基本设计费 ×10%	1063
3.2.2.2.2	竣工图文件编制费	基本设计费 ×8%	851
3.3	设计文件评审费		510
3.3.1	初步设计文件评审费	基本设计费 ×2.2%	234
3.3.2	施工图文件评审费	基本设计费 ×2.6% 其中，施工图预算文件评审费用为施工图文件评审费的 30%	276

续表

序号	工程或费用项目名称	编制依据及计算说明	合价
3.4	施工过程造价咨询及竣工结算审核费	施工过程造价咨询及竣工结算审核费 ×100% （1）电缆线路工程费率为1.02%；若电缆线路工程中建筑工程采用电缆沟、电缆隧道时，电缆线路工程费率乘以0.8系数。 （2）若只开展竣工结算审核时，其费用按以上规定的75%计取。 （3）该项费用低于800元时，按照800元计列	800
3.5	工程建设检测费		48
3.5.1	工程质量检测费		48
3.5.1.1	非电缆工程工程质量检测费	［建筑工程费 + 安装工程费 −（电缆建筑工程费 + 电缆安装工程费）］×0.15%	35
3.5.1.2	电缆工程工程质量检测费	（电缆建筑工程费 + 电缆安装工程费）×0.39% 若电缆线路工程中建筑工程采用电缆沟、电缆隧道时，电缆线路工程费率乘以0.8系数	13
3.6	技术经济标准编制费	（建筑工程费 + 安装工程费）×0.1%	27
4	生产准备费		161
4.1	非电缆工程生产准备费	［建筑工程费 + 安装工程费 −（电缆建筑工程费 + 电缆安装工程费）］×0.5%	118
4.2	电缆工程生产准备费	（电缆建筑工程费 + 电缆安装工程费）×1.3% 若电缆线路工程中建筑工程采用电缆沟、电缆隧道时，电缆线路工程费率乘以0.8系数	43
	合计	（建设场地征用及清理费 + 项目建设管理费 + 项目建设技术服务费 + 生产准备费）×100%	16477

6.7　G5-2-2配电变台（ZA-1-ZX，400kVA，15m）

6.7.1　典型方案主要内容

本典型方案为新建1套10kV配电变台ZA-1-ZX，400kVA，15m。内容包括：材料运输；新建杆测量及分坑；基础开挖及回填；底盘、卡盘吊装；杆塔组立；接地槽挖方及回填；接地极安装；接地体敷设；变压器、避雷器、熔断器、低压综合配电箱、高压引下线、低压出线电缆、配电自动化设备的安装及调试。

6.7.2　典型方案技术条件

典型方案G5-2-2主要技术条件表和设备材料表见表6-36和表6-37。

表 6-36　　　　　　典型方案 G5-2-2 主要技术条件表

方案名称	工程主要技术条件	
配电变台 ZA-1-ZX，400kVA，15m	电压等级	10kV
	工作范围	新建配电变台
	设备类型	变压器正装，架空绝缘线正面引下
	规格型号	ZA-1-ZX，400kVA，15m
	地形	100% 平地
	安装方式	杆上安装
	地质条件	100% 普通土
	基础	底盘 2 块、卡盘 4 块
	运距	人力 0.3km，汽车 10km

表 6-37　　　　　　典型方案 G5-2-1 设备材料表

序号	物料描述	单位	数量	备注
1	锥形水泥杆，非预应力，整根杆，15m，190mm，M	根	2	
2	水泥制品，底盘，800 × 800	块	2	
3	水泥制品，卡盘，300 × 1200	块	4	
4	卡盘 U 型抱箍，U22-370	只	4	
5	10kV 变压器，400kVA，普通，硅钢片，油浸，成套	台	1	S20
6	跌落式熔断器，100A，成套	只	3	
7	可装卸式避雷器，HY5WS5-17/50，成套	台	3	
8	JP 柜，400kVA，三回，有补偿，成套	面	1	
9	高压绝缘线，JKRYJ-10/35，成套	m	8	
10	高压绝缘线，JKLYJ-10/50，成套	m	30	
11	高压接线粧头，SBJ-1-M12，成套	只	3	
12	柱式绝缘子，R5ET105L，成套	只	15	
13	熔断器安装架，RJ7-170，成套	块	3	
14	变压器双杆支持架，[14-3000，成套	副	1	
15	双头螺杆，M20 × 400，成套	根	4	

续表

序号	物料描述	单位	数量	备注
16	双头螺杆，M16×200，成套	根	4	
17	接线端子，DT-50，铜镀锡，成套	个	3	
18	接线端子，DT-35，成套	只	21	
19	低压电缆（可选），ZC-YJV-0.6/1kV-1×300，成套	m	24	
20	绝缘保护管，内径 100，成套	m	1.5	
21	接线端子，DT-300，成套	个	8	
22	低压电缆终端，1×300，户内终端，冷缩，成套	个	8	
23	绝缘压接线夹，LH11-/35，成套	个	3	
24	绝缘穿刺接地线夹，成套	副	3	
25	接地装置，成套	副	1	
26	横担抱箍，HBG6-300，成套	块	1	
27	抱箍，BG6-300，成套	块	1	
28	压板，YB5-740J，成套	块	4	
29	横担抱箍，HBG6-220，成套	块	2	
30	抱箍，BG6-220，成套	块	2	
31	双杆熔丝具架，SRJ6-3000，成套	块	4	
32	横担抱箍，HBG6-260，成套	块	2	
33	抱箍，BG6-260，成套	块	2	
34	横担抱箍，HBG6-280，成套	块	2	
35	抱箍，BG6-280，成套	块	2	
36	横担抱箍，HBG6-300，成套	块	2	
37	抱箍，BG6-300，成套	块	2	
38	抱箍，BG8-320，成套	块	4	
39	布电线，BV-35，成套	m	15	
40	高压绝缘罩，10kV，成套	只	3	
41	低压绝缘罩，1kV，成套	只	4	
42	杆上电缆固定架，DLJ6-165，成套	块	2	

续表

序号	物料描述	单位	数量	备注
43	电缆卡抱，成套	块	2	
44	横担抱箍，HBG6-320，成套	块	1	
45	抱箍，BG6-320，成套	块	1	
46	螺栓，M16×45，成套	件	24	
47	螺栓，M16×70，成套	件	36	
48	螺母，M16，成套	个	36	
49	垫圈，M16，成套	个	72	
50	螺栓，M14×40，成套	件	4	
51	垫圈，M14，成套	个	8	
52	螺栓，M18×70，成套	件	4	
53	垫圈，M18，成套	个	8	
54	螺母，M18，成套	件	4	
55	螺栓，M12×40，成套	件	40	
56	接续金具 - 异型并沟线夹，JBL-50-240	副	6	
57	杆上电缆护管，DLHG-114A	副	2	
58	杆上电缆固定架，DLJ6-165	块	10	
59	电缆卡抱，—5×50	块	10	
60	横担抱箍，HBG6-320	块	2	
61	抱箍，BG6-320	块	2	
62	横担抱箍，HBG6-300	块	2	
63	抱箍，BG6-300	块	2	
64	横担抱箍，HBG6-280	块	2	
65	抱箍，BG6-280	块	2	
66	横担抱箍，HBG6-260	块	2	
67	抱箍，BG6-260	块	2	
68	横担抱箍，HBG6-240	块	2	
69	抱箍，BG6-240	块	2	

续表

序号	物料描述	单位	数量	备注
70	横担抱箍，HBG6-240	块	4	
71	横担，HD6-1500	块	4	
72	挂线联铁，LT7-560G	块	8	
73	低压耐张串	串	8	
74	低压电力电缆，YJV，铜，240，4 芯，ZC，无铠装，普通	m	25	
75	1kV 电缆终端，4×240，户外终端，冷缩，铜	套	4	
76	电缆接线端子，铜，$240mm^2$，双孔	个	8	
77	夹接续金具 - 异型并沟线夹，JBTL-50-240	只	16	
78	设备线夹 - 变压器线夹，M20	只	3	
79	设备线夹 - 变压器线夹，M12	只	1	
80	螺栓，M16×70	件	24	
81	螺母，M16	个	24	
82	垫圈，M16	个	48	
83	螺栓，M14×40	件	24	
84	垫圈，M14	个	48	
85	配电终端，配变终端（TTU）	套	1	

6.7.3　典型方案概算书

典型方案 G5-2-2 概算书包括总概算汇总表、安装工程专业汇总表与其他费用概算表，见表 6-38 ~ 表 6-40。

表 6-38　　典型方案 G5-2-2 总概算汇总表　　金额单位：元

序号	工程或费用名称	建筑工程费	设备购置费	安装工程费	其他费用	基本预备费	合计	各项占静态投资比例（%）	单位投资
一	配电站、开关站工程								
二	充电站、换电站工程								
三	架空线路工程		12	2.4			14.4	75.25	

续表

序号	工程或费用名称	建筑工程费	设备购置费	安装工程费	其他费用	基本预备费	合计	各项占静态投资比例（%）	单位投资
四	电缆线路工程		2.31	0.33			2.64	13.78	
五	通信站工程								
六	通信线路工程								
	小计		14.31	2.73			17.04	89.04	
七	其他费用				1.91		1.91	9.97	
（一）	建设场地征用及清理费								
（二）	项目建设管理费				0.18		0.18	0.95	
（三）	项目建设技术服务费				1.71		1.71	8.94	
（四）	生产准备费				0.02		0.02	0.09	
八	基本预备费					0.19	0.19	0.99	
九	特殊项目费								
	工程静态投资		14.31	2.73	1.91	0.19	19.14	100	
	各项占静态投资的比例（%）		74.76	14.27	9.97	0.99	100		
十	工程动态费用				0.26		0.26		
（一）	价差预备费								
（二）	建设期贷款利息				0.26		0.26		
	工程动态投资		14.31	2.73	2.17	0.19	19.4		
	施工费						1.64		
	各项占动态投资的比例（%）		73.76	14.08	11.18	0.98	100		
	生产期可抵扣增值税								

表 6-39 典型方案 G5-2-2 安装工程专业汇总表 金额单位：元

序号	工程名称	设备购置费	安装工程费			合计	技术经济指标		
			金额	其中			单位	数量	指标
				未计价材料费	人工费				
	安装工程	143084	27321	13832	4022	170405			
X	架空线路工程	120023	24003	12584	3295	144026			
一	架空线路本体工程	120023	24003	12584	3295	144026	元 /km		
1	基础工程		4480	2068	550	4480			
1.1	土石方工程		1884		381	1884			
1.2	基础砌筑		2596	2068	169	2596			
2	杆塔工程		12950	10516	624	12950			
4	杆上变配电装置	120023	6121		1981	126144			
5	接地工程		452		141	452			
L	电缆线路工程	23061	3318	1248	727	26379			
二	电缆敷设	22181	541		205	22722	元 /km		
4	1kV 电缆敷设	22181	541		205	22722	元 /km		
三	电缆附件	880	2523	1248	416	3403			
七	调试与试验		253		105	253			
	合计	143084	27321	13832	4022	170405			

表 6-40 典型方案 G5-2-2 其他费用概算表 金额单位：元

序号	工程或费用项目名称	编制依据及计算说明	合价
2	项目建设管理费		1813
2.1	项目管理经费		396
2.1.1	非电缆工程项目管理经费	［建筑工程费 + 安装工程费 -（电缆建筑工程费 + 电缆安装工程费）］× 1.22%	293
2.1.2	电缆工程项目管理经费	（电缆建筑工程费 + 电缆安装工程费）× 3.1% 若电缆线路工程中建筑工程采用电缆沟、电缆隧道时，电缆线路工程费率乘以 0.8 系数	103

续表

序号	工程或费用项目名称	编制依据及计算说明	合价
2.2	招标费	（建筑工程费 + 安装工程费 + 设备购置费）×0.32%	545
2.3	工程监理费	（1）高海拔地区、严寒地区、酷热地区按照本规定乘以 1.1 系数 （2）如需开展环境监理和水土保持监理时，按照本规定乘以 1.1 系数	734
2.3.1	非电缆工程监理费	［建筑工程费 + 安装工程费 –（电缆建筑工程费 + 电缆安装工程费）］×2.64%×0.85	539
2.3.2	电缆工程监理费	（电缆建筑工程费 + 电缆安装工程费）×0.85×6.93% 若电缆线路工程中建筑工程采用电缆沟、电缆隧道时，电缆线路工程费率乘以 0.8 系数	195
2.4	工程保险费	［（建筑工程费 + 安装工程费 + 设备购置费）×0.00081］×100%	138
3	项目建设技术服务费		17113
3.1	项目前期工作费		710
3.1.1	非电缆工程项目前期工作费	［建筑工程费 + 安装工程费 –（电缆建筑工程费 + 电缆安装工程费）］×2.29%	550
3.1.2	电缆工程项目前期工作费	（电缆建筑工程费 + 电缆安装工程费）×4.83% 若电缆线路工程中建筑工程采用电缆沟、电缆隧道时，电缆线路工程费率乘以 0.8 系数	160
3.2	勘察设计费		14920
3.2.2	设计费		14920
3.2.2.1	基本设计费	基本设计费 ×100% 基本设计费低于 1000 元的，按 1000 元计列	12644
3.2.2.2	其他设计费		2276
3.2.2.2.1	施工图预算编制费	基本设计费 ×10%	1264
3.2.2.2.2	竣工图文件编制费	基本设计费 ×8%	1012
3.3	设计文件评审费		607
3.3.1	初步设计文件评审费	基本设计费 ×2.2%	278
3.3.2	施工图文件评审费	基本设计费 ×2.6% 其中，施工图预算文件评审费用为施工图文件评审费的 30%	329

续表

序号	工程或费用项目名称	编制依据及计算说明	合价
3.4	施工过程造价咨询及竣工结算审核费	施工过程造价咨询及竣工结算审核费 ×100% （1）电缆线路工程费率为1.02%；若电缆线路工程中建筑工程采用电缆沟、电缆隧道时，电缆线路工程费率乘以0.8系数。 （2）若只开展竣工结算审核时，其费用按以上规定的75%计取。 （3）该项费用低于800元时，按照800元计列	800
3.5	工程建设检测费		49
3.5.1	工程质量检测费		49
3.5.1.1	非电缆工程工程质量检测费	［建筑工程费+安装工程费-（电缆建筑工程费+电缆安装工程费）］×0.15%	36
3.5.1.2	电缆工程工程质量检测费	（电缆建筑工程费+电缆安装工程费）×0.39% 若电缆线路工程中建筑工程采用电缆沟、电缆隧道时，电缆线路工程费率乘以0.8系数	13
3.6	技术经济标准编制费	（建筑工程费+安装工程费）×0.1%	27
4	生产准备费		163
4.1	非电缆工程生产准备费	［建筑工程费+安装工程费-（电缆建筑工程费+电缆安装工程费）］×0.5%	120
4.2	电缆工程生产准备费	（电缆建筑工程费+电缆安装工程费）×1.3% 若电缆线路工程中建筑工程采用电缆沟、电缆隧道时，电缆线路工程费率乘以0.8系数	43
	合计	（建设场地征用及清理费+项目建设管理费+项目建设技术服务费+生产准备费）×100%	19089

第五部分

典型造价应用案例

第7章 10kV架空线路工程典型造价对比分析应用案例

7.1 技术条件

（1）杆塔选型。案例工程见对应的技术方案一览表。

（2）基础选型。案例工程根据《10kV及以下架空配电线路设计技术规程》（DL/T 5220—2005）10.0.16条，《国网安徽省电力有限公司关于印发城农网工程水泥电杆防倒杆十项技术措施（试行）的通知》（皖电运检〔2017〕249号），结合当地运行经验及供电公司要求，综合地形、地质、水文条件以及基础作用力，普通水泥杆采用底盘加卡盘方式，直埋式基础，钢管杆基础采用灌注桩基础。

（3）防雷措施。根据原线路运行情况及以往线路运行经验，案例工程线路每0.2km加装一组带间隙避雷器。

（4）接地装置。无地线的杆塔在居民区宜接地，其接地电阻不宜超过30Ω。根据《10kV及以下架空配电线路设计技术规程》（DL/T 5220—2005）中对杆塔接地的要求，案例工程采用单杆闭合型接地与放射型接地相结合的综合接地装置。

（5）绝缘子和耐张线夹选择。案例工程10kV直线处采用线路柱式瓷绝缘子R12.5ET125N，160，305，400。线路转角、终端杆则采用交流盘形悬式瓷绝缘子U70B/146，255，320单联成串。案例工程绝缘线夹型号采用NXL。

（6）柱上开关设备。根据配电网中长期规划的短路电流水平，结合《安徽公司物资协议库存采购标准》，案例工程每一回路设置断路器一台，型号为一二次融合成套柱上断路器，AC10kV，630A，20kA，户外。

（7）配电自动化终端。案例工程采用一二次融合成套柱上断路器，包括柱上配电自动化终端一只（内置无线通信模块）。

（8）通信部分 。案例工程无通信部分。

7.2 10kV架空线路工程案例1

工程全线采用单回路架设，新建10kV线路路径全长1km，导线型号为

JKLYJ–10–240。技术方案一览表、杆塔使用情况、钢管杆使用情况、材料表分别见表 7–1 ~ 表 7–4。

表 7–1　　10kV 架空线路工程案例 1 技术方案一览表

序号	工程名称	线路长度（km）		气象条件		导线（电缆）型号	地线型号	绝缘子型式		新建杆塔数量	通用设计模块	主要基础型式
		架设方式	折单长度	风速（m/s）	覆冰（mm）			悬垂	耐张			
1	案例 1	单回架空架设	1	25	10	JKLYJ–10–240	/	柱式瓷	悬式瓷	21	Z–M–12/GN27–10	底盘、卡盘灌注桩

表 7–2　　10kV 架空线路工程案例 1 杆塔使用情况

序号	杆型代号	单位	数量	全高（m）	备注
1	Z–M–12	基	19	12	直线
2	GN27–10	基	2	10	终端

表 7–3　　10kV 架空线路工程案例 1 钢管杆使用情况

序号	杆型	转角	水平档距（m）	垂直档距（m）	基数	备注
1	GN27–10	60	60	90	2	终端

表 7–4　　10kV 架空线路工程案例 1 材料表（不含杆塔部分）

序号	物料名称	物料编码	物料描述（系统）	单位	数量	备注
1	柱上断路器	500138347	一二次融合成套柱上断路器，AC10kV，630A，20kA，户外	台	1	
2	避雷器	500027151	交流避雷器，AC10kV，17kV，硅橡胶，50kV，不带间隙 跌落式	组	2	跌落式
3	避雷器	500127027	交流避雷器，AC10kV，13kV，硅橡胶，40kV，带间隙	组	12	
4	架空导线	500014663	架空绝缘导线，AC10kV，JKLYJ，240	m	3150	
5	绝缘子	500122792	交流盘形悬式瓷绝缘子，U70B/146，255，320	片	36	

续表

序号	物料名称	物料编码	物料描述（系统）	单位	数量	备注
6	绝缘子	500122522	线路柱式瓷绝缘子，R12.5ET125N，160，305，400（普通）	只	24	
7	金具	500020399	联结金具－直角挂板，Z-7	只	12	
8	金具	500020369	联结金具－碗头挂板，W-7B	只	12	
9	金具	500020354	联结金具－球头挂环，Q-7	只	12	
10	金具	500083335	耐张线夹－螺栓型，NXL-4	只	12	
11	卡盘	500027391	水泥制品，卡盘，300×1200	块	38	
12	底盘	500026487	水泥制品，底盘，800×800	块	19	

根据以上技术条件，选用以下通用造价模块组合得到该案例工程造价为36.31万元/km，见表7–5。

表7–5　　10kV架空线路工程案例1造价

序号	模块编号	模块名称	方案描述	单位	数量	单位造价	合计
1	A1–1	直线水泥电杆	12m梢径190单回路直线卡盘、底盘 三角	万元/基	19	0.77	14.63
2	A4–1	耐张钢管杆	10m梢径270单回路灌注桩三角	万元/基	2	3.31	6.62
3	B1–1	架空绝缘导线	AC10kV，JKLYJ，240单回	万元/km	1	10.57	10.57
4	D1–1	10kV柱上开关	含10kV断路器1台、避雷器1组	万元/套	1	4.49	4.49
5		案例1造价	10kV单回240	万元/km			36.31

7.3　10kV架空线路工程案例2

工程全线采用双回路架设，新建10kV线路路径全长1km，导线型号为JKLYJ–10–240。技术方案一览表、杆塔使用情况、钢管杆使用情况、材料表分别见表7–6～表7–9。

表 7-6　　　　10kV 架空线路工程案例 2 技术方案一览表

序号	工程名称	线路长度（km）		气象条件		导线（电缆）型号	地线型号	绝缘子型式		新建杆塔数量	通用设计模块	主要基础型式
		架设方式	折单长度	风速（m/s）	覆冰（mm）			悬垂	耐张			
1	案列 2	双回架空架设	2	25	10	JKLYJ-10-240	/	柱式瓷	悬式瓷	21	2Z-M-15/GN31-13	底盘、卡盘灌注桩

表 7-7　　　　10kV 架空线路工程案例 2 杆塔使用情况

序号	杆型代号	单位	数量	全高（m）	备注
1	2Z-M-15	基	19	15	直线
2	GN31-13	基	2	13	终端

表 7-8　　　　10kV 架空线路工程案例 2 钢管杆使用情况

序号	杆型	转角	水平档距（m）	垂直档距（m）	基数	备注
1	GN31-13	60	60	90	2	终端

表 7-9　　　　10kV 架空线路工程案例 2 材料表（不含杆塔部分）

序号	物料名称	物料编码	物料描述（系统）	单位	数量	备注
1	柱上断路器	500138347	一二次融合成套柱上断路器，AC10kV，630A，20kA，户外	台	1	
2	避雷器	500027151	交流避雷器，AC10kV，17kV，硅橡胶，50kV，不带间隙 跌落式	组	2	跌落式
3	避雷器	500127027	交流避雷器，AC10kV，13kV，硅橡胶，40kV，带间隙	组	24	
4	架空导线	500014663	架空绝缘导线，AC10kV，JKLYJ，240	m	6300	
5	绝缘子	500122792	交流盘形悬式瓷绝缘子，U70B/146，255，320	片	72	
6	绝缘子	500122522	线路柱式瓷绝缘子，R12.5ET125N，160，305，400（普通）	只	48	
7	金具	500020399	联结金具－直角挂板，Z-7	只	24	

续表

序号	物料名称	物料编码	物料描述（系统）	单位	数量	备注
8	金具	500020369	联结金具－碗头挂板，W–7B	只	24	
9	金具	500020354	联结金具－球头挂环，Q–7	只	24	
10	金具	500083335	耐张线夹－螺栓型，NXL–4	只	24	
11	卡盘	500027391	水泥制品，卡盘，300×1200	块	38	
12	底盘	500026487	水泥制品，底盘，800×800	块	19	

根据以上技术条件，选用以下通用造价模块组合得到该案例工程造价为56.57万元/km，折单造价28.29万元/km，见表7–10。

表7–10　　10kV架空线路工程案例2造价

序号	模块编号	模块名称	方案描述	单位	数量	单位造价	合计
1	A1–4	直线水泥电杆	15m梢径190双回路直线卡盘、底盘三角	万元/基	19	1.02	19.38
2	A4–3	耐张钢管杆	13m梢径310双回路灌注桩三角	万元/基	2	5.89	11.78
3	B1–2	架空绝缘导线	AC10kV，JKLYJ，240双回	万元/km	1	20.92	20.92
4	D1–1	10kV柱上开关	含10kV断路器1台、避雷器1组	万元/套	1	4.49	4.49
5		案例2造价	10kV双回240	万元/km			56.57
6		折单造价		万元/km			28.29

7.4 10kV架空线路工程案例3

工程全线采用三回路架设，新建10kV线路路径全长1km，导线型号为JKLYJ–10–240。技术方案一览表、杆塔使用情况、钢管杆使用情况、材料表分别见表7–11～表7–14。

表 7-11　　　　10kV 架空线路工程案例 3 技术方案一览表

序号	工程名称	线路长度（km）		气象条件		导线（电缆）型号	地线型号	绝缘子型式		新建杆塔数量	通用设计模块	主要基础型式
		架设方式	折单长度	风速（m/s）	覆冰（mm）			悬垂	耐张			
1	案列 3	三回架空架设	3	25	10	JKLYJ-10-240	/	柱式瓷	悬式瓷	21	3Z-N-18/GN31-16	底盘、卡盘灌注桩

表 7-12　　　　10kV 架空线路工程案例 3 杆塔使用情况

序号	杆型代号	单位	数量	全高（m）	备注
1	3Z-N-18	基	19	18	直线
2	GN31-16	基	2	16	终端

表 7-13　　　　10kV 架空线路工程案例 3 钢管杆使用情况

序号	杆型	转角	水平档距（m）	垂直档距（m）	基数	备注
1	GN31-16	60	60	90	2	终端

表 7-14　　　　10kV 架空线路工程案例 3 材料表（不含杆塔部分）

序号	物料名称	物料编码	物料描述（系统）	单位	数量	备注
1	柱上断路器	500138347	一二次融合成套柱上断路器，AC10kV，630A，20kA，户外	台	2	
2	避雷器	500027151	交流避雷器，AC10kV，17kV，硅橡胶，50kV，不带间隙 跌落式	组	4	跌落式
3	避雷器	500127027	交流避雷器，AC10kV，13kV，硅橡胶，40kV，带间隙	组	36	
4	架空导线	500014663	架空绝缘导线，AC10kV，JKLYJ，240	m	9450	
5	绝缘子	500122792	交流盘形悬式瓷绝缘子，U70B/146，255，320	片	108	
6	绝缘子	500122522	线路柱式瓷绝缘子，R12.5ET125N，160，305，400（普通）	只	72	
7	金具	500020399	联结金具－直角挂板，Z-7	只	36	

续表

序号	物料名称	物料编码	物料描述（系统）	单位	数量	备注
8	金具	500020369	联结金具－碗头挂板，W-7B	只	36	
9	金具	500020354	联结金具－球头挂环，Q-7	只	36	
10	金具	500083335	耐张线夹－螺栓型，NXL-4	只	36	
11	卡盘	500027391	水泥制品，卡盘，300×1200	块	38	
12	底盘	500026487	水泥制品，底盘，800×800	块	19	

根据以上技术条件，选用以下通用造价模块组合得到该案例工程造价为85.08万元/km，折单造价28.36万元/km，见表7-15。

表7-15　　10kV架空线路工程案例3造价

序号	模块编号	模块名称	方案描述	单位	数量	单位造价	合计
1	A1-8	直线水泥电杆	18m梢径230三回路 直线卡盘、底盘垂直	万元/基	19	1.54	29.26
2	A4-4	耐张钢管杆	16m梢径310三回路灌注桩三角	万元/基	2	7.71	15.42
3	B1-3	架空绝缘导线	AC10kV，JKLYJ，240三回	万元/km	1	31.42	31.42
4	D1-1	10kV柱上开关	含10kV断路器1台、避雷器1组	万元/套	2	4.49	8.98
5		典型案例3造价	10kV三回240	万元/km			85.08
6		折单造价		万元/km			28.36

7.5　10kV架空线路工程案例4

工程全线采用四回路架设，新建10kV线路路径全长1km，导线型号为JKLYJ-10-240。技术方案一览表、杆塔使用情况、钢管杆使用情况、材料表分别见表7-16～表7-19。

表 7-16　　10kV 架空线路工程案例 4 技术方案一览表

序号	工程名称	线路长度（km）		气象条件		导线（电缆）型号	地线型号	绝缘子型式		新建杆塔数量	通用设计模块	主要基础型式
		架设方式	折单长度	风速（m/s）	覆冰（mm）			悬垂	耐张			
1	案列 4	四回架空架设	4	25	10	JKLYJ-10-240	/	柱式瓷	悬式瓷	21	4Z-N-18 GN45-16	底盘、卡盘灌注桩

表 7-17　　10kV 架空线路工程案例 4 杆塔使用情况

序号	杆型代号	单位	数量	全高（m）	备注
1	4Z-N-18	基	19	18	直线
2	GN45-16	基	2	16	终端

表 7-18　　10kV 架空线路工程案例 4 钢管杆使用情况

序号	杆型	转角	水平档距（m）	垂直档距（m）	基数	备注
1	GN45-16	60	60	90	2	终端

表 7-19　　10kV 架空线路工程案例 4 材料表（不含杆塔部分）

序号	物料名称	物料编码	物料描述（系统）	单位	数量	备注
1	柱上断路器	500138347	一二次融合成套柱上断路器，AC10kV，630A，20kA，户外	台	4	
2	避雷器	500027151	交流避雷器，AC10kV，17kV，硅橡胶，50kV，不带间隙 跌落式	组	8	跌落式
3	避雷器	500127027	交流避雷器，AC10kV，13kV，硅橡胶，40kV，带间隙	组	48	
4	架空导线	500014663	架空绝缘导线，AC10kV，JKLYJ，240	m	12600	
5	绝缘子	500122792	交流盘形悬式瓷绝缘子，U70B/146，255，320	片	120	
6	绝缘子	500122522	线路柱式瓷绝缘子，R12.5ET125N，160，305，400（普通）	只	96	
7	金具	500020399	联结金具 - 直角挂板，Z-7	只	24	

续表

序号	物料名称	物料编码	物料描述（系统）	单位	数量	备注
8	金具	500020369	联结金具－碗头挂板，W–7B	只	24	
9	金具	500020354	联结金具－球头挂环，Q–7	只	24	
10	金具	500083335	耐张线夹－螺栓型，NXL–4	只	24	
11	卡盘	500027391	水泥制品，卡盘，300×1200	块	38	
12	底盘	500026487	水泥制品，底盘，800×800	块	19	

根据以上技术条件，选用以下通用造价模块组合得到该案例工程造价为118.68万元/km，折单造价29.67万元/km，见表7–20。

表7–20　　10kV架空线路工程案例4造价

序号	模块编号	模块名称	方案描述	单位	数量	单位造价	合计
1	A1–9	直线水泥电杆	18m梢径230四回路直线卡盘、底盘三角	万元/基	19	1.64	31.16
2	A4–6	耐张钢管杆	16m梢径450四回路灌注桩三角	万元/基	2	13.9	27.8
3	B1–4	架空绝缘导线	AC10kV，JKLYJ，240四回	万元/km	1	41.76	41.76
4	D1–1	10kV柱上开关	含10kV断路器1台、避雷器1台	万元/套	4	4.49	17.96
5		案例4造价	10kV四回240	万元/km			118.68
6		折单造价		万元/km			29.67

第 8 章　10kV 电缆线路工程典型造价对比分析应用案例

8.1　技术条件

（1）电缆型号选择。10kV 电力电缆线路一般选用三芯铜电缆，交联聚乙烯绝缘钢带铠装聚乙烯护套电力电缆。

（2）电缆附件。电缆终端与接头主要性能应符合国家现行相关产品标准的规定。结构应简单、紧凑，便于安装。所用材料、部件应符合相应技术标准要求。电缆中间接头应采用防水防爆电缆中间接头。

电缆终端与接头型式、规格应与电缆类型如电压、芯数、截面、护层结构和环境要求一致。

（3）电缆金属护层的接地方式。电力电缆金属层必须直接接地。交流系统中三芯电缆的金属层，应在电缆线路两终端和接头等部位实施接地。交流系统中三芯电缆的金属层，在两终端等部位以不少于 2 个接地点，正常运行时金属层不感生环流。

本案例电缆金属护套接地方式拟采用两端直接接地。

（4）电缆保护管的选择。管道起保护电缆和在发生故障后便于将电缆拉出更换的作用，结合标准物料选择 MPP 聚丙烯塑料管。

（5）电缆通道的防火设计。

1）电缆总体布置的规定。敷设于电缆支架上的电力电缆，在敷设时应逐根固定在电缆支架上，所有电缆走向按出线仓位顺序排列，电缆相互之间应保持一定间距，不得重叠，尽可能少交叉。

敷设于电缆支架上的通信线缆，宜放入耐火电缆槽盒并固定。

2）防火封堵。为了有效防止电缆因短路或外界火源造成电缆引燃或沿电缆延燃，应对电缆及其构筑物采取防火封堵分隔措施。防火墙两侧电缆涂刷防火涂料各 1m。

电缆穿越楼板、墙壁或盘柜孔洞以及管道两端时，应用防火堵料封堵。

防火封堵材料应密实无气孔，封堵材料厚度不应小于 100mm。

3）电缆接头的表面阻燃处理。电缆接头应采用防火涂料进行表面阻燃处理，即在接头及其两侧 2～3m 和相邻电缆上绕包阻燃带或涂刷防火涂料，涂料总厚度应为 0.9～1.0mm。

（6）电缆工井。电缆井采用现浇钢筋混凝土结构开启式盖板。混凝土等级为 C30，钢筋圆钢 10 以上。垫层采用 C20 混凝土。

8.2 10kV 电缆线路工程案例 1

工程全线采用单回路敷设，新建 10kV 线路路径全长 1km，电缆为 ZR–YJV22–8.7/15，3×400。土建采用排管与电缆井结合的方式，典型方案 E2–2（排管 2×3 混凝土包封）+E5–4 电缆井［3×1.3×1.5（全开启）钢混，直线井，非过路］+E5–9 电缆井［（6～10）×1.3×1.5（全开启）钢混，转角井，非过路］。技术方案一览表、电缆敷设环境条件、设备材料表分别见表 8–1～表 8–3。

表 8–1　　10kV 电缆线路工程案例 1 技术方案一览表

序号	工程名称	线路长度（km）		导线（电缆）型号	管孔数	电缆敷设方式		典型方案模块		备注
		架设方式	折单长度							
1	案例 1	单回电缆敷设	1	AC10kV，YJV，400，3，22，ZC	6	电缆井	排管	E2–2	E5–4 E5–9	

表 8–2　　10kV 电缆线路工程案例 1 电缆敷设环境条件

序号	项目	单位	内容
1	海拔高度（m）	m	1000 以下（黄海高程）
2	最高环境温度	℃	+45
3	最低环境温度	℃	–40
4	日照强度	W/cm^2	0.1
5	年平均湿度	%	80
6	最大风速	m/s	25

表 8–3　　10kV 电缆线路工程案例 1 设备材料表

序号	设备名称	物料编码	规格型号	单位	数量	备注
1	电缆	500108108	电力电缆，AC10kV，YJV，400，3，22，ZC，无阻水	m	1100	

续表

序号	设备名称	物料编码	规格型号	单位	数量	备注
2	电缆终端	500021119	10kV 电缆终端，3×400，户外终端，冷缩，铜	套	2	
3	电缆中间接头	500021383	3×400，直通接头，冷缩，铜	套	1	
4	电缆保护管	500021520	内径 200mm，壁厚 16mm MPP 管	m	5460	
5	电缆接线端子		铜镀锡，400mm^2，双孔	只	6	
6	电缆故障指示器			套	2	
7	防火封堵泥			t	0.02	
8	不锈钢电缆标识牌			个	20	
9	电缆井 3m 长	3×1.3×1.5（全开启）钢混，直线井，非过路		座	10	含支架、接地
	电缆井 6m 长	（6～10）×1.3×1.5（全开启）钢混，转角井，非过路		座	10	含支架、接地

根据以上技术条件，选用以下通用造价模块组合得到该案例工程造价为 460.42 万元 /km，其中电气部分（不含排管材料费）单位造价 113.95 万元 /km，建筑部分（含排管材料费）单孔造价 57.75 万元 /km，见表 8–4。

表 8–4　　　　　　10kV 电缆线路工程案例 1 造价

序号	模块编号	模块名称	方案描述	单位	数量	单位造价	合计
1	F1–1	铜芯电缆	电力电缆，AC10kV，YJV，400，3，22，ZC，无阻水	万元 /km	1	113.95	113.95
2	E2–2	排管	排管 2×3 混凝土包封	万元 /km	0.91	319.2	290.472
3	E5–4	电缆井	3×1.3×1.5（全开启）钢混，直线井，非过路	万元 / 个	10	1.69	16.9

续表

序号	模块编号	模块名称	方案描述	单位	数量	单位造价	合计
4	E5-9	电缆井	（6～10）×1.3×1.5（全开启）钢混，转角井，非过路	万元/个	10	3.91	39.1
5		案例1造价		万元/km			460.42

8.3　10kV 电缆线路工程案例 2

工程全线采用单回路敷设，新建10kV线路路径全长1km，电缆为ZR-YJV22-8.7/15，3×400。土建采用排管与电缆井结合的方式，典型方案E2-4（排管3×4混凝土包封）+E5-4电缆井［3×1.3×1.5（全开启）钢混，直线井，非过路］+E5-9电缆井［（6～10）×1.3×1.5（全开启）钢混，转角井，非过路］。技术方案一览表、电缆敷设环境条件、设备材料表分别见表8-5～表8-7。

表 8-5　　10kV 电缆线路工程案例 2 技术方案一览表

序号	工程名称	线路长度（km）		导线（电缆）型号	管孔数	电缆敷设方式		典型方案模块		备注
		架设方式	折单长度							
1	案例2	单回电缆敷设	1	AC10kV，YJV，400，3，22，ZC	12	电缆井	排管	E2-4	E5-4 E5-9	

表 8-6　　10kV 电缆线路工程案例 2 电缆敷设环境条件

序号	项目	单位	内容
1	海拔高度（m）	m	1000以下（黄海高程）
2	最高环境温度	℃	+45
3	最低环境温度	℃	-40
4	日照强度	W/cm^2	0.1
5	年平均湿度	%	80
6	最大风速	m/s	25

表 8-7　　10kV 电缆线路工程案例 2 设备材料表

序号	设备名称	物料编码	规格型号	单位	数量	备注
1	电缆	500108108	电力电缆，AC10kV，YJV，400，3，22，ZC，无阻水	m	1100	
2	电缆终端	500021119	10kV 电缆终端，3×400，户外终端，冷缩，铜	套	2	
3	电缆中间接头	500021383	3×400，直通接头，冷缩，铜	套	1	
4	电缆保护管	500021520	内径 200mm，壁厚 16mm MPP 管	m	10920	
5	电缆接线端子		铜镀锡，400mm^2，双孔	只	6	
6	电缆故障指示器			套	2	
7	防火封堵泥			t	0.02	
8	不锈钢电缆标识牌			个	20	
9	电缆井 3m 长	3×1.3×1.5（全开启）钢混，直线井，非过路		座	10	含支架、接地
	电缆井 6m 长	（6～10）×1.3×1.5（全开启）钢混，转角井，非过路		座	10	含支架、接地

根据以上技术条件，选用以下通用造价模块组合得到该案例工程造价为 624.59 万元 /km，其中电气部分（不含排管材料费）单位造价 113.95 万元 /km，建筑部分（含排管材料费）单孔造价 42.55 万元 /km，见表 8-8。

表 8-8　　10kV 电缆线路工程案例 2 造价

序号	模块编号	模块名称	方案描述	单位	数量	单位造价	合计
1	F1-1	铜芯电缆	电力电缆，AC10kV，YJV，400，3，22，ZC，无阻水	万元 /km	1	113.95	113.95
2	E2-2	排管	排管 3×4 混凝土包封	万元 /km	0.91	499.6	454.636
3	E5-4	电缆井	3×1.3×1.5（全开启）钢混，直线井，非过路	万元 / 个	10	1.69	16.9

续表

序号	模块编号	模块名称	方案描述	单位	数量	单位造价	合计
4	E5-9	电缆井	（6～10）×1.3×1.5（全开启）钢混，转角井，非过路	万元 / 个	10	3.91	39.1
5		案例 2 造价		万元 /km			624.59

8.4　10kV 电缆线路工程案例 3

工程全线采用单回路敷设，新建 10kV 线路路径全长 1km，电缆为 ZR-YJV22-8.7/15，3×400。土建采用拉管与电缆井结合的方式，典型方案 E3-2［非开挖拉管（3 孔）］+E5-4 电缆井［3×1.3×1.5（全开启）钢混，直线井，非过路］+E5-9 电缆井［（6～10）×1.3×1.5（全开启）钢混，转角井，非过路］，技术方案一览表、电缆敷设环境条件、设备材料表分别见表 8-9～表 8-11。

表 8-9　　10kV 电缆线路工程案例 3 技术方案一览表

<table>
<tr><th rowspan="2">序号</th><th rowspan="2">工程名称</th><th colspan="2">线路长度（km）</th><th rowspan="2">导线（电缆）型号</th><th rowspan="2">管孔数</th><th rowspan="2" colspan="2">电缆敷设方式</th><th rowspan="2" colspan="2">典型方案模块</th><th rowspan="2">备注</th></tr>
<tr><th>架设方式</th><th>折单长度</th></tr>
<tr><td>1</td><td>案例 3</td><td>单回电缆敷设</td><td>1</td><td>AC10kV，YJV，400，3，22，ZC</td><td>3</td><td>电缆井</td><td>拉管</td><td>E3-2</td><td>E5-4
E5-9</td><td></td></tr>
</table>

表 8-10　　10kV 电缆线路工程案例 3 电缆敷设环境条件

序号	项目	单位	内容
1	海拔高度（m）	m	1000 以下（黄海高程）
2	最高环境温度	℃	+45
3	最低环境温度	℃	-40
4	日照强度	W/cm^2	0.1
5	年平均湿度	%	80
6	最大风速	m/s	25

表 8-11　　10kV 电缆线路工程案例 3 设备材料表

序号	设备名称	物料编码	规格型号	单位	数量	备注
1	电缆	500108108	电力电缆，AC10kV，YJV，400，3，22，ZC，无阻水	m	1160	
2	电缆终端	500021119	10kV 电缆终端，3×400，户外终端，冷缩，铜	套	2	
3	电缆中间接头	500021383	3×400，直通接头，冷缩，铜	套	1	
4	电缆保护管	500021520	内径 200mm，壁厚 16mm MPP 管	m	28944	
5	电缆接线端子		铜镀锡，$400mm^2$，双孔	只	6	
6	电缆故障指示器			套	2	
7	防火封堵泥			t	0.02	
8	不锈钢电缆标识牌			个	20	
9	电缆井 3m 长	3×1.3×1.5（全开启）钢混，直线井，非过路		座	10	含支架、接地
	电缆井 6m 长	（6～10）×1.3×1.5（全开启）钢混，转角井，非过路		座	10	含支架、接地

根据以上技术条件，选用以下通用造价模块组合得到该案例工程造价为 393.81 万元 /km，其中电气部分（不含排管材料费）单位造价 113.95 万元 /km，建筑部分（含排管材料费）单孔造价 93.29 万元 /km，见表 8-12。

表 8-12　　10kV 电缆线路工程案例 3 造价

序号	模块编号	模块名称	方案描述	单位	数量	单位造价	合计
1	F1-1	铜芯电缆	电力电缆，AC10kV，YJV，400，3，22，ZC，无阻水	万元 /km	1	113.95	113.95
2	E3-2	拉管	非开挖拉管（3 孔）	万元 /km	0.9645	232.1	223.86
3	E5-4	电缆井	3×1.3×1.5（全开启）钢混，直线井，非过路	万元 / 个	10	1.69	16.9

续表

序号	模块编号	模块名称	方案描述	单位	数量	单位造价	合计
4	E5-9	电缆井	（6～10）×1.3×1.5（全开启）钢混，转角井，非过路	万元 / 个	10	3.91	39.1
5		案例 3 造价		万元 /km			393.81

8.5　10kV 电缆线路工程案例 4

工程全线采用单回路敷设，新建 10kV 线路路径全长 1km，电缆为 ZR-YJV22-8.7/15，3×400。土建采用拉管与电缆井结合的方式，典型方案 E3-5［非开挖拉管（6 孔）］+E5-4 电缆井［3×1.3×1.5（全开启）钢混，直线井，非过路］+E5-9 电缆井［（6～10）×1.3×1.5（全开启）钢混，转角井，非过路］。技术方案一览表、电缆敷设环境条件、设备材料表分别见表 8-13～表 8-15。

表 8-13　　　　10kV 电缆线路工程案例 4 技术方案一览表

序号	工程名称	线路长度（km）		导线（电缆）型号	管孔数	电缆敷设方式		典型方案模块		备注
		架设方式	折单长度							
1	案例 4	单回电缆敷设	1	AC10kV，YJV，400，3，22，ZC	6	电缆井	拉管	E3-5	E5-4 E5-9	

表 8-14　　　　10kV 电缆线路工程案例 4 电缆敷设环境条件

序号	项目	单位	内容
1	海拔高度（m）	m	1000 以下（黄海高程）
2	最高环境温度	℃	+45
3	最低环境温度	℃	-40
4	日照强度	W/cm^2	0.1
5	年平均湿度	%	80
6	最大风速	m/s	25

表 8-15　　　　10kV 电缆线路工程案例 4 设备材料表

序号	设备名称	物料编码	规格型号	单位	数量	备注
1	电缆	500108108	电力电缆，AC10kV，YJV，400，3，22，ZC，无阻水	m	1160	
2	电缆终端	500021119	10kV 电缆终端，3×400，户外终端，冷缩，铜	套	2	
3	电缆中间接头	500021383	3×400，直通接头，冷缩，铜	套	1	
4	电缆保护管	500021520	内径 200mm，壁厚 16mm MPP 管	m	5787	
5	电缆接线端子		铜镀锡，400mm^2，双孔	只	6	
6	电缆故障指示器			套	2	
7	防火封堵泥			t	0.02	
8	不锈钢电缆标识牌			个	20	
9	电缆井 3m 长	3×1.3×1.5（全开启）钢混，直线井，非过路		座	10	含支架、接地
	电缆井 6m 长	（6～10）×1.3×1.5（全开启）钢混，转角井，非过路		座	10	含支架、接地

根据以上技术条件，选用以下通用造价模块组合得到该案例工程造价为 487.71 万元 /km，其中电气部分（不含排管材料费）单位造价 113.95 万元 /km，建筑部分（含排管材料费）单孔造价 62.29 万元 /km，见表 8-16。

表 8-16　　　　10kV 电缆线路工程案例 4 造价

序号	模块编号	模块名称	方案描述	单位	数量	单位造价	合计
1	F1-1	铜芯电缆	电力电缆，AC10kV，YJV，400，3，22，ZC，无阻水	万元 /km	1	113.95	113.95
2	E3-5	拉管	非开挖拉管（6 孔）	万元 /km	0.96	331	317.76
3	E5-4	电缆井	3×1.3×1.5（全开启）钢混，直线井，非过路	万元 / 个	10	1.69	16.9

续表

序号	模块编号	模块名称	方案描述	单位	数量	单位造价	合计
4	E5–9	电缆井	（6～10）×1.3×1.5（全开启）钢混，转角井，非过路	万元 / 个	10	3.91	39.1
5		案例 4 造价		万元 /km			487.71

附录 A　建筑安装工程取费基数及费率表

安徽省为Ⅰ类地区，本书执行Ⅰ类地区取费，取费基数及费率见表 A–1。

表 A–1　　建筑、安装工程费取费基数及费率一览表

<table>
<tr><th colspan="3" rowspan="2">项目名称</th><th rowspan="2">取费基数</th><th colspan="2">费率（%）</th></tr>
<tr><th>建筑</th><th>安装</th></tr>
<tr><td rowspan="6">直接费</td><td rowspan="6">措施费</td><td>冬雨季施工增加费</td><td>人工费 + 机械费</td><td>1.81</td><td>3.25</td></tr>
<tr><td>夜间施工增加费</td><td>人工费 + 机械费</td><td>0.31</td><td>0.56</td></tr>
<tr><td>施工工具用具使用费</td><td>人工费 + 机械费</td><td>0.93</td><td>2.03</td></tr>
<tr><td>安全文明施工费（市区）</td><td>人工费 + 机械费</td><td>13.94</td><td>23.43</td></tr>
<tr><td>安全文明施工费（县城或镇）</td><td>人工费 + 机械费</td><td>12.88</td><td>22.06</td></tr>
<tr><td>安全文明施工费（其他）</td><td>人工费 + 机械费</td><td>10.29</td><td>19.97</td></tr>
<tr><td rowspan="5">间接费</td><td rowspan="4">规费</td><td>社会保险费（建筑）</td><td>人工费 ×1.08</td><td>26</td><td>26</td></tr>
<tr><td>社会保险费（安装）</td><td>人工费 ×1.1</td><td>26</td><td>26</td></tr>
<tr><td>住房公积金（建筑）</td><td>人工费 ×1.08</td><td>12</td><td>12</td></tr>
<tr><td>住房公积金（安装）</td><td>人工费 ×1.1</td><td>12</td><td>12</td></tr>
<tr><td colspan="2">企业管理费</td><td>人工费 + 机械费</td><td>10.22</td><td>19.91</td></tr>
<tr><td colspan="3">利润</td><td>人工费 + 机械费</td><td>6.56</td><td>12.4</td></tr>
<tr><td colspan="3">税金</td><td>直接费 + 间接费 + 利润 + 编制期基准价差</td><td>9</td><td>9</td></tr>
</table>

附录 B　其他费用取费基数及费率表

其他费用取费基数及费率见表 B-1。

表 B-1　　　　其他费用取费基数及费率一览表

序号	项目名称	编制依据及计算说明	费率（%）	备注
1	建设场地征用及清理费			
1.1	土地征用补偿费			
1.2	迁移补偿费			
1.3	余物清理费		《预规》余物清理费费率表 3.5.1	
1.4	施工场地租用费			
1.5	线路施工赔偿费			
2	项目建设管理费			
2.1	项目管理经费	建筑工程费 + 安装工程费	1.22	
2.2	招标费	建筑工程费 + 安装工程费 + 设备购置费	0.32	
2.3	监理费	建筑工程费 + 安装工程费	2.64	
2.4	工程保险费			
3	项目建设技术服务费			
3.1	项目前期工作费	建筑工程费 + 安装工程费	2.29	
3.2	勘察设计费			
3.2.1	勘察费	建筑工程费	4.5	
3.2.2	设计费		《预规》中差额费率	
3.3	设计文件评审费			

续表

序号	项目名称	编制依据及计算说明	费率（%）	备注
3.3.1	初步设计文件评审费	基本设计费	2.2	
3.3.2	施工图文件评审费	基本设计费	2.6	
3.4	施工过程造价咨询及竣工结算审核费	建筑工程费＋安装工程费	0.51	
3.5	工程建设检测费	建筑工程费＋安装工程费	0.15	
3.6	技术经济标准编制费	建筑工程费＋安装工程费	0.1	
3.7	项目后评价费	建筑工程费＋安装工程费	0.5	不计列
4	生产准备费	建筑工程费＋安装工程费	0.5	

注　1. 电缆工程的项目管理经费费率为3.1%，若电缆线路工程中建筑工程采用电缆沟、电缆隧道时，电缆线路工程费率乘以0.8系数。

2. 电缆工程的工程监理费费率为6.93%，若电缆线路工程中建筑工程采用电缆沟、电缆隧道时，电缆线路工程费率乘以0.8系数。

3. 电缆线路工程的项目前期工作费率为4.83%；若电缆线路工程中建筑工程采用电缆沟、电缆隧道时，电缆线路工程费率乘以0.8系数。

4. 架空线路勘察费按照1000元/km计算。

5. 如果工程勘察只进行一般定位测量作业时，费率按照相应标准的30%计算。

6. 不需要或不涉及场地变化的不计取勘察费。

7. 电缆工程的施工过程造价咨询及竣工结算审核费费率为1.02%，若电缆线路工程中建筑工程采用电缆沟、电缆隧道时，电缆线路工程费率乘以0.8系数。

8. 若只开展竣工结算审核时，其费用按以上规定的75%计取。

9. 当单个合同的施工过程造价咨询及竣工结算审核费低于800元时，按照800元计列。

10. 电缆工程的工程建设检测费率为0.39%；若电缆线路工程中建筑工程采用电缆沟、电缆隧道时，电缆线路工程费率乘以0.8系数。

11. 电缆工程项目后评价费率为1.3，若电缆线路工程中建筑工程采用电缆沟、电缆隧道时，电缆线路工程费率乘以0.8系数。

12. 电缆工程的生产准备费费率为1.3%，若电缆线路工程中建筑工程采用电缆沟、电缆隧道时，电缆线路工程费率乘以0.8系数。

13.《预规》是指《20kV及以下配电网工程预算编制与计算规定（2022年版）》

附录C　主要电气设备与材料价格表

主要电气设备材料价格见表C-1。

表C-1　　主要电气设备材料价格一览表　　金额单位：万元

序号	名称	规格	单位	参考单价	补充特征值
1	一二次融合成套环网箱，AC10kV，630A，SF_6，二进四出，分散式DTU		套	313942	
2	高压开关柜，AC10kV，站用变开关柜，小车式，1250A，无开关，无		台	59747	
3	高压开关柜，AC10kV，进线开关柜，小车式，1250A，31.5kA，真空		台	52410	
4	高压开关柜，AC10kV，馈线开关柜，小车式，1250A，31.5kA，真空		台	52349	
5	高压开关柜，AC10kV，母线设备柜，小车式，1250A，无开关，无		台	45462	
6	高压开关柜，AC10kV，分段断路器柜，小车式，1250A，31.5kA，真空		台	50857	
7	高压开关柜，AC10kV，分段隔离柜，小车式，1250A，无开关，无		台	34667	
8	开关柜检修小车，800mm		只	984	
9	开关柜接地小车，800mm，1250A		只	2486	
10	开关柜验电小车，800mm		只	2486	
11	变电站监控系统，AC10kV		套	345000	
12	智能一体化电源系统，DC220V，50A		套	145106	
13	分光器，一分八，均分		套	800	

续表

序号	名称	规格	单位	参考单价	补充特征值
14	光网络单元设备（ONU），直流输入，2，4，无，4，无，户外		套	4500	
15	光纤配线架（ODF），≤ 72 芯		套	4000	
16	图形监控系统		套	95000	
17	火灾报警系统		套	25000	
18	配电终端，站所终端（DTU）		台	20555	
19	微机消谐装置		套	10000	
20	10kV 箱式变电站，500kVA，美式，硅钢片，普通，无环网柜		套	187200	
21	10kV 箱式变电站，630kVA，欧式，硅钢片，普通，有环网柜		套	269603	
22	配电装置安装 避雷器 10kV		组	235	
23	断路器 带配电自动化终端		台	29992	
24	配电装置安装 跌落式熔断器		组	1182	
25	10kV 电缆敷设	YJV22−3 × 400	m	1010.05	
26	10kV 户外电缆头	冷缩型 3 × 400	套	503	
27	10kV 电缆中间头	冷缩型 3 × 400	套	1046	
28	10kV 电缆敷设	YJV22−3 × 300	m	798.73	
29	10kV 户外电缆头	冷缩型 3 × 300	套	458	
30	10kV 电缆中间头	冷缩型 3 × 300	套	1005	
31	10kV 电缆敷设	YJV22−3 × 240	m	648.04	
32	10kV 户外电缆头	冷缩型 3 × 240	套	390	
33	10kV 电缆中间头	冷缩型 3 × 240	套	898	
34	10kV 电缆敷设	YJV22−3 × 150	m	415.95	
35	10kV 户外电缆头	冷缩型 3 × 150	套	344	
36	10kV 电缆中间头	冷缩型 3 × 150	套	868	
37	10kV 电缆敷设	YJV22−3 × 70	m	218.74	
38	10kV 户外电缆头	冷缩型 3 × 70	套	281.32	

续表

序号	名称	规格	单位	参考单价	补充特征值
39	10kV 电缆中间头	冷缩型 3×70	套	745	
40	过路顶管（MPP）	DN200	m	129.44	
41	∠50×50×5　L=2.5m		根	72	
42	扁钢敷设	-50×5	m	14.98	
43	电力电缆，AC10kV，YJV，400，3，22，ZC，无阻水		km	909208.99	
44	10kV 电缆终端，3×400，户内终端，冷缩，铜		套	472.04	
45	电缆支架主材		t	7643	
46	低压电力电缆	YJV，10，4 芯，22	km	447924	
47	电缆接线端子，铜镀锡，400mm^2，双孔		只	73.33	
48	控制电缆	KVVP2，2.5，4	m	13.87	
49	控制电缆	KVVP2，4，4	m	19.25	
50	控制电缆	KVVP2，4，7	m	29.39	
51	控制电缆	KVVP2，2.5，10	m	29.71	
52	控制电缆	KVVP2，2.5，14	m	37.22	
53	锥形水泥杆，非预应力，整根杆，12m，190mm，M		基	2723.64	
54	锥形水泥杆，非预应力，整根杆，15m，190mm，M		基	4066.79	
55	锥形水泥杆，非预应力，法兰组装杆，18m，230mm，N		基	7375.65	
56	锥形水泥杆，非预应力，整根杆，15m，230mm，N		基	4695.05	
57	锥形水泥杆，非预应力，整根杆，15m，350mm，T		基	11987	
58	锥形水泥杆，非预应力，法兰组装杆，18m，350mm，T		基	14500	

续表

序号	名称	规格	单位	参考单价	补充特征值
59	线路柱式瓷绝缘子，R12.5ET125N，160，305，400		只	94.24	
60	交流盘形悬式瓷绝缘子，U70B/146，255，320		片	60.96	
61	蝶式绝缘子，ED-1		只	5.32	
62	地线悬垂通用，BX-G-07-3A		套	117	
63	地线耐张通用，BNX-G-07-1C		套	117	
64	水泥制品，底盘，800 × 800		块	312.97	
65	水泥制品，卡盘，300 × 1200		块	344.89	
66	水泥制品，拉盘，600 × 1200		块	260	
67	铁附件		t	7643	
68	铁附件（接地装置）		t	7643	
69	杆号牌		块	125	
70	相序牌		块	125	
71	联结金具 – 直角挂板，Z-7		只	8.47	
72	联结金具 – 球头挂环，Q-7		只	5.86	
73	联结金具 – 碗头挂板，WS-7		只	25.75	
74	耐张线夹 – 楔型绝缘，NXL-4		只	33.19	
75	接续金具 – 异型并沟线夹，JBL-50-240		付	10.1	
76	联结金具 – 延长环，PH-7		只	6.39	
77	拉线金具 – 锲型线夹，NX-2		付	26.49	
78	拉紧绝缘子，JH10-90		只	43.45	
79	拉线金具 -UT 型线夹，NUT-2		付	48.14	
80	拉线金具 -U 型挂环，UL-10		付	9.34	
81	拉线金具 – 钢线卡子，JK-2		付	14.85	
82	联结金具 – 延长环，PH-10		只	7.36	
83	拉线金具 – 锲型线夹，NX-3		付	52.39	

续表

序号	名称	规格	单位	参考单价	补充特征值
84	拉线金具 -UT 型线夹，NUT-3		付	65.55	
85	拉线金具 - 钢线卡子，JK-3		只	14.69	
86	拉线金具 -U 型挂环，UL-10		付	9.34	
87	钢绞线，1×7-9.0-1270-A，50，镀锌（12kg/ 根）		t	8713	
88	钢绞线，1×19-11.5-1270-A，80，镀锌（15kg/ 根）		t	8713	
89	拉线保护筒		个	70	
90	钢管杆（桩），AC10kV，无，无，Q345，杆，无		t	7195.01	
91	铁塔，AC10kV，无，角钢，Q345，无		t	7530	
92	接地线，BV，铜，50		m	30.51	
93	架空绝缘导线，AC10kV，JKLYJ，240		m	19.8	
94	架空绝缘导线，AC10kV，JKLYJ，150		m	13.06	
95	架空绝缘导线，AC10kV，JKLYJ，70		m	7.01	
96	验电接地环，JDL-50/240		只	51	
97	电缆接线端子，铜镀锡，$50mm^2$，单孔		只	7.28	
98	电缆接线端子，铜镀锡，$400mm^2$，双孔		只	73.33	
99	工井接地角钢	∠ 63×6×2500	根	109.29	
100	工井接地扁钢	-50×5	m	14.98	